安徽省高等学校“十三五”省级规划教材
高职机械类精品教材

机械设计基础

JIXIE SHEJI JICHU

主　编　陈之林
副主编　陆　峰　陈庆来
参　编　张　磊　李　萌

中国科学技术大学出版社

内 容 简 介

本书以培养学生的机械设计能力为主线，将机械原理和机械设计的内容进行了有机整合，加强了机械设计理论与实践的联系。全书主要内容包括：平面机构的运动简图和自由度、平面连杆机构、凸轮机构、间歇运动机构、带传动、链传动、齿轮传动、蜗杆蜗轮传动、齿轮系、机件的联接、轴、轴承、刚性回转件平衡、机械传动系统设计等。

本书可作为高职高专院校机械类和近机类各专业“机械设计基础”课程的教材，也可供有关专业的师生和工程技术人员参考。

图书在版编目(CIP)数据

机械设计基础/陈之林主编．—合肥：中国科学技术大学出版社，2020.1
ISBN 978-7-312-04732-9

Ⅰ.机…　Ⅱ.陈…　Ⅲ.机械设计—高等职业教育—教材　Ⅳ.TH122

中国版本图书馆 CIP 数据核字(2019)第 134008 号

出版　中国科学技术大学出版社
安徽省合肥市金寨路 96 号，230026
http://press.ustc.edu.cn
https://zgkxjsdxcbs.tmall.com
印刷　合肥华苑印刷包装有限公司
发行　中国科学技术大学出版社
经销　全国新华书店
开本　787 mm×1092 mm　1/16
印张　17
字数　435 千
版次　2020 年 1 月第 1 版
印次　2020 年 1 月第 1 次印刷
定价　42.00 元

前　言

本书是安徽省高等学校“十三五”省级规划教材，它凝练了一线专业教师多年的教改成果和经验，是集体智慧的结晶，其编写也是淮北职业技术学院省级示范教研室的一项重要工作任务。

基于目前高职高专学生基础知识参差不齐的状况，结合《国家职业教育改革实施方案》要点和市场对高职高专学生技能的需求，本着够用原则，作者团队对机械设计课程的讲义进行了内容重构，去繁从简，尤其是对理论性较强、实际应用较少的研究型知识点进行了舍弃，对机械原理和机械零件课程的内容进行了有机整合，机械原理部分重点讲述常用机构的基本结构、工作原理、用途和设计方法，机械零件部分重点讲述通用零部件的结构、用途和选用原则等，根据学生的认知规律和难点分散的原则设置各章节内容。

本书在编写过程中，力求文字简明、内容精练、通俗易懂，循序渐进、深入浅出地讲清基本概念、基本理论和基本方法，此外还注重知识的实用性，简化理论推导和设计计算，降低学习难度，以便读者更好地学习和掌握。

参加编写的人员都是淮北职业技术学院教学一线的老师：陈之林编写第 1 章、第 5 章；陆峰编写第 6 章、第 7 章和第 8 章；陈庆来编写第 2 章、第 3 章和第 4 章；张磊编写第 12 章、第 13 章；李萌编写第 9 章、第 10 章和第 11 章。

由于时间仓促，差错在所难免。对于书中存在的错误和不足之处，恳请读者批评指正。

编　者

2019 年 12 月

目　录

第 1 章　机械设计基础概论

1.1　机 械 概 述

人们在长期的生产实践中，为了适应自身的生产和生活需要，创造出各种各样的机器，其目的是减轻人的劳动强度，提高劳动效率。随着科技的发展和进步，机器的种类不断增多，性能不断提高，功能也不断扩大。它既能提高生产效率和加工质量，又能承担人所不能或不便承担的工作。机器的使用水平已经成为一个国家科技水平和现代化程度的重要标志之一。

那么，什么是机器？它是由什么组成的呢？

人们在日常生活和生产实践中早已形成了对机器的感性认识。例如，洗衣机、电动自行车、汽车、推土机、卷扬机、金属切削机床等都是机器。为了加深学生对机器等概念的理解，下面先分析两个机器的实例。

图 1-1 所示的是建筑行业广泛使用的卷扬机。它主要由电动机 1、联轴器 2 和 4、减速器 3、卷筒 5 等组成。卷扬机的功能是通过卷筒 5 的旋转带动缠绕其上的钢索，从而实现提升重物的目的。卷扬机的动力源是电动机 1，由于电动机 1 的转速较高，而要求卷筒 5 的转速较低，因此在卷筒 5 和电动机 1 之间配置了一台二级减速器 3，通过二级减速器，卷筒获得了

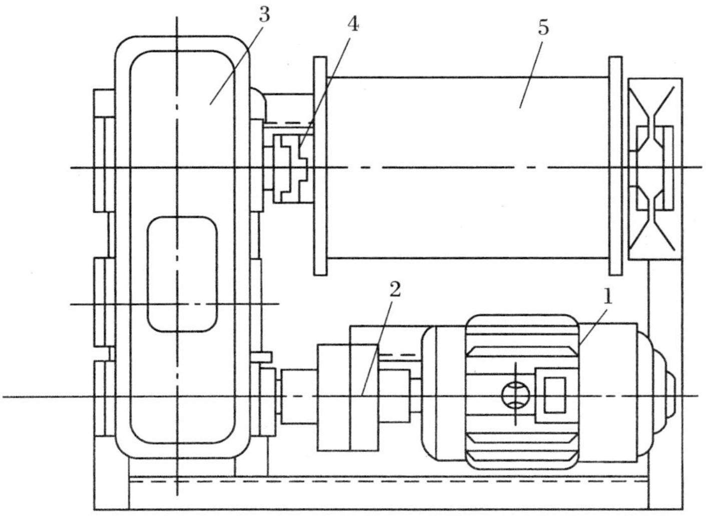

图 1-1　卷扬机

1. 电动机　2、4. 联轴器　3. 减速器　5. 卷筒

较缓慢的旋转运动。

图 1-2 所示的是单缸内燃机。它主要由缸体 1、活塞 2、连杆 3、曲柄 4、齿轮 5 和 6、凸轮 7、进气门推杆 8、排气门推杆 9、进气门 10、排气门 11 等组成。当燃气推动活塞在气缸内做直线往复运动时，通过连杆，曲柄做连续转动，从而把燃料燃烧的热能转换为机械能。为了使内燃机能连续工作，曲柄轴的连续转动又通过齿轮 5 与齿轮 6 的啮合传动，带动凸轮轴转动，进而通过控制进气门 10 和排气门 11 定时启闭，使可燃混合气体定时进入气缸和废气定时排出气缸。

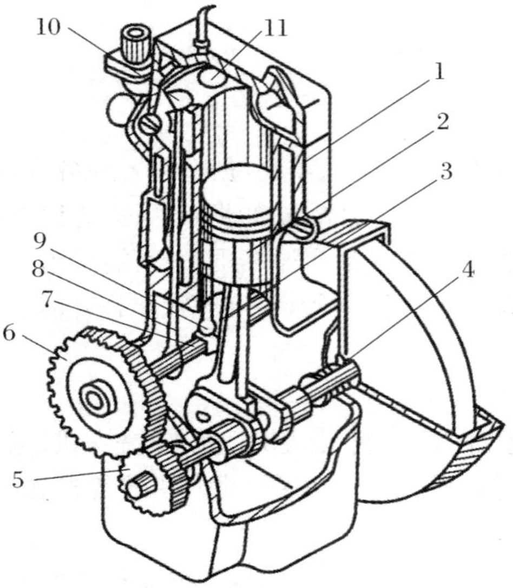

(a) 内燃机示意图

(b) 曲柄滑块机构

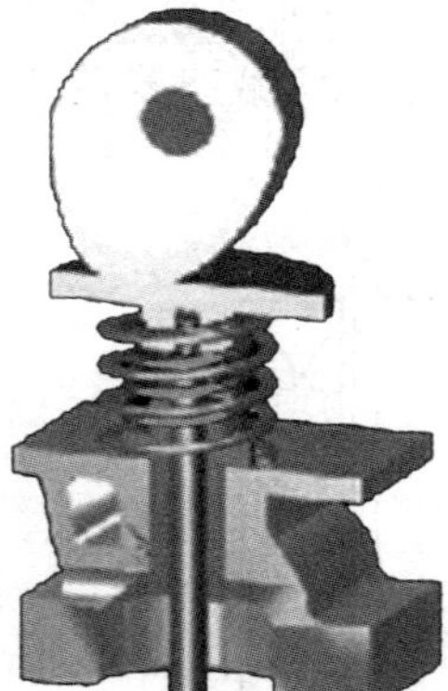

(c) 凸轮机构

(d) 齿轮机构

图 1-2　单缸内燃机

1. 缸体　2. 活塞　3. 连杆　4. 曲柄　5、6. 齿轮　7. 凸轮
8. 进气门推杆　9. 排气门推杆　10. 进气门　11. 排气门

通过上述两个实例的分析以及日常生活中常见的其他机器可以看出，不同机器的构造和用途差别很大，但是，它们都具有以下特征：

① 都是人为的多种实体的组合体。

② 各实体间具有确定的相对运动。

③ 能够代替人的劳动或减轻人的劳动强度，完成机械功或转换机械能。

凡具备以上三个特征的组合体，都称为机器。具备前两个特征的，则称为机构。例如，在图1-2中，由内燃机缸体1、活塞2、连杆3、曲柄4构成的曲柄滑块机构，它将活塞的直线往复运动转换成曲柄的连续转动；由内燃机体、凸轮7、进气门推杆8、排气门推杆9构成的凸轮机构，它将凸轮轴的连续转动转换成推杆的直线往复运动；由内燃机体、齿轮5和齿轮6构成的齿轮机构，它可以改变从动轴的转动速度和转动方向。

通常，人们将机器与机构统称为机械。

零件是组成机构的最基本单元。构件是组成机构的运动单元，即构件可以是一个零件或是几个零件的刚性组合，但构件本身没有相对运动。例如图1-3所示的连杆，是由连杆体1、轴套2、连杆头3、螺栓4、螺母5、轴瓦6等装配而成的。它是不可分割的运动单元。

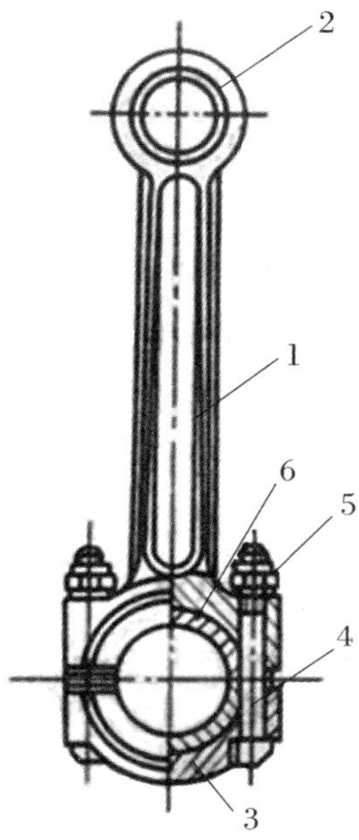

图1-3　内燃机连杆

1. 连杆体　2. 轴套　3. 连杆头
4. 螺栓　5. 螺母　6. 轴瓦

虽然机器的种类很多，用途各异，但是一台完整的机器往往都由原动机、执行机构、传动装置和控制系统四个部分构成。

原动机是机器动力的来源，常见的有电动机和内燃机，此外还有高压气缸或液压缸等，多数情况下是旋转运动。执行机构是直接完成工作任务的部分，往往处于机器的机械传动路线的末端，如图1-1所示的卷筒5。传动装置由原动机驱动，用于改变运动的速度、运动形式和力（或转矩）的大小。控制系统是人机交流的中介，使人能够根据自己的意图实现对机器进行操纵的机构。机器上的各种开关、按钮、手柄等都是控制机构。此外，机器上的行程开关、传感器和计算机控制等也可以成为控制系统的组成部分。

1.2　本课程的研究对象和任务

本课程是机械类专业的一门综合性的技术基础课程，其研究的主要对象是机械及其受力分析和设计方法等。具体有：

（1）力学基础

力学基础就是研究构件的受力状况、构件的变形程度及其对构件工作能力的影响，使构件工作可靠。

（2）常用机构

主要介绍机械中的常用机构及其工作原理、结构特点和运动特性等。

（3）机械零件

主要介绍各种机械零件及其失效形式、强度计算和设计方法等，同时介绍国家标准规范、标准零部件的选用原则,以及机器设备的使用、保养和维护等。

本课程的任务是:

① 掌握机构的结构原理、运动特性和机械动力学知识,初步具备确定机械运动方案、分析和设计基本机构的能力。

② 掌握通用机械零件的工作原理、特点、选用和设计计算的基本知识,具备设计一般简单机械的能力。

③ 具备运用标准、规范、手册、图册等有关技术资料的能力。

1.3 机械设计一般程序

20 世纪 90 年代末,美国提出了"为竞争的优势而设计"的口号,也有人说"21 世纪将是设计的世纪"。面对国际市场的竞争,一个企业、国家参与竞争的武器就是"设计",要想赢得胜利,就必须依靠产品的创新设计技术。

机械设计过程一般包括以下四个阶段:

1. 明确任务阶段

设计任务提出的主要依据是工作和生产的需要。设计任务一般是以任务书的形式下达的,其中明确规定的内容有:机器的用途、主要性能参数范围、工作环境条件、特殊要求、生产批量、预期成本、完成期限、承制单位等。一般由主管单位或用户提出。

2. 方案设计阶段

设计部门和设计人员首先要认真研究任务书,在全面明确所述要求后,在调查研究、分析资料的基础上,拟订设计计划,按照下述步骤进行设计:

(1) 机器工作原理选择

在研制新机器时,应结合具体情况提出多种不同的工作原理,通过全面分析比较,从中选择最满意的一种。这属于专业机械设计的范围。例如采煤,可以使用风镐进行开采,也可以通过高压水柱冲击煤层来开采,还可以采用割煤机进行开采。

(2) 机器的运动设计

根据上一步确定的机器工作原理,确定机器执行部分的运动规律。例如牛头刨床,要求工作行程要慢,而返回行程要快。这里,必须同时考虑选择适当的原动机,妥善考虑和设计机械的传动部分实现方法,并考虑运动参数调整的必要性与可能性。

(3) 机器的动力设计

根据机器的工作原理和运动设计结果,按照机器的总体性能要求,根据其运动特性、工作阻力、速度、传动效率等,计算机器所需的驱动功率,进行原动机的选择。同时也要考虑调节与控制的必要性、可能性,也可以利用机械原理和电工学知识来完成。

3. 技术设计阶段

技术设计主要是依据原动机的特性和运转特性或根据零部件的工作载荷进行设计,一般采用前一种方法,选择设计出各零部件。

工作原理确定之后的工作,就是将前面选定的设计方案通过必要的分析计算和结构设计,用图面(装配图、零件图等)及技术文件的形式来加以具体表示。包括运动设计,动力分析，整体布局，零件结构、材料、尺寸、精度和其他参数的确定，以及必要的强度和刚度计算等。反映在实际工作的成果——图纸上，大体可以分为四个阶段：

(1) 总体设计阶段

根据工作原理绘制机器的机构运动简图，这是图纸设计的第一阶段。在这个阶段，要考虑各个机构主要零件的大体位置。同时，为了拟订机器的总体布置，需要分析比较各种可能的传动方案。

(2) 结构设计阶段

考虑和决定各部分的相对位置和联接方法，零件的具体形状、尺寸、安装等一系列问题，把机构运动简图变成具体的装配图（或结构图），这是图纸设计的第二阶段。

(3) 零件设计阶段

装配图只确定了机器的总体尺寸、各个零部件的相对位置及配合关系，而没有反映出各个零件的全部尺寸、结构等。零件设计阶段就是把机器的所有零件（标准件除外）拆分出来，绘制成零件图，为加工提供依据。

(4) 技术文件制定

完成图纸之后，必须完成一系列的技术文件，应包括各种明细表、系统图、设计说明书和使用说明书。

4. 施工设计阶段（工艺设计）

本阶段是将设计与制造联系起来的重要环节，即规划零件的制造工艺流程，确定工艺参数、检测手段、夹具、模具设计等工作。这些属于机制工艺学课程的内容。由于在很大程度上依赖于实践经验，计算机辅助工艺设计（CAPP）未能像机械 CAD 一样获得突破性进展和广泛应用。

一个完整的设计过程不但包含以上四个阶段，还包括制造、装配、试车、生产等环节，对图纸和技术文件进行完善和修改，直到定型投入正式生产的全过程。

实际工作中，上述的几个阶段是交叉、反复进行的。随着计算机辅助设计、计算机仿真技术、三维图形技术以及虚拟装配制造技术的迅速发展，机械设计方法有了极大的变革，借助这些技术我们可以极大地降低设计和试制成本，提高产品的竞争力。

机械设计的基本要求是：要满足使用性要求、经济性要求、安全性要求、工艺性要求、可靠性要求、其他特殊要求等。

1.4　机械制造常用材料及选择原则

机械零件所用的材料是多种多样的，有钢、铸铁、有色合金和非金属材料等。但是金属材料，尤其是黑色金属材料，应用得最为广泛。

1.4.1　常用材料简介

1. 钢

钢的分类如表 1-1 所示。

表 1-1 钢的分类

- 钢
  - 按化学成分分类
    - 碳素结构钢
    - 合金结构钢
  - 按含碳量分类
    - 低碳钢(0.25%以下)
    - 中碳钢(0.25%～0.60%)
    - 高碳钢(0.60%以上)
  - 按用途分类
    - 结构钢:制作一般零件及构件
    - 工具钢:制作工具、刀具、量具、模具等
    - 特殊性能钢:不锈钢、耐酸钢、耐热钢等
  - 按加工方法分类
    - 车削钢
    - 铸钢

机械制造中常用的钢材料如下:

(1) 普通碳素结构钢

这类钢按供应条件分,主要有甲、乙两类,机械制造中常使用甲类。供应时只按机械性能,使用时不作热处理。主要用于制造一般机械零件和工程结构的构件。

(2) 优质碳素结构钢

优质碳素结构钢具有较好的机械性能,使用热处理可以在较大范围内提高其机械性能,应用最为广泛。常用于制造要求较高的螺栓、扳手、齿轮、凸轮等。

(3) 合金结构钢

由于碳素结构钢在某些特殊的地方无法使用,或由于其综合机械性能不能令人满意,不能满足一些特殊的需要,这时就需要使用合金结构钢。注意:合金结构钢必须进行适当的热处理,才能充分发挥其作用。

(4) 铸钢

铸钢主要用于零件形状比较复杂、强度要求较高的零件制作。

对于碳素钢而言,含碳量高则强度、硬度较高,但是塑性随之降低。对于高碳钢,其热处理更需严格控制。

2. 铸铁

铸铁是含碳量高(>2%)的铁碳合金。其中,碳大部分以石墨的形式存在,所以,一般情况下其强度、韧性及硬度较低。但由于石墨的存在,其耐磨性较好,同时具有良好的减震性能,而且价格低廉。铸铁也有多种,但工程上常用的主要是灰铸铁和球墨铸铁。

灰铸铁主要用来制造机座类零件和其他一些常见的不重要零件。球墨铸铁由于石墨经过处理,成为球状,其机械性能得到极大的提高,在很多场合下成功地取代了某些碳素钢及合金钢。其典型的使用例如发动机的曲轴。

3. 铜合金

在机械中,各部分的联接是靠运动副来实现的。而在运动副中,为了提高结构的可靠性、耐磨性、降低成本(维修)等,大量使用衬套或轴瓦等零件。而这些零件的材料大多是铜合金。

铜合金主要有铜锌合金、含锡青铜、无锡青铜。

4. 非金属材料

非金属材料的种类繁多,在工程上也发挥着重要的作用。例如橡胶密封垫、传动带、树

脂材料制作摩擦片、塑料手柄等。

1.4.2　材料选择原则

同一个零件可以用多种材料制作，并且可以实现同样的预期功能。那么，这时判别材料的选择是否合理就取决于除功能以外的一些因素，例如经济性要求。所以为了准确理解材料选择的基本原则，我们必须首先了解，选择材料时应该考虑的各种影响因素。

1. 功能、使用方面的因素

① 零件的受力大小和性质，应力的大小、性质、分布情况；

② 零件的工作情况（工作特点、环境等）；

③ 零件的重要性，例如农用车和航天飞机相比较，农用车中变速箱齿轮和操纵手球相比较等；

④ 安装部位对零件尺寸和质量的限制，例如维护的方便程度等。

2. 工艺性因素

所谓工艺性就是指所选择的材料冷、热加工性能，热处理工艺性能等。例如，结构复杂而大批量生产的零件多选用铸件，单件生产宜用锻件或焊接。简单盘形零件，其毛坯是采用铸件、锻件还是焊接件，主要取决于它们尺寸的大小、结构的复杂程度及批量的大小。

3. 综合经济性因素

① 零件的复杂程度、材料加工的可能性及生产批量等；

② 材料的价格及其获得的可能性、方便性等。

所以，材料的选择必须综合考虑以上各个方面的因素。需要遵循的一般原则是：按照综合指标和局部品质原则来选择材料。也就是说，为了满足使用性，并不一定需要贵重的材料。

局部品质原则就是：针对零件不同部位的要求分别选择不同的材料，甚至可以采用组合零件来实现预期的功能。例如水轮机的叶片，为了防止生锈，如果完全用不锈钢制造，其成本将会很高，在工艺能力许可的情况下可采用碳素钢制作，而仅对其表面进行防锈处理。再如，金属切削用的硬质合金刀具，如果完全用一种材料，将会产生极大的浪费，我们可以采用把硬质合金的刀头焊在普通碳素钢的刀杆上，就可以极大地降低成本，同时又能达到使用要求。

习　　题

1.1　机械系统的基本构成有哪些？

1.2　机械设计的基本要求有哪些？

1.3　本课程的研究对象和研究任务有哪些？

第 2 章　平 面 机 构

机构是一个构件系统，为了传递运动和力，机构各构件之间应具有确定的相对运动。但任意拼凑的构件不一定能发生相对运动；即使能够运动，也不一定具有确定的相对运动。讨论机构满足什么条件才具有确定的相对运动，对于分析现有机构或设计新机构都是很重要的。

机构中所有构件都在同一平面或相互平行的平面内运动的机构称为平面机构，否则为空间机构。由于大多数的机构为平面机构，因此本章仅讨论平面机构。

2.1　运　动　副

2.1.1　运动副的概念

机构是由构件组合而成的，其中每个构件都以一定的方式至少与另一构件相联接，这种直接接触又能产生相对运动的两个构件的联接或接触，称为运动副。如轴和轴承间的联接、两个齿轮间的接触、凸轮和滚子间的接触等，都构成了运动副。

2.1.2　运动副的分类

构成运动副的两个构件间的接触有点、线、面三种形式。根据接触形式的不同，平面运动副又可分为低副和高副。

1. 低副

两个构件通过面接触组成的运动副称为低副。平面低副按构件间相对运动形式不同，可分转动副和移动副。

(1) 转动副

两个构件间具有相对转动的运动副称为转动副，也称铰链，如图 2-1(a)、(b)所示。

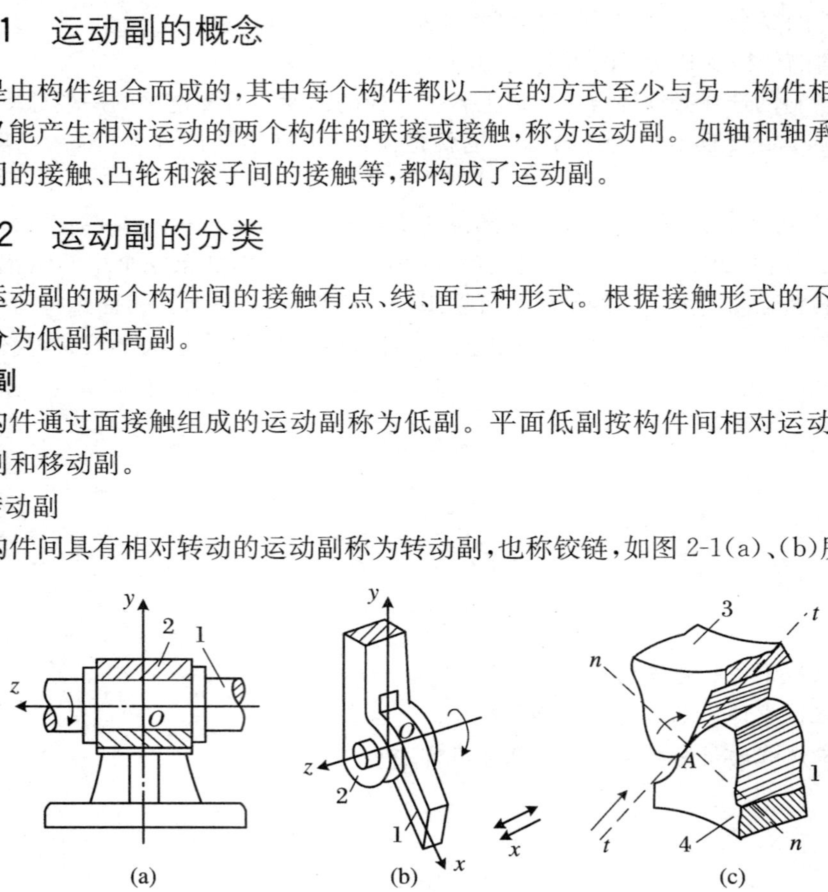

图 2-1　转动副和移动副

(2) 移动副

两个构件间具有相对移动的运动副称为移动副,如图 2-1(c)所示。

2. 高副

两个构件间通过点或线接触构成的运动副,称为高副。如图 2-2(a)中凸轮 1 和从动杆 2,图 2-2(b)中齿轮 3 和齿轮 4 都分别在接触点 A 处构成高副。

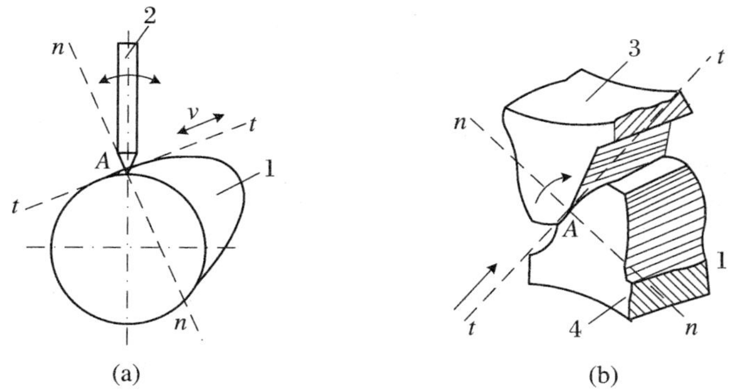

图 2-2 高副

1. 凸轮 2. 从动杆 3、4. 齿轮

2.2 平面机构运动简图

用国标规定的简单符号和线条代表运动副和构件,并按一定比例尺表示构件的相互位置尺寸绘制出的图形,称为机构运动简图,它可以完全表示原机械具体的运动特性。

若只为表明机械的结构特性和运动情况,而不严格按比例绘制的简图,称为机构示意图。

2.2.1 构件及其运动副的简图画法

构件及其运动副的简图画法如图 2-3、图 2-4、图 2-5、图 2-6 所示。

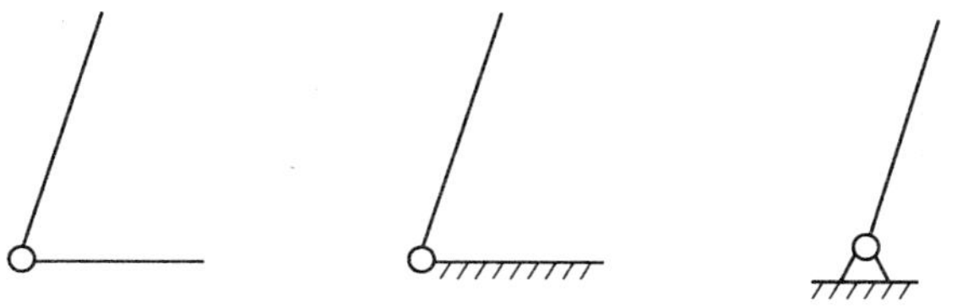

图 2-3 转动副简图画法

2.2.2 构件的分类

构件的分类如下:

① 机架(固定件):用来支承活动构件的构件。在运动简图中通常画上细斜线表示。

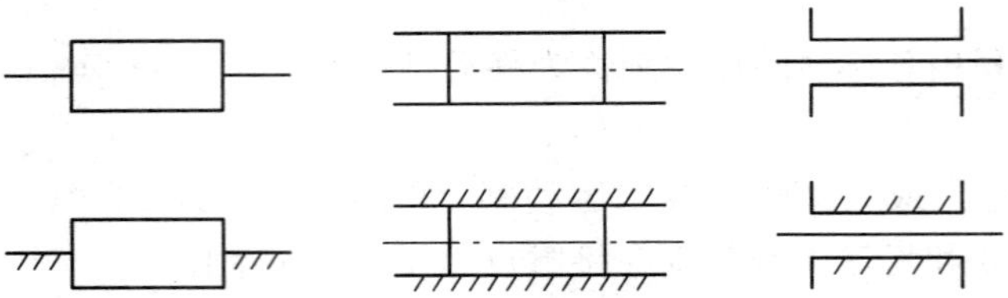

图 2-4　移动副简图画法

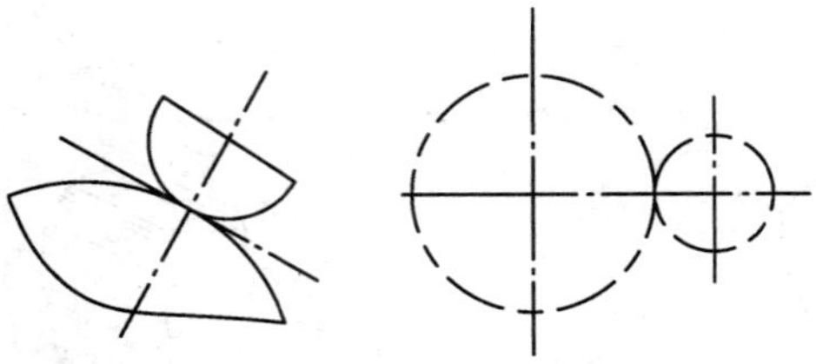

(a) 高副用曲线表示　(b) 齿轮习惯画法　(c) 凸轮习惯画法

图 2-5　高副简图画法

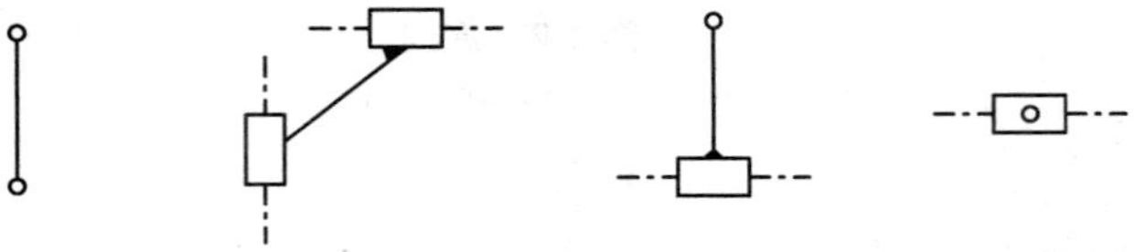

(a) 2个转动副　(b) 2个移动副　(c) 1个转动副和1个移动副　(d) 1个转动副和1个移动副

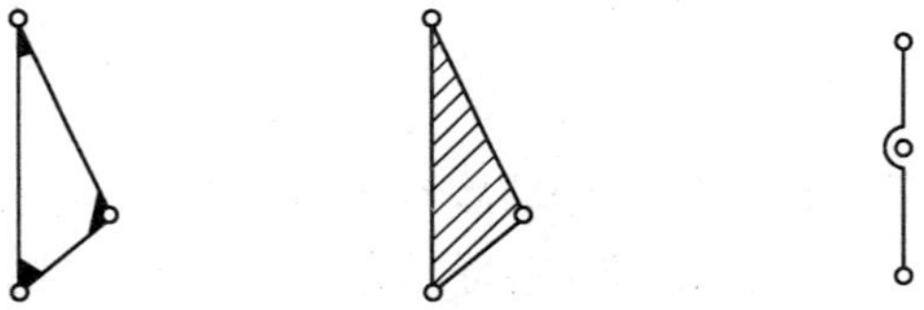

(e) 3个转动副　(f) 3个转动副　(g) 3个转动副

图 2-6　构件的简图画法

② 原动件(主动件):运动规律已知的活动构件。它的运动是由外界输入,故又称为输入构件。

③ 从动件:随着原动件的运动而运动的其余活动构件。其中,输出预期运动的从动件称为输出构件。

2.2.3　机构运动简图的绘制

机构运动简图的绘制步骤如下:

① 分析机械的运作原理,找出机架、原动件、执行件和传动件。

② 沿着运动传递路线,逐一分析各构件间的相对运动性质,确定运动副的类型和数目。

③ 选择视图平面。为了把图形表示清楚,一般选择与各构件运动平面互相平行的平面作为绘制运动简图的视图平面。

④ 选择合适的比例尺 μ(实际尺寸(m)/图形长度(mm))定出各运动副的相互位置,并

用构件和运动副的规定符号绘制出机构运动简图。

下面以图 2-7 为例，具体说明机构运动简图的绘制方法。

例 2-1　图 2-7(a)所示为一颚式破碎机，试绘制其机构运动简图。

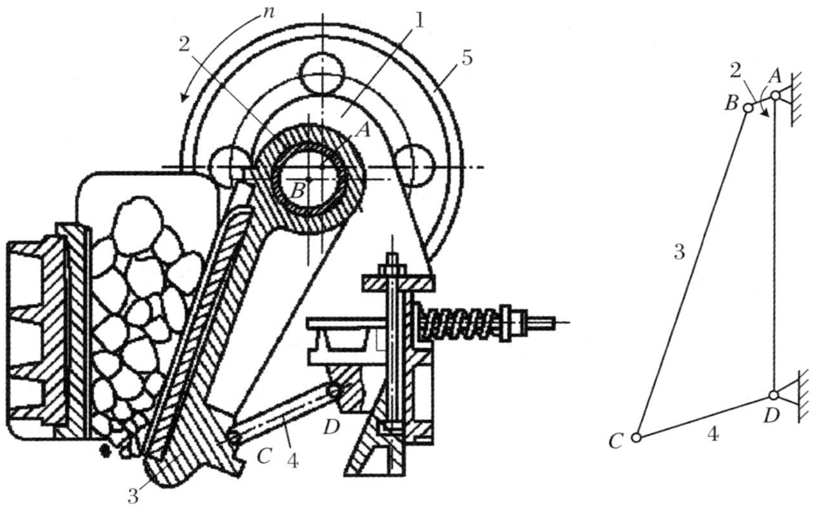

(a) 颚式破碎机　　(b) 机构运动简图

图 2-7　颚式破碎机及其运动简图

1. 机架　2. 偏心轴　3. 动颚板　4. 肘板　5. 带轮

解　颚式破碎机的主体机构由 4 个构件——机架 1、偏心轴 2、动颚板 3、肘板 4 组成，构件之间均以转动副相互联接。该机构中，偏心轮与带轮 5 固联成一个整体，由带轮带动旋转，因此偏心轮是原动件，它带动动颚板做平面运动，将物料轧碎，动颚板 3、肘板 4 均为从动件。

偏心轴的旋转轴线在 A，几何中心在 B，B 的运动为绕 A 轴的旋转，通常在简图中用一绕 A 旋转的曲柄 AB 表示偏心轴；动颚板 3 与肘板 4 在 C 点处用转动副联接；肘板 4 与机架在 D 点处组成转动副。选择适当的比例尺，根据颚式破碎机的尺寸定出 A、B、C、D 的位置，用构件和运动副的规定符号绘出运动简图，如图 2-7(b)所示。

2.3　平面机构的自由度

2.3.1　构件的自由度

构件具有的独立运动的数目称为构件的自由度。一个构件在未与其他构件联接前，在平面上可沿 x 轴和 y 轴移动及在 xOy 平面内转动，也就是说具有 3 个自由度，如图 2-8 所示。

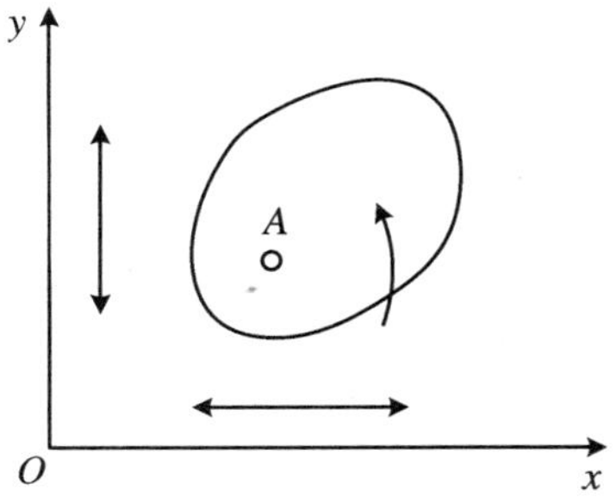

图 2-8　自由构件的自由度

2.3.2 平面运动副对构件的约束

两个构件直接接触构成运动副后,构件的某些独立运动将受到限制,自由度随之减少,构件之间只允许产生某种相对运动。运动副对构件独立运动所施加的限制称为约束。

运动副类型不同,引入约束的数目也不同。如图 2-1(a)、(b)所示,转动副约束了 2 个移动,只保留了 1 个转动;如图 2-1(c)所示,移动副约束了 1 个移动和 1 个转动,只保留了 1 个移动。如图 2-2 所示,高副约束了沿着法线方向的移动。由此可知,平面机构中,低副引入两个约束,高副引入 1 个约束。

2.3.3 平面机构的自由度

平面机构的自由度就是机构中各构件相对机架具有的独立运动的数目。机构自由度取决于机构活动构件的数目和类型。

设平面机构共有 N 个构件,取其中一个构件作机架,则活动构件数目 $n=N-1$。在未通过运动副联接前共有 $3n$ 个自由度,当用 P_L 个低副和 P_H 个高副联接组成机构后,每个低副引入 2 个约束,每个高副引入 1 个约束,共引入 $2P_L+P_H$ 个约束,因此整个机构相对于机架的自由度数,即机架的自由度计算公式为

$$F = 3n - 2P_L - P_H \tag{2-1}$$

2.4 机构具有确定运动的条件

机构的自由度为平面机构具有的独立运动的个数。只要机构运动,其自由度必须大于 0。

如图 2-9(a)所示的构件组合体,其自由度 $F=3n-2P_L-P_H=0$,表示不能运动,只构成刚性桁架。如图 2-9(b)所示的构件组合体,其自由度 $F=3n-2P_L-P_H=-1$,表示约束过多,为超静定桁架。如果机架自由度大于 0,则需要讨论机构中原动件数目与机构自由度的关系,从而给出机构具有确定相对运动的条件。图 2-9(c)所示机构的自由度 $F=3n-2P_L-P_H=1$,若取构件 1 为相对原构件,则构件 1 每转一个角度,构件 2 和构件 3 便有一个确定的相对位置,即机构具有确定相对运动;如果同时取构件 3 也是原构件,则构件内部运动关系发生矛盾,其中较薄构件必将破坏。图 2-9(d)中,构件的自由度 $F=3n-2P_L-P_H=2$。若

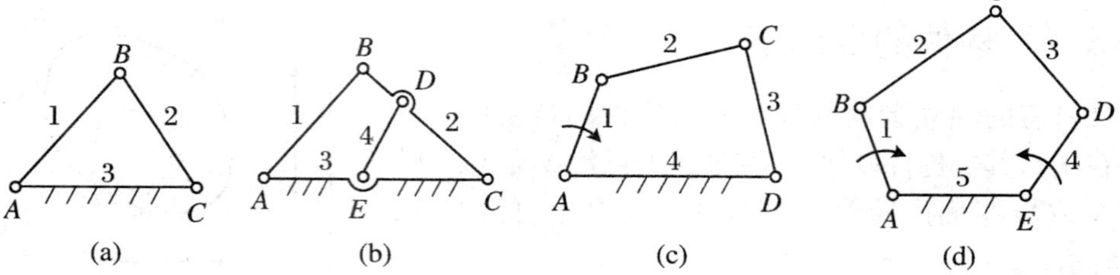

图 2-9 构件的自由度

同时取构件 1 和 4 作为原动件，则构件 2 和构件 3 具有确定的相对运动，若只取构件 1 为原动件，则构件 2、3、4 的运动不能确定，只能做无规则运动。综上所述，机构具有确定运动的条件为：$F>0$，且 F 等于原动件个数。

2.5 计算机构自由度时的注意事项

2.5.1 复合铰链

两个以上构件在同一处用转动副相联结构成的运动副，称为复合铰链。如图 2-10(a)所示的 C 处。

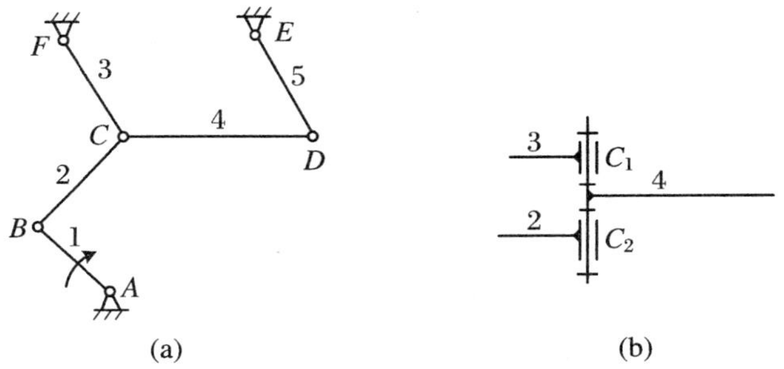

图 2-10　复合铰链

由图 2-10(b)可以看出，3 个构件组成 2 个运动副，同理，若 K 个构件在一处以转动副相联，应具有 $K-1$ 个转动副。计算平面机构自由度时应注意识别复合铰链，正确计算转动副数目。

例 2-2　计算如图 2-10(a)所示摇筛机构的作用度。

解　机构中活动构件数目 $n=5$，A、B、C、D、E、F 各有一个转动副，C 处为 3 个构件组成的复合铰链，故 $P_L=7$，$P_H=0$，则机构自由度为

$$F=3n-2P_L-P_H=3\times5-2\times7-0=1$$

2.5.2 局部自由度

机构中出现与输出运动无关的自由度称为局部自由度，在计算机构出现的自由度时应予以排除。图 2-11(a)所示的为一凸轮机构。原动件凸轮逆时针转动时，通过滚子 3 带动从动杆上下往复移动，其活动构件数 $n=3$，低副数 $P_L=3$，高副数 $P_H=1$，按式(2-1)，$F=3n-2P_L-P_H=3\times3-2\times3-1=2$，得出了与事实不符的结论。这是因为机构中存在着一个局部自由度，即滚子与从动杆之间的转动，在计算机构自由度时应将局部自由度除去不计。设想把滚子 3 与动杆 2 固连在一起，视为一构件，则由图 2-11(b)所示，该机构的自由度 $F=3n-2P_L-P_H=3\times2-2\times2-1=1$，与实际情况相符。

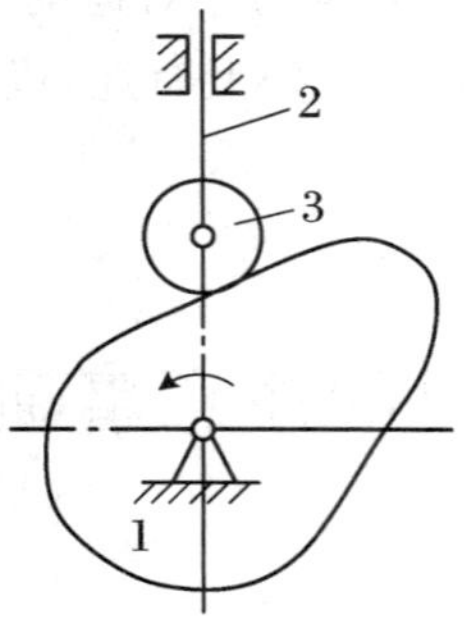

图 2-11　局部自由度

2.5.3　虚约束

在运动副引入约束中，有些约束与其他约束的作用是重复的，对实际运动不起限制作用，称为虚约束。在计算机构自由度时应除去不计。

虚约束常出现在下列场合：

1．2 个构件间构成多个运动副

2 个构件间组成若干个转动副，但其轴线互相重合，如图 2-12(a)所示；2 个构件构成若干个移动副，但导路互相平行或重合，如图 2-12(b)所示。在这些情况下，只有 1 个运动副起着约束作用，其余运动副所提供的约束均为虚约束。

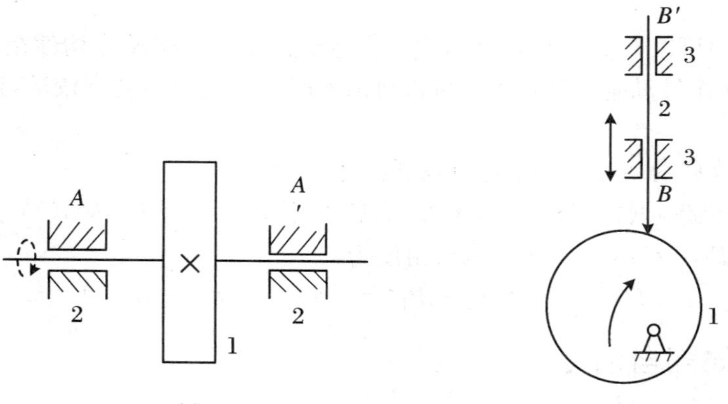

图 2-12　导路平行的虚约束

2．2 个构件上某两点间的距离保持恒定不变

如图 2-13 所示，平行四边形机构中 AB 等于且平行于 CD，因此在机构运动过程中，构件 3 上 E 点与机架上 F 点间的距离 EF 始终保持不变，但由于构件 5 的加入，机构增加了 1 个约束。而这个约束对机构运动并不起作用，为虚约束。

3．机构中对运动不起作用的对称部分

如图 2-14 所示的行星轮系，为了受力均衡，安装 3 个相同的行星轮，实际上只要 1 个行星轮就能满足运动要求，每增加 1 个行星轮，增加 2 个高副，1 个高副引入 1 个虚约束。在计算机构自由度时，应将引入的虚约束构件及运动副除去不计。

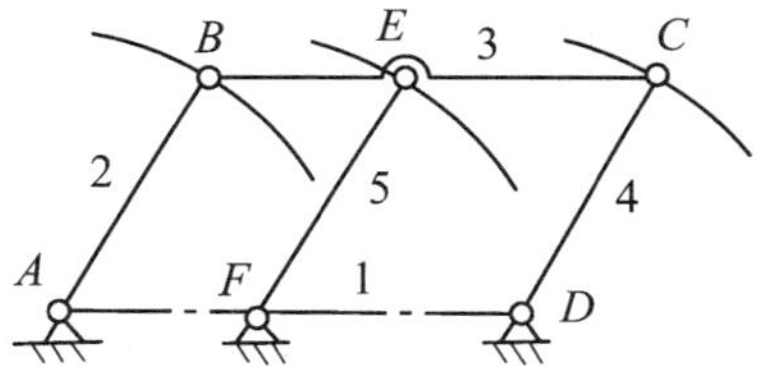

图 2-13 构件间的距离恒定不变的虚约束

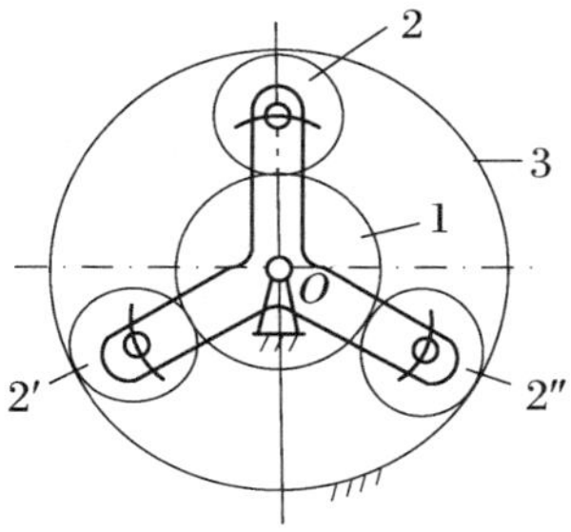

图 2-14 对称部分的虚约束

例 2-3 计算如图 2-15(a)所示的大筛机构的自由度。

解 机构中的滚子有一局部自由度；顶杆与机架 E 和 E' 组成两个导路平行的移动副，其中之一是虚约束；C 处是复合铰链。将滚子与顶杆作为一体，去掉移动副 E，其简化机构如图 2-15(b)所示。则该机构 $n=7$，$P_L=9$，$P_H=1$，代入式(2-1)得

$$F = 3n - 2P_L - P_H = 3\times7-2\times9-1=2$$

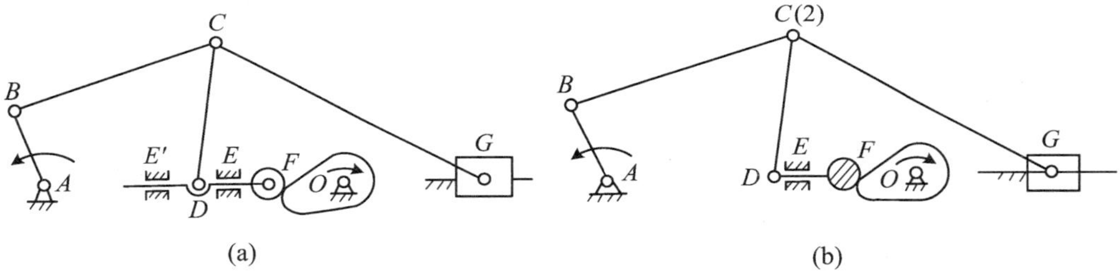

图 2-15 大筛机构

习 题

2.1 什么是运动副？它在机构中起何作用？

2.2 试举出生活中或生产中运用转动副、移动副的两个实例。

2.3 机构实际图形与机构运动简图有什么差别？

2.4 什么是虚约束和局部自由度？

2.5 机构有确定相对运动的条件是什么？在计算自由度时，应注意哪些事项？

2.6 绘制图 2-16 所示平面机构的机构运动简图。

2.7 计算图 2-17 所示机构自由度，并判断该机构是否有相对运动。若有复合铰链、局部自由度或虚约束，请在图上标出。

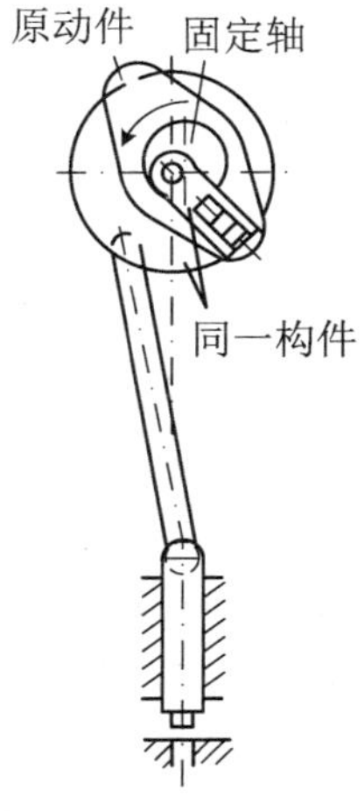

图 2-16 习题 2.6 图

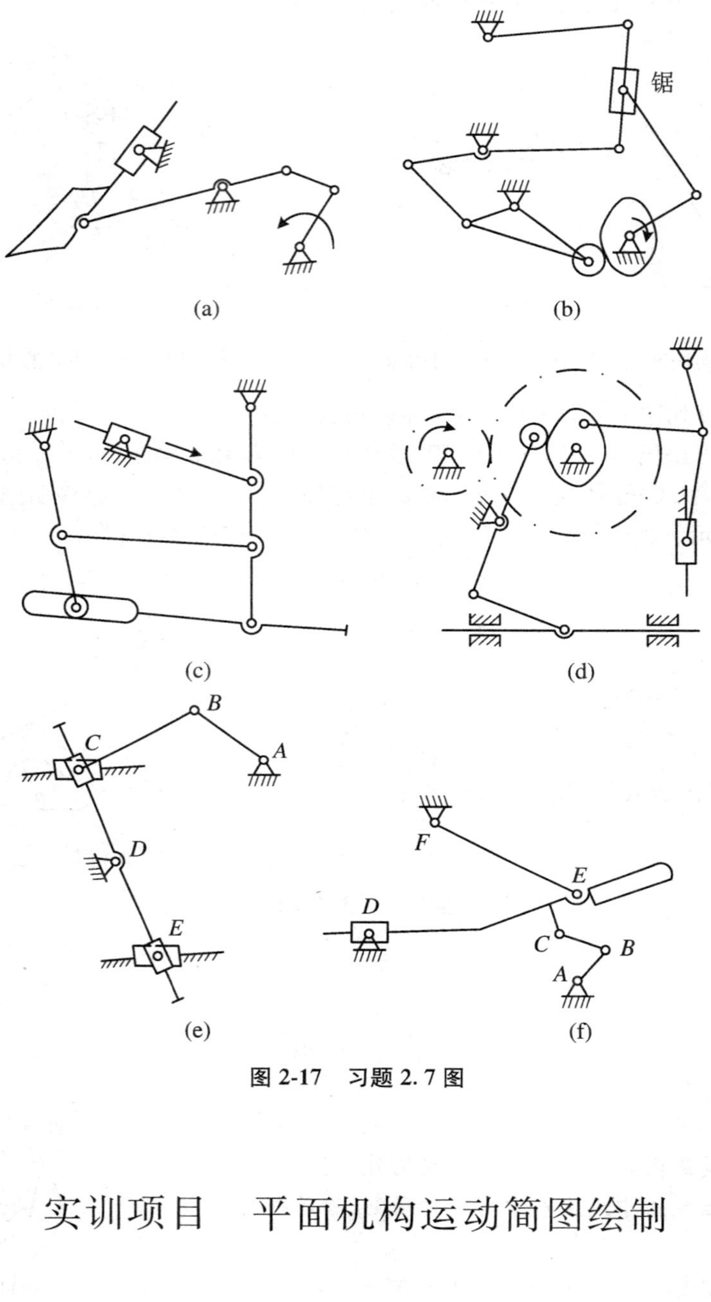

图 2-17 习题 2.7 图

实训项目 平面机构运动简图绘制

1. 实训目的

通过实训，掌握从实际机械中绘制平面机构运动简图的原则、方法和基本技能，验证和巩固机构自由度的计算。

2. 实训内容和要求

选择 1～2 种实际机械模型，从原动构件开始仔细观察机构运动，确定组成机构的构件数目、运动副的数目，测量各运动副间的相对位置，按规定的符号以适当的比例绘制出机构运动简图。计算该机构自由度，并验证其运动是否确定。

第 3 章　平面连杆机构

平面连杆机构是许多构件用低副(转动副和移动副)联接组成的平面机构。其运动形式多种多样,应用广泛,其中最基本、最常用的是四杆机构,它是组成多杆机构的基础。全部由转动副联接的平面四杆机构,称为铰链四杆机构,如图 3-1 所示。机构中固定杆件 4 称为机架,与机架相联的杆件 1 和杆件 3 称为连架杆,联接两连架杆的杆件 2 称为连杆。能绕固定铰链做整圆运动的连杆称为曲杆,只能在小于 360°的某一角度内摆动的连架杆称为摇杆。

3.1　铰链四杆机构的基本形式

铰链四杆机构,根据两连架杆的运动形式不同分为三种基本形式。

3.1.1　曲杆摇杆机构

若两连架杆一个是曲杆,另一个是摇杆,则此机构为曲柄摇杆机构。图 3-2 所示的雷达天线俯仰角调整机构,是曲杆摇杆机构的应用实例之一。其中曲柄 1 为原动件,天线固定在摇杆 3 上,该机构将曲柄的转动转换为摇杆的(天线)俯仰运动。

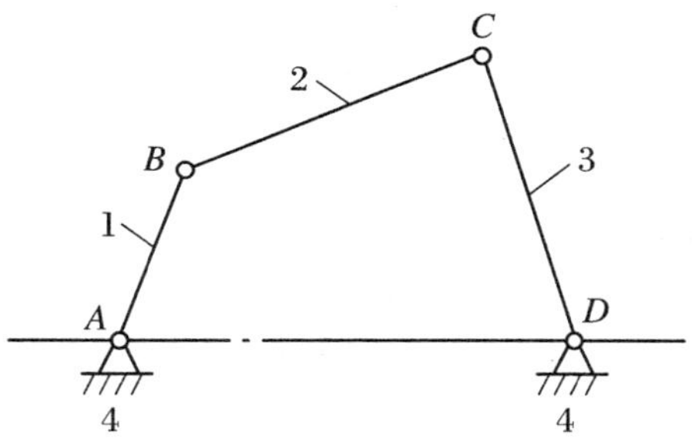

图 3-1　铰链四杆机构

1、3. 连架杆　2. 连杆　4. 机架

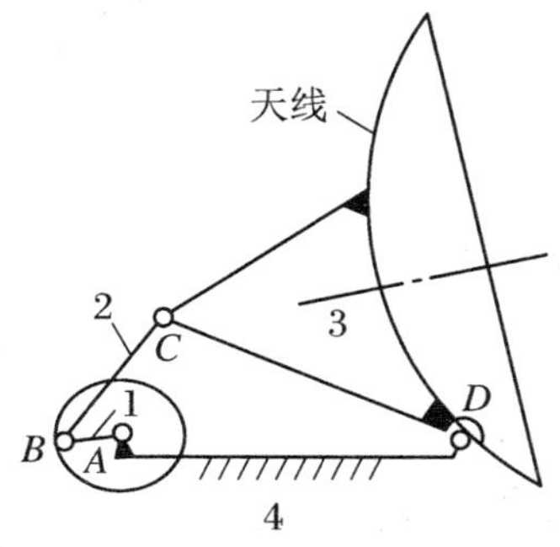

图 3-2　雷达天线俯仰机构

1. 曲柄　2. 从摇杆　3. 摇杆　4. 机架

图 3-3 所示为汽车前窗的刮雨器。当主动曲柄 AB 回转时,从动摇杆 CD 做往复摆动,利用摇杆的延长部分实现刮雨动作。

3.1.2　双曲柄机构

两连杆均为曲柄的铰链四杆机构,称为双曲柄机构。

图 3-4(a)所示的为旋转式水泵。它由相位依次相差 90°的 4 个双曲柄机构组成,图 3-4(b)

是其中一个双曲柄机构的运动简图。当原动曲柄 1 等角速顺时针转动时，连杆 2 带动从动曲柄 3 做周期性变速转动，因此相邻两从动曲柄(隔板)间的夹角及容积增大，形成真空，于是从进水口吸水；转到左边时，相邻两隔板间的夹角及容积变小，压力升高，从出水口排水，从而起到泵水作用。

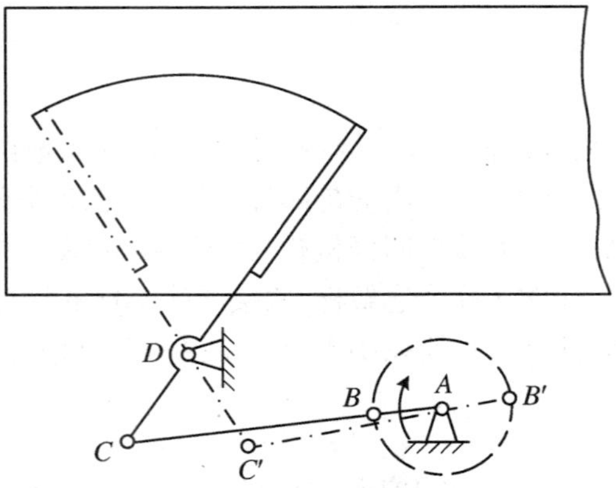

图 3-3 汽车前窗的刮雨器

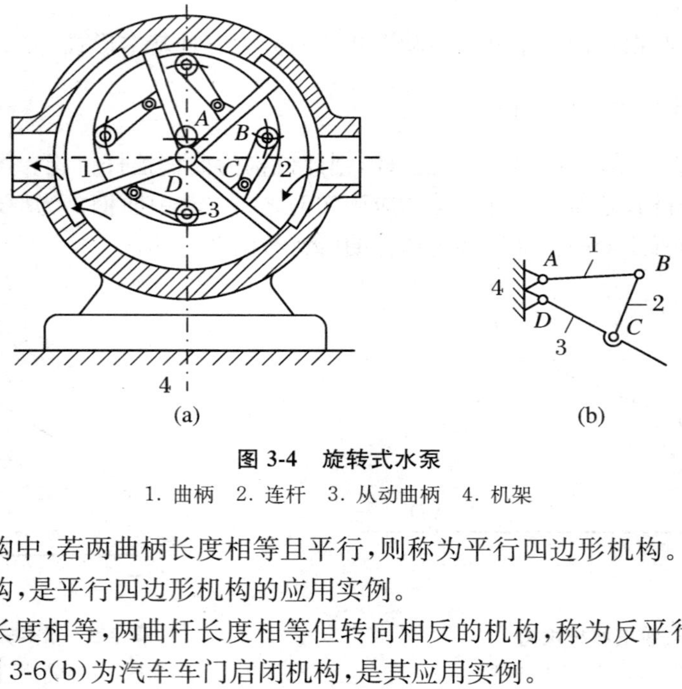

图 3-4 旋转式水泵

1. 曲柄 2. 连杆 3. 从动曲柄 4. 机架

在双曲柄机构中，若两曲柄长度相等且平行，则称为平行四边形机构。图 3-5 所示为机车驱动轮联动机构，是平行四边形机构的应用实例。

连杆与机架长度相等，两曲杆长度相等但转向相反的机构，称为反平行四边形机构，如图 3-6(a)所示；图 3-6(b)为汽车车门启闭机构，是其应用实例。

3.1.3 双摇杆机构

两连架杆都为摇杆的铰链四杆机构，称为双摇杆机构。可将主动件的往复摆动，经连杆转变为从动杆的往复摆动。如图 3-7 所示，港口起重机的变幅机构，可实现货物的水平移动，以减少功率损耗。

在双摇杆机构中，如果两摇杆长度相等，则称之为等腰梯形机构。图 3-8 所示为汽车前轮转向机构，$ABCD$ 即为等腰梯形机构。

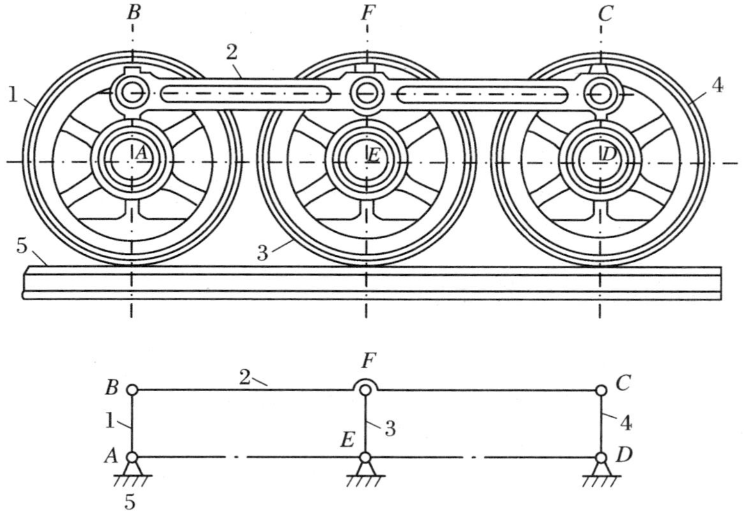

图 3-5　机车驱动轮联动机构

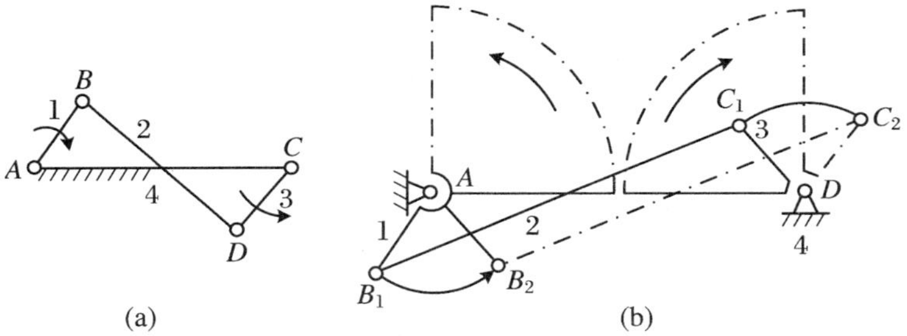

图 3-6　反平行四边形机构及应用

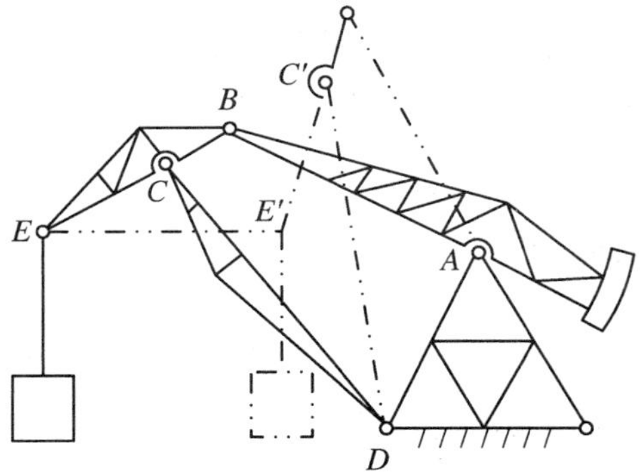

图 3-7　港口起重机的变幅机构

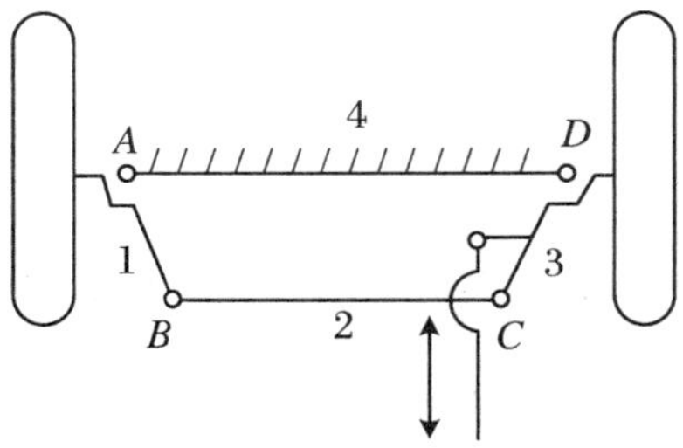

图 3-8　等腰梯形机构

3.2 铰链四杆机构的演化

除了上述三种铰链四杆机构外，在工程实际中还广泛地应用着其他类型的四杆机构。这些四杆机构都可以看做是由铰链四杆机构通过下述不同的方法演化而来的，掌握这些演化方法，有利于对连杆机构进行创新设计。

3.2.1 转动副转化为移动副

图 3-9(a)所示为曲柄摇杆机构，当曲柄 1 转动时，摇杆 3 上 C 点的轨迹是圆弧 mm'，且摇杆长度越长时，曲线 mm'越平直，当摇杆为无限长时，mm'将成为一条直线，这时摇杆作为滑块，转动副 D 将转化为移动副，这种机构称为曲柄滑块机构。如图 3-9(b)所示，滑块移动导路到曲柄回转中心 A 之间的垂直距离 e 称为偏距。如果 e 不为 0，称之为偏置曲柄滑块机构；如果 e 等于 0，称之为对心曲柄滑块机构。图 3-9(c)所示的曲柄滑块机构常用于内燃机、往复式抽水机、空气压缩机及冲床等机器中。

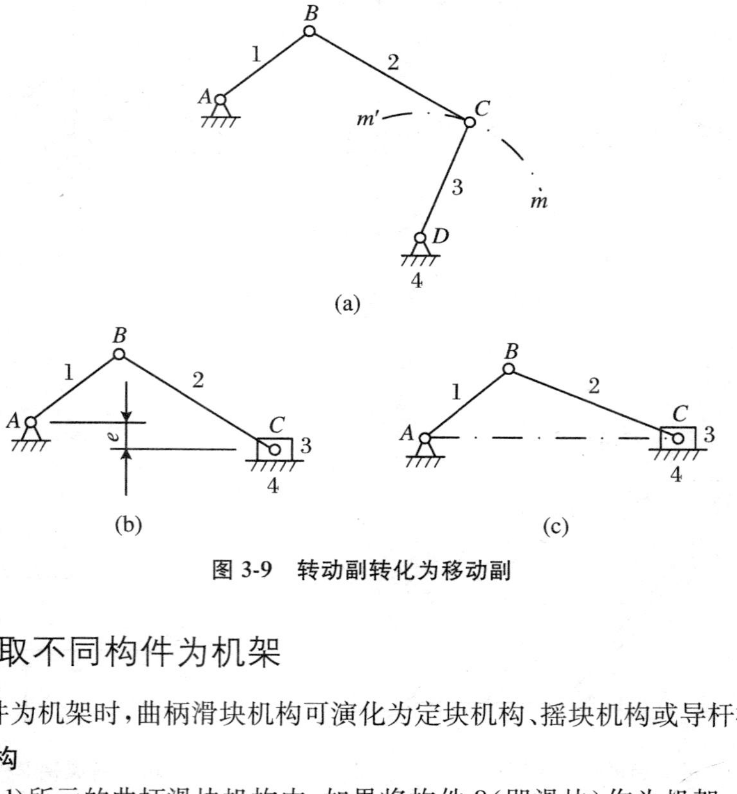

图 3-9 转动副转化为移动副

3.2.2 取不同构件为机架

取不同构件为机架时，曲柄滑块机构可演化为定块机构、摇块机构或导杆机构等。

1. 定块机构

在图 3-10(d)所示的曲柄滑块机构中，如果将构件 3(即滑块)作为机架，曲柄滑块机构则演变为定块机构。

2. 摇块机构

在图 3-10(c)所示的曲柄滑块机构中，若取杆 2 为固定构件，则可得摇块机构。这种机构被广泛应用于液压驱动装置中。图 3-11 的所示货车车厢的自动翻转机构中，当液压缸 3(即摇块)中的压力油推动活塞杆运动时，车厢 1 便绕回转副中心 B 倾转，当达到一定角度时，物料就自动卸下。

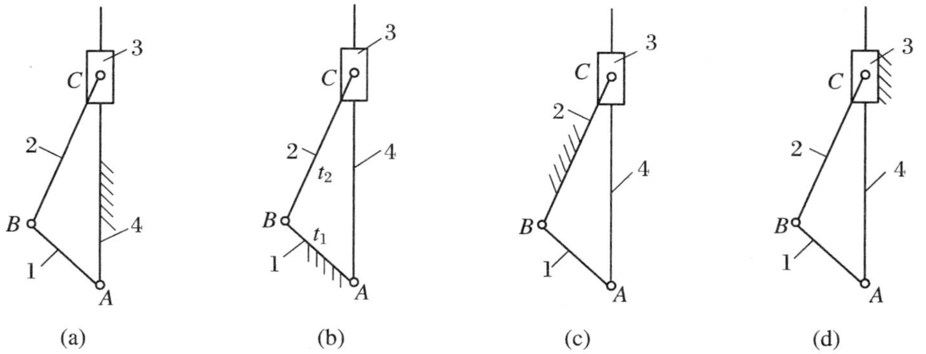

图 3-10　曲柄滑块机构的演化

3. 导杆机构

在图 3-10(a)所示的曲柄滑块机构中，若取杆 1 为固定构件，即得导杆机构。通常取杆 2 为原动件，若杆 2、杆 4 都能做整周回转($l_1<l_2$)，由于能转动的杆 4 对滑块起导向作用，于是把这种机构称为转动导杆机构(图 3-10(b))。若导杆 4 只能在一定角度内摆动($l_1>l_2$)，如图 3-12 所示，这种机构称为摆动导杆机构，常用于牛头刨床。

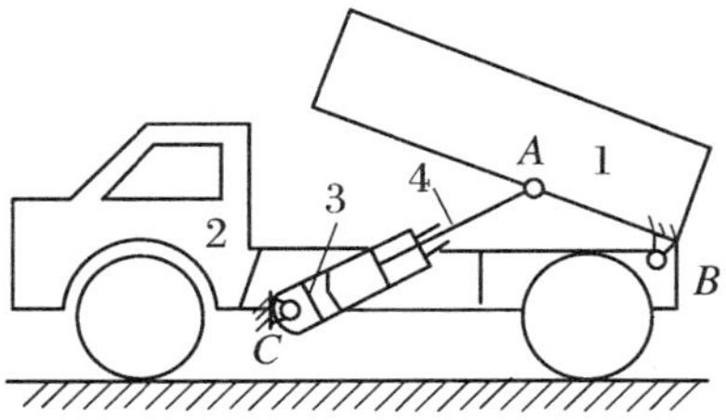

图 3-11　自卸货车

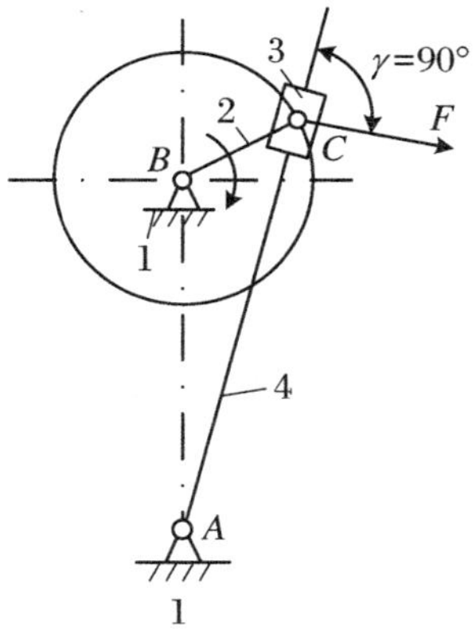

图 3-12　摆动导杆机构

3.3　铰链四杆机构的基本特性

3.3.1　铰链四杆机构存在曲柄的条件

在工程实际中，用于驱动机构的原动件通常是做整周转动的。因此要求机构的主动件也能做整周转动，即希望主动件是曲柄。下面以图 3-13 所示的铰链四杆机构为例来分析曲柄存在的条件。

如图 3-13 所示的铰链四杆机构的 $ABCD$ 各杆的长度分别为 l_1、l_2、l_3、l_4。先假定构件 1 为曲柄，杆 2 为连杆，杆 3 为摇杆，杆 4 为机架，因杆 1 为曲柄，故当摇杆处于左右极限位置时，曲柄与连杆两次共线。

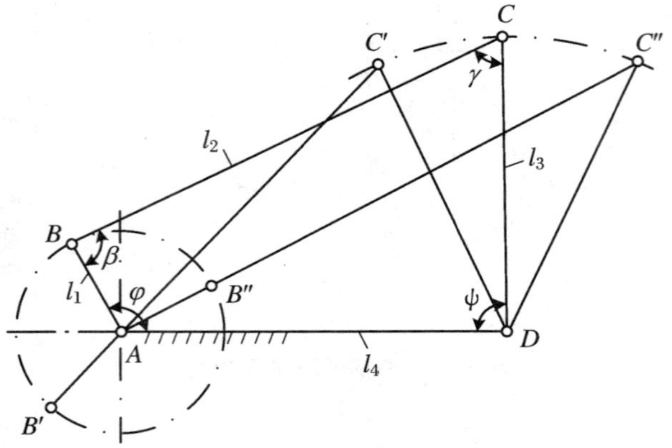

图 3-13 曲柄摇杆机构曲柄存在条件

当杆 1 处于 AB' 位置时，形成三角形 $AC'D$。根据三角形任意两边之和必大于(极限情况下等于)第三边的定理可得

$$l_4 \leqslant (l_2 - l_1) + l_3 \quad 及 \quad l_3 \leqslant (l_2 - l_1) + l_4$$

即

$$l_1 + l_4 \leqslant l_2 + l_3 \tag{3-1}$$

$$l_1 + l_3 \leqslant l_2 + l_4 \tag{3-2}$$

当杆 1 处于 AB'' 位置时，形成三角形 $AC''D$，可写出下面的关系式：

$$l_1 + l_2 \leqslant l_4 + l_3 \tag{3-3}$$

将式(2-2)、式(2-3)、式(2-4)两两相加可得

$$l_1 \leqslant l_2, \quad l_1 \leqslant l_3, \quad l_1 \leqslant l_4 \tag{3-4}$$

它表明杆 1 为最短杆，在杆 2、杆 3、杆 4 中有一杆为最长杆。

从上述分析可得出铰链四杆机构有曲柄的条件是：

① 最短杆与最长杆长度之和小于或等于其余两杆长度之和；

② 最短杆或最短杆的任一相邻杆为机架。

当满足曲柄存在条件时：

① 取最短杆为机架时，得双曲柄机构；

② 取最短杆的邻边为机架时，得曲柄摇杆机构；

③ 取最短杆的对边为机架时，得双摇杆机构。

如果铰链四杆机构中各杆长度不满足曲柄存在条件，无论以何杆作机架，该四杆机构均为双摇杆机构。

3.3.2 急回特性

如图 3-14 所示的曲柄摇杆机构，当主动曲柄 1 位于 B_1A 且与连杆 2 呈一条直线时，摇

杆 3 位于右极限位置 C_1D；当曲柄 1 以等角速度 ω，且与摇杆 2 重叠时，曲柄到达位置 B_2A，而摇杆 3 到达左极限位置 C_2D。当曲柄继续转过角 φ_2，而回到位置 B_1A 时，摇杆 3 则由左极限位置 C_2D 摆回到右极限位置 C_1D。从动杆的往复摆角均为 φ。由图可以看出，曲柄相应的两个转角 φ_1 和 φ_2 为

$$\varphi_1 = 180^\circ + \theta$$

$$\varphi_2 = 180^\circ - \theta$$

式中，θ 为摇杆位于两极限位置时，相应的曲柄所夹的锐角，称为极位夹角。

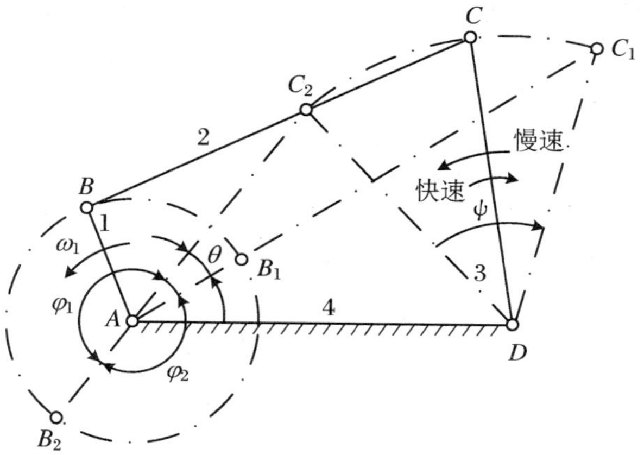

图 3-14　曲柄摇杆机构的急回特性

由于 $\varphi_1 > \varphi_2$，因此曲柄以等角速度 ω_1 转过这两个角度时，对应的时间 $t_1 > t_2$，而且 $\varphi_1/\varphi_2 = t_1/t_2$，而摇杆的平均速度 $\omega_{m1} = \omega_{m2}\psi/t_1 = \psi/t_2$，显然 $\omega_{m1} < \omega_{m2}$，即从动摇杆往复摆动的角速度不等，一慢一快，具有急回特性。牛头刨床、往复式输送机等机械就是利用这种急回特性来缩短非生产时间、提高生产率的。

通常用行程速比变化系数 K 来衡量急回运动的相对速度。即

$$K = \frac{\omega_{m1}}{\omega_{m2}} = \frac{\psi/t_2}{\psi/t_1} = \frac{\varphi_1}{\varphi_2} = \frac{180^\circ + \theta}{180^\circ + \theta} \tag{3-5}$$

如已知 K，即可求得极位夹角

$$\theta = 180^\circ \frac{K-1}{K+1} \tag{3-6}$$

上述分析表明：当曲柄摇杆机构在运动过程中具有不为 0 的极位夹角 θ 时，则机构具有急回特性，而且 θ 角越大，则 K 值越大，机构的急回特性越显著。

图 3-15(a)和(b)分别表示偏置曲柄滑块机构和摆动导杆机构的极限位置，同样可以求得它们的行程速度变化系数 K。

3.3.3　压力角和传动角

在生产中，不仅要求所设计的连杆机构能实现预期的运动规律，而且还希望在传递功率时有良好的传动性能，即驱动力应能尽量发挥有效作用。图 3-16 所示的曲柄摇杆机构，如不计各杆质量和运动副中的摩擦，则连杆 BC 为二力杆，它作用于从动杆 3 上的力 F 是沿 BC 方向的。作用于从动件上的驱动力 F 与该力作用点绝对速度 v_C 所夹的锐角称为压力

角。由图可见 α 越小，力 F 在 v_C 方向的有效分力 $F'=F\cos\alpha$ 越大，机构运转越轻便，效率越高。压力角的余角 $\gamma=90°-\alpha$，称为传动角。压力角 α 越小，传动角 γ 越大，传动性能越好；反之，压力角 α 越大，传动角 γ 越小，传动性能越差。

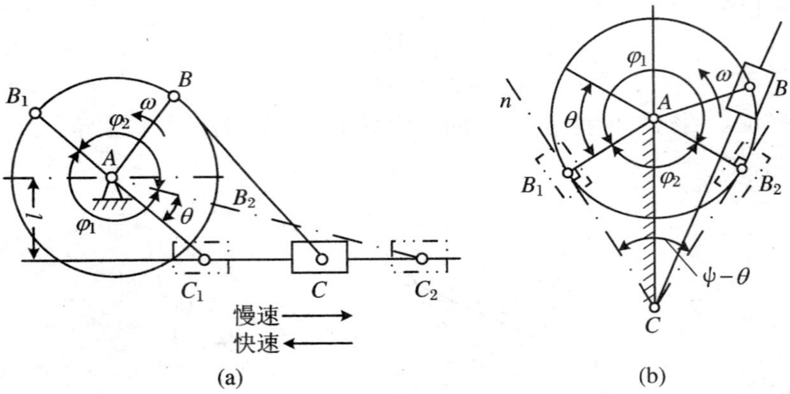

图 3-15　偏置曲柄滑块机构和摆动导杆机构的极限位置

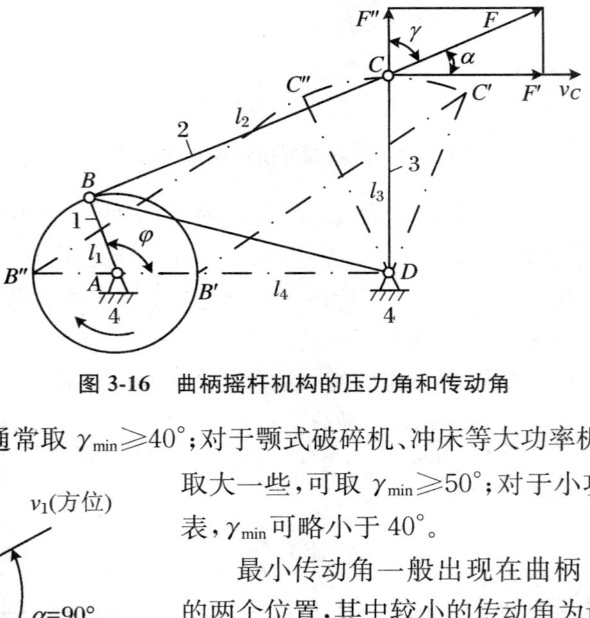

图 3-16　曲柄摇杆机构的压力角和传动角

对于一般机械，通常取 $\gamma_{min}\geqslant40°$；对于颚式破碎机、冲床等大功率机械，最小传动角应当取大一些，可取 $\gamma_{min}\geqslant50°$；对于小功率的控制机构和仪表，γ_{min} 可略小于 40°。

最小传动角一般出现在曲柄 AB 与机架 AD 共线的两个位置，其中较小的传动角为最小传动角。

3.3.4　死点

在图 3-17 所示的曲柄摇杆机构中，摇杆 3（即踏板）为主动件，当摇杆处在两极限位置时，连杆与曲柄共线，出现了传动角 $\gamma=0°$ 的情况。此时，摇杆上无论加多大驱动力也不能使曲柄转动，机构的此种位置称为死点位置。

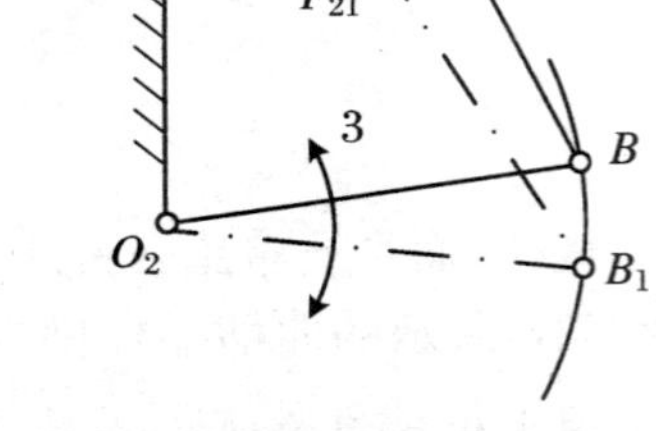

图 3-17　曲柄摇杆机构的死点

当机构处在死点位置时，从动件将卡死或出现运动不确定现象。设计时必须采取措施确保机构能顺利通过死点。通常采用在从动件上安装飞轮，利用飞轮的惯性，或错位排列机构的方法使机构通过死点位置，例如机车车轮的联动装置。

在工程实践中，不少场合也利用死点来实现一定的工作要求，如图 3-18(a)所示的夹紧装置，在连杆 1 的手柄处施以压力 F 将工件夹紧后，连杆 BC 与连架杆 CD 成一直线，撤去外力 F 之后，在工件 3 反弹力 F_n 作用下，从动件 CD 处在死点位置，即使反弹力很大也不会使工件松脱。图 3-18(b)处于松开工件位置。图 3-18(c)是飞机起落架放下位置，连杆 BC 与从动件 CD 位于一条直线上，因此机构处于死点位置。飞机着陆时，机轮承受很大的地面反力不致使从动件 CD 转动，保持支承状态。

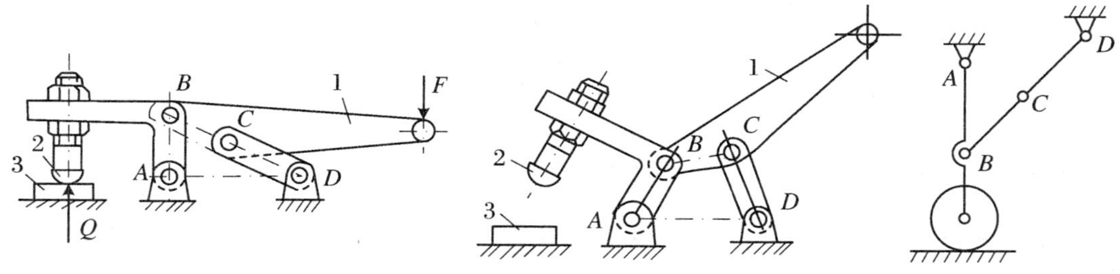

图 3-18　死点的利用

3.4　平面连杆机构的设计

平面连杆机构的设计，主要是根据给定的运动条件确定机构的尺寸，有时为了使机构设计更可靠、合理，还应考虑几何条件和动力条件等。在生产实际中，对平面连杆机构提出的工作要求是多种多样的，给定的条件也各不相同，通常可归纳为以下两类问题：

① 按照给定从动杆的运动规律设计四杆机构；

② 按照给定点的运动轨迹设计四杆机构。

平面四杆机构设计的方法有图解法、解析法和实验法。图解法直观，解析法精确，实验法简便。随着计算机技术的普及，解析法应用越来越广泛。

3.4.1　按给定连杆位置设计四杆机构

如图 3-19 所示，已知连杆 BC 长度及 3 个位置 B_1C_1、B_2C_2、B_3C_3，要求设计铰链四杆机构。

设计步骤：

① 连接 B_1B_2、B_2B_3：

作线 B_1B_2、B_2B_3 的垂直平分线 b_{12}、b_{23}，交于 A 点。

② 连接 C_1C_2、C_2C_3：

作线 C_1C_2、C_2C_3 的垂直平分线 c_{12}、c_{23}，交于 D 点。

③ 连接 AB_1、C_1D。

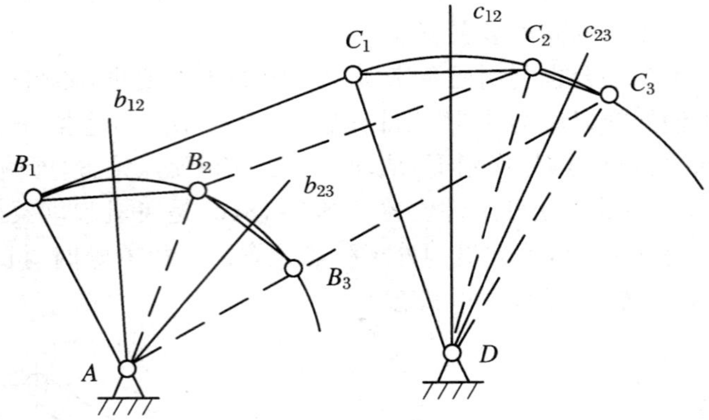

图 3-19　按给定杆位置设计四杆机构

3.4.2　按给定连架杆位置设计四杆机构

设已知机架 AD 的长度及连架杆 AB、CD 的两组对应位置 α_1、φ_1 和 α_2、φ_2，试设计该铰链四杆机构。

此问题的关键是求铰链 C 的位置。如图 3-20 所示，采用刚化反转法将 AB_2C_2D 刚化后绕 D 点反转（逆时针转）$(\varphi_1-\varphi_2)$ 角，C_2D 和 C_1D 重合，AB_2 转到 $A'B_2'$ 的位置。此时可以将此机构看成是以 CD 为机架，以 AB 为连杆的四杆机构。

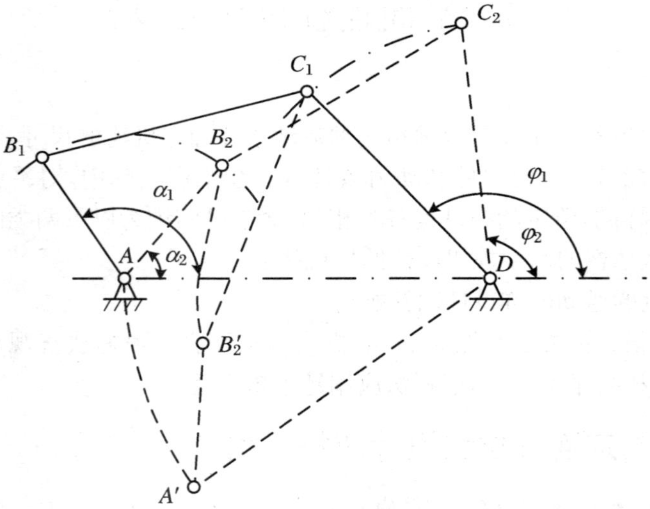

图 3-20　刚化反转法

现举例说明。如图 3-21(a)所示，已知四杆机构一连架杆 AB 和机架 AD 的长度，连架杆 AB 和另一连架杆 ED 的三组对应位置 α_1、α_2、α_3 和 φ_1、φ_2、φ_3，要求设计该四杆机构。

设计步骤如下：

① 选取适当比例 μ，按给定条件画出两连架杆的 3 组对应位置，并连接 DB_2 和 DB_3，见图 3-21(b)；

② 用反转法将 DB_2 和 DB_3 分别绕 D 点反转 $(\varphi_1-\varphi_2)$ 和 $(\varphi_1-\varphi_3)$，得到 B_2' 和 B_3'；

③ 作 B_1B_2' 和 $B_2'B_3'$ 的垂直平分线 N 和 M 相交于 C_1 点，连接 AB_1C_1D 即为该铰链四杆机构；

④ 杆 BC 和杆 CD 的长度 l_{BC}、l_{CD} 分别为 $l_{BC}=\mu\times B_1C_1$，$l_{CD}=\mu\times C_1D$。

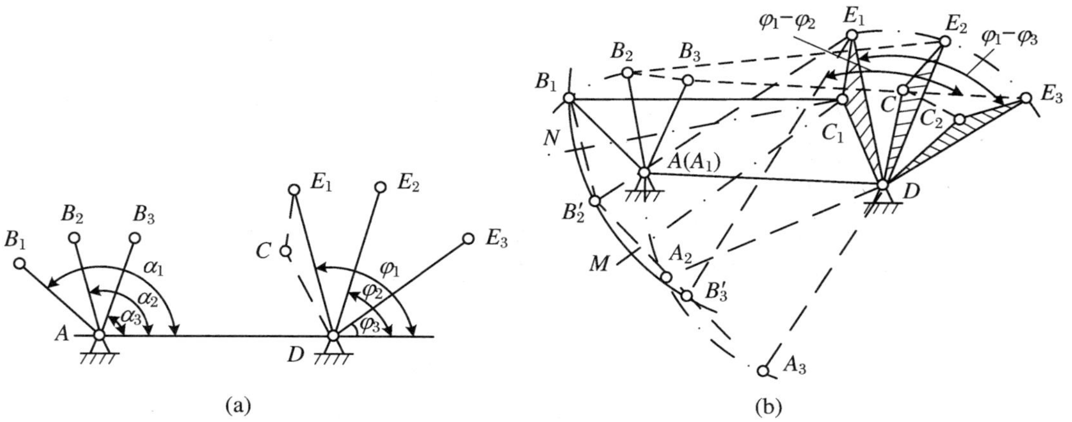

图 3-21　给定连架杆 3 个对应位置设计机构

3.4.3　按给定行程速比系数 K 设计四杆机构

如图 3-22 所示，已知摇杆 CD 长度及摆角 φ，行程速比系数为 K。要求设计曲柄摇杆机构。

设计步骤：

① 由 $\theta=180°\dfrac{K-1}{K+1}$ 公式，求出极位夹角 θ。

② 任选固定铰链 D 的位置，并作出摇杆两极限位置 C_1D 和 C_2D，夹角为 φ。

③ 连接 C_1 和 C_2 点，作 C_1C_2 的垂线 C_2M。

④ 作 $\angle C_1C_2N=90°-\theta$，$C_2N$ 与 C_2M 相交于 P 点。

⑤ 作 $\triangle PC_1C_2$ 的外接圆，在此圆周上（C_1、C_2 除外）任意一点都可作为曲柄的固定铰链点 A，连接 AC_1 与 AC_2，因圆弧上圆周角相等，所以 $\angle C_1AC_2=\angle C_1PC_2=\theta$，且 AD 确定。

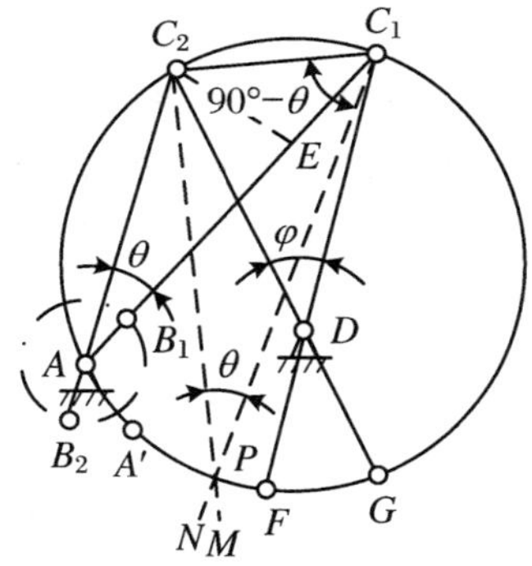

图 3-22

⑥ 由于极限位置处曲柄与连杆共线，所以 $AC_1=l_2-l_1$，$AC_2=l_2+l_1$，两式联立可得 $l_1=\dfrac{AC_2-AC_1}{2}$，以 A 点为圆心，l_1 为半径画圆，交 C_1A 的延长线于 B_1 点，交 C_2A 于 B_2 点，$B_1C_1=B_2C_2=l_2$。

由于 A 点的任意性，按行程速比系数 K 设计曲柄连杆机构时，可得到无穷多解。但 A 点位置的不同机构传动角的大小也不同，可按最小传动角或其他条件确定 A 点的位置。

习　题

3.1　铰链四杆机构中存在曲柄的条件是什么？满足这一条件是否一定存在曲柄？

3.2　在常用机械中，举出一个具有急回作用的实例，说明为什么要求其有急回作用？用什么机构实现？其行程速比系数如何计算？

3.3　什么是行程速比系数？极位夹角？急回特性？三者之间关系如何？

3.4　什么是平面连杆机构的死点？举出避免死点和利用死点进行工作的例子。

3.5　根据图 3-23 所示的尺寸和机架，判断各铰链四杆机构的类型。

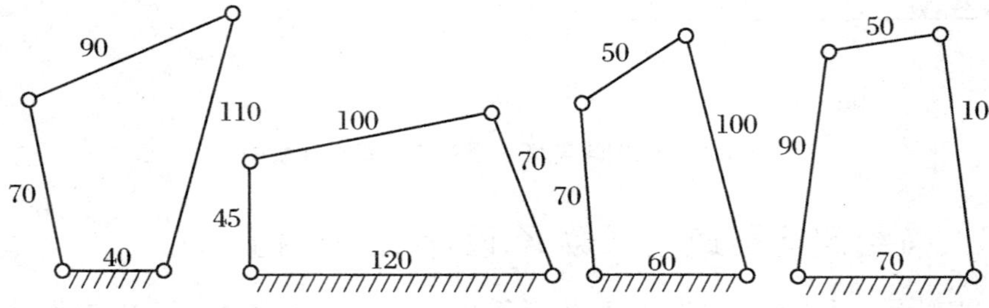

图 3-23　习题 3.5 图

3.6　四杆机构各杆长 $a=350$ mm，$b=550$ mm，$c=200$ mm，$d=700$ mm。

(1) 当取 d 为机架时，机构为____________________；

(2) 当取 c 为机架时，机构为____________________。

3.7　已知一平面连杆机构连杆的 3 个位置(图 3-24)，且 $l_{BC}=50$，试用图解法确定其他三杆的长度，并判断该机构的类型。

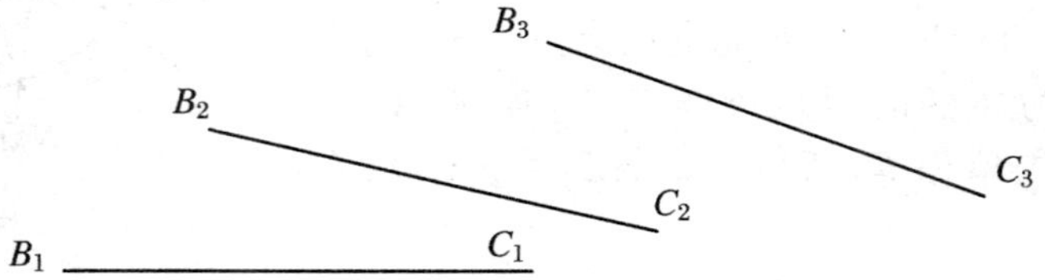

图 3-24　习题 3.7 图

3.8　设计一曲柄摇杆机构，已知摇杆 CD 的长度 $l_{CD}=75$ mm，行程速比系数 $K=1.5$，机架 AD 的长度 $l_{AD}=100$ mm，摇杆的一个极限位置与机架的夹角 $\psi=45°$，求曲柄连杆的长度 l_{AB} 和 l_{BC}。

实训项目　设计平面四杆机构

1. 实训目的

① 通过实际动手拼装各种平面机构，调动学生的学习兴趣，使学生能够将机械设计的理论知识和工程实践融会贯通，能够对平面机构的运动特性有更全面深入的理解。

② 加强实践训练，培养创新意识，提高工程实践动手能力。

2. 实训内容和要求

进行平面机构设计与组装综合训练，由学生构思平面机构运动简图并完成方案的拼接。

实训也可选用工程机械中应用的各种平面机构，根据机构运动简图，进行拼接实训。

第4章　凸轮机构

4.1　凸轮机构的组成、应用和类型

4.1.1　凸轮机构的组成及应用

图4-1所示为内燃机的配气机构。当凸轮1匀速转动时，其轮廓通过与气阀2的平底接触，使气阀有规律地开启和闭合进气口或出气口。

图4-2所示为自动车床靠模机构。拖板带动从动件2沿靠模凸轮1轮廓运动，刀刃走出手柄外形轨迹。

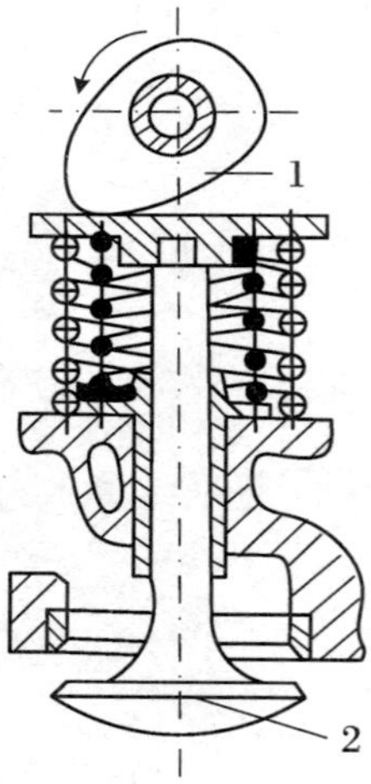

图4-1　内燃机的配气机构

1. 凸轮　2. 气阀

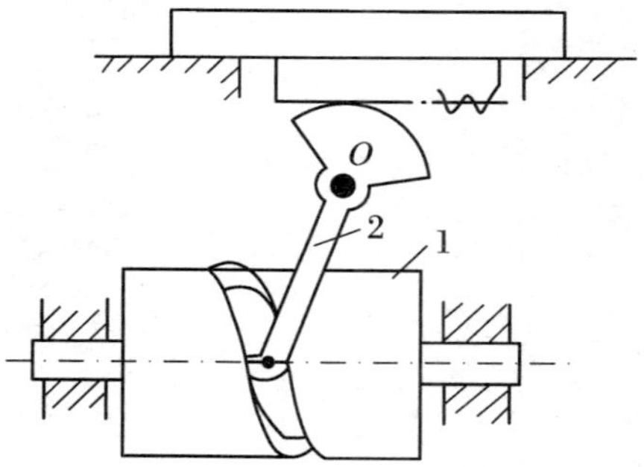

图4-2　自动车床靠模机构

1. 凸轮　2. 从动件

图4-3所示为自动机床进刀机构。图中具有曲线凹槽的构件叫做凸轮，当它等速回转时，用其曲线形沟槽驱动从动摆杆2绕固定点 O 做往复摆动，通过扇形齿轮和固结在刀架上的齿条控制刀具进刀和退刀，刀架运动规律则取决于凸轮1上曲线凹槽的形状。

从以上例子可以看出，凸轮机构是由凸轮、从动件和机架这3个基本构件组成的。凸轮是原动件，通过高副与从动件相联接，广泛地应用于各种机械，特别时是在印刷机、纺织机、内燃机以及各种自动机中。在机械设计中，当需要其从动件必须准确地实现某种预期的运动规律时，常采用凸轮机构。

4.1.2 凸轮机构的类型

凸轮机构形式多种多样,常用的分类方法有以下几种:

1. 按凸轮形状分类

(1) 盘形凸轮

如图 4-1 所示,凸轮呈盘状,并且具有变化的向径。当其绕固定轴转动时,可推动从动件在垂直于凸轮转轴的平面内运动。它是凸轮最基本的形式,结构简单,应用广泛。

(2) 移动凸轮

当盘形凸轮的转轴位于无穷远时,就演化成了如图 4-2 所示的凸轮,这种凸轮称为移动凸轮,呈板状,相对于机架做直线移动。

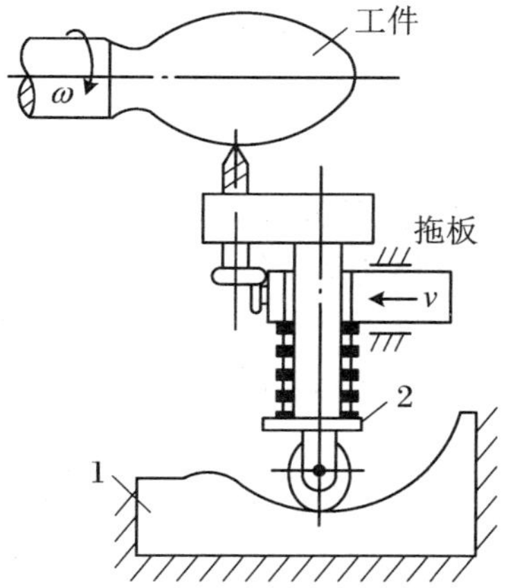

图 4-3 自动机床进刀机构

1. 凸轮 2. 从动摆杆

在以上两类凸轮机构中,凸轮与从动杆之间的相对运动均为平面运动,故称为平面凸轮机构。

(3) 圆柱凸轮

如图 4-3 所示,凸轮的轮廓曲线在圆柱体上。它可以看做是由上述移动凸轮卷成圆柱体演化而成的。在这种凸轮机构中,凸轮和从动件之间的相对运动是空间运动,故称为空间凸轮机构。

2. 按从动件形状分

(1) 尖端从动杆

如图 4-4(a)所示,传动件的尖端能够与任意复杂的凸轮轮廓保持接触,从而使从动件实现任意的运动规律。这种从动件结构简单,但尖端处易磨损,故只适用于速度较低和传动力不大的场合。

(2) 滚子从动件

如图 4-4(b)所示,从动件端部装有可以自由转动的滚子,借此可以减少摩擦和磨损,并且能传递较大的动力。但端部结构复杂,质量较大,不易润滑,故不适于高速场合。

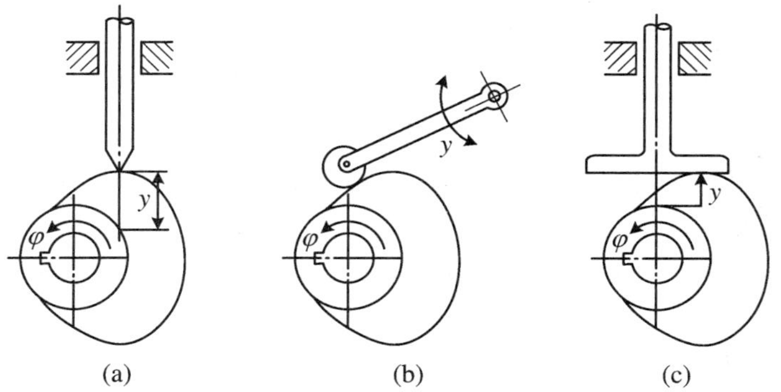

图 4-4 从动杆的类型

(3) 平底从动件

如图 4-4(c)所示,当不计摩擦时,凸轮对从动件的驱动力垂直于平底,有部分力较大,凸轮与从动件之间为线接触,接触处易形成油膜,润滑状况好,故常应用于高速凸轮。但平底从动件不适用于轮廓曲线内凹的凸轮。

3. 按从动件的运动形式分类

(1) 移动从动件

如图 4-1、图 4-2 所示,从动件做往复移动。

(2) 摆动从动件

如图 4-3 所示,从动件做往复摆动。

4. 按凸轮与从动件维持高副接触的方法分类

(1) 力封闭型凸轮机构

所谓力封闭型是指利用重力、弹簧力或其他外力使从动件与凸轮轮廓始终保持接触。图 4-1 所示的内燃机就是利用弹簧力维持高副接触的实例。

(2) 形封闭型凸轮机构

所谓形封闭型凸轮机构,是指利用高副元素本身的几何形状使从动件与凸轮轮廓始终保持接触。如图 4-5 所示,将凸轮曲线做成凹槽,从动件的滚子置于凹槽中,使从动件在凸轮运动过程中与凸轮始终保持接触。

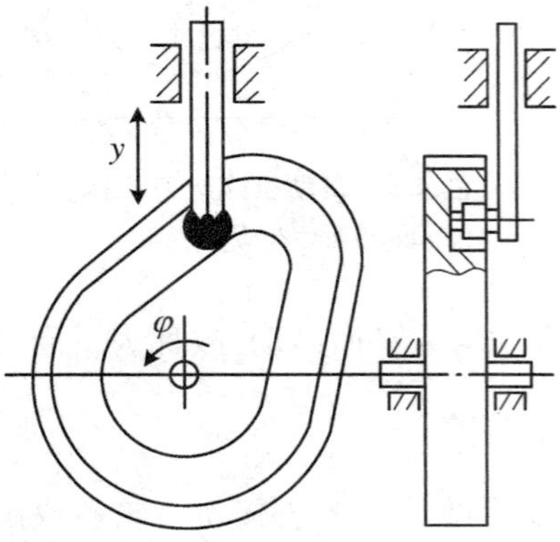

图 4-5 形封闭型凸轮机构

4.1.3 选择凸轮机构形式时应考虑的因素

1. 运动方面的因素

运动方面的因素主要包括:工作所需要的从动件的输出运动是摆动的还是移动的;从动件和凸轮之间的相对运动是平面的还是空间的;凸轮机构在整个机械系统中所允许占据的空间大小;凸轮轴与摆动输出中心之间距离的大小等。例如,当工作要求从动件的输出运动是移动时,需选用移动从动件凸轮机构;当从动件的移动距离较大而凸轮机构在整个机械中所允许占据的空间又相对较小时,选择圆柱凸轮机构要比选择盘形凸轮机构更适宜;当工作对 360°范围内的运动规律有要求时,不能选用等宽或等径凸轮机构。

2. 动力方面的因素

动力方面的因素主要包括:工作所要求的凸轮运转速度的高低;加在凸轮和从动件上的载荷以及被驱动质量的大小等。例如,当工作要求凸轮的转动速度较高时,可选用平底从动件凸轮机构;当工作要求传递的动力较大时,可选用滚子从动件凸轮机构。

3. 环境方面的因素

环境方面的因素考虑凸轮机构运动的环境条件,工作时凸轮机构的环境要求(如噪声、清洁度等)。

4. 经济方面的因素

经济方面的因素考虑加工制造的成本、维护费用等。在选择凸轮机构形式时,简单性总是首要考虑的因素,因此在满足运动学、动力学、环境、经济性等要求的情况下,选择的凸轮机构形式越简单越好。

4.2 从动件常用运动规律

4.2.1 凸轮与从动件的运动关系

图 4-6 所示为尖端移动从动件盘形凸轮，以凸轮轮廓最小向径 r_b 为半径所绘的圆称为基圆。当尖端与凸轮轮廓上的 A 点接触时，从动件位于上升的起始位置。当凸轮以等角速度 ω_1 顺时针转过 δ_t 时，从动件尖端被凸轮轮廓推动，以一定的运动规律由离回转中心最近的位置 A 到达最远的位置 B，这个过程称为推程。这时它所走过的距离 h 称为从动件的升程，而与推程对应的凸轮转角 δ_t 称为推程运动角。当凸轮继续转过 δ_s 时，以 O 为中心的圆弧 $B'C$ 与尖底相接触，从动件在最高处静止不动，这个过程为远程休止过程，δ_s 称为远休止角，当凸轮继续回转 δ_h 时，从动件从最远处按一定运动规律回到起始位置，这个过程为回程，δ_h 称为回程运动角。当凸轮继续转过 δ_s'时，以 O 为中心的圆弧 DA 与尖端相接触，从动件在最近的位置静止不动，为近程休止过程，称 δ_s'为近程休止角。凸轮连续回转时，从动件重复上述升—停—降—停的运动循环。

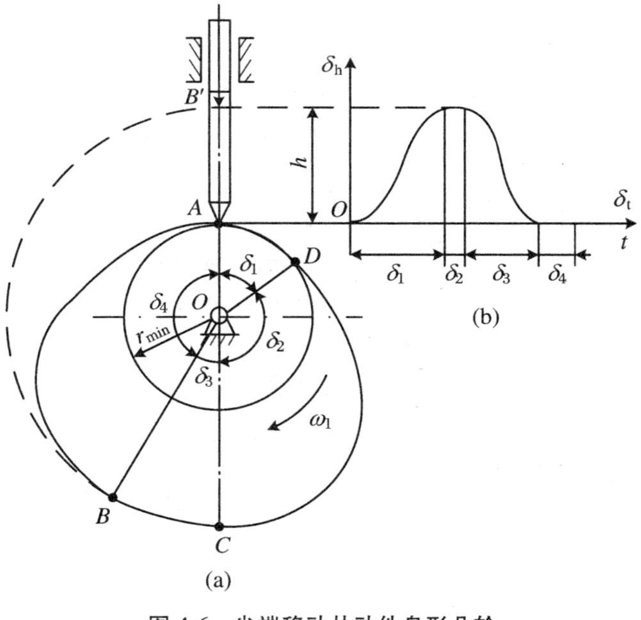

图 4-6 尖端移动从动件盘形凸轮

从以上分析可知，从动件的运动规律是与凸轮轮廓曲线的形状相对应的。通常设计凸轮主要是根据从动件的运动规律，绘制凸轮轮廓曲线。

4.2.2 从动件常用运动规律

所谓从动件运动规律是指从动件位移、速度及加速度与凸轮转角（或时间）的关系。通常把位移、速度、加速度随转角（或时间）的变化曲线称为从动件运动线图。

1．等速运动规律

凸轮以等角速度转动时，从动件在推程或回程中的速度为常数，称之为等速运动规律。

等速运动位移方程为 $s_2 = v_0 t$，将时间 t 替换为转角 δ_1，经推导得推程时的从动件运动方程为

$$\left.\begin{aligned} s_2 &= \frac{h}{\delta_t}\delta_1 \\ v_2 &= \frac{h}{\delta_t}\omega_1 \\ a_2 &= 0 \end{aligned}\right\} \tag{4-1}$$

回程时，从动件的运动方程为

$$\left.\begin{aligned} s_2 &= h\left(1 - \frac{\delta_1}{\delta_h}\right) \\ v_2 &= -\frac{h}{\delta_h}\omega_1 \\ a_2 &= 0 \end{aligned}\right\} \tag{4-2}$$

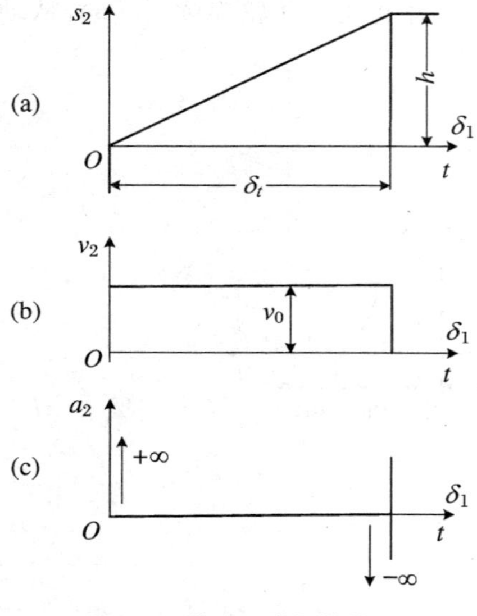

图 4-7　等速运动规律线图

等速运动规律线图（推程阶段）如图 4-7 所示。由图 4-7(b)可知，其速度曲线不连续，从动件在运动起始和终止时速度有突变，此时加速度在理论上由零瞬间变为无穷大，从而使从动件突然产生理论上无穷大的惯性力。虽然实际上由于材料具有弹性，加速度和惯性力不至于达到无穷大，但仍会使机构产生强烈冲击，这种冲击称为刚性冲击。这种运动规律适用于轻载、低速的场合。

2．等加速、等减速运动规律

这种运动规律是指从动件在推程或回程的前半行程做等加速运动，后半行程做等减速运动。通常两部分加速度绝对值相等。

等加速位移方程为 $s_2 = \frac{1}{2}a_0 t^2$，将时间 t 替换为转角 δ_1，经推导得推程等加速时的从动件运动方程为

$$\left.\begin{aligned} s_2 &= \frac{2h}{\delta_t^2}\delta_1^2 \\ v_2 &= \frac{4h\omega_1}{\delta_t^2}\delta_1 \\ a_2 &= \frac{4h\omega_1^2}{\delta_t^2} \end{aligned}\right\} \tag{4-3}$$

推程等减速时的从动件运动方程为

$$\left.\begin{aligned} s_2 &= h - \frac{2h}{\delta_t^2}(\delta_h - \delta_1)^2 \\ v_2 &= \frac{4h\omega_1}{\delta_t^2}(\delta_h - \delta_1) \\ a_2 &= -\frac{4h\omega_1^2}{\delta_t^2} \end{aligned}\right\} \tag{4-4}$$

等加速、等减速运动规律线图(推程阶段)如图4-8所示。由图4-8(b)可知其速度曲线连续,故不会产生刚性冲击,但其加速度曲线在运动的起始、中间和终止位置不连续,加速度有突变,这种由加速度突变引起的冲击称为柔性冲击。它比刚性冲击小得多,因此这种运动规律适用于中速凸轮机构。

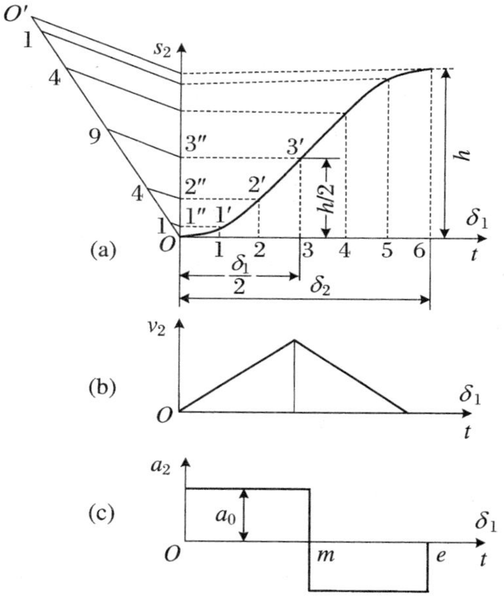

图4-8　等加速、等减速运动规律线图

3. 简谐运动规律

当一质点在圆周上做匀速运动时,该点在这个圆的直径上的投影所构成的运动,称为简谐运动。设以从动件升程 h 为直径,其从动件的位移方程为

$$s_2 = \frac{h}{2}(1 - \cos\theta) \tag{4-5}$$

由图4-9(a)知,当 $\theta = \pi$ 时,$\delta_1 = \delta_t$,故 $\theta = \frac{\pi}{\delta_t}\delta_1$,代入上式可导出从动件推程时的运动方程:

$$\left.\begin{aligned} s_2 &= \frac{h}{2}\left[1 - \cos\left(\frac{\pi}{\delta_t}\delta_1\right)\right] \\ v_2 &= \frac{\pi h\omega_1}{2\delta_t}\sin\left(\frac{\pi}{\delta_t}\delta_1\right) \\ a_2 &= \frac{\pi^2 h\omega_1^2}{2\delta_t^2}\cos\left(\frac{\pi}{\delta_t}\delta_1\right) \end{aligned}\right\} \tag{4-6}$$

回程时,从动件的运动方程为

$$\left.\begin{aligned} s_2 &= \frac{h}{2}\left[1+\cos\left(\frac{\pi}{\delta_h}\delta_1\right)\right] \\ v_2 &= -\frac{\pi h\omega_1}{2\delta_h}\sin\left(\frac{\pi}{\delta_h}\delta_1\right) \\ a_2 &= -\frac{\pi^2 h\omega_1^2}{2\delta_h^2}\cos\left(\frac{\pi}{\delta_h}\delta_1\right) \end{aligned}\right\} \tag{4-7}$$

由图 4-9(b)、(c)知速度曲线连续，故不会产生刚性冲击，但在运动的起始和终止位置，加速度曲线不连续，加速度产生有限突变，因此会产生柔性冲击。当从动件做无停歇的升—降—升连续往复运动时，加速度曲线变为连续函数，从而避免柔性冲击，可适用于高速凸轮机构。

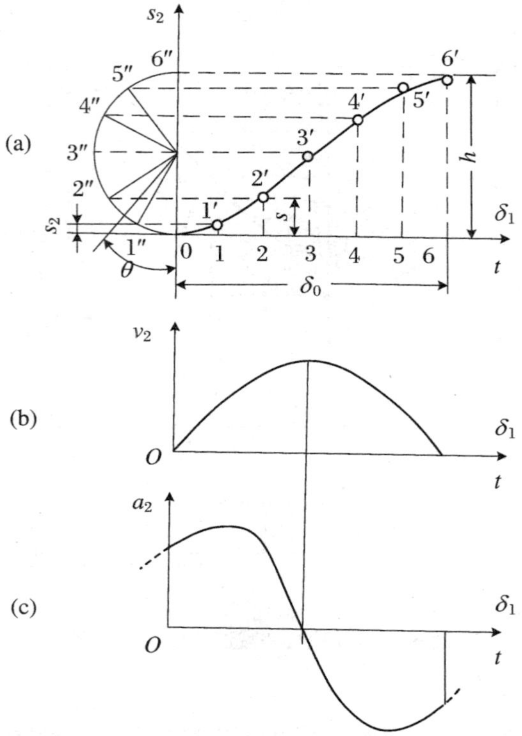

图 4-9 简谐运动规律线图

4.3 图解法设计盘状凸轮轮廓

当根据工作要求选定了凸轮机构的类型和从动件的运动规律后，可根据其他必要的给定条件，进行凸轮轮廓线的设计。凸轮轮廓线的设计方法有图解法和解析法。图解法简便、直观，但精度有限，适应于低速和对从动件规律要求不太严格的凸轮机构。对高速或高精度的凸轮，则须采用解析法设计。这里主要介绍图解法。

4.3.1 凸轮轮廓线设计的基本原理

当凸轮机构工作时，凸轮和从动轮都是运动的。为了在图纸上画出凸轮轮廓，应使凸轮与图纸平面相对静止，因此采用反转法。

如图 4-10 所示，已知凸轮绕轴 O 以等角速度逆时针转动。如果在该机构上加一个公共角速度 $-\omega_1$，绕 O 轴反向回转，则凸轮与从动件之间的相对运动并不改变，但凸轮将静止不动。从动件一方面随导路以 $-\omega_1$ 速度绕 P 点转动（即反转），另一方面又在导路中移动。由于尖端从动件在反转过程中始终与凸轮轮廓曲线接触，从动件尖端的轨迹就是该凸轮的理论廓线。这就是“反转法”原理。反转法原理适合于各种凸轮轮廓线的设计。

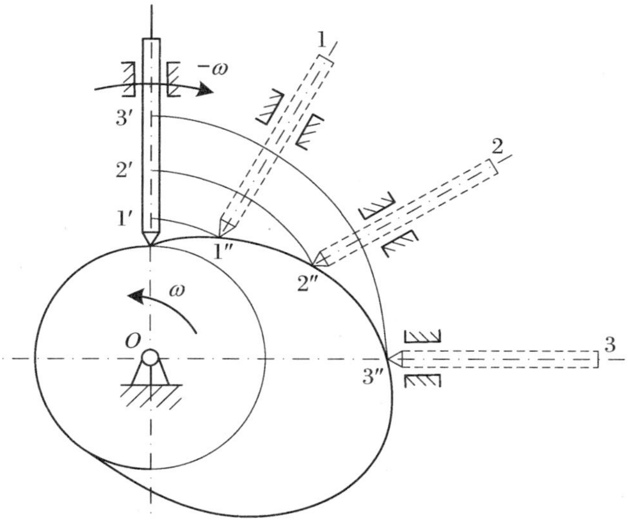

图 4-10 凸轮机构的反转法原理

4.3.2 直动尖顶从动件盘形凸轮机构

若已知凸轮的基圆半径 $r_b = 25$ mm，凸轮以等角速度 ω 逆时针方向回转。推杆的运动规律如图 4-11 所示。利用作图法设计凸轮廓线的作图步骤如下：

① 选取适当的比例尺 μ_l，取 r_b 为半径作圆（图 4-11）。

② 先作相应于推程的一段凸轮廓线。为此，根据反转法原理，将凸轮机构按 $-\omega$ 速度进行反转，此时凸轮静止不动，而推杆绕凸轮顺时针转动。按顺时针方向先量出推程运动角 120°，再按一定的分度值（凸轮精度要求高时，分度值取小些，反之可以取大些）将此运动角分成若干等份，并依据推杆的运动规律算出运动到各分点时推杆的位移值 s。

③ 确定推杆在反转运动中所占据的每个位置。为此，根据反转法原理，从 A 点开始，将运动角按顺时针方向按 15°一个分点进行等分，则各等分径向线 $O1, O2, \cdots, O8$，即为推杆在反转运动中所依次占据的位置。

④ 确定出推杆在复合运动中其尖顶所占据的一系列位置。根据图 4-11(b)中所示数值 s，沿径向等分线由基圆向外量取，得到 $1', 2', \cdots, 8'$ 点，即为推杆在复合运动中其尖顶所占

据的一系列位置。

⑤ 用光滑曲线连接 $A \to 8'$，即得推杆升程时凸轮的一段廓线。

⑥ 凸轮再转过 30°时，由于推杆停在最高位置不动，故该段廓线为一圆弧。以 O 为圆心，以 $O8'$ 为半径画一段圆弧 $8'9'$。

⑦ 当凸轮再转过 60°时，推杆等速下降，其廓线可仿照上述步骤进行。

⑧ 最后，凸轮转过其余的 150°时，推杆静止不动，该段又是一段圆弧。

按以上作图法绘制的光滑封闭曲线即为凸轮廓线。

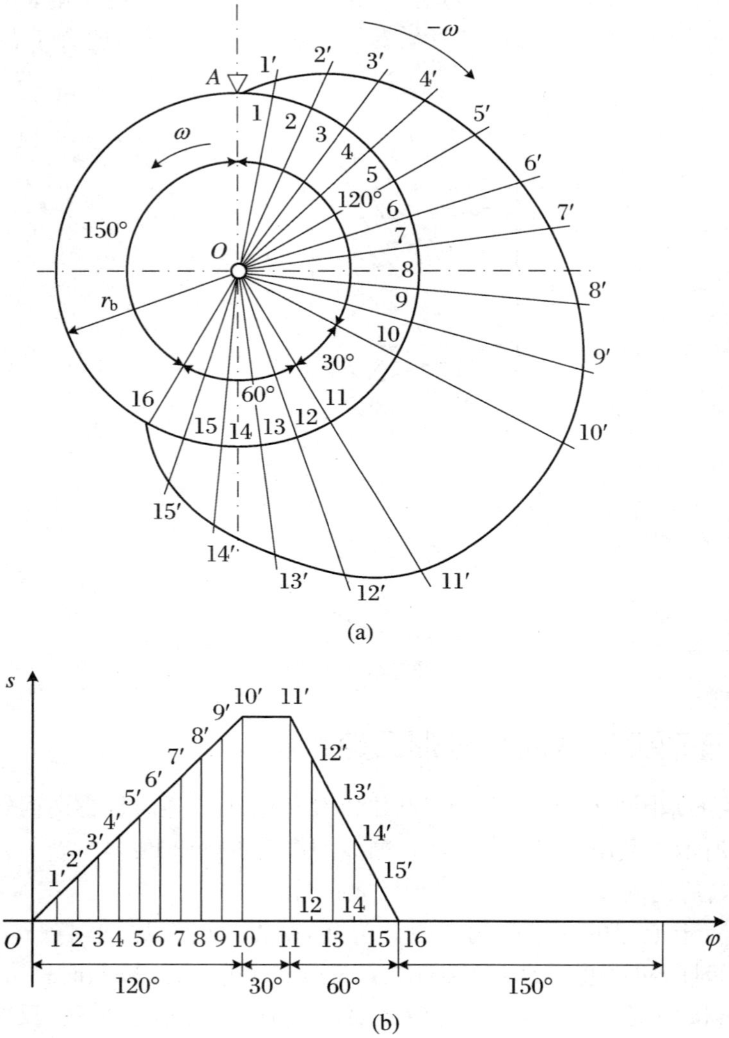

图 4-11　尖端对心移动从动件盘形凸轮

4.3.3　对心直动滚子推杆盘形凸轮机构

对于这种类型的凸轮机构，由于凸轮转动时滚子(滚子半径 r_T)与凸轮的相切点不一定在推杆的位置线上，但滚子中心位置始终处在该线，推杆的运动规律与滚子中心一致，所以其廓线的设计需要分两步进行：

① 将滚子中心看做尖顶推杆的尖顶，按前述方法设计出廓线 β_0，这一廓线称为理论廓线。

② 以理论廓线上的各点为圆心、以滚子半径 r_T 为半径作一系列的圆，这些圆的内包络线 β 即为所求凸轮的实际廓线，如图 4-12 所示。

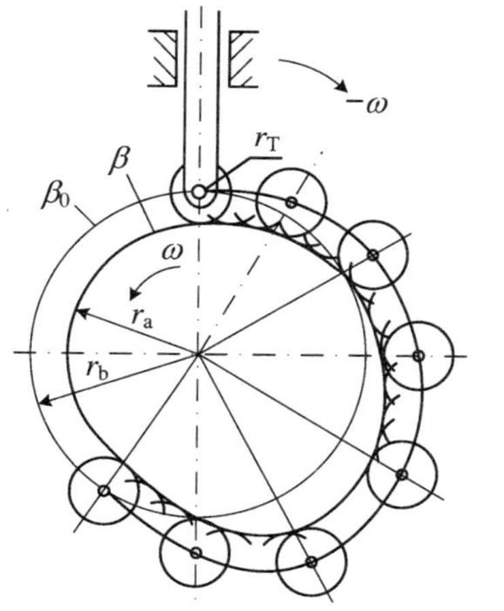

图 4-12 平底直动从动件盘形凸轮

4.3.4 对心直动平底推杆盘形凸轮机构

在设计这类凸轮机构的凸轮廓线时，也要按以下两步进行：

① 把平底与推杆轴线的交点 B 看做尖顶推杆的尖顶，按照前述方法，求出尖顶的一系列位置，将其连成曲线，即为凸轮的理论廓线。

② 过以上各交点 B 按推杆平底与推杆轴线的夹角作一系列代表平底的直线，这一系列位置的包络线即为所求凸轮的实际廓线，如图 4-13 所示。

4.3.5 尖端偏置移动从动件盘形凸轮设计

已知条件同尖端对心移动从动件盘形凸轮。试绘制该偏置移动从动件盘形凸轮。由于 $e\neq0$(图 4-14)，显然，从动件在反转运动中，其导路始终与凸轮轴心 O 保持偏距 e。因此设计这种凸轮轮廓时，首先以 O 为圆心，以偏距 e 为半径作偏距圆切于从动件导路，其次以 r_{min} 为半径作基圆，基圆与导路的交点 A_0 即为从动件的起始位置。自 OA_0 沿 $-\omega_1$ 方向取 δ_t、δ_h、δ_s'，并将它们割分成与图 4-11 对应的若干等分，在基圆上得 A_1'，A_2'，A_3'，…，过这些点作偏距圆的切线，它们便是反转后从动件导路的一系列位置。从动件的相应位移应在这些切线上量取，即取线段 $A_1A_1'=11'$，$A_2A_2'=22'$，$A_3A_3'=33'$，…，最后将 A_0，A_1，A_2，A_3，…，连成光滑曲线，即得到所求的凸轮轮廓。

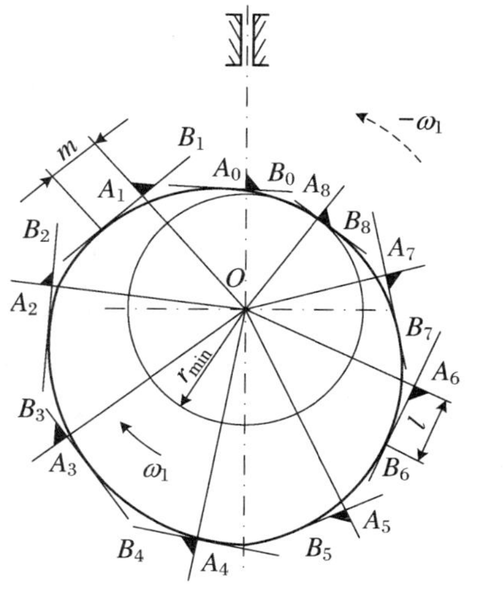

图 4-13 平底直动从动件盘形凸轮

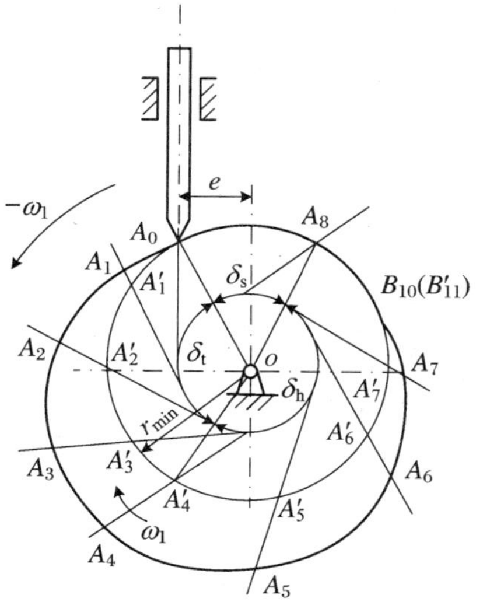

图 4-14 尖端偏置移动从动件盘形凸轮

4.3.6 用作图法设计凸轮轮廓注意的事项

用作图法设计凸轮轮廓须注意以下几点：

① 从动件在反转运动中的转动方向(与凸轮的转向相反)。

② 偏置移动从动件盘形凸轮设计时，从动件在反转运动中依次占据的位置都与偏距圆相切。

③ 取分点越多，所得的凸轮轮廓越准确。实际作图时，取分点的多少可根据对凸轮工作准确度的要求给定。

④ 连接各分点的曲线必须是光滑连续的曲线。

4.4 设计凸轮机构应注意的问题

设计凸轮机构时，不仅要满足从动件的运动规律，还要求结构紧凑，传力性能好。这些要求的实现与凸轮机构的压力角、基圆半径和滚子半径等有关。

4.4.1 滚子半径的选取

对于滚子从动件的凸轮机构，滚子半径的大小常常影响到凸轮实际轮廓曲线的形状，因此我们必须合理选择滚子的半径。当凸轮理论轮廓曲线 β 为内凹曲线时(图 4-15)，其实际轮廓曲线 β' 的曲率半径 ρ' 为 ρ 与 r_T 之和，即 $\rho'=\rho+r_T$，故 r_T 的大小不受 ρ 的限制。当凸轮理论轮廓曲线 β 为外凸曲线时(图 4-16)，则 $\rho=\rho-r_T$。当 $\rho_{min}>r_T$ 时(图 4-16(a))，$\rho'>0$，实际轮廓曲线为一平滑曲线。当 $\rho_{min}=r_T$ 时(图 4-16(b))，$\rho'=0$，在凸轮实际轮廓曲线上产生尖点，这种尖点极易磨损，容易改变凸轮的运动规律。

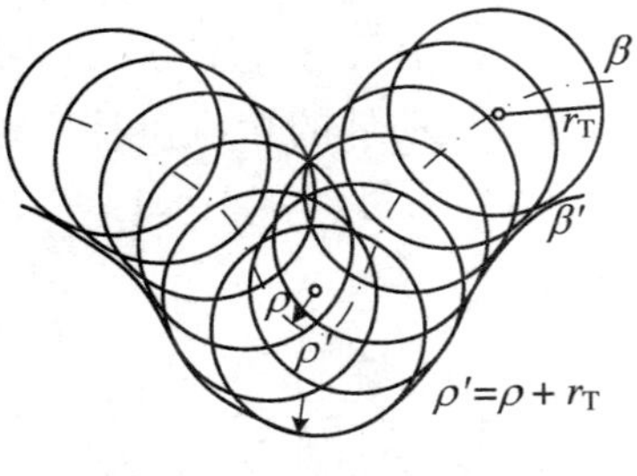

图 4-15 轮廓曲线为内凹曲线

当 $\rho_{min}<r_T$ 时(图 4-16(c))，$\rho'<0$，则实际轮廓曲线发生交叉现象，交叉点以上部分的实际轮廓曲线加工时将被切去，从而导致这一部分运动规律不能实现。

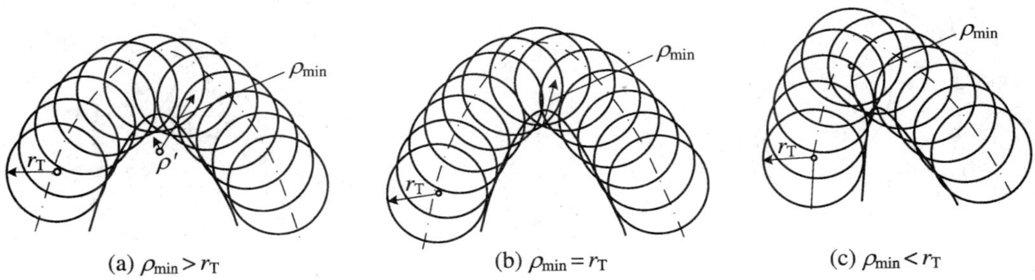

(a) $\rho_{min}>r_T$　(b) $\rho_{min}=r_T$　(c) $\rho_{min}<r_T$

图 4-16 滚子半径的选择

因此，为了使凸轮轮廓在任意位置既不变尖也不相交，滚子半径 r_T 必须小于理论轮廓曲线外凸部分的最小曲率半径 ρ_{min}，一般选取 $r_T \leqslant 0.8\rho_{min}$。若此要求无法满足，则加大凸轮基圆半径，重新设计凸轮轮廓曲线。

4.4.2　压力角

图 4-17 所示为尖顶对心直动从动件的盘形凸轮。当不考虑摩擦时，凸轮给予从动件的力 F_n 是沿法线方向的。从动件运动方向与力 F_n 方向之间的所夹的锐角 α 即为压力角。

将 F_n 分解为沿从动件导路方向的分力 F_y 和垂直于导路方向的分力 F_x：

$$F_x = F_n \sin\alpha, \quad F_y = F_n \cos\alpha$$

其中，F_y 是推动从动件运动的力，它除了克服作用于从动件的工作阻力 Q 外，还需要克服因 F_x 引起的导路对从动件的摩擦阻力。

当 F_n 一定时，F_x 随 α 的增大而减小，而 F_x 及其引起的摩擦阻力随 α 的增大而增大。当 α 增大到一定数值时，可能出现 F_y 小于或等于 F_x 所引起的摩擦阻力的情况，此时即使 $Q=0$，不论 F_n 力有多大，都无法推动从动件运动，从而使机构发生自锁现象。因此，为了保证凸轮机构的正常工作并具有较好的传力性能，必须对 α 角加以限制。因轮廓曲线上各点的曲率是变化的，所以机构运动时，压力角也是变化的，故应使凸轮机构的最大压力角 α_{max} 不超过许用压力角$[\alpha]$。

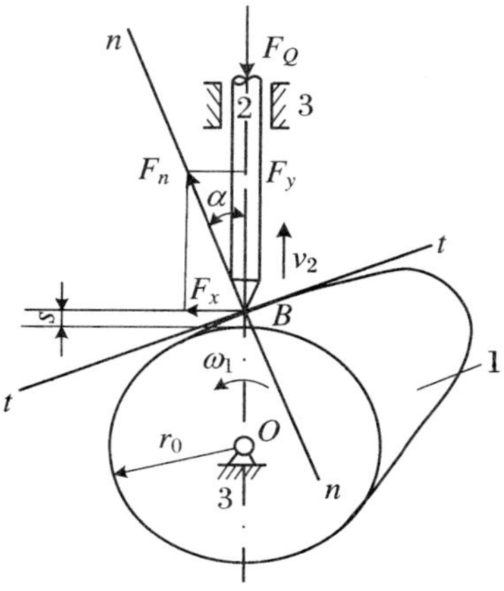

图 4-17　凸轮机构的压力角

根据工程实践，工作行程一般可取：

$$\text{直动从动件}[\alpha] \leqslant 30° \sim 45°$$

$$\text{摆动从动件}[\alpha] \leqslant 45°$$

空回行程一般可取

$$[\alpha] \leqslant 70° \sim 80°$$

凸轮机构的最大压力角 α_{max} 一般出现在推程的起始位置、理论轮廓曲线比较陡或者从动件产生最大速度的附近。

4.4.3　基圆半径的选择

设计凸轮轮廓时，应首先确定凸轮的基圆半径 r_b。由前述可知，基圆半径 r_b 的大小不但直接影响凸轮的结构尺寸，而且还影响到从动件的运动是否“失真”和凸轮机构的传力性能。因此，对凸轮基圆的选取必须给予足够重视。

目前，凸轮基圆半径的选取通常采用两种方法：

① 根据凸轮的结构确定 r_b，当凸轮与轴做成一体(凸轮轴)时：

$$r_b = r + r_T + (2 \sim 5)\ \text{mm} \tag{4-8}$$

当凸轮装在轴上时：

$$r_b = (1.5 \sim 1.7)r + r_T + (2 \sim 5)\ \text{mm} \tag{4-9}$$

式中，r 为凸轮轴的半径(mm)；r_T 为从动件滚子的半径(mm)。

若凸轮机构为非滚子从动件，在计算基圆半径时，式(4-8)和式(4-9)中的 r_T 可以忽略不计。

② 根据 $\alpha_{max} \leqslant [\alpha]$ 确定基圆最小直径 r_{bmin}。图 4-18 所示为工程上常用的诺模图，图中上半圆的标尺代表凸轮转角 δ_0，下半圆的标尺为最大压力角 α_{max}，直径的标尺代表从动件规律的 h/r_b 的值（h 为从动件的行程，r_b 为基圆半径）。下面举例说明该图的使用方法。

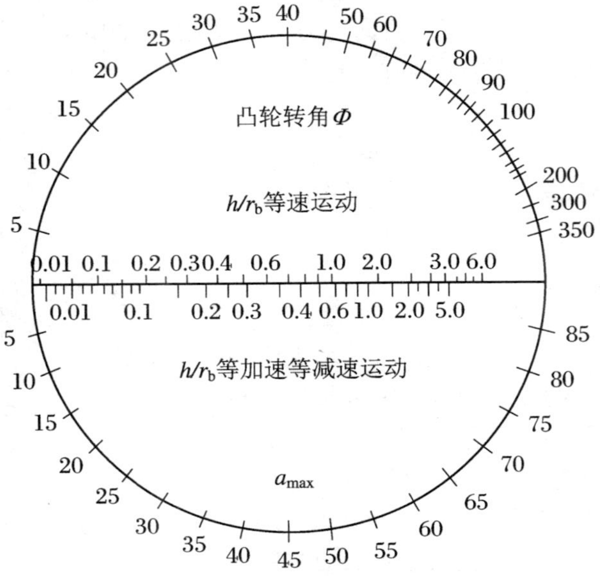

图 4-18　求凸轮基圆半径的诺模图

例 4-1　设计一对心直动从动件盘形凸轮机构，已知凸轮的推程运动角 $\delta_t = 175^\circ$，从动件在推程中按等加速和等减速规律运动，行程 $h = 18$ mm，最大压力角 $\alpha_{max} = 16^\circ$。试确定凸轮的基圆半径 r_b。

解　① 按已知条件将位于圆周上的标尺 $\delta_0 = 175^\circ$，$\alpha_{max} = 16^\circ$ 的两点，以直线相连。

② 由连线与直径上等加速和等减速运动规律的标尺的交点得

$$\frac{h}{r_b} = 0.6$$

③ 计算最小基圆半径得

$$r_{bmin} = \frac{h}{0.6} = \frac{18}{0.6} = 30\ (\text{mm})$$

④ 基圆半径可按 $r_b \geqslant r_{bmin}$ 选取。

习　　题

4.1　凸轮机构的应用场合是什么？凸轮机构的组成是什么？通常用什么办法保证凸轮与从动件之间的接触？

4.2　凸轮机构分成哪几类？凸轮机构有什么特点？

4.3　为什么滚子从动件是最常用的从动件形式？

4.4　为什么平底从动件凸轮机构工作较为平稳？

4.5　凸轮机构从动件的常用运动规律有哪些？各有什么特点？

4.6　图解法绘制凸轮轮廓的原理是什么？为什么要采用这种原理？

4.7　设计凸轮应注意哪些问题？

4.8　如图4-19所示的偏置直动从动件盘形凸轮机构，*AB*段为凸轮的推程轮廓曲线，请在图上标出从动件的行程h、推程运动角δ_t、远休止角δ_s、回程运动角δ_h、$\delta_{s'}$。

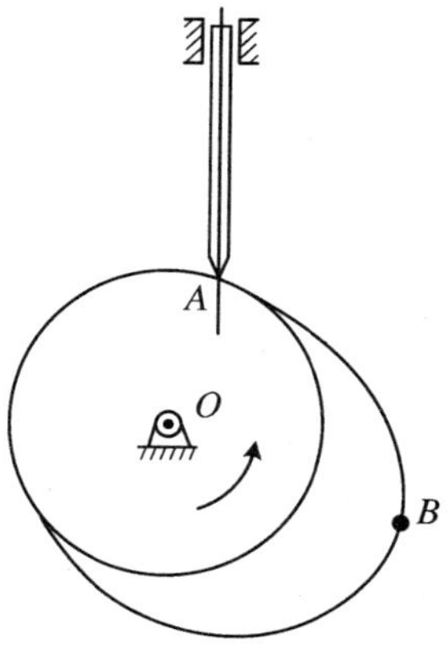

图4-19　习题4.8图

4.9　一从动件的运动规律为：从动件按简谐运动规律上升30 mm，对应凸轮转角$\Phi=180°$；从动件以等加、等减速运动规律返回原处，对应凸轮转角是120°；当凸轮转过剩余角度时，从动件不动。试绘制出从动件的位移曲线。

4.10　设计一对心直动尖顶从动件盘形凸轮机构。已知凸轮的基圆半径$r_b=30$ mm，凸轮逆时针等速回转。在推程中，凸轮转过150°时，从动件等速上升50 mm；凸轮继续转过30°时，从动件保持不动。在回程中，凸轮转过120°时，从动件以简谐运动回到原处；凸轮转过其余60°时，从动件又保持不动。试用作图法绘制从动件的位移曲线图及凸轮的轮廓曲线。

实训项目　设计盘形凸轮轮廓

1．实训目的

① 掌握凸轮机构从动件的常用运动规律；

② 掌握凸轮轮廓曲线的设计；

③ 加强学生的实践训练，培养学生的创新意识以及工程实践动手能力。

2．实训内容和要求

设计盘形凸轮轮廓曲线，凸轮基圆半径$r_b=20$ mm，滚子半径$r_T=8$ mm，凸轮等角速度逆时针回转，从动件的运动规律见表4.1。

表4.1

凸轮转角	0°～120°	120°～180°	180°～300°	300°～360°
从动件的运动规律	等加速等减速上升20 mm	停止	等速下降回到原处	停止

① 绘制当从动件为尖顶直动从动件时，盘形凸轮轮廓曲线；

② 绘制当从动件为滚子直动从动件时，盘形凸轮轮廓曲线。

第 5 章　间歇运动机构的设计

在许多机械中，常常要求某些机构主动件连续转动，而从动件做周期性的运动和停歇。人们把这种主动件做连续运动而从动件做周期性停歇运动的机构称为间歇运动机构。间歇运动机构在自动生产线的转位机构、步进机构、计数装置和许多复杂的轻工机械中有着广泛的应用。间歇运动机构类型很多，在此仅介绍两种最常用的间歇运动机构：棘轮机构和槽轮机构。

5.1　棘 轮 机 构

5.1.1　棘轮机构的工作原理、类型及应用

5.1.1.1　棘轮机构的工作原理

典型的棘轮机构为外啮合齿式棘轮机构，如图 5-1 所示。

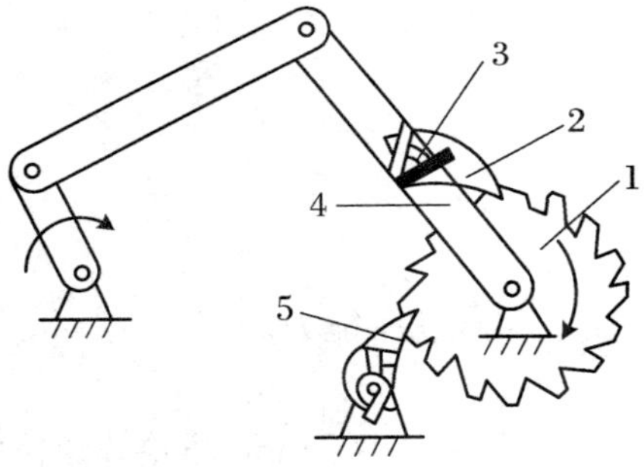

图 5-1　外啮合棘轮机构

1. 棘轮　2、5. 棘爪　3. 扭簧　4. 摆杆

该机构主要由棘轮 1、主动棘爪 2、止合棘爪 5 和机架组成。棘轮 1 具有单向棘齿，用键与输出轴相联，棘爪 2 铰接在摇杆上，摆杆 4 空套在棘轮轴上，可自由转动。当摆杆 4 顺时针摆动时，摆杆上铰接的主动棘爪 2 插入棘轮的齿内并推动棘轮同向转动一个角度。当主动摆杆逆时针摆动时，止回棘爪 5 阻止棘轮反向转动，此时主动棘爪在棘轮的齿背上滑回原位，棘轮静止不动，从而实现主动件的往复摆动转换为从动件的间歇运动。

5.1.1.2　棘轮机构的类型

棘轮机构有外齿式、内齿式和端齿式三种类型，如图 5-2 所示。

根据棘轮机构做单向或双向间歇运动，齿式棘轮机构又分为单向式和双向式两种。

1. 单向式棘轮机构

图 5-1 所示的棘轮机构就是单向式棘轮机构。单向式棘轮机构的特点是：当摆杆朝某个方向摆动时，棘爪推动棘轮转动一个角度，摆杆反向摆动时，棘轮静止不动。

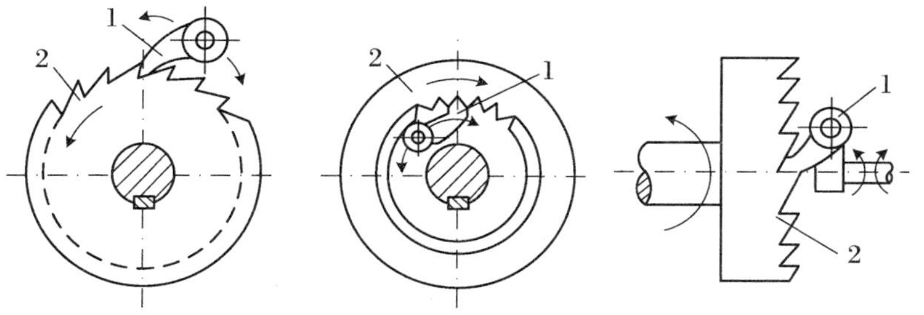

(a) 外齿式　(b) 内齿式　(c) 端齿式

图 5-2　齿式棘轮机构的啮合形式

1. 棘爪　2. 棘轮

2. 双向式棘轮机构

当要求棘轮双向转动时,可采用图 5-3 所示的棘轮机构。图 5-3(a)所示的棘轮机构的齿形为矩形,当棘爪在实线位置 B 时,棘轮可实现逆时针转动;而当棘爪绕其销轴 A 翻转到双点画线位置时,棘轮可获得顺时针单向的间歇运动。图 5-3(b)所示为另一种双向棘轮机构,当棘抓 2 按图示位置放置时,棘轮可获得逆时针单向间歇运动。若将棘爪提起并绕其轴线转动 180°后放下,即可改变棘轮 3 的间歇转动方向。双向式棘轮机构的齿形一般采用对称齿轮。

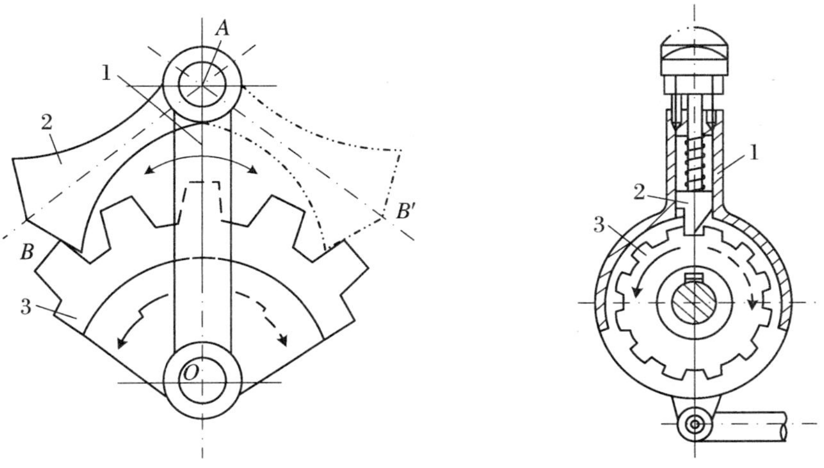

(a)　1. 摆杆　2. 棘爪　3. 棘轮

(b)　1. 摆动壳体　2. 棘爪　3. 棘轮

图 5-3　双向式棘轮机构

5.1.1.3　棘轮机构的特点和应用

齿式棘轮机构结构简单,制造方便,运动可靠并且棘轮转角可以调节,因此广泛应用于各种机械中。但是其传动是跳跃式的,棘爪与棘轮开始接触时会产生冲击和噪声,传动平稳性较差;当棘爪滑过棘轮齿背时,会产生噪声并使齿顶磨损,棘轮转角只能做以棘轮齿数为单位的有级调节。因此,棘轮机构常用于低速、要求转角不大或经常要改变转角的场合。棘轮机构具有单向间歇运动特性,在机械中常用来实现送进、输送、转位、分度、超越等工作要求，图 5-4 所示的射沙自动浇注输送装置就是其应用之一。

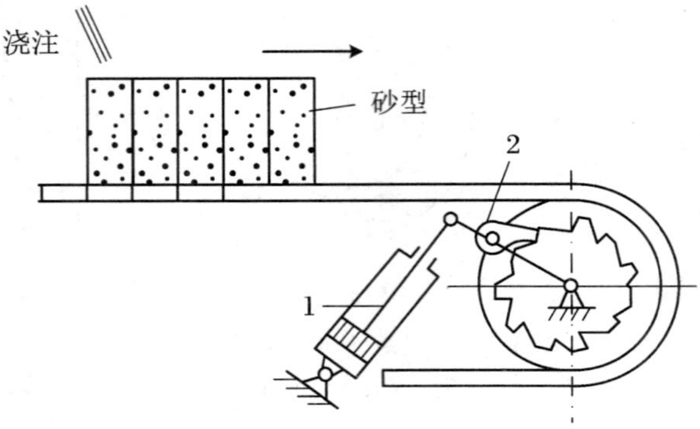

图 5-4 射沙自动浇注输送装置

1. 活塞杆 2. 棘爪

5.1.2 棘轮机构的主要几何尺寸

5.1.2.1 棘爪工作条件

如图 5-5 所示，为了使棘爪受力最小，应使棘轮齿顶 A 和棘爪的转动中心 O_2 的连线垂直于棘轮半径 O_1A，即$\angle O_1AO_2=90°$。轮齿对棘爪作用的力有：正压力 F_n 和摩擦力 F_f。

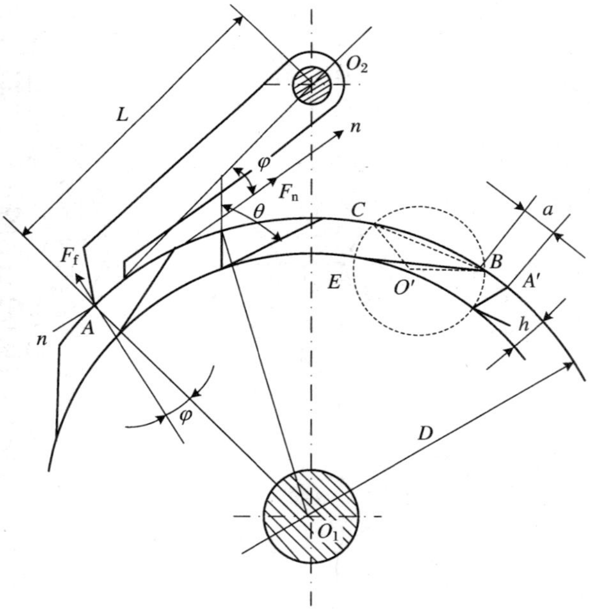

图 5-5 棘爪受力分析

当棘齿偏斜角为φ 时，力 F_n 有使棘爪逆时针转动落到齿根的倾向；而摩擦力 F_f 阻止棘爪落向齿根。为了保证棘轮正常工作，使棘爪啮紧齿根，必须使力 F_n 对 O_2 的力矩大于 F_f 对 O_2 的力矩，即 $F_nL\sin\varphi > F_fL\cos\varphi$，因 $F_f=fF_n$ 和 $f=\tan\rho$，代入得

$$\tan\varphi > \tan\rho$$

故

$$\varphi > \rho \tag{5-1}$$

式中，ρ 为齿与爪之间的摩擦角。

5.1.2.2　棘轮、棘爪的几何尺寸计算及棘轮齿形的画法

棘轮齿数 z 是根据要求棘轮转过的角度 $360°/z$ 选定的。对一般棘轮机构，棘爪每次至少要拨动棘轮转过一个齿，因此，可以根据所需棘轮最小转角来确定棘轮齿数。例如，牛头刨床用棘轮驱动工作台做横向间歇运动进给，若要求进给量 S，丝杆导程为 L，则应使

$$2\pi\frac{S}{L} \geqslant \frac{2\pi}{z}$$

所以

$$z \geqslant \frac{L}{S} \tag{5-2}$$

对于轻载进给机构，齿数可取大些，可达 250；对重载起重设备，由于要求棘轮齿强度高，齿数不能太大，一般取 8～30。

棘爪数为 j，通常取 $j=1$。

与齿轮一样，棘轮尺寸也用模数来度量。棘轮、棘爪的主要几何尺寸可按以下经验公式计算：

顶圆直径：$D = mz$

齿高：$h = 0.75m$

齿顶厚：$a = m$

齿槽夹角：$\theta = 60°$ 或 $55°$

棘爪长度：$L = 2\pi m$

由以上公式算出棘轮的主要尺寸后，可按下述方法画出齿形：如图 5-5 所示，根据 D 和 h 先画出齿顶圆和齿根圆；按照齿数等分齿顶圆，得点 A'，点 C，…，并由任一等分点 A' 作弦 $A'B=a=m$；再由 B 到第二等分点 C 作弦 BC；然后自 B、C 点分别作角度 $\angle O'BC = \angle O'CB = 90°-\theta$ 得 O' 点；以 O' 为圆心，$O'B$ 为半径画圆交齿根圆于 E 点，连 CE 得轮齿工作面，连 BE 得全部齿形。

5.1.3　棘轮机构设计实例

例 5-1　已知 B665 牛头刨床工作台单线螺杆的螺距 $p=12$ mm，要求该机床的横向进给量 $s=0.33$～3.33 mm。试设计进给用的棘轮机构。

解　(1) 确定棘轮齿数并选择齿形

根据工作台横向进给量，由式(5-2)求得棘轮齿数

$$z = \frac{L}{s_{\min}} = \frac{p}{s_{\min}} = \frac{12}{0.33} = 36.36$$

取 $z=36$。由于机床要正反进给，则棘轮必须双向转动，所以棘轮应选用矩形齿。

(2) 确定棘轮最大转角

根据进给量范围确定棘爪往复一次棘爪需要拨过最多棘轮齿数为

$$k = \frac{3.33}{0.33} = 10$$

所以棘轮所需最大转角为

$$\theta_{\max} = 360° \times \frac{k}{2} = 360° \times \frac{10}{36°} = 100°$$

（3）几何尺寸计算

参考同类机床，取模数 $m = 2$ mm，得棘轮齿顶圆直径为

$$d_a = mz = 2 \times 36 = 72(\text{mm})$$

取齿高 $h = 3.3$ mm，其余尺寸见图 5-6 所示矩形棘轮棘爪零件图。

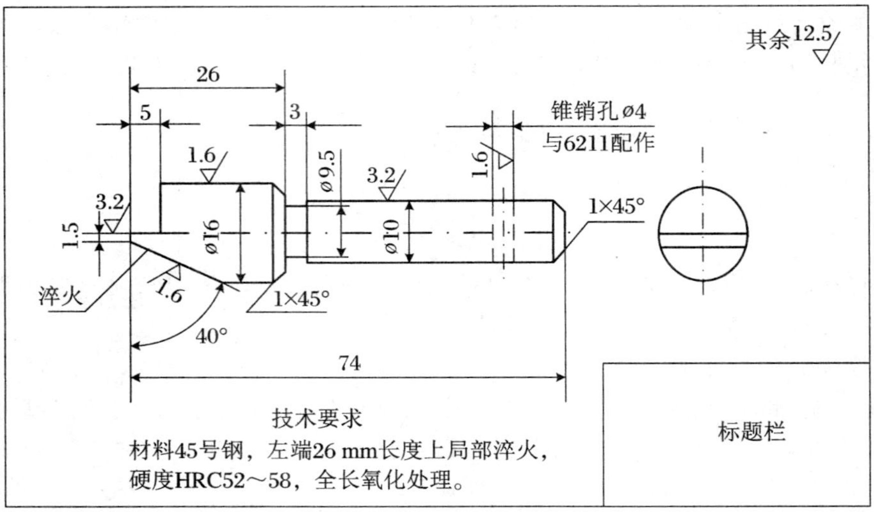

(a)

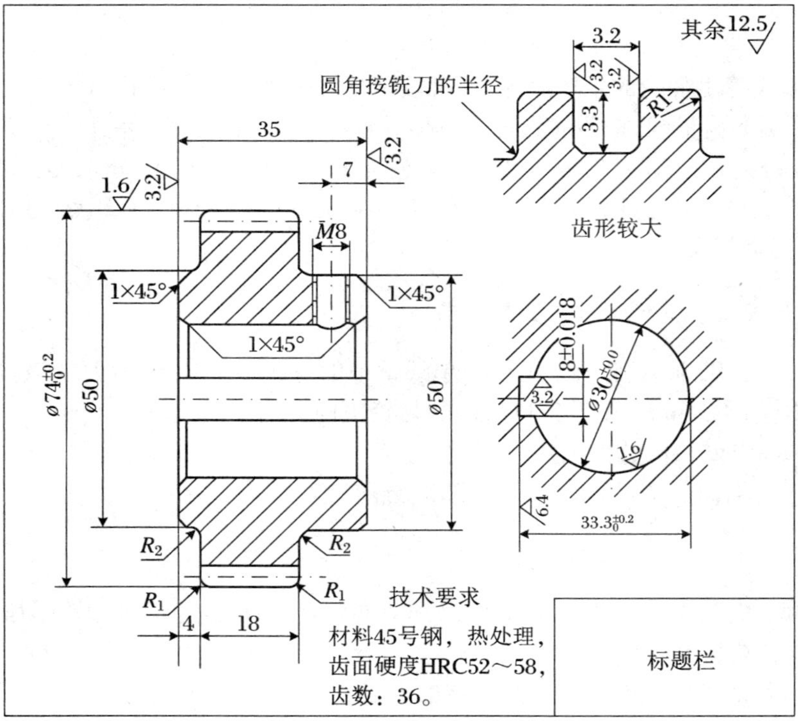

(b)

图 5-6 矩形棘轮棘爪零件图

5.2 槽轮机构

5.2.1 槽轮机构的工作原理、类型及应用

5.2.1.1 槽轮机构的工作原理

如图 5-7(a)所示，槽轮机构由带圆销的拨盘 1 和具有径向槽的槽轮 2 与机架组成。拨盘 1 以等角速度 ω_1 做连续回转，槽轮 2 做间歇运动。圆销未进入槽轮的径向槽时，槽轮的内凹锁住弧 efg 被拨盘的外凸锁住弧卡住，槽轮静止不动；当圆销进入槽轮的径向槽时，内、外锁住弧所处的位置对槽轮无锁止作用，如图 5-7(a)所示，槽轮因圆销的拨动而转动；当圆销的另一边离开径向槽时，如图 5-7(b)所示，凸轮锁住弧又起作用，槽轮又卡住不动。当拨盘继续转动时，槽轮重复上述运动，从而实现间歇运动。

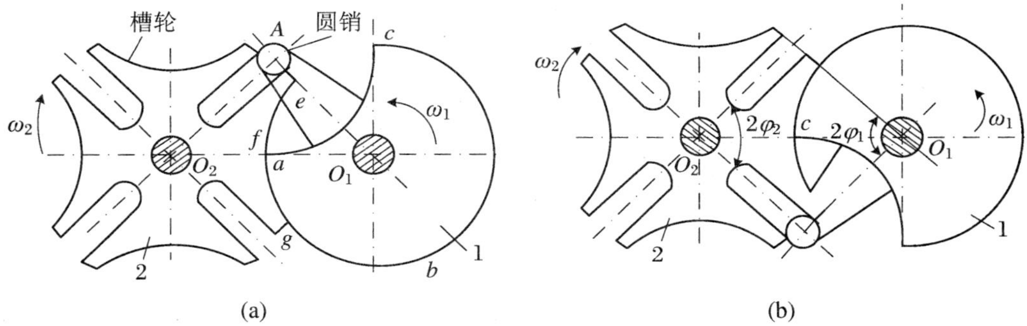

图 5-7 外啮合槽轮机构

1. 拨盘 2. 槽轮

5.2.1.2 槽轮机构的类型

槽轮机构也有内、外啮合之分。外啮合时槽轮与拨盘转向相反(图 5-7(a))；内啮合时槽轮与拨盘转向相同(图 5-8)。拨盘上的圆销可以是一个，也可以是多个。如图 5-9 所示，双圆销外啮合槽轮机构，此时拨盘转动一周，槽轮完成两次停歇。

5.2.1.3 槽轮机构的特点和应用

槽轮机构结构简单，工作可靠，转位迅速，从动件能在较短时间内转过较大的角度，传动效率高，槽轮转位时间与静止时间之比为定值。缺点是制造与安装要求高，且转角大小不能调节。

槽轮机构广泛应用于各种自动机械中。图 5-10 所示为六角车床的刀架转位机构，与槽轮 2 固连的刀架上安装 6 把刀具，槽轮有 6 个等分径向槽，拨盘 1 转动 1 周，圆销 A 进入槽轮 1 次，驱动槽轮 2 转过 60°，从而将下一工序的刀具转到工作位置。图 5-11 所示为电影放映机的卷片机构。为了适应人眼的视觉暂留现象，要求影片做间歇运动，也采用四槽的机构。

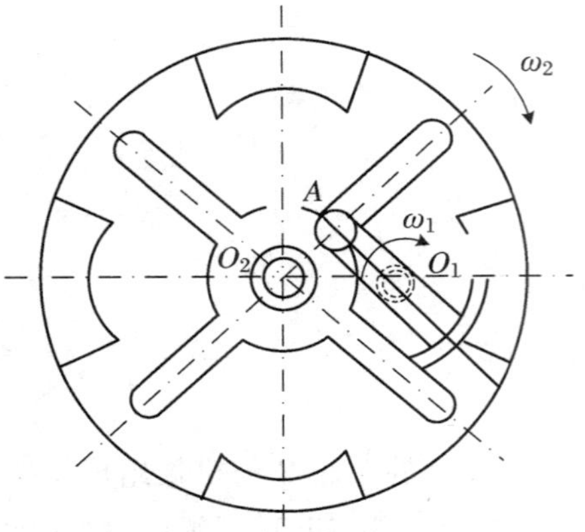

图 5-8 内啮合槽轮机构

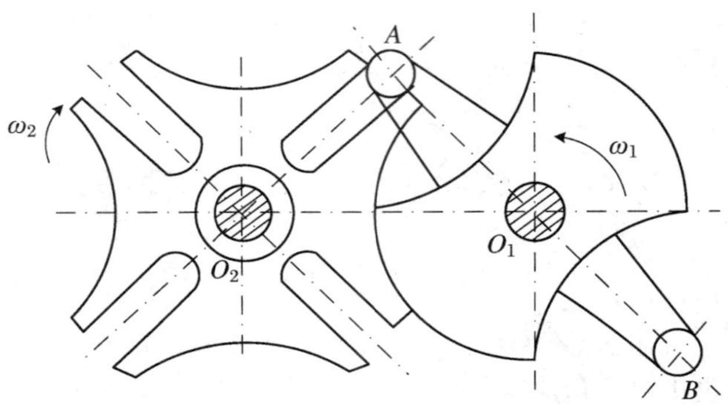

图 5-9 双圆销外啮合槽轮机构

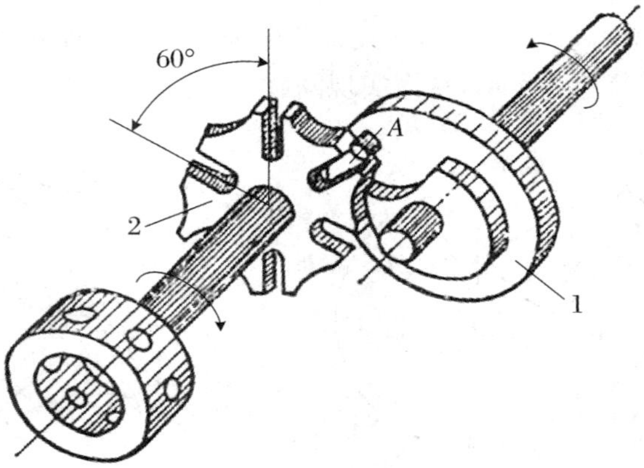

图 5-10 六角车床的刀架转位机构

1. 拨盘 2. 槽轮

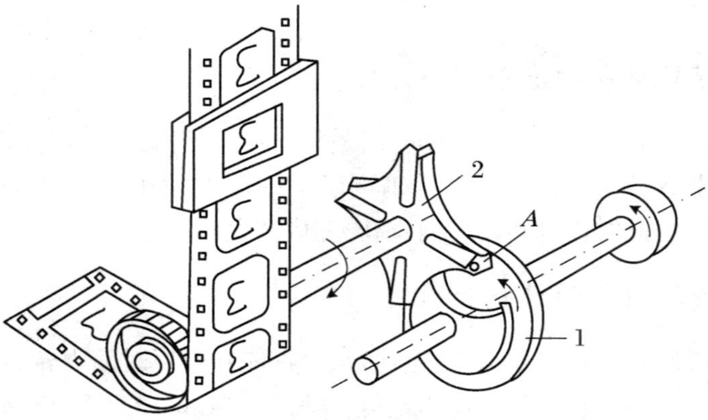

图 5-11 电影放映机的卷片机构

1. 拨盘 2. 槽轮

当需要槽轮停歇时间短，机构尺寸小和要求主动件、从动件回转方向相同时，应采用内啮合槽轮机构。

由于槽轮的槽数不宜过多，所以槽轮机构不宜用于转角较小的场合。槽轮机构的定位精度不高，只适合于转角不太高的自动机械中，用作转位或分度机构。

5.2.2　槽轮机构的主要参数选择及几何尺寸计算

槽轮机构的主要参数是槽轮槽数 Z 和拨盘圆销数 K。

5.2.2.1　槽轮槽数 Z 的选择

如图 5-12 所示，为了使槽轮 2 在开始和终止转动时的瞬时角速度为 0，以避免圆销与槽轮发生撞击，圆销进入和脱出径向槽的瞬时，槽的中心线 O_2A 应与 O_1A 垂直。设 Z 为均匀分布的径向槽数目，则槽轮 2 转过 $2\varphi_2 = 2\pi/Z$ 弧度时，拨盘 1 的转角 $2\varphi_1$ 将为

$$2\varphi_1 = \pi - 2\varphi_2 = \pi - \frac{2\pi}{Z}$$

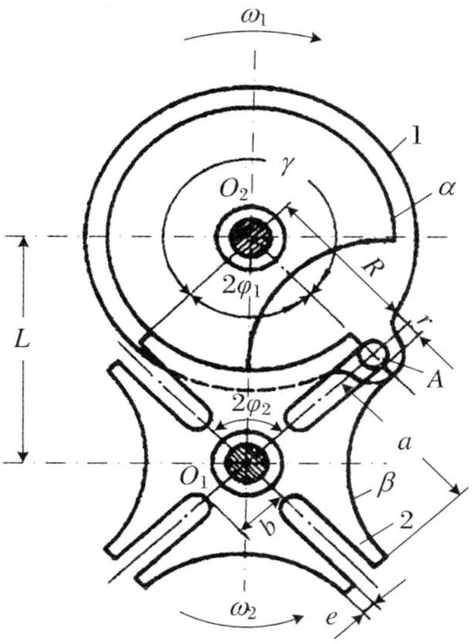

图 5-12　外槽轮机构的几何尺寸

1. 拨盘　2. 槽轮

在一个运动循环内，槽轮 2 的运动时间 t_m 对拨盘 1 的运动时间 t 之比值 τ 称为运动特性系数。当拨盘等速转动时，这个时间之比可用转角之比表示。对于只有一个圆销的槽轮机构：

$$\tau = \frac{t_m}{t} = \frac{2\varphi_1}{2\pi} = \frac{\pi - \frac{2\pi}{Z}}{2\pi} = \frac{1}{2} - \frac{1}{Z} = \frac{Z-2}{2Z} \tag{5-3}$$

上式表明：

① 为保证槽轮运动，$\tau>0$。

② 当 $\tau>0$ 时，径向槽的数目 $Z\geqslant3$。当 $Z=3$ 时，角速度变化大，故振动冲击大，所以应用较少，一般 $Z>3$。

③ 当 $K=1$ 时，$\tau<0.5$，槽轮的运动时间总小于静止时间；当拨盘上装有数个圆销，则可得到 $\tau>0.5$ 的槽轮机构。

设圆销数为 K，则一个循环中，槽轮 2 的运动时间为只有一个圆销时的 K 倍，即

$$\tau = \frac{K(Z-2)}{2Z} \tag{5-4}$$

由于 $0<\tau<1$（$\tau=1$ 不是间歇运动），所以

$$K \leqslant \frac{2Z}{Z-2} \tag{5-5}$$

表 5-1 所示为圆销数与轮槽数的关系。

表 5-1　圆销数 K 与轮槽数 Z 的关系

轮槽数 Z	圆销数 K
3	1～5
4～5	1～3
≥6	1～2

5.2.2.2 槽轮机构的几何尺寸计算

根据载荷和结构尺寸选定槽轮机构的中心距 a，按照工作要求确定轮槽数 Z 和圆销数 K，外槽轮机构的几何尺寸(图 5-13)按表 5-2 所列公式计算。

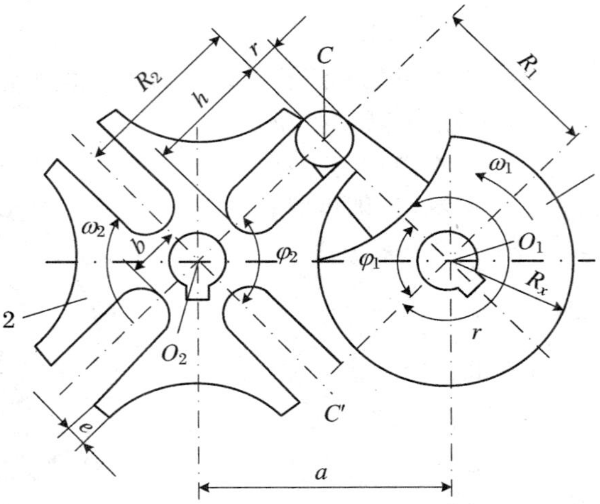

图 5-13 外槽轮机构的几何尺寸

1. 拨盘 2. 槽轮

表 5-2 单圆销外槽轮机构尺寸的计算公式

名称	符号	计算公式
圆销回转半径	R_1	$R_1 = a\sin(\pi/2)$
圆销半径	r	$r \approx R_1/6$
槽轮半径	R_2	$R_2 = a\cos(\pi/2)$
槽底高	b	$b = a - (R_1 + r) - (3\sim5)$ mm
槽深	h	$h = R_2 - b$
锁住弧半径	R_x	$R_x = R_1 - r - e$，e 为槽顶一侧壁厚，推荐 $e = (0.6\sim0.8)r$，但 e 必须大于 5 mm
锁住弧张开角	γ	$\gamma = 2\pi - \varphi_1 = \pi(1 + 2/Z)$

槽轮机构的运动参数、材料、技术要求、结构和设计参见相关手册。

习 题

5.1 试简述间歇运动机构的概念、应用和常见种类。

5.2 棘轮机构的类型有哪些？各有何特点？

5.3 槽轮机构的类型有哪些？各有何特点？

实训项目　设计盘形凸轮轮廓

1. 实训目的

① 掌握棘轮机构、槽轮机构的主要参数；

② 了解棘轮机构、槽轮机构几何尺寸计算方法；

③ 加强实践训练，培养学生的创新意识以及工程实践动手能力。

2. 实训内容和要求

① 已知一棘轮机构，棘轮模数 $m=2$ mm，齿数 $z=12$，试确定机构的几何尺寸并画出棘轮的齿形。

② 牛头刨床工作台的横向进给螺杆的导程为 3 mm，与螺杆固连的棘轮齿数 $z=30$，棘轮的最小转动角度是多少？该牛头刨床的最小横向进给量 s 是多少？

③ 在六角车床上六角刀架转位用的槽轮机构中，已知槽数 $Z=6$，槽轮静止时间 = 5/6 s，运动时间 $t_m=2t_s$，求槽轮机构的运动系数及所需的圆销数。

④ 设计一槽轮机构，要求槽轮的运动时间等于停歇时间，试选择槽轮的槽数和拨盘的圆销数。

第 6 章　带传动和链传动

采用适当可变形的元件作为联接件以实现预定功能的传动称为挠性传动。

带传动和链传动都是挠性传动，通过中间挠性件传递运动和动力，适用于两轴中心距较大的场合，区别是它们的环形挠性曳引元件不同。带传动是由带和带轮组成的、传递运动和动力的传动，其挠性曳引元件由具有良好变形能力的弹性材料制成，能适应不同工作需要的各种形式的传动带。带传动按工作原理，可分为摩擦型带传动和啮合型带传动。前者靠带与带轮接触面上的摩擦力来传递运动和动力；后者靠齿形带与带轮间的啮合来实现传动。链传动是由链和链轮组成的传递运动和动力的传动，其挠性曳引元件为各种形式的链条，由刚性零件构成的可动联接串联组合而成。通过链条的各个链节与链轮轮齿的相互啮合实现传动。

6.1　带传动的主要特点、类型和应用

带传动是一种常用的机械传动装置。如图 6-1 所示，它由主动轮、从动轮和传动带组成。按工作原理的不同，带传动可分为摩擦型带传动(图 6-1(a))和同步型带传动(图 6-1(b))两大类。

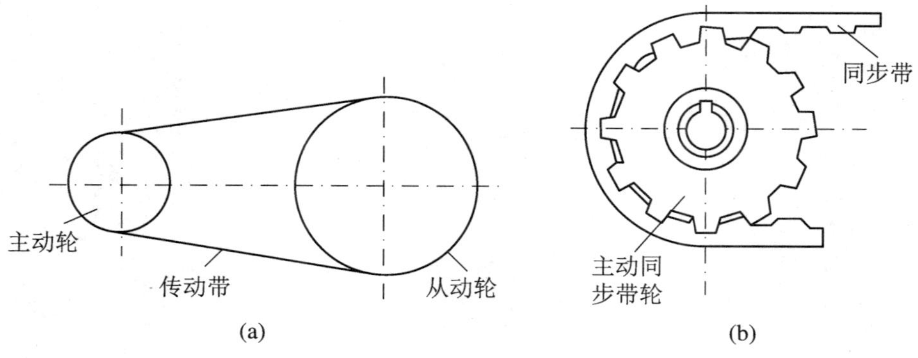

图 6-1　带传动

齿孔带传动常用于放映机、打印机中，保证同步运动。

6.1.1　带传动概述

人们常说的带传动主要是指摩擦型带传动，以下介绍的带传动内容均是以摩擦型带传动为基础进行介绍的。

6.1.1.1 带传动的类型、特点及应用

摩擦型带传动的类型、特点及应用，见表6-1。

表6-1 常用摩擦带的类型、特点及应用

类型	截面图	截面形状	工作面	主要特点	应用场合
平带	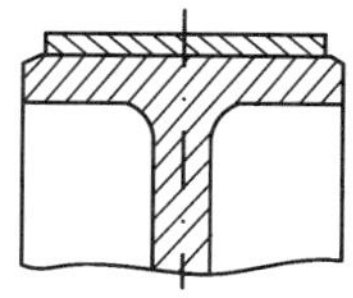	矩形	内表面	结构简单、制造容易、效率高	用于中心距较大的传动、高速传动、物料输送等
V带	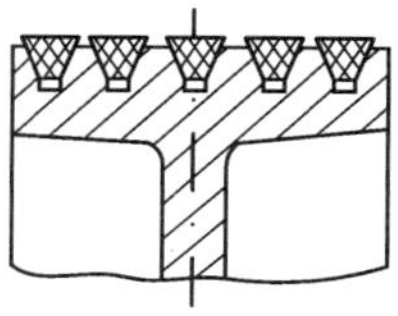	等腰梯形	两侧面	能比平带产生更大的摩擦力，传动比较大，结构紧凑	用于传递功率较大、中心距较小、传动比较大的场合
多楔带	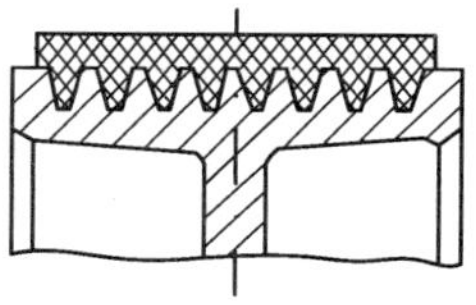	矩形和等腰梯形组合	两侧面	兼有平带和V带的特点，相当于几根V带的组合，传递功率大，传动平稳，结构紧凑	用于要求结构紧凑的场合，特别是需要V带根数多或轮轴垂直于地面的场合
圆形带	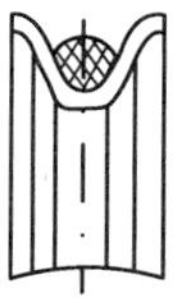	圆形	外表面	结构简单	用于小功率传递

6.1.1.2 带传动的受力及应力分析

1. 带传动的受力分析

安装传动带时，需将传动带紧套在两个带轮的轮缘上。这时，传动带两边的拉力均等于F_0，如图6-2(a)所示。工作时，如图6-2(b)所示，由于带与带轮间摩擦力的作用，带两边的拉力发生变化而不再相等，即带进入主动轮的一边被拉紧，拉力由F_0增加到F_1，称为紧边；带进入从动轮的一边放松，拉力由F_0减至F_2，称为松边。设带的总长度不变，则紧边拉力的增加量应等于松边拉力的减少量，即

$$F_1 - F_0 = F_0 - F_2 \quad \Rightarrow \quad F_0 = \frac{1}{2}(F_1 + F_2) \tag{6-1}$$

带紧边和松边的拉力差应等于带与带轮接触面上产生的摩擦力的总和$\sum F_f$，称为带传动的有效拉力，也就是带所传递的圆周力F，即

$$F = \sum F_f = F_1 - F_2 \tag{6-2}$$

由式(6-1)、式(6-2)可得

$$\begin{cases} 紧边拉力:F_1 = F_0 + \dfrac{F}{2} \\ 松边拉力:F_2 = F_0 - \dfrac{F}{2} \end{cases} \tag{6-3}$$

圆周力 F(N),带速 v(m/s)和传递功率 P(kW)之间的关系为

$$P = \frac{Fv}{1\,000} \tag{6-4}$$

在一定条件下当摩擦力达到极限值时,带的紧边拉力 F_1 与松边拉力 F_2 之间的关系可用柔韧体摩擦的欧拉方式来表示

$$\frac{F_1}{F_2} = e^{f\alpha} \tag{6-5}$$

式中,F_1、F_2为紧边和松边拉力(N);f 为带与轮之间的摩擦因数;α 为带在带轮上的包角(rad)。

由式(6-3)、式(6-5)得

$$\begin{cases} F_1 = F\dfrac{e^{f\alpha}}{e^{f\alpha} - 1} \\ F_2 = F\dfrac{1}{e^{f\alpha} - 1} \end{cases} \tag{6-6}$$

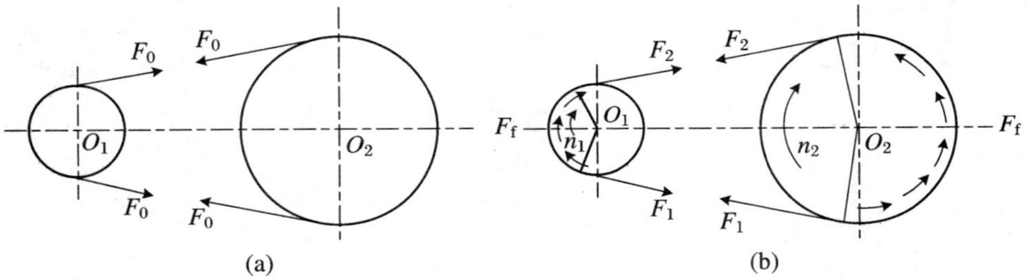

图 6-2 带传动的受力情况

2. 带传动的应力分析

带传动时,带中产生的应力有:拉应力、弯曲应力和由离心力产生的拉应力。

① 由拉力产生的拉应力 σ

$$紧边拉应力:\sigma_1 = \frac{F_1}{A}$$

$$松边拉应力:\sigma_2 = \frac{F_2}{A}$$

式中,A 为带的横截面面积(mm^2)。

② 弯曲应力 σ_b

带绕过带轮时,因弯曲而产生弯曲应力

$$\sigma_b = \frac{2Ey}{d_d}$$

式中,E 为带的弹性模量(MPa);d_d 为 V 带轮的基准直径(mm);y 为从 V 带的节线到最外层的垂直距离(mm)。

③ 由离心力产生的拉应力 σ_c

当带沿带轮轮缘做圆周运动时，带上每一质点都受离心力作用。离心拉力 $F_c = qv^2$，它在带的所有横剖面上所产生的离心拉应力 σ_c 是相等的。

$$\sigma_c = \frac{F_c}{A} = \frac{qv^2}{A}$$

式中，q 为每米带长的质量(kg/m)；v 为带速(m/s)。

图 6-3 所示为带的应力分布情况，从图中可见，带上的应力是变化的。最大应力发生在紧边与小轮的接触处。

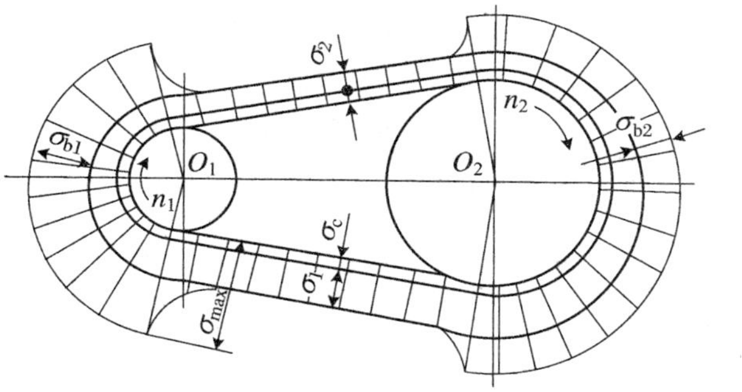

图 6-3　带的应力分布

带中的最大应力为

$$\sigma_{max} = \sigma_1 + \sigma_c + \sigma_{b1} \tag{6-7}$$

6.1.1.3　带传动的弹性滑动和打滑

带是弹性体，受到拉力作用后将产生弹性变形。由于紧边和松边的拉力不同，弹性变形量也不同。如图 6-4 所示，带在绕过主动轮时，所受的拉力由 F_1 降至 F_2，伸长量也相应减小，带逐渐向后收缩，带的速度 v 低于主动轮的圆周速度 v_1，带与带轮之间产生了相对滑动。同样的相对滑动也将发生在从动带轮上，但情况相反，带将逐渐伸长，这时带的速度 v 高于从动带轮的圆周速度 v_2。这种由于带两边拉力不相等使带两边弹性变形不同，从而引起带与带轮间的相对滑动，称为弹性滑动。它在摩擦型带传动中是不可避免的。

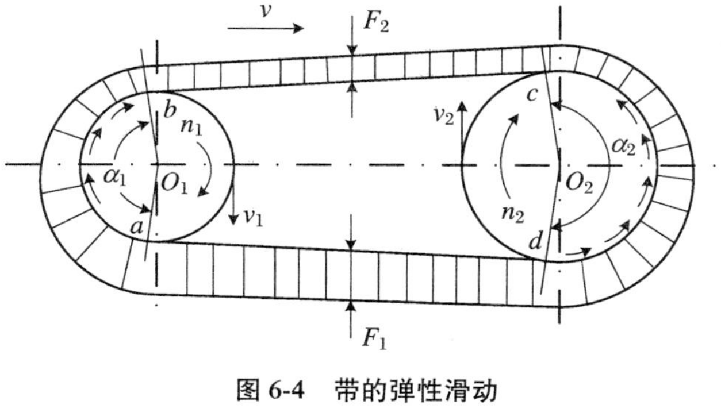

图 6-4　带的弹性滑动

带与轮面之间存在着弹性滑动，这使得从动带轮的圆周速度 v_2 总是低于主动带轮的圆周速度 v_1。v_2 相对于 v_1 的降低率称为带传动的滑动率 ε，计算公式为

$$\varepsilon = \frac{v_1 - v_2}{v_1} \times 100\% = \frac{\pi d_1 n_1 - \pi d_2 n_2}{\pi d_1 n_1} \times 100\%$$

带传动的传动比为

$$i = \frac{n_1}{n_2} = \frac{d_{d2}}{d_{d1}(1 - \varepsilon)} \tag{6-8}$$

从动轮的转速为

$$n_2 = \frac{d_{d1}}{d_{d2}}(1 - \varepsilon) n_1 \tag{6-9}$$

通常 ε 为1%～2%，在一般传动中可以忽略不计。

带传动时，在一定的条件下，摩擦力的大小有一个极限值，即最大摩擦力 $\sum F_{max}$，若带所需传递的圆周力超过这个极限值，带与带轮将发生显著的相对滑动，这种现象称为打滑。经常出现打滑将使带的磨损加剧、传动效率降低，以致传动失效，因此应避免出现打滑。

6.1.1.4 带传动的失效形式及设计准则

带传动的主要失效形式是过载打滑和疲劳破坏。

带传动的设计准则：在保证带不打滑的前提下，具有足够的疲劳强度和一定的使用寿命。

6.1.1.5 V带和V带轮

1. V带的结构

标准普通V带都制成无接头的环状，截面为V字形。

V带由包布、顶胶、抗拉体和底胶组成，如图6-5所示。顶胶和底胶材料为橡胶，分别承受带弯曲时的拉伸和压缩。抗拉体是承受载荷拉力的主体，分帘布芯和绳芯两种类型。帘布芯结构的V带抗拉力体强度较高，制造方便；绳芯结构的V带柔韧性好，抗拉强度低，仅为帘布芯结构的80%，但抗弯强度高。

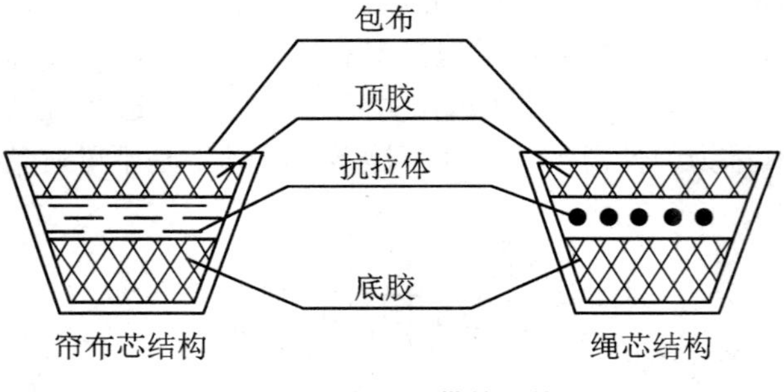

图6-5 普通V带的结构

普通V带和窄V带的标记由带型、基准长度和标记号组成，见如下示例：

普通V带两侧楔角 φ 为40°，相对高度 h/b_d 约为0.7，按截面尺寸由小至大分为Y、Z、A、B、C、D、E七种型号，如表6-2所示。

表 6-2　V 带的截面尺寸和线密度

型号	Y	Z	A	B	C	D	E
顶宽 b(mm)	6	10	13	17	22	32	38
节宽 b_d(mm)	5.3	8.5	11	14	19	27	32
高度 h(mm)	4.0	5.0	8.0	11	14	19	25
楔角 φ	40°						
每米质量 q(kg/m)	0.04	0.05	0.10	0.17	0.30	0.60	0.87
截面积 A(mm^2)	18	47	81	138	230	476	692

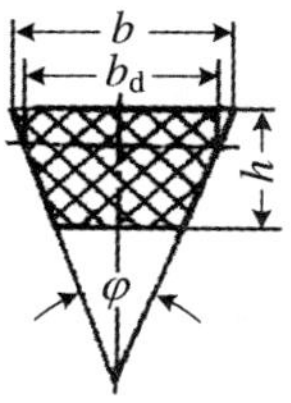

V 带绕在带轮上产生弯曲，顶胶伸长，底胶缩短，两者之间的中性层长度和宽度均保持不变，截面内中性层的宽度称为节宽，用 b_d 表示(见表 6-2)。在规定的张紧力作用下，V 带位于带轮基准直径上的周线长度为带的基准长度，用 L_d 表示。普通 V 带基准长度 L_d 的标准系列值和每种型号带的长度范围如表 6-3 所示。

表 6-3　普通 V 带的长度系列和带长修正系数 K_L

基准长度 L_d(mm)	K_L Y	Z	A	B	C	基准长度 L_d(mm)	K_L Y	Z	A	B	C
200	0.81					2 000		1.08	1.03	0.98	0.88
224	0.82					2 240		1.10	1.06	1.00	0.91
250	0.84					2 500		1.30	1.09	1.03	0.93
280	0.87					2 800			1.11	1.05	0.95
315	0.89					3 150			1.13	1.07	0.97
355	0.92					3 550			1.17	1.09	0.99
400	0.96	0.79				4 000			1.19	1.13	1.02
450	1.00	0.80				4 500				1.15	1.04
500	1.02	0.81				5 000				1.18	1.07
560		0.82				5 600					1.09
630		0.84	0.81			6 300					1.12
710		0.86	0.83			7 100					1.15
800		0.90	0.85			8 000					1.18
900		0.92	0.87	0.82		9 000					1.21
1 000		0.94	0.89	0.84		10 000					1.23
1 120		0.95	0.91	0.86		11 200					
1 250		0.98	0.93	0.88		12 500					
1 400		1.01	0.96	0.90		14 000					
1 600		1.04	0.99	0.92	0.83	16 000					
1 800		1.06	1.01	0.95	0.86						

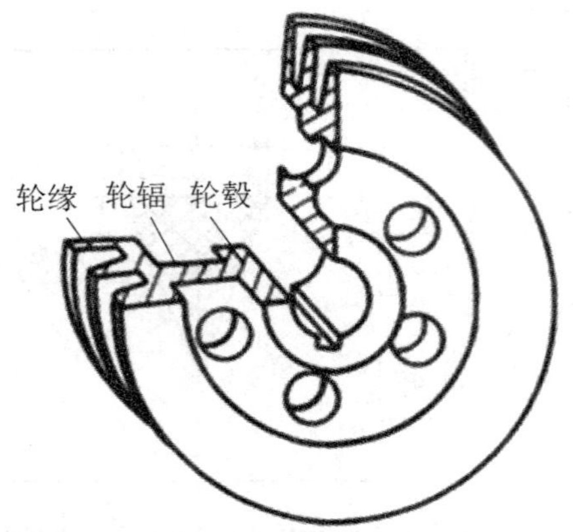

图 6-6 V带轮

2. V带轮的结构

带轮常用材料为铸铁(HT150 或 HT200),允许的最大速度为 25 m/s;高速带轮材料多为钢或铝合金;低速或传递较小功率时,也可采用塑料。

带轮由轮缘、轮毂和轮辐三部分组成,如图6-6所示。

轮缘是带轮上具有轮槽的部分。轮槽的形状和尺寸与相应型号的传动带的截面尺寸相适应,如表 6-4 所示。其中,与 V 带节宽 b_d 相对应的带轮直径称为基准直径,用 d_d 表示。

表 6-4 V带轮的轮槽尺寸(mm)

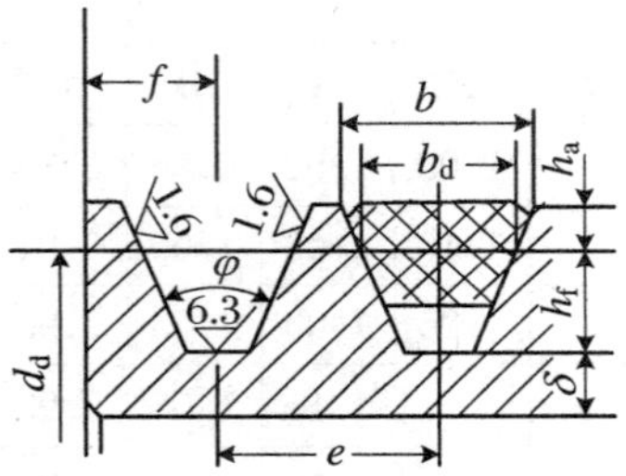

槽型			Y	Z	A	B	C
b_d			5.3	8.5	11.0	14.0	19.0
h_a			1.6	2.0	2.75	3.5	4.8
e			8±0.3	12±0.3	15±0.3	19±0.4	25.5±0.5
f_{min}			7±1	8±1	10±1	12.5±1	17±1
h_{fmin}			4.7	7.0	8.7	10.8	14.3
δ_{min}			5	5.5	6	7.5	10
槽角 φ	32°	对应的 d_d	≤60	–	–	–	–
	34°		–	≤80	≤118	≤190	≤315
	36°		>60	–	–	–	–
	38°		–	>80	>118	<190	>315

根据带轮基准直径 d_d 的不同,带轮可制成实心式($d_d \leqslant 200$ mm)、腹板式($d_d < 400$ mm)、轮辐式($d_d > 400$ mm),如图 6-7(a)、(b)、(c)所示。

6.1.1.6 带传动的主要失效形式

1. 打滑

由带传动的工作情况分析可知,当传递载荷增大时,弹性滑动和滑动率也将随之增大,传动效率下降。如果所传递的载荷超过带的最大有效拉力,带将在带轮上打滑,以致失去传动能力。

2. 疲劳破坏

由图 6-4 可以看出,传动带是在变应力状态下工作的,带的任一截面上的应力,将随着带的运转而循环变化。当应力循环次数达到一定数值后将发生疲劳破坏,带的局部可能会出现外层或芯体与橡胶脱离,以致发生断裂而失去传动能力。

3. 磨损

由于带和带轮之间有弹性滑动,带和带轮之间不可避免地出现相对滑动。因此,带和带轮之间的磨损是带传动常见的一种失效形式。

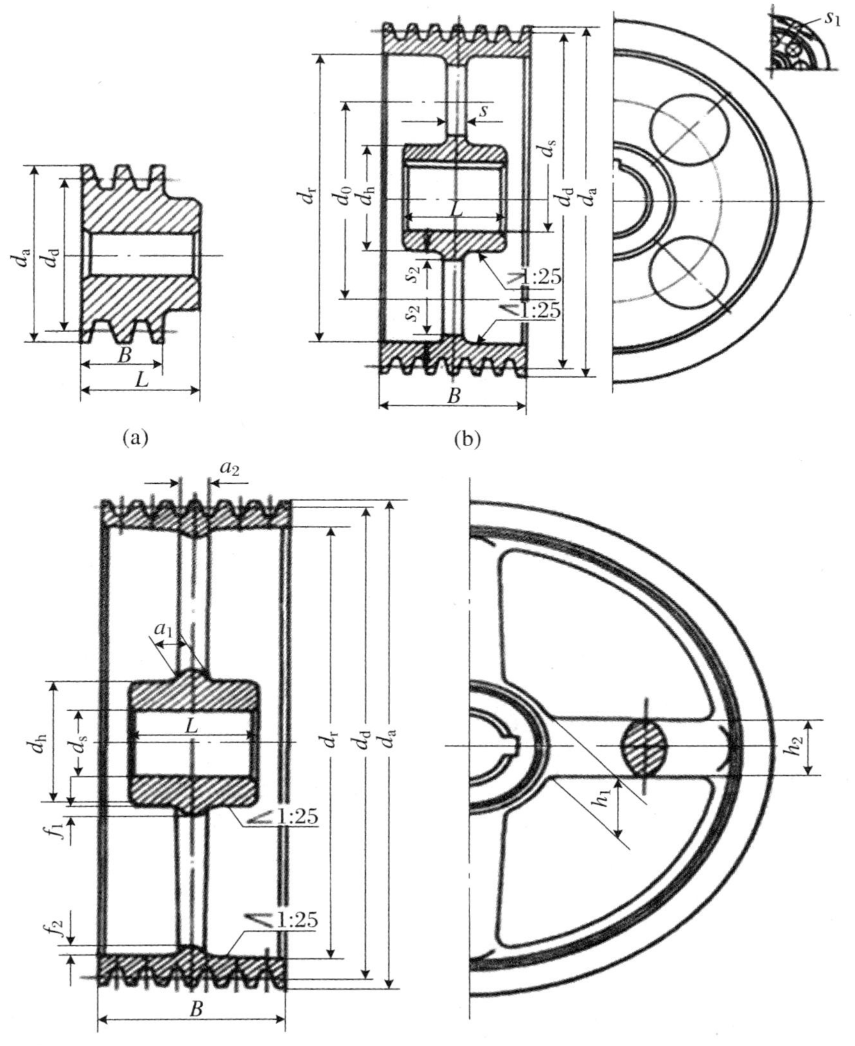

(c)

图 6-7　V 带轮的结构

$$d_h=(1.8\sim2)d_s,\ d_0=\frac{d_h+d_r}{2},\ d_r=d_a-2(H+\delta)$$

$$s=(0.2\sim0.3)B,\ s_1\geqslant1.5s,\ s_2\geqslant0.5s,\ L=(1.5\sim2)d_s$$

$h_1=290\sqrt[3]{\dfrac{P}{nz}}$，$P$ 为传递功率(kW)；n 为带轮转速(r/min)；z 为轮辐数

$$h_2=0.8h_1,\ a_1=0.4h_1,\ a_2=0.8a_1,\ f_1=0.2h_1,\ f_2=0.2h_2$$

6.1.1.7　带传动的张紧

1．带传动的张紧

传动带在工作一段时间后会因永久变形而松弛，使预紧力 F_0 减小，影响带传动的正常工作，此时需将带重新张紧。带传动常用张紧装置及方法如表 6-5 所示。

表 6-5 带传动常用张紧装置及方法

<table>
<tr><th colspan="2">张紧方法</th><th>示 意 图</th><th>说 明</th></tr>
<tr><td rowspan="3">用调节轴的位置张紧</td><td>定期张紧</td><td>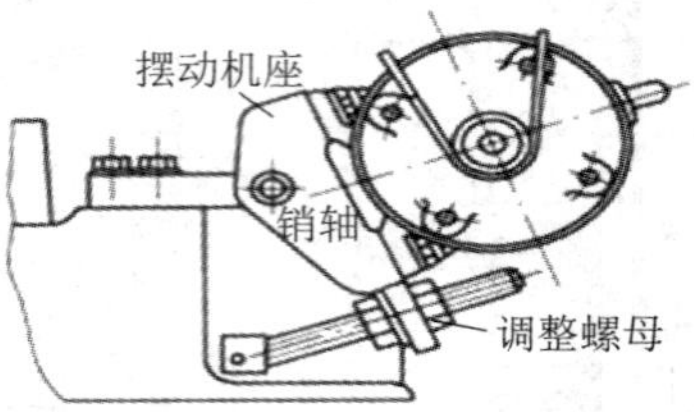
</td><td>用于垂直或接近垂直的传动。
旋转调整螺母，使机座绕转轴转动。将带轮调到合适位置，使带获得所需的张紧力，然后固定机座位置</td></tr>
<tr><td>定期张紧</td><td>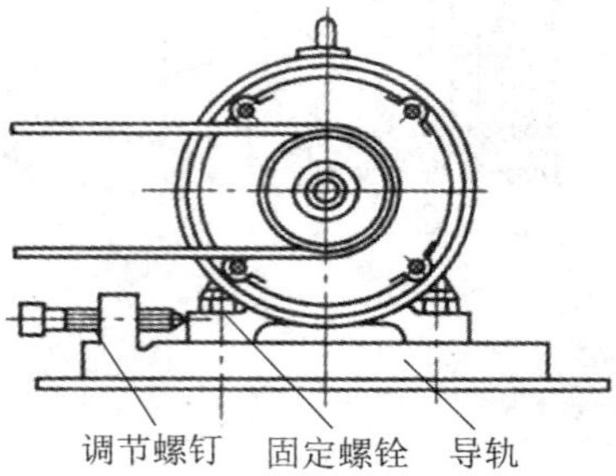
</td><td>用于水平或接近水平的传动。
放松固定螺栓、旋转调节螺钉，可使带轮沿导轨移动，调节带的张紧力。将带轮调到合适位置，使带获得所需的张紧力，然后拧紧固定螺栓</td></tr>
<tr><td>自动张紧</td><td>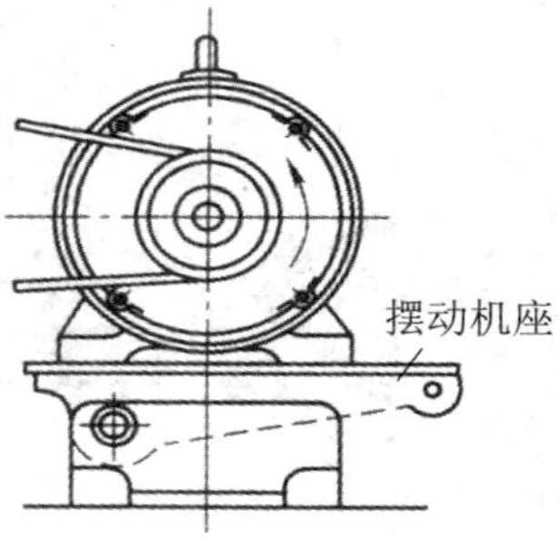
</td><td>用于小功率传动。
利用自重自动张紧传动带</td></tr>
<tr><td rowspan="2">用张紧轮张紧</td><td>定期张紧</td><td>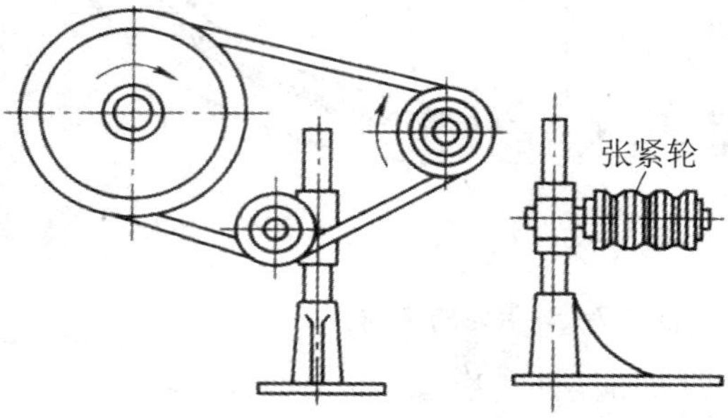
</td><td>用于固定中心距传动。
张紧轮安装在带的松边。为了不使小带轮的包角减小过多，应将张紧轮尽量靠近大带轮</td></tr>
<tr><td>自动张紧</td><td>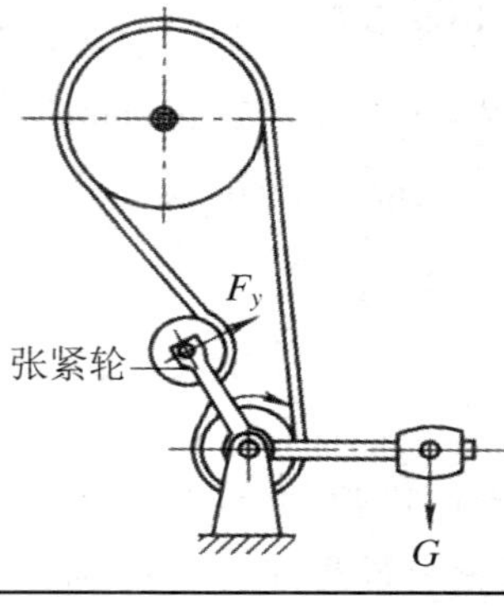
</td><td>用于中心距小、传动比大的场合，但寿命短，适宜平带传动。
张紧轮可安装在带松边的外侧，并尽量靠近小带轮处，这样可以增大小带轮上的包角</td></tr>
</table>

2. 带传动的安装和维护

正确的安装和维护，可以延长带的使用寿命。安装和维护时应注意以下几点：

① 安装时应缩小中心距，将带套入轮槽后调整到合适的张紧程度，不要硬撬，以免损坏。

② 安装时两带轮轴线必须平行，轮槽应对正，以免带磨损加剧。

③ 多根 V 带传动时，为使各根带受力均匀，同一组的传动带不仅公称长度应一样，而且还应具有相同的公差值。

对带传动应进行定期检查，对不能使用的旧带应及时更换。更换时应全部同时更换，不能新旧传动带混合使用。

④ 为保证安全，带传动装置应装设防护罩。

⑤ 传动带应避免与酸、碱、油接触，不在 60 ℃以上的环境下工作，也应避免阳光直晒和雨水浸淋。

6.1.2　输送机用带传动设计

带传动设计时，已知条件为：传动带的工作情况，功率 P，转速 n_1、n_2（或传动比 i）以及空间尺寸要求。设计内容：确定 V 带的型号、长度 L 和根数 Z、传动中心距 a 及带轮基准直径，画出带轮零件图等。

下面以输送机用带传动为例来说明带传动的设计方法和步骤。

例 6-1　设计一带式输送机中的普通 V 带传动。原动机为 Y100L2-4 异步电动机，其额定功率 $P=3$ kW，转速 $n_1=1\,420$ r/min，从动轮转速 $n_2=410$ r/min，两班制工作，载荷变动较小，要求中心距 $a\leqslant 600$ mm。

（1）确定计算功率 P_d

$$P_d = K_A P = 1.2 \times 3 = 3.6\ (\text{kW}) \tag{6-10}$$

式中，P 为传递的名义功率（如电动机的额定功率，kW），K_A 为工作情况系数（表 6-6）。

表 6-6　工作情况系数 K_A

工作情况		K_A					
		软启动			硬启动		
		每天工作小时数(h)					
		<10	10～16	>16	<10	10～16	>16
载荷变动微小	离心式水泵和压缩机、轻型输送机等	10	11	12	11	12	13
载荷变动小	压缩机、发电机、金属切削机床、印刷机、木工机械等	11	12	13	12	13	14
载荷变动较大	制砖机、斗式提升机、起重机、冲剪机床、纺织机械、橡胶机械、重载输送机、磨粉机等	12	13	14	14	15	16
载荷变动大	破碎机、磨碎机等	13	14	15	15	16	18

（2）选择 V 带的型号

根据计算功率 $P_d=3.6$ kW 和主动轮(通常是小带轮)转速 $n_1=1\,420$ r/min,由图 6-8 选择 V 带型号为 A 型。

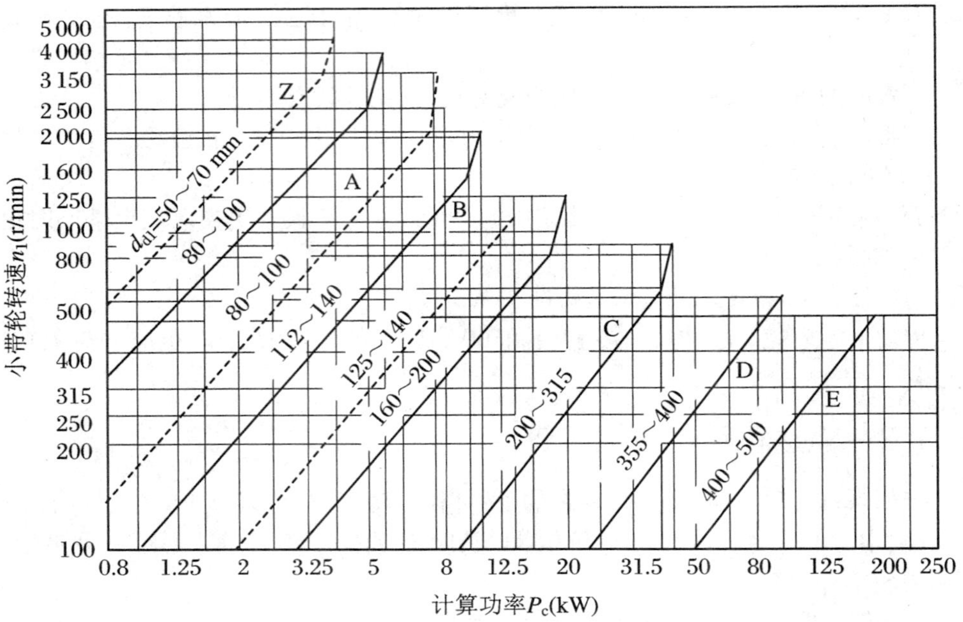

图 6-8 普通 V 带选型图

当所选取得结果在两种型号的分界线附近,可以两种型号同时计算,最后从中选择较好的方案。

(3) 确定带轮基准直径 d_{d1} 和 d_{d2}

如表 6-6 所示,根据 $d_{d1}\geqslant d_{min}$ 的要求,取 $d_{d1}=100$ mm,由式(6-8)得

$$d_{d2}=\frac{d_{d1}n_1}{n_2}(1-\varepsilon)=\frac{100\times 1\,420}{410}\times(1-0.02)$$
$$=339.4\ (\mathrm{mm})$$

由表 6-6,取 $d_{d2}=355$ mm。

表 6-6 普通 V 带轮最小基准直径(摘自 GB/T 10412—2002)

带型	Y	Z	A	B	C	D	E
d_{min}	20	50	75	125	200	355	500
d_d 的标准系列值	20 22.4 25 28 31.5 35.5 40 45 50 56 63 67 71 75 80 85 90 95 100 106 112 118 125 132 140 150 160 170 180 200 212 224 236 250 265 280 300 315 355 375 400 425 450 475 500 530 560 600 630 670 710 750 800 900 1 000 等						

(4) 验算带速

带速 v 过低,将使有效拉力 F 过大,即所需带的根数较多;带速 v 过高,将使带的应力循环次数增多,影响带的疲劳强度和寿命。带速 v 一般应在 5~25 m/s 之间,否则可通过改变小带轮的基准直径 d_{d1} 来调整带速。

$$v = \frac{\pi d_{d1} n_1}{60 \times 1\,000} = \frac{3.14 \times 100 \times 1\,420}{60 \times 1\,000} = 7.44\ (\text{m/s}) \tag{6-11}$$

带速 v 在 5～25 m/s 范围内，故合适。

(5) 确定中心距 a 和带的基准带长 L_d

按下式初步确定中心距 a_0：

$$0.7(d_{d1} + d_{d2}) \leqslant a_0 \leqslant 2(d_{d1} + d_{d2}) \tag{6-12}$$

即

$$0.7 \times (100 + 355) < a_0 < 2 \times (100 + 355)$$

取 $a_0 = 450$ mm。

由 a_0 根据下式计算 V 带的初选长度 L'_d

$$\begin{aligned} L'_d &= 2a_0 + \frac{\pi(d_{d1} + d_{d2})}{2} + \frac{(d_{d2} - d_{d1})^2}{4a_0} \\ &= \left[2 \times 450 + \frac{3.14 \times (100 + 355)}{2} + \frac{(355 - 100)^2}{4 \times 450}\right] \\ &= 1\,650.5\ (\text{mm}) \end{aligned} \tag{6-13}$$

根据初选长度 L'_d，由表 6-3 选取与其相近的基准长度 L_d 作为所选带的长度，故取 $L_d = 1\,800$ mm，然后就可以计算出实际中心距 a，即

$$\begin{aligned} a &\approx a_0 + \frac{L_d - L_0}{2} = 450 + \frac{1\,800 - 1\,650.5}{2} \\ &= 524.75 \end{aligned} \tag{6-14}$$

取 $a = 525$ mm。

考虑到安装调整和带松弛后张紧的需要，应给中心距留出一定的调整余量。中心距的变动范围为

$$\left.\begin{aligned} a_{\min} &= a - 0.015L_d \\ a_{\max} &= a + 0.03L_d \end{aligned}\right\} \tag{6-15}$$

由式(6-15)得

$$a_{\min} = a - 0.015L_d = 525 - 0.015 \times 1\,800 = 498\ (\text{mm})$$

$$a_{\max} = a + 0.03L_d = 525 + 0.03 \times 1\,800 = 579\ (\text{mm})$$

(6) 验算小带轮包角 α_1

$$\begin{aligned} \alpha_1 &= 180^\circ - \frac{d_{d1} - d_{d2}}{a} \times 57.3^\circ \\ &= 180^\circ - \frac{355 - 100}{525} \times 57.3^\circ \\ &= 152.17^\circ > 120^\circ \end{aligned} \tag{6-16}$$

故合适。

若 α_1 过小，可增大中心距或设置张紧轮。

(7) 确定 V 带的根数 Z

$$Z \geqslant \frac{P_d}{[P_0]} = \frac{P_d}{(P_0 + \Delta P_0)K_\alpha K_L} \tag{6-17}$$

带的根数 Z 不应过多，否则会使带受力不均匀，一般 $Z < 10$。

查表 6-7 得，$P_0 = 1.29$ kW。

表 6-7 单根普通 V 带的基本额定功率 P_0(kW)

带型	d_{d1} (mm)	n_1(r/min)												
		700	800	950	1 200	1 450	1 600	1 800	2 000	2 200	2 400	2 600	2 800	3 200
Z	50	0.09	0.10	0.12	0.14	0.16	0.17	0.19	0.20	0.2!	0.22	0.24	0.26	0.28
	56	0.11	0.12	0.14	0.17	0.19	0.20	0.23	0.25	0.28	0.30	0.32	0.33	0.35
	63	0.13	0.15	0.18	0.22	0.25	0.27	0.30	0.32	0.35	0.37	0.39	0.41	0.45
	71	0.17	0.20	0.23	0.27	0.30	0.33	0.36	0.39	0.43	0.46	0.48	0.50	0.54
	80	0.20	0.22	0.26	0.30	0.35	0.39	0.42	0.44	0.47	0.50	0.53	0.56	0.61
	90	0.22	0.24	0.28	0.33	0.36	0.40	0.44	0.48	0.51	0.54	0.57	0.60	0.64
A	75	0.40	0.45	0.51	0.60	0.68	0.73	0.78	0.84	0.88	0.92	0.96	1.00	1.04
	90	0.61	0.68	0.77	0.93	1.07	1.15	1.24	1.34	1.42	1.50	1.57	1.64	1.75
	100	0.74	0.83	0.95	1.14	1.32	1.42	1.54	1.66	1.76	1.87	1.96	2.05	2.19
	112	0.90	1.00	1.15	1.39	1.61	1.74	1.89	2.04	2.17	2.30	2.40	2.51	2.68
	125	1.07	1.19	1.37	1.66	1.92	2.07	2.26	2.44	2.59	2.74	2.86	2.98	3.16
	140	1.26	1.41	1.62	1.96	2.28	2.45	2.66	2.87	3.04	3.22	3.36	3.48	3.65
B	125	1.30	1.44	1.64	1.93	2.19	2.33	2.50	2.64	2.76	2.85	2.90	2.96	2.94
	140	1.64	1.82	2.08	2.47	2.82	3.00	3.23	3.42	3.58	3.70	3.78	3.85	3.83
	160	2.09	2.32	2.66	3.17	3.62	3.86	4.15	4.40	4.60	4.75	4.82	4.89	4.80
	180	2.53	2.81	3.22	3.85	4.39	4.68	5.02	5.30	5.52	5.67	5.72	5.76	5.52
	200	2.96	3.30	3.77	4.50	5.13	5.46	5.83	6.13	6.35	6.47	6.45	6.43	5.95
	224	3.47	3.86	4.42	5.26	5.97	6.33	6.73	7.02	7.19	7.25	7.10	6.95	6.05
C	200	3.69	4.07	4.58	5.29	5.84	6.07	6.28	6.34	6.26	6.02	5.61	5.01	3.23
	224	4.64	5.12	5.78	6.71	7.45	7.75	8.00	8.06	7.92	7.57	6.93	6.08	3.57
	250	5.64	6.23	7.04	8.21	9.04	9.38	9.63	9.62	9.34	8.75	7.85	6.56	2.93
	280	6.76	7.52	8.49	9.81	10.72	11.06	11.22	11.04	10.48	9.50	8.08	6.13	–
	315	8.09	8.92	10.05	11.53	12.46	12.72	12.67	12.14	11.08	9.43	7.11	4.16	–
	355	9.50	10.46	11.73	13.31	14.12	14.19	13.73	12.59	10.70	7.98	4.32	–	–

查表 6-8 得 $\Delta P_0 = 0.1$ kW。

表 6-8　单根普通 V 带的基本额定功率增量 ΔP_0

型号	传动比 i										带速 v(m/s) ≤
	1.00～1.01	1.02～1.04	1.05～1.08	1.09～1.12	1.13～1.18	1.19～1.24	1.25～1.34	1.35～1.50～1.51	1.51～1.52～1.99	≥2.00	
	ΔP_0(kW)										
Z	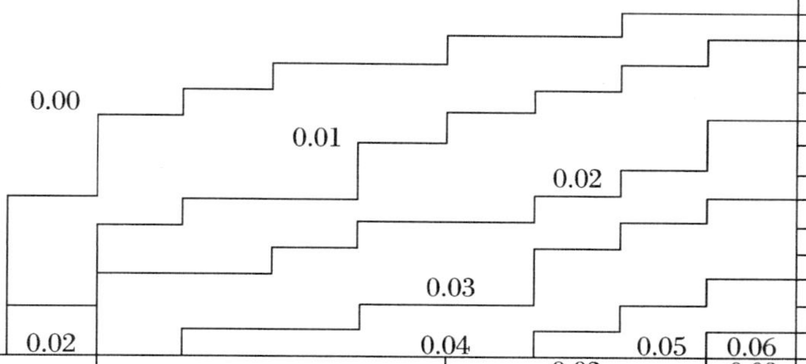										1 2 3 4 5 6.3 7.5 8.8 10 12.5 15 16.7 18.3 20
A	0.00							0.02		0.03	2.5
			0.01	0.02	0.02	0.03	0.03	0.04	0.04	0.05	5
			0.02	0.03	0.04	0.05	0.06	0.07	0.08	0.09	6.7
			0.02	0.03	0.04	0.05	0.06	0.08	0.09	0.10	8.3
			0.03	0.04	0.05	0.06	0.07	0.08	0.10	0.11	10
		0.02	0.03	0.05	0.07	0.08	0.10	0.11	0.13	0.15	12.5
		0.02	0.04	0.06	0.08	0.09	0.11	0.13	0.15	0.17	15
		0.02	0.04	0.06	0.09	0.11	0.13	0.15	0.17	0.19	17.5
		0.03	0.06	0.08	0.11	0.13	0.16	0.19	0.22	0.24	20
		0.03	0.07	0.10	0.13	0.16	0.19	0.23	0.26	0.29	25
B	0.00	0.01	0.01	0.02	0.03	0.04	0.04	0.05	0.06	0.06	5
		0.01	0.03	0.04	0.06	0.07	0.08	0.10	0.11	0.13	10
		0.02	0.05	0.07	0.10	0.12	0.15	0.17	0.20	0.22	11.7
		0.03	0.06	0.08	0.11	0.14	0.17	0.20	0.23	0.25	13.3
		0.03	0.07	0.10	0.13	0.17	0.20	0.23	0.26	0.30	15
		0.04	0.08	0.13	0.17	0.21	0.25	0.30	0.34	0.38	20
		0.05	0.10	0.15	0.20	0.25	0.31	0.36	0.40	0.46	22.5
		0.06	0.11	0.17	0.23	0.28	0.34	0.39	0.45	0.51	25
C	0.00	0.02	0.04	0.06	0.08	0.10	0.12	0.14	0.16	0.18	5
		0.03	0.06	0.09	0.12	0.15	0.18	0.21	0.24	0.26	7.5
		0.04	0.08	0.12	0.16	0.20	0.23	0.27	0.31	0.35	10
		0.05	0.10	0.15	0.20	0.24	0.29	0.34	0.39	0.44	12.5
		0.06	0.12	0.18	0.24	0.29	0.35	0.41	0.47	0.53	15
		0.07	0.14	0.21	0.27	0.34	0.41	0.48	0.55	0.62	17.5
		0.08	0.16	0.23	0.31	0.39	0.47	0.55	0.63	0.71	20
		0.09	0.19	0.27	0.37	0.47	0.56	0.65	0.74	0.83	25

查表 6-9 得 $K_\alpha = 0.924$。

表 6-9　包角系数 K_α

小带轮包角	180°	175°	170°	165°	160°	155°	150°	145°	140°	135°	130°	125°	120°	110°	100°	90°
K_α	1	0.99	0.98	0.96	0.95	0.93	0.92	0.91	0.89	0.88	0.86	0.84	0.82	0.78	0.74	0.69

查表 6-3 得 $K_L = 1.01$。

由式(6-17)得

$$Z \geqslant \frac{P_d}{(P_0+\Delta P)K_\alpha K_L} = \frac{3.6}{(1.29+0.1)\times 0.924\times 1.01} = 2.78$$

取 $Z=3$。

(8) 计算带的初拉力 F_0

保证带传动正常工作的单根 V 带的初拉力 F_0 为

$$F_0 = 500\times\frac{(2.5-K_\alpha)P_d}{K_\alpha Z v} + qv^2 \tag{6-18}$$

由表 6-2 查得，$q=0.10$ kg/m，由式(6-18)得

$$F_0 = 500\times\frac{(2.5-K_\alpha)P_d}{K_\alpha Z v} + qv^2 = \left[500\times\frac{(2.5-0.924)\times 3.6}{0.924\times 3\times 7.44} + 0.10\times 7.44^2\right] = 143.1\ (\mathrm{N})$$

(9) 计算轴上的压力 F_y

$$F_y = 2F_0 Z\sin\frac{\alpha_1}{2} = 2\times 143.1\times 3\times\sin\frac{152.17^\circ}{2} = 833.4\ (\mathrm{N}) \tag{6-19}$$

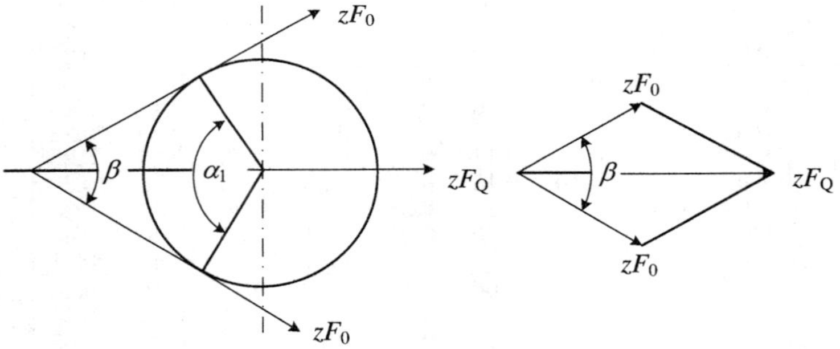

图 6-9 带传动作用在轴上的力

(10) 带轮的结构设计

带轮的结构设计这里略。

6.1.3 同步带传动

6.1.3.1 同步带传动的特点和应用

同步带以细钢丝绳或玻璃纤维绳为强力层，外覆聚氨酯或氯丁橡胶的环形带。由于带的强力层承载后变形小，且内周制成齿状使其与齿形的带轮相啮合，带与带轮间无相对滑动，构成同步传动，如图 6-10 所示。

同步带传动的优点是：传动功率较大，可达 200 kW；传动效率高，可达 0.98；几乎不需要张紧力，故轴压力小；维护保养方便，能在高温、灰尘、积水及腐蚀介质中工作。其主要缺点

是：制造、安装精度要求高，且价格较贵。

目前，同步带传动主要用于中小功率、要求速比准确的传动中，如计算机、数控机床、纺织机械、烟草机械等。

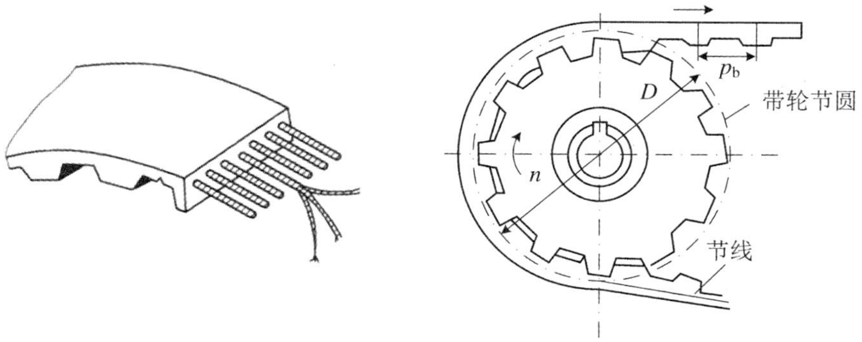

图 6-10 同步带结构与同步带传动

6.1.3.2 同步带的参数、类型和规格

1. 同步带的参数

(1) 节距 p_b 与基本长度 L_P

在规定张紧力下，同步带相邻两齿对称中心线的距离，称为节距 p_b。同步带工作时原长度不变的周线称为节线，节线长度 L_P 为基本长度（公称长度），轮上相应的圆称为节圆，显然有 $L_P = p_b z$。

(2) 模数 m

与齿轮一样，也规定模数 $m = p_b/\pi$。

2. 同步带的类型和规格

同步带有梯形齿和圆弧齿两类，如图 6-11 所示。梯形齿同步带有周节制和模数制两种。周节制梯形齿同步带已有国家标准(GB/T11616—1989)。圆弧齿同步带传动只有行业标准，圆弧齿同步带因其承载能力和疲劳寿命高于梯形齿而应用日趋广泛。同步齿型带传动设计见 GB/T11362—1989。

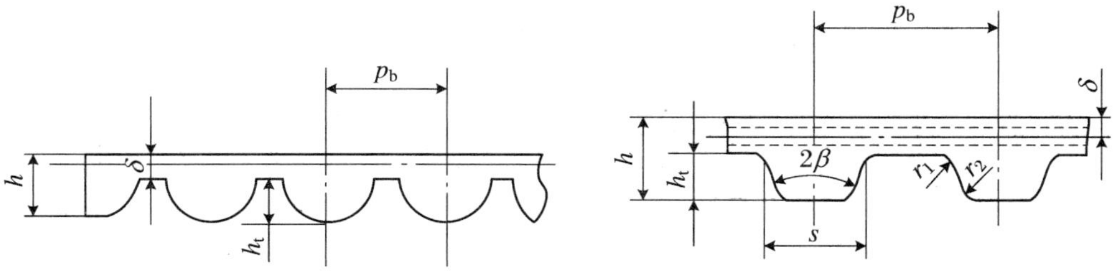

图 6-11 梯形齿和圆弧齿同步带

标准同步带的标记包括：型号、节线长度代号、宽度代号和国标号。对称齿双面同步带在型号前加“DA”，交错齿双面同步带在型号前加“DB”，如图 6-12 所示。

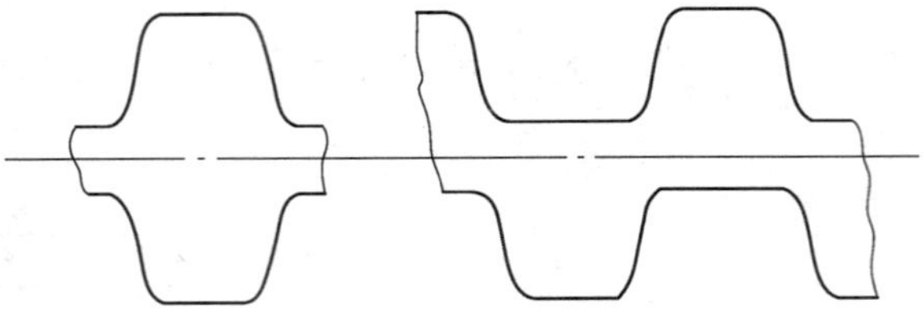

DA型　　　　DB型

图 6-12　对称双面齿和交错双面齿同步带

标记示例：

橡胶同步带 980　H　200　GB/T 11616—2002

- 带宽代号 200，带宽 50.8 mm
- 型号 H，节距 12.7 mm
- 长度代号 980，节线长 2 489.20 mm

6.2　链　传　动

6.2.1　概述

6.2.1.1　链传动的组成、特点、类型及应用

链传动由装在平行轴上的链轮和跨绕在两链轮上的环形链条所组成，以链条作中间挠性件，靠链条与链轮轮齿的啮合来传递运动和动力。如图 6-13 所示。

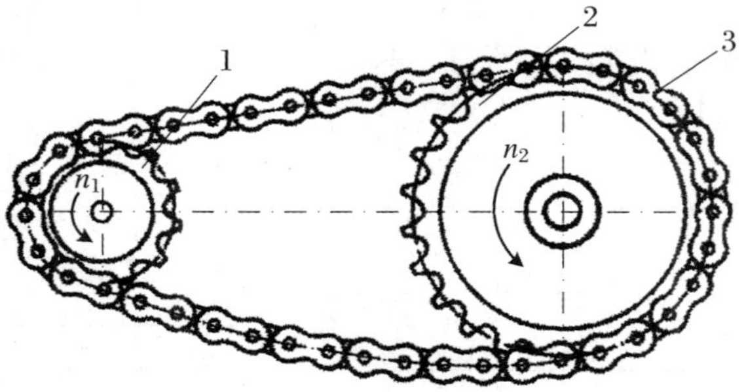

图 6-13　链传动简图

1. 主动链轮　2. 链条　3. 从动链轮

与带传动相比，链传动能保持准确平均传动比；没有弹性滑动和打滑；需要张紧力小；能在温度较高、有油污等环境下工作。与齿轮传动相比，链传动的制造和安装精度要求较低；成本低廉；能实现远距离传动；但瞬时速度不均匀，瞬时传动比不恒定；传动中有一定的冲击和噪声。

链传动结构简单、耐用、维护容易，适用于中心距较大的场合。链传动的传动比 $i \leqslant 8$；中

心距 $a \leqslant 5$ m；传递功率 $P \leqslant 100$ kW；圆周速度 $v \leqslant 15$ m/s，无声链最大线速度可达 40 m/s（不适用于冲击与急促反向等情况）；传动效率 $\eta = 0.92 \sim 0.96$。链传动广泛用于矿山机械、农业机械、石油机械、机床及摩托车中。

按工作特性，链传动可分为：起重链、牵引链、传动链。起重链和牵引链主要用在输送和起重机械中，一般机械中传递运动和动力常用的是传动链。

按照链条的结构不同，传动链主要有滚子链和齿形链两种，如图 6-14 所示。其中齿形链结构复杂，价格较高，因此其应用不如滚子链广泛。一般所说的链传动是指滚子链传动。齿形链是由成组的齿形链板联接而成的，如图 6-14(b)所示。其传动平稳、噪声小、承受冲击载荷的能力高，故常用于高速或运动精度和可靠性要求高的传动装置中。

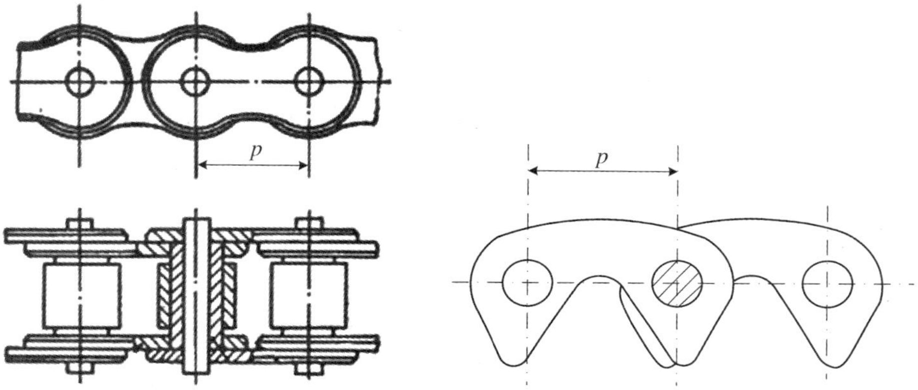

(a) 滚子链　　(b) 齿形链

图 6-14　传动链

6.2.1.2　滚子链和链轮

1. 滚子链

如图 6-15 所示，滚子链由内链板、外链板、销轴、套筒和滚子组成。两内链板与套筒之间、两外链板与销轴之间分别用过盈配合联接；滚子和套筒之间，套筒与销轴之间采用间隙

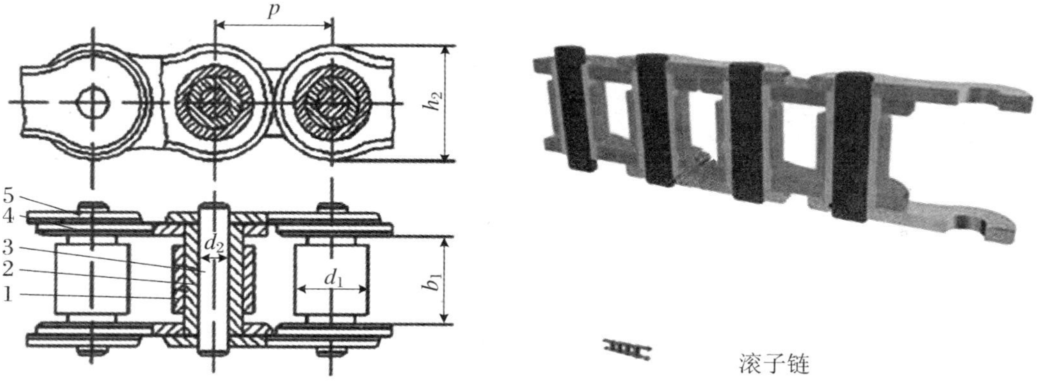

图 6-15　滚子链的结构

1. 滚子　2. 套筒　3. 销轴　4. 内链板　5. 外链板

配合联接,它们之间可相对转动。链板一般制成“8”字形,以减少重量,并使各截面抗拉强度大致相等。

当传递的功率较大时,可采用双排链(图 6-16)或多排链,排距用 p_t 表示。链条上的相邻两销轴中心之间的距离称为节距,用 p 表示,它是链条的主要参数。

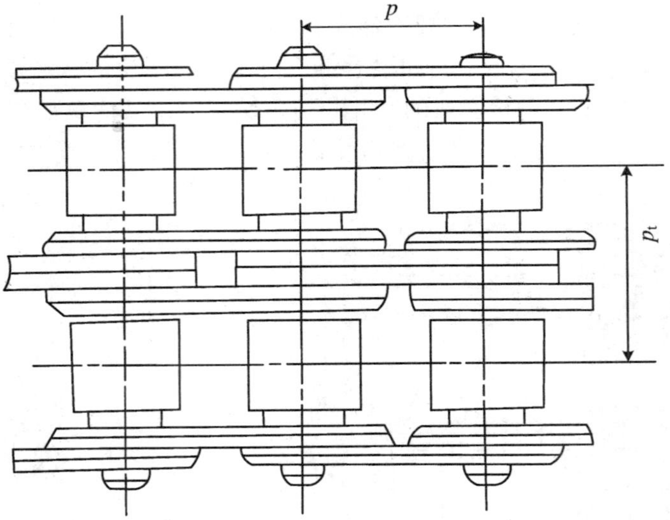

图 6-16　双排链

将链联成环形时,滚子链的接头形式如图 6-17 所示。当链节数为偶数时,正好是内、外链板相接。当节距较大时,可用开口销锁紧,如图 6-17(a)所示;当节距较小时,可用弹簧卡锁紧,如图 6-17(b)所示。当链节数为奇数时,接头可用过渡链节,如图 6-17(c)所示。过渡链节的弯曲链板受附加的弯曲应力,因此,链节数最好为偶数。

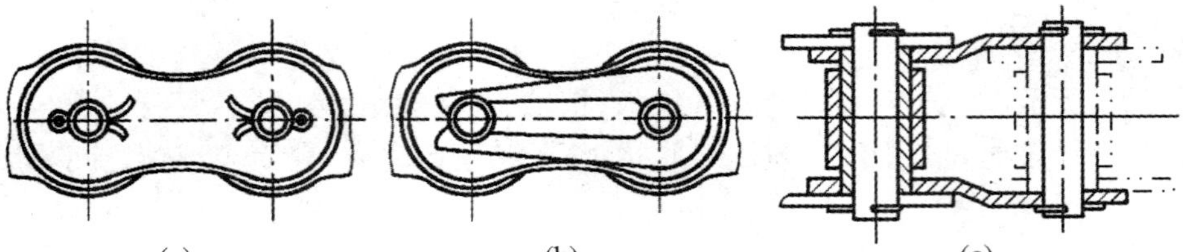

(a)　　(b)　　(c)

图 6-17　滚子链的接头形式

滚子链已有国家标准(GB/T1243—1997),标准规定滚子链分为 A、B 两个系列,我国主要采用 A 系列,其基本参数如表 6-10 所示。

滚子链的标记为:

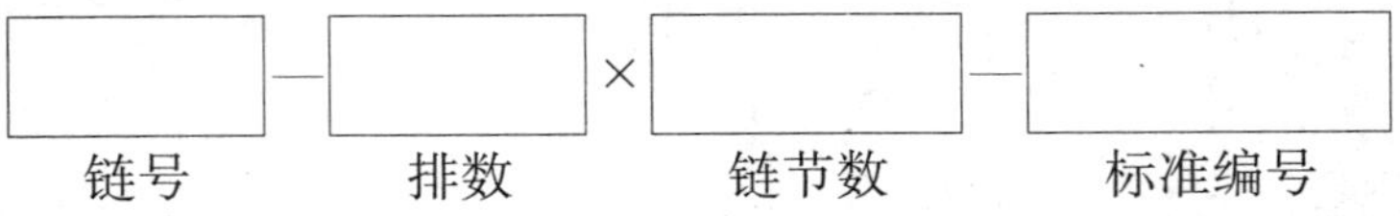

例如,A 系列、8 号链、双排、88 节的滚子链标记为:08A—2×88GB/T1243—1977。

2. 链轮

链轮的齿形已经标准化(GB/T1243—1977),其端面齿形如图 6-18 所示。

表 6-10　A 系列滚子链的基本参数和尺寸

链号	节距 p (mm)	排距 p_t (mm)	滚子外径 d_1(mm)（最大）	内链节内宽 b_1(mm)（最小）	销轴直径 d_2(mm)（最大）	内链板高度 h_2(mm)（最大）	极限拉伸载荷 单排 F_Q(N)（最小）	双排 F_Q(N)（最小）	三排 F_Q(N)（最小）	单排质量 q (kg/m)
05B	8.00	5.64	5.00	3.00	2.31	7.11	4 400	7 800	11 100	0.18
06B	9.525	10.24	6.35	5.72	3.23	8.26	8 900	16 900	24 900	0.40
08A	12.70	14.38	7.95	7.85	3.96	12.07	13 800	27 600	41 400	0.60
08B	12.70	13.92	8.51	7.75	4.45	11.81	17 800	31 100	44 500	0.70
10A	15.875	18.11	10.16	9.40	5.08	15.09	21 800	43 600	65 400	1.00
12A	19.05	22.78	11.91	12.57	5.94	18.08	31 100	62 300	93 400	1.50
16A	25.40	29.29	15.88	15.75	7.92	24.13	55 600	111 200	166 800	2.60
20A	31.75	35.76	19.05	18.90	9.53	30.18	86 700	173 500	260 200	3.80
24A	38.10	45.44	22.23	25.22	11.10	36.20	124 600	249 100	373 700	5.60
28A	44.45	48.87	25.40	25.22	12.70	42.24	169 000	338 100	507 100	7.50
32A	50.80	58.55	28.58	31.55	14.27	48.26	222 400	444 800	667 200	10.10
40A	63.90	71.55	39.68	37.85	19.84	60.33	347 000	693 900	1 040 900	16.10
48A	76.20	87.83	47.63	47.35	23.80	72.39	500 400	1 000 800	1 501 300	22.60

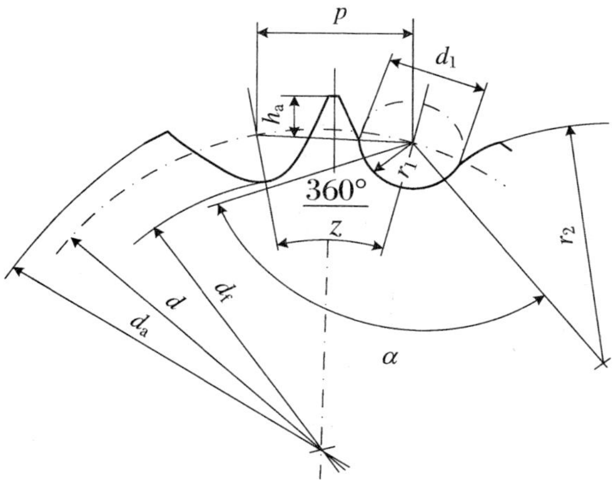

图 6-18　滚子链链轮端面齿形

p. 链条节距　d_1. 最大滚子直径　d. 分度圆直径　d_a. 齿顶圆直径　d_f. 齿根圆直径
r_1. 滚子定位圆弧　α. 齿沟角　r_2. 齿廓圆弧半径　z. 齿数　h_a. 齿顶高

链轮的主要尺寸如表 6-11 所示。

链轮材料通常采用优质碳素钢或合金钢，并经过热处理。

链轮的结构如图 6-19 所示。小直径的链轮制成实心式（图 6-19(a)）；中等直径的链轮可制成孔板式（图 6-19(b)）；大直径的链轮可采用组合式结构（图 6-19(c)）。

表 6-11　滚子链链轮的主要尺寸

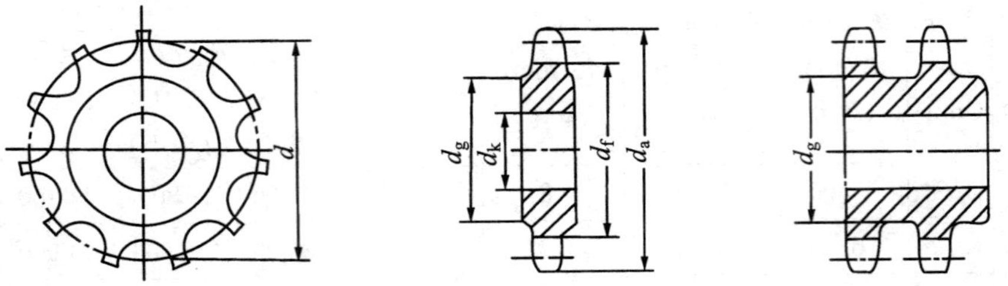

名称	代号	计算公式	备　注
分度圆直径	d	$d = p\Big/\sin\left(\dfrac{180^\circ}{z}\right)$	
齿顶圆直径	d_a	$d_{amax} = d + 1.25p - d_1$ $d_{amin} = d + \left(1 - \dfrac{1.6}{z}\right)p - d_1$ 若为三圆弧一直线齿形，则 $d_a = p\left(0.54 + \cot\dfrac{180^\circ}{z}\right)$	可在 d_{amax}～d_{amin} 范围内任意选取，但选用 d_{amax} 时，应考虑采用展成法加工，有发生顶切的可能性
齿根圆直径	d_f	$d_f = d - d_1$	
齿侧凸缘（或排间槽）直径	d_k	$d_k \leqslant p\cot\dfrac{180^\circ}{z} - 1.04h_2 - 0.76$ 式中，h_2 为内链板高度（见表 6-10）	

注：d_a、d_g 值取整数，其他尺寸精确到 0.01 mm。

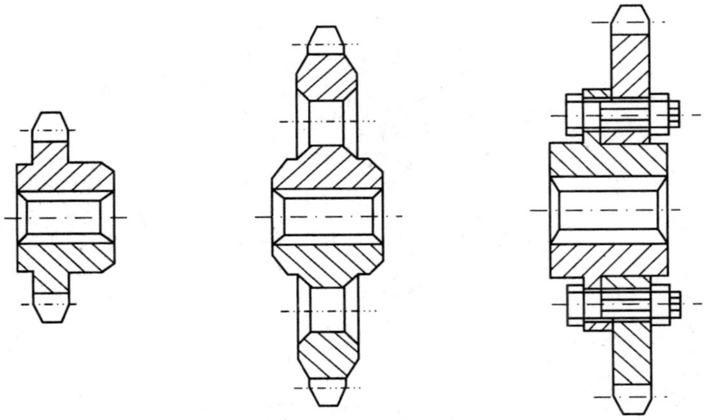

(a)　　(b)　　(c)

图 6-19　链轮的结构

6.2.1.3　滚子链的工作情况分析

1. 链传动的运动特性

链条绕上链轮后形成折线，如图 6-20 所示，因此链传动相当于一对多边形轮子之间的传动。设 Z_1、Z_2 为两链轮的齿数，p 为节距(mm)，n_1、n_2 为两链轮的转速(r/min)，则链条的平均速度(简称链速)为

$$v = \frac{z_1 p n_1}{60 \times 1\,000} = \frac{z_2 p n_2}{60 \times 1\,000} \tag{6-20}$$

链传动的传动比为

$$i = \frac{n_1}{n_2} = \frac{z_2}{z_1} \tag{6-21}$$

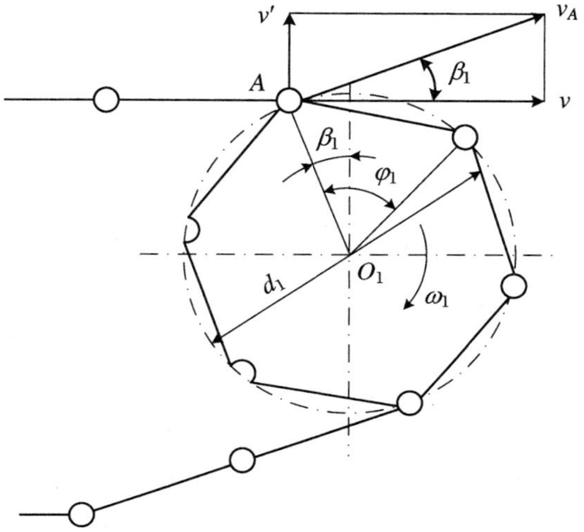

图 6-20　链传动的运动分析

由式(6-20)、式(6-21)求得的链速和传动比均为平均值。实际上，由于多边形效应，瞬时链速和瞬时传动比都是变化的。

为了便于分析，设链的主动边(紧边)处于水平位置，主动链轮以角速度 ω_1 回转，当链节与链轮轮齿在 A 点啮合时，链轮上该点的圆周速度的水平分量即为链节上该点的瞬时速度，其值为

$$v = \frac{1}{2} d_1 \omega_1 \cos \beta_1$$

任一链节从进入啮合到退出啮合，β_1 角在 $-180°/z$ 到 $+180°/z$ 的范围内变化。

当 $\beta_1 = 0°$ 时，链速最大：

$$v_{\max} = \frac{1}{2} d_1 \omega_1 \tag{6-22}$$

当 $\beta_1 = \pm 180°/z$ 时，链速最小：

$$v_{\min} = \frac{1}{2} d_1 \omega_1 \cos \frac{180°}{z} \tag{6-23}$$

由此可知，当主动轮以角速度 ω_1 等速转动时，链条瞬时速度 v 周期性地由小变大，又由大变小，每个节距变化一次。

同理，链条在垂直于链节中心线方向的分速度 $v' = \frac{1}{2} d_1 \omega_1 \sin \beta_1$，也做周期性变化，从而使链条上下抖动。

由于链速是变化的，工作时不可避免地要产生振动和动载荷，加剧磨损，当链轮齿数增

加时，则 β_1 相应减小，速度波动、冲击、振动和噪声都会减小，所以链轮的最小齿数不宜太少，通常取主动链轮（即小链轮）的齿数大于 17。

2. 链传动的受力分析

链传动工作时，紧边和松边的拉力不相等。若不考虑动载荷，则紧边所受的拉力 F_1 为工作拉力 F、离心拉力 F_c 和悬垂拉力 F_y 之和，即

$$F_1 = F + F_c + F_y$$

松边拉力为

$$F_2 = F_c + F_y$$

工作拉力为

$$F = \frac{1\,000P}{v} \tag{6-24}$$

式中，P 为链传动传递的功率（kW）；v 为链速（m/s）。

离心拉力为

$$F_c = qv^2 \tag{6-25}$$

式中，q 为每米链的质量（kg/m），见表 6-10。

悬垂拉力为

$$F_y = K_y qga \tag{6-26}$$

式中，a 为链传动的中心距（m）；g 为重力加速度，取 9.81 m/s^2；K_y 为下垂度 $y = 0.02a$ 时的垂度系数。K_y 值与两链轮轴线所在平面与水平面的倾斜角 β 有关。垂直布置时 $K_y = 1$，水平布置时 $K_y = 7$；对于倾斜布置的情况，$\beta = 30°$ 时 $K_y = 6$，$\beta = 60°$ 时 $K_y = 4$，$\beta = 75°$ 时 $K_y = 2.5$。

链作用在轴上的压力 F_Q 可近似取为 $F_Q = (1.2 \sim 1.3)F$；有冲击和振动时取大值。

6.2.1.4 链传动的失效形式

1. 链板疲劳破坏

由于链条受变应力的作用，经过一定的循环次数后，链板会发生疲劳破坏。在正常润滑条件下，疲劳强度是限定链传动承载能力的主要因素。

2. 滚子、套筒的冲击疲劳破坏

链节与链轮啮合时，滚子与链轮间会产生冲击，高速时冲击载荷较大，使套筒与滚子表面发生冲击疲劳破坏。

3. 销轴与套筒的胶合

当润滑不良或速度过高时，销轴与套筒的工作表面摩擦发热较大，而使两表面发生黏附磨损，严重时则产生胶合。胶合限定了链传动的极限转速。

4. 链条铰链磨损

链条在工作过程中，销轴与套筒的工作表面会因相对滑动而磨损，导致链节伸长，容易引起跳齿和脱链。

5. 过载拉断

在低速（$v < 6$ m/s，按静强度设计）重载或瞬时严重过载时，链条可能被拉断。

6.2.1.5　链传动的布置、张紧和润滑

1. 链传动的布置

链传动的合理布置应遵循以下原则：

① 两链轮的回转平面应在同一平面内；

② 两链轮中心连线最好在水平面内或与水平面成 45°以下的倾角，应避免垂直布置；

③ 链轮机构必须布置在垂直平面内。

2. 链传动的张紧

链传动工作时合适的松边垂度 $f=(0.01\sim0.02)a$，a 为传动中心距。若垂度过大，将引起啮合不良或振动现象，所以必须张紧。最常见的张紧方法是调整中心距法。当中心距不可调整时，可采用拆去 1～2 个链节的方法进行张紧或设置张紧轮。张紧轮常位于松边，如图 6-21 所示。张紧轮可以是链轮也可以是滚轮，其直径与小链轮相近。

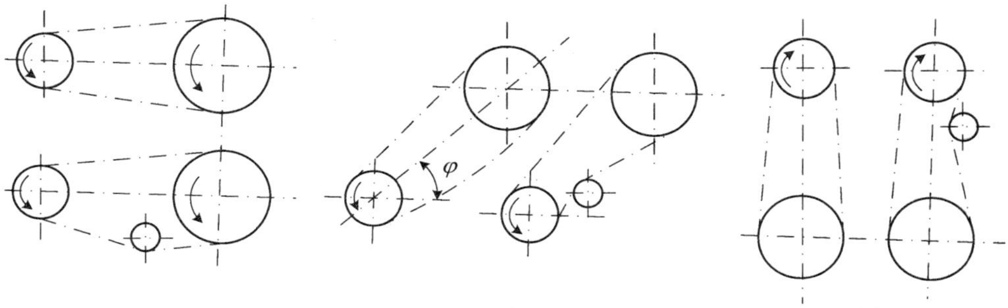

(a)　　(b)　　(c)

图 6-21　链传动的布置和张紧

3. 链传动的润滑

链传动的润滑可缓和冲击、减少摩擦和磨损，延长链条的使用寿命。常见的润滑装置如图 6-22 所示。

(a) 人工定期润滑　　(b) 滴油润滑

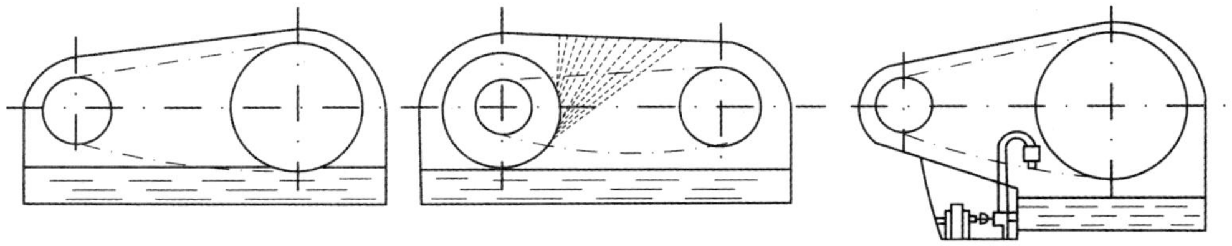

(c) 油浴润滑　　(d) 飞溅润滑　　(e) 压力喷油润滑

图 6-22　润滑方式选择图

6.2.2 输送机用链传动设计

链传动在不同的条件下工作，有不同的失效形式，设计计算也有不同的方法。对于 $v \geqslant 6$ m/s 的链传动，一般按功率曲线设计计算；对 $v < 6$m/s 的链传动，一般按静强度设计计算。

下面以输送机用链传动为例来说明链传动的设计方法和步骤。

例 6.2 设计一链式输送机中的滚子链传动。已知由电动机输入的功率 $P = 7.5$ kW，转速 $n_1 = 720$ r/min，要求传动比 $i = 3$，要求中心距不大于 650 mm，传动水平布置，载荷平稳。

(1) 选择链轮齿数 z_1、z_2

链轮的齿数越少，瞬时链速变化越大，而且链轮直径也较小，当传递功率一定时，链和链轮轮齿的受力也会增加。为使传动平稳，小链轮齿数不宜过少，但如果齿数过多，又会造成链轮尺寸过大，而且，当链条磨损后，也容易从链轮上脱落。滚子链传动的小链轮齿数 z_1 应根据链速 v 和传动比 i，由表 6-12 进行选取，然后按 $z_2 = iz_1$，选取大链轮的齿数；并控制 $z_2 \leqslant 120$。

表 6-12 小链轮齿数

链速 v(m/s)	0.6～3	3～8	>8
z_1	≥17	≥21	>25

根据传动比 $i = 3$，估计链速 v 在 3～8 m/s 范围，由表 6-12 选取小链轮齿数 $z_1 = 21$，大链轮齿数 $z_2 = iz_1 = 3 \times 21 = 63 < 120$，合适。

(2) 确定计算功率 P_d

已知载荷平稳、电动机拖动，由表 6-13 查得 $K_A = 1.0$，计算功率为

$$P_d = K_A P = 1.0 \times 7.5 = 7.5\,(\text{kW})$$

表 6-13 工作情况系数 K_A

工作机		原动机		
载荷性质	应用举例	电动机 汽轮机	内燃机	
			液压传动	机械传动
载荷平稳	载荷变动小的带式输送机、链式输送机、离心泵、离心式鼓风机和载荷不变的机械	1.0	1.0	1.2
中等冲击载荷	离心式压缩机、粉碎机、载荷有变动的输送机、一般机床、压气机、一般工程机械	1.3	1.2	1.4
较大冲击载荷	冲床、破碎机、矿山机械、石油机械、振动机械和受冲击的机械	1.5	1.4	1.7

(3) 确定中心距 a 和链节数 L_p

若链传动中心距过小，则小链轮上的包角也小，同时啮合的链轮齿数也减少；若中心距过大，则易使链条抖动。一般可取中心距 $a = (30～50)p$，最大中心距 $a_{max} \leqslant 80p$。

链的长度以链节数 L_p（节距 p 的倍数）来表示。与带传动相似，链节数 L_p 与中心距 a 之间的关系为

$$L_p = \frac{2a}{p} + \frac{z_1 + z_2}{2} + \left(\frac{z_2 - z_1}{2\pi}\right)^2 \cdot \frac{p}{a} \tag{6-27}$$

初定中心距 $a_0=(30\sim50)p$，取 $a_0=30p$，由式(6-27)可得

$$L_p=\frac{2a_0}{p}+\frac{z_1+z_2}{2}+\left(\frac{z_2-z_1}{2\pi}\right)^2\frac{p}{a_0}$$

$$=\frac{2\times30p}{p}+\frac{21+63}{2}+\left(\frac{63-21}{2\pi}\right)^2\frac{p}{30p}=103.49$$

计算出的 L_p 应圆整为整数，最好取为偶数，故此时取 $L_p=104$。如已知 L_p，也可由式(6-27) 计算出实际中心距 a，即

$$a=\frac{p}{4}\left[\left(L_p-\frac{z_1+z_2}{2}\right)+\sqrt{\left(L_p-\frac{z_1+z_2}{2}\right)^2-8\left(\frac{z_2-z_1}{2\pi}\right)^2}\right]$$

通常将中心距设计成可调的；若中心距不能调节而又没有张紧装置，应将计算的中心距再减小 2～5 mm，使链条有小的初垂度，以保持链传动的张紧。

(4) 确定链条型号和节距 p

链的节距 p 是决定链的工作能力、链及链轮尺寸的主要参数，正确选择 p 是链传动设计时要解决的主要问题。链的节距越大，承载能力越高，但其运动不均匀性和冲击就越严重。因此，在满足传递功率的情况下，应尽可能选用较小的节距，高速重载时可选用小节距多排链。

首先确定系数 K_z、K_L、K_p。根据链速估计链传动可能产生链板疲劳破坏，由表 6-14 查得小链轮齿数系数 $K_z=1.11$，由图 6-23 查得 $K_L=1.01$，考虑传递功率不大，故选单排链，由表 6-15 查得 $K_p=1.0$。

表 6-14　小链轮齿数系数 K_z 和 K_z'

z_1	9	10	11	12	13	14	15	16	17
K_z	0.446	0.500	0.554	0.609	0.664	0.719	0.775	0.831	0.887
K_z'	0.326	0.382	0.441	0.502	0.566	0.633	0.701	0.773	0.846
z_1	19	21	23	25	27	29	31	33	35
K_z	1.00	1.11	1.23	1.34	1.46	1.58	1.70	1.82	1.93
K_z'	1.00	1.16	1.33	1.51	1.69	1.89	2.08	2.29	2.50

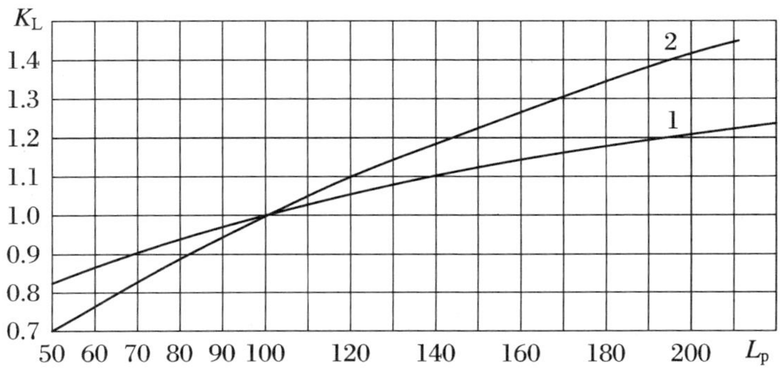

图 6-23　链长系数 K_L

1. 链板疲劳　2. 滚子、套筒冲击疲劳

表 6-15　多排链系数 K_p

排数	1	2	3	4	5	6
K_p	1	1.7	2.5	3.3	4.0	4.6

所能传递的额定功率

$$P_0 = \frac{P_d}{K_z K_L K_p} = \frac{7.5}{1.11 \times 1.01 \times 1.0} = 6.69\ (\mathrm{kW})$$

由图 6-24 选择滚子链型号为 10A，链节距 $p = 15.875$ mm，由图证实工作点落在曲线顶点左侧，主要失效形式为链板疲劳，前面假设成立。

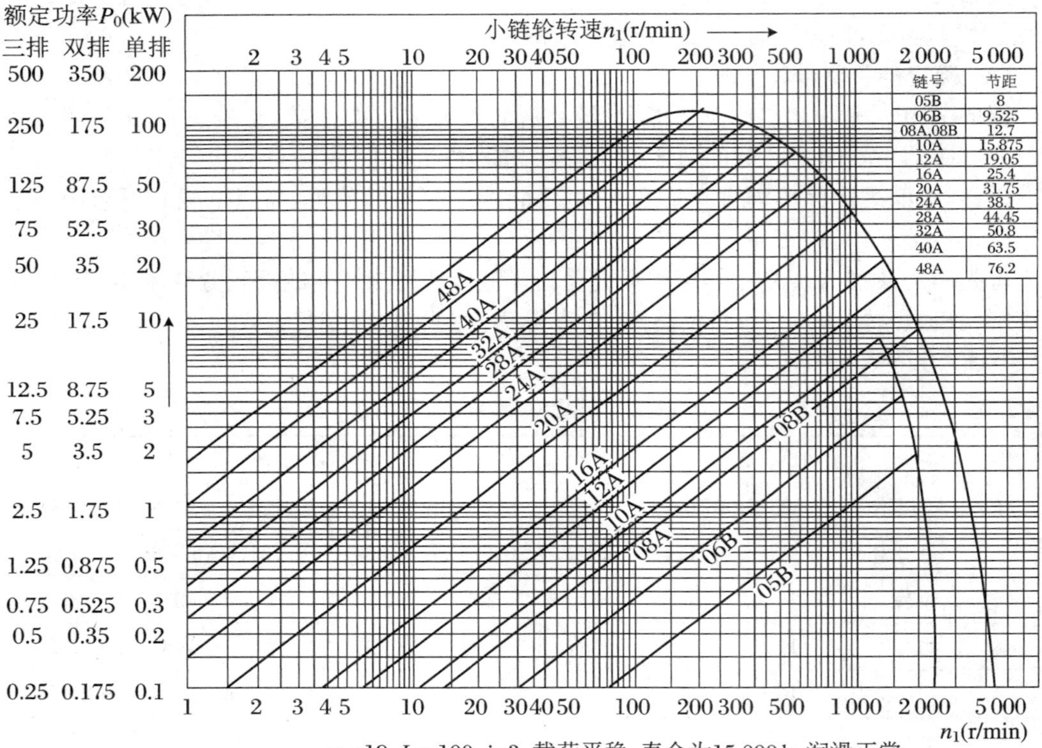

z_1=19, L_p=100, i=3, 载荷平稳, 寿命为15 000 h, 润滑正常

图 6-24　滚子链的额定功率曲线

(5) 验算链速 v

$$v = \frac{z_1 p n_1}{60 \times 1\,000} = \frac{25 \times 15.875 \times 720}{60 \times 1\,000} = 4.763\ (\mathrm{m/s})$$

链速在估计范围之内。

(6) 确定链长 L 和中心距 a

链长

$$L = \frac{L_p \times p}{1\,000} = \frac{104 \times 15.875}{1\,000} = 1.651\ (\mathrm{m})$$

中心距

$$a = \frac{p}{4}\left[\left(L_p - \frac{z_1 + z_2}{2}\right) + \sqrt{\left(L_p - \frac{z_1 + z_2}{2}\right)^2 - 8\left(\frac{z_2 - z_1}{2\pi}\right)^2}\right]$$

$$= \frac{15.875}{4}\left[\left(104 - \frac{21 + 63}{2}\right) + \sqrt{\left(104 - \frac{21 + 63}{2}\right)^2 - 8\left(\frac{63 - 21}{2\pi}\right)^2}\right]$$

$$= 480.39\ (\text{mm})$$

$a < 650$ mm，符合题目要求。

(7) 求作用在轴上的力

工作拉力

$$F = 1\,000\frac{P_d}{v} = 1\,000 \times \frac{7.5}{4.763} = 1\,575\ (\text{N})$$

因载荷平稳，取压轴力系数为 1.2，则压轴力为

$$F_Q = 1.2F = 1.2 \times 1\,575 = 1\,890\ (\text{N})$$

(8) 选择润滑方式

根据链速 $v = 4.763$ m/s，节距 $p = 15.875$ mm，按图 6-25 选择油浴或飞溅润滑方法。

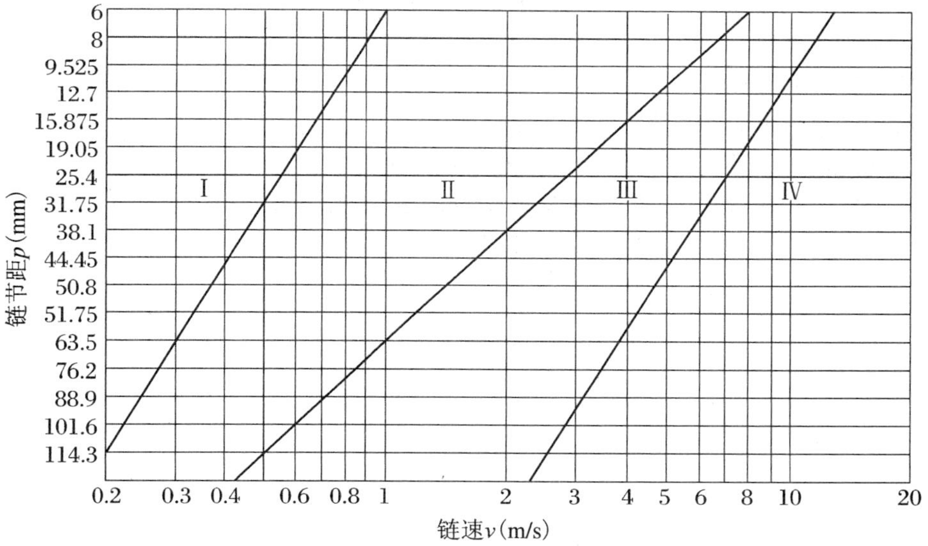

图 6-25　推荐的润滑方式

Ⅰ. 人工定期润滑　Ⅱ. 滴油润滑　Ⅲ. 油浴或飞溅润滑　Ⅳ. 压力喷油润滑

习　　题

6.1　带传动有何特点？常用的带传动有哪些类型？

6.2　相同压力情况下，为什么 V 带与带轮的摩擦力大于平带？

6.3　V 带传动在不打滑条件下所能传递的最大圆周力与哪些因素有关？

6.4　说明带传动的弹性滑动和打滑的原因。

6.5　设计一输送机用普通 V 带传动，电动机的额定功率为 3 kW，转速 $n_1 = 575$ r/min，

传动比 $i=2.5$，传动中心距 $a=400$，二班制工作。

实训项目 V带传动设计

1. 实训目的

了解V带传动结构、类型、特点及应用，掌握V带传动设计的方法和步骤。

2. 实训内容和要求

① 通过观察陈列室展示V带传动的模型，以及实训指导老师现场的介绍和答疑，加强对V带传动的感性认识。

② 通过陈列室展示V带传动模型的动态展示，进一步加强学生对V带传动的感性认识。实训指导教师只作简单介绍，提出问题供学生思考；通过观察，增强学生对V带传动结构、类型、特点的理解，培养他们对课程的兴趣。

③ 在教室采用多媒体演示V带传动视频资料，分析V带传动的设计方法、步骤和设计中应注意的问题。

3. 实训方法和步骤

① 阅读和掌握教材中相关部分的理论知识。

② 现场观察V带传动模型结构及其运动规律和特点。

③ 在教室采用多媒体演示，分析V带传动的设计方法和步骤。

④ 分组讨论设计题目，借阅相关资料，在教室完成设计。

第7章　齿 轮 传 动

齿轮传动是利用一对在圆周上均匀分布着某种轮廓曲面的齿的轮子互相啮合，来实现两轴间的运动和动力传递的。齿轮传动是各种机械设备中应用最广泛的一种传动，因而是最重要的一种传动。比如机床中的主轴箱和进给箱、汽车的变速箱和起重机械中的减速器等部件的动力传递和变速功能，都是由齿轮机构实现的。直齿圆柱齿轮传动是齿轮传动装置中最基本也是应用最多的一种传动装置。

7.1　齿轮传动的特点、类型和齿廓啮合的基本定律

7.1.1　齿轮传动的特点

齿轮传动之所以成为最重要的传动类型，是因为其具有以下优点：

① 传动比恒定(这是最重要的特点)；

② 传动效率高；

③ 适用的圆周速度和功率范围广；

④ 使用寿命长；

⑤ 可以传递空间任意两轴之间的运动；

⑥ 结构紧凑。

同时，齿轮传动还有一些缺点：

① 要求有较高的制造和安装精度、成本较高；

② 不适合距离较远的两轴之间的传动；

③ 高速运转时噪声较大；

④ 无过载保护作用。

7.1.2　齿轮传动的类型

不同机械设备对齿轮传动的要求是不同的，因此，齿轮齿廓曲面也是不同的。同一属性的齿廓曲面也可以按相互啮合的一对齿轮轴线位置的不同，分为几种不同的类型。常用的分类方法有以下两种：

1. 按照齿轮的齿廓曲面分类

(1) 渐开线齿轮

渐开线齿轮的齿面是具有渐开线性质的曲面，是应用最广泛的一类齿轮，本章主要介绍这种齿轮。渐开线齿轮的形式很多，其中直齿圆柱齿轮是所有渐开线齿轮中最简单、最基

本、应用最广泛的一种。因而直齿圆柱齿轮是本章讲述的重点。

(2) 圆弧齿轮

圆弧齿轮齿面是圆弧曲面。这种齿轮的承载能力高于渐开线齿轮,适于高速重载的场合。

(3) 摆线齿轮

摆线齿轮的齿廓曲线为外摆线。这种齿轮机构主要用于摆线少齿差传动。

(4) 谐波齿轮

与前面 3 种齿轮不同,该齿轮传动中含有柔性轮,其传动比大,传递的功率较大。

2. 按照两齿轮轴线之间的相对位置、齿轮形状及齿轮转向分类

按照两齿轮轴线之间的相对位置、齿轮形状及齿轮转向分类见表 7-1、图 7-1。

表 7-1 按照两齿轮轴线之间的相对位置、齿轮形状及齿轮转向分类

- 齿轮传动
  - 平形轴齿轮(圆柱齿轮)
    - 直齿
      - 外啮合(图 7-1(a))
      - 内啮合(图 7-1(b))
      - 齿轮齿条(图 7-1(c))
    - 斜齿(图 7-1(d))
    - 人字齿(图 7-1(e))
  - 相交轴齿轮(圆锥齿轮)
    - 直齿(图 7-1(f))
    - 曲齿(图 7-1(g))
  - 交错轴齿轮
    - 交错轴斜齿轮(图 7-1(h))
    - 蜗杆蜗轮(图 7-1(i))

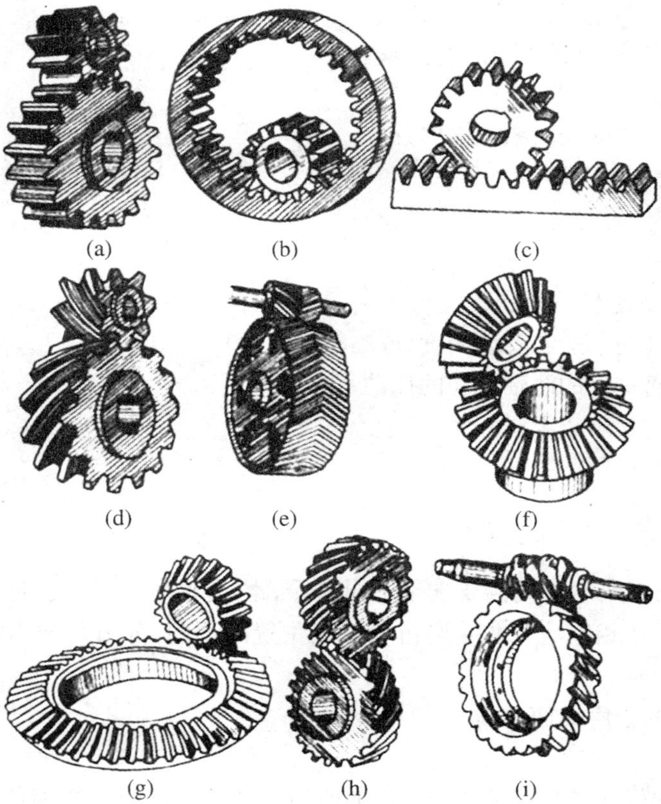

图 7-1 齿轮传动的分类

7.1.3　齿廓啮合的基本定律

采用齿轮传动的主要目的是使两个相互啮合的齿轮的角速度大小发生改变或转动方向发生改变。两个齿轮的瞬时角速度 ω_1 与 ω_2 之比称为传动比 i。一般场合都要求齿轮传动的传动比恒定。

齿轮机构工作时，主动轮的齿廓推动从动齿的齿廓，从而实现了运动的传递，所以齿轮机构的传动比与两个齿轮的齿廓曲线有关。如图 7-2 所示，E_1 和 E_2 为两齿轮相互啮合的一对齿廓，O_1 和 O_2 分别为主动轮、从动轮的回转中心。图中 K 点是两齿轮的接触点，nn 直线是两齿轮在 K 点的公法线且与连心线 O_1O_2 相交于 C 点。若两轮角速度分别为 ω_1 和 ω_2，方向见图 7-2，则有两齿廓 E_1、E_2 上 K 点的线速度为

$$v_{K1} = \omega_1 \cdot \overline{O_1K}$$

$$v_{K2} = \omega_2 \cdot \overline{O_2K}$$

齿廓啮合时，v_{K1} 和 v_{K2} 在公法线 nn 上的分量相等。过 O_2 作直线 $\overline{O_2M}$ 与公法线 nn 平行，延长 $\overline{O_1K}$，与 $\overline{O_2M}$ 相交于点 M，由于 $Ka \perp O_2K$，$Kb \perp O_1K$，所以 $\triangle Kab \backsim \triangle KO_2M$，且有

$$\frac{v_{K1}}{v_{K2}} = \frac{\omega_1 \overline{O_1K}}{\omega_2 \overline{O_2K}} = \frac{\overline{KM}}{\overline{O_2K}}$$

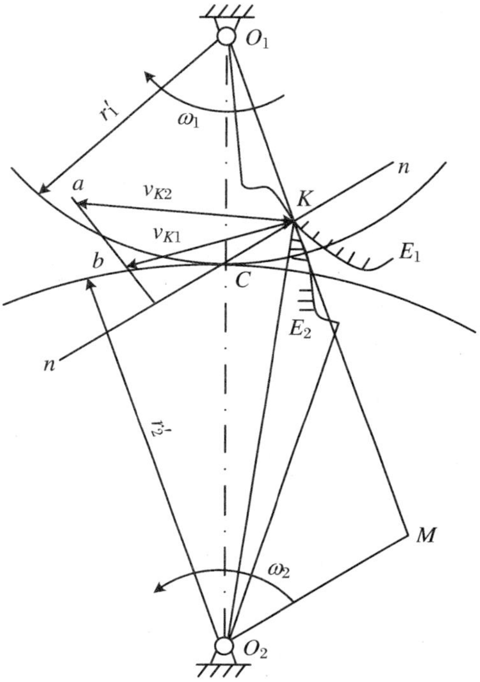

图 7-2　齿廓啮合的基本定理

即

$$\frac{\omega_1}{\omega_2} = \frac{\overline{KM}}{\overline{O_1K}}$$

又因 $\triangle O_1O_2M \backsim \triangle O_1CK$，由此可得

$$i = \frac{\omega_1}{\omega_2} = \frac{\overline{KM}}{\overline{O_1K}} = \frac{\overline{O_2C}}{\overline{O_1C}} \tag{7-1}$$

式(7-1)表明，一对相互啮合的齿轮的瞬时传动比，与连心线 O_1O_2 被两齿廓在任一啮合位置时的公法线所分成的两线段成反比。该结论被称为齿廓啮合基本定律。

显然从式(7-1)可以得知，如果要求齿轮的传动比为常数，则应使 O_1C 和 O_2C 的比值保持不变。又因为两齿轮中心的位置是固定的，所以连心线 O_1O_2 的长度不变，因而只要使 C 点的位置不变，两轮的传动比为常数。由此可以得出结论：欲使齿轮传动的传动比为常数，则必须使两齿轮的齿廓在任何接触点的公法线都通过两轮连心线 O_1O_2 上的固定点 C。

根据速度瞬心定理，C 点是这对齿轮的相对速度瞬心(两齿轮上速度相同的点)。相对速度瞬心也称为啮合节点，简称节点。过节点 C 分别以 O_1、O_2 为圆心作圆，称为节圆，半径分别为 r_1'、r_2'，直径分别为 d_1'、d_2'。因为节点的相对速度为 0，所以一对齿轮传动可以看做是两个节圆的纯滚动，由此可见，一对齿轮传动比等于两节圆半径的反比。即

$$i = \frac{\omega_1}{\omega_2} = \frac{r'_2}{r'_1} = \frac{O_2C}{O_1C}$$

由于两个相互啮合的齿轮才有节点，所以节圆也是一对齿轮传动时才出现的。单个齿轮上没有节点，也就不存在节圆。

7.2 渐开线齿廓

齿轮传动是否能保证传动平稳，与齿轮的齿廓形状有关。最常见的齿廓曲线是渐开线齿廓曲线，是由于渐开线齿廓具有很好的啮合特性、良好的工艺性和互换性。下面介绍渐开线的形成过程及其特性。

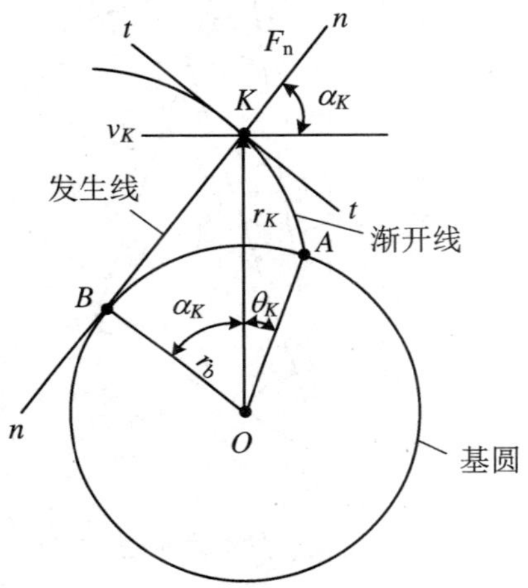

图 7-3 渐开线的形成

7.2.1 渐开线的形成

渐开线的形成如图 7-3 所示，与圆相切的直线 nn，在该圆上做纯滚动时，直线上任意一点 K 的轨迹 AK，便是在这个圆上形成的渐开线。这个圆被称为基圆，其半径为 r_b，直线 nn 为渐开线的发生线，r_K 称为渐开线上 K 点的向径。向径 r_K 与 $\overline{OA}$ 的夹角 θ_K 称为渐开线的展角。

7.2.2 渐开线的性质

从上述渐开线的形成过程，得出渐开线的性质有：

① 发生线上的线段 BK 长度，与基圆被滚过的圆弧 AB 长度相等，即 $BK = \overset{\frown}{AB}$。

② 线段 BK 为渐开线上任意一点 K 的渐开线的曲率半径，且为此渐开线的法线，并始终与基圆相切。

③ 渐开线上各点渐开线的曲率半径不同，渐开线的弯曲程度不同。渐开线起始点 A 处的曲率半径为 0，离基圆越远，曲率半径越大。

如图 7-3 所示，渐开线上 K 点的法向力 F_n 的方向与该点的线速度 v_K 方向所夹的锐角 α_K 称为渐开线在该点的压力角。从基圆开始，向径越大，压力角越大。在基圆上的压力角为 0。

④ 如图 7-4 所示，渐开线的形状取决于基圆半径的大小。基圆半径越小，渐开线越弯曲；反之，渐开线越平直；基圆半径为无穷大时，渐开线成为垂直于发生线的斜直线。

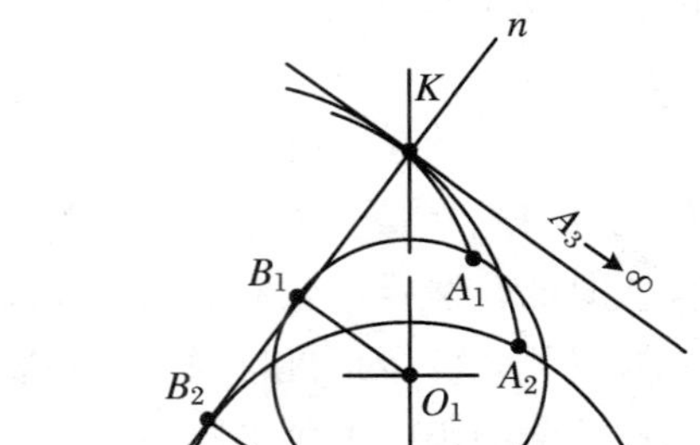

图 7-4 渐开线形状与基圆半径的关系

⑤ 基圆内无渐开线。

7.3 渐开线标准直齿圆柱齿轮的基本参数及几何尺寸

渐开线直齿圆柱外啮合齿轮各部分的名称和符号如图 7-5 所示。渐开线直齿圆柱齿轮有 5 个基本参数,分别是:模数 m、压力角 α、齿数 z、齿顶高系数 h_a^*、顶隙系数 c^*。齿轮上所有几何尺寸,均可由这 5 个参数确定。

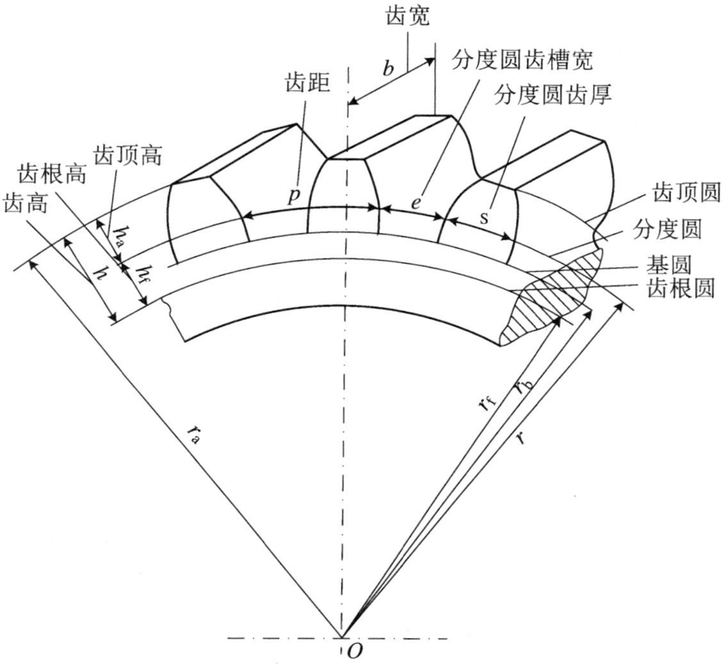

图 7-5 直齿圆柱齿轮各部分名称

1. 齿数 z

在齿轮整个圆周上轮齿的总数称为该齿轮的齿数,用 z 表示。

2. 模数 m

设齿轮的分度圆直径为 d ,p 为齿轮上相邻两齿同侧齿廓间的弧长,即齿距。则分度圆的周长为 $\pi d = zp$。由此得 $d = zp/\pi$。因 π 是无理数,不便于计算、制造和检验齿轮,故将 p/π 人为规定为有理数,称为模数。即

$$m = \frac{p}{\pi} \tag{7-2}$$

于是得

$$d = mz \tag{7-3}$$

模数是决定齿轮尺寸的重要参数,反映了齿轮上轮齿的间距大小和轮齿的大小。模数越大,间距越大,轮齿越大,轮齿的承载能力也越大。其标准值见表 7-2。

表 7-2　渐开线圆柱标准模数系列(GB/T357—1987)

第一系列	1,1.25,1.5,2,2.5,3,4,5,6,8,10,12,16,20,25,32,40,50
第二系列	1.75,2.25,2.75,(3.25),3.5,(3.75),4.5,5.5,(6.5),7,9,(11),14,18,22,28,36,45

注:① 本标准适用于渐开线圆柱齿轮,对于斜齿轮是指法向模数。

② 优先采用第一系列,括号内的模数尽可能不用。

3. 压力角 α

如图 7-6 所示,渐开线上的压力角 α_K 的大小随向径 r_K 的变化而变化。由图中几何关系可得

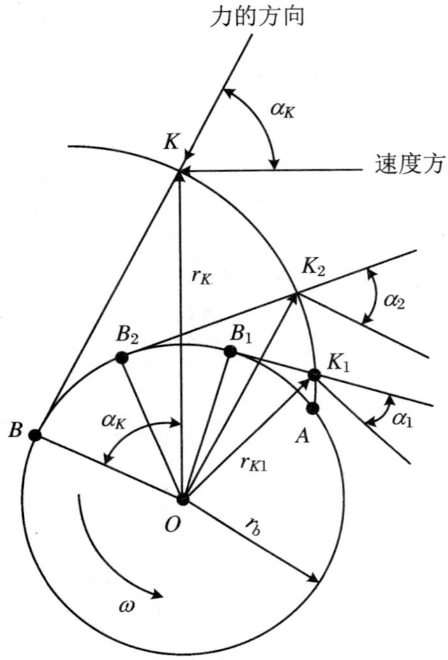

图 7-6　渐开线齿廓的压力角

$$\cos\alpha_K = \frac{r_b}{r_K} \tag{7-4}$$

由式(7-4)可知,渐开线上各点的压力角各不相同,齿顶圆上压力角最大,基圆上压力角为 0。为了保证轮齿齿顶不至于变尖或轮齿的两齿廓交叉,规定在某一特定圆上的压力角为标准值,通常为 20°。

因此,分度圆定义为:齿轮上具有标准模数和标准压力角的圆。用没有任何下标的 α 表示分度圆上的压力角,且有

$$r_b = r\cos\alpha \tag{7-5}$$

4. 齿顶高系数 h_a^*

为了避免组成轮齿的两渐开线轮廓交叉,造成齿顶变尖,确定齿顶高 h_a 时,规定

$$h_a = h_a^* m \tag{7-6}$$

式中,h_a^* 为齿顶高系数,标准值 $h_a^* = 1.0$。

5. 顶隙系数 c^*

为了保证齿轮啮合时,其中一齿轮的齿顶与另一个齿轮的齿根之间不发生相互卡死,且留有一定的储油空间,规定了顶隙系数,其标准值 $c^* = 0.25$。这样便有顶隙 $c = c^* m$。因而轮齿的齿根高为

$$h_f = h_a + c = m(h_a^* + c^*) \tag{7-7}$$

渐开线标准直齿轮是指模数、压力角、齿顶高系数、顶隙系数均为标准值,且分度圆上的齿厚 s 等于齿槽宽 e 的齿轮,即 $s = e = p/2 = \pi m/2$。标准直齿圆柱齿轮的几何尺寸计算公式见表 7-3。

英、美等国家是以径节作为计算齿轮几何尺寸的主要参数的。径节是齿数与分度圆直径之比,用 P 表示,单位是 in^{-1},即

$$P = \frac{z}{d}$$

模数与径节互为倒数关系,因 1 in = 25.4 mm,所以 $m = 25.4/P$。

由于齿轮上有很多弧尺寸,如齿距、齿厚、齿槽宽等,无法直接测量,所以,工程上常用弧齿厚、弧齿高、公法线长度进行测量。

表 7-3 直齿圆柱齿轮的计算公式

名称		符号	计算公式
基本参数	模数	m	根据强度计算结果,在表 7-2 中选取
	齿数	z	$z_1 \geqslant z_{min}, z_2 = iz_1$
	压力角	α	$\alpha = 20°$
	齿顶高系数	h_a^*	$h_a^* = 1.0$
	顶隙系数	c^*	$c^* = 0.25$
几何尺寸	分度圆直径	d	$d = mz$
	基圆直径	d_b	$d_b = d\cos\alpha$
	齿顶圆直径	d_a	$d_a = d \pm 2h_a = m(z \pm 2h_a^*)$
	齿根圆直径	d_f	$d_f = d \mp 2h_f = m(z \mp 2h_a^* \mp 2c^*)$
	齿顶高	h_a	$h_a = h_a^* m$
	齿根高	h_f	$h_f = h_a + c = m(h_a^* + c^*)$
	齿高	h	$h = h_a + h_f$
	齿距	p	$p = s + e = \pi m$
	齿厚	s	$s = p/2 = \pi m/2$
	齿槽宽	e	$e = p/2 = \pi m/2$

注:表中齿顶圆和齿根圆的计算公式中的运算符号"±"和"∓"分别表示:上边的符号为计算外齿轮用的运算符号,下边为内齿轮的运算符号。

如图 7-7 所示,测量工具两卡脚跨过 k 个齿,与齿廓相切于 A、B 两点,两切点间的距离 $\overline{AB}$称为公法线长度,用 W 表示。圆柱齿轮的公法线长度为

$$W = m[2.9521(k - 0.5) + 0.014z] \tag{7-8}$$

式中,k 为测量时的跨齿数,可由下式计算

$$k = \frac{z}{9} + 0.5$$

计算所得的跨齿数应取整。W 和 k 也可从《机械零件设计手册》等有关资料中查得。

当齿轮的尺寸很大,无法用公法线卡尺测量公法线时,可用如图 7-8 所示测量分度圆弧齿厚。用齿轮卡尺测量时,是以分度圆弧齿高$\overline{h_a}$为基准高度来测量分度圆弧齿厚 $\bar{s}$ 的。标准直齿圆柱齿轮的$\overline{h_a}$、$\bar{s}$ 计算公式为

$$\bar{s} = mz\sin\left(\frac{90°}{z}\right) \tag{7-8}$$

$$\overline{h_a} = h_a + \frac{mz}{2}\left[1 - \cos\left(\frac{90°}{z}\right)\right] \tag{7-9}$$

式中,h_a为被测齿轮的齿顶高(mm)。

例 7-1 已知某转塔车床推动刀盘的一对外啮合标准直齿圆柱齿轮传动的参数为:$z_1 = 24, z_2 = 120, m = 5$ mm, $\alpha = 20°, h_a^* = 1, c^* = 0.25$。试求两轮的分度圆直径 d_1 和 d_2、齿顶圆直径 d_{a1} 和 d_{a2}、全齿高 h、标准中心距 a 及分度圆上的齿厚 s 和齿槽宽 e。

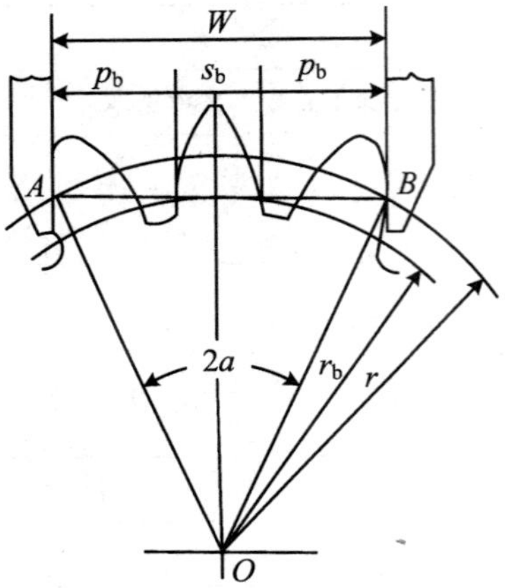

图 7-7 公法线长度

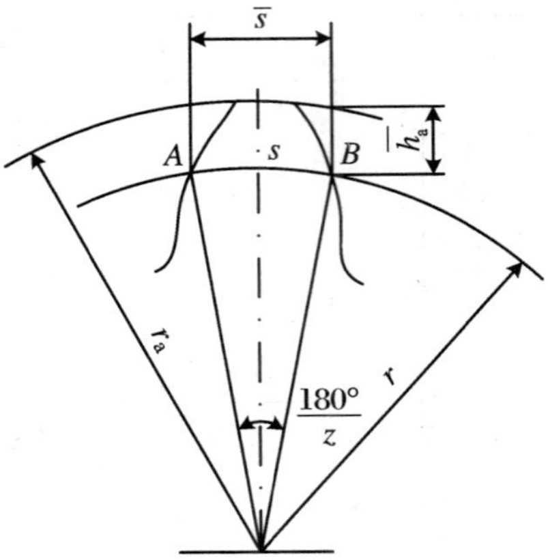

图 7-8 分度圆弧齿厚

解 由表 7-3 中的公式可计算得出

$$d_1 = mz_1 = 5 \times 24 = 120\ (\text{mm})$$

$$d_2 = mz_2 = 5 \times 120 = 600\ (\text{mm})$$

$$d_{a1} = m(z_1 + 2h_a^*) = 5 \times (24 + 2 \times 1) = 130\ (\text{mm})$$

$$d_{a2} = m(z_2 + 2h_a^*) = 5 \times (120 + 2 \times 1) = 610\ (\text{mm})$$

$$h = m(2h_a^* + c^*) = 5 \times (2 + 0.25) = 11.25\ (\text{mm})$$

$$a = \frac{1}{2}m(z_1 + z_2) = \frac{1}{2} \times 5 \times (24 + 120) = 360\ (\text{mm})$$

$$s = e = \frac{p}{2} = \frac{\pi m}{2} = \frac{\pi \times 5}{2} = 7.85\ (\text{mm})$$

7.4 渐开线直齿圆柱齿轮的啮合传动

7.4.1 渐开线齿廓瞬时传动比恒定

如图 7-9 所示，齿廓 E_1、E_2 为渐开线齿廓。根据渐开线的性质②可知，无论这对渐开线齿廓是在任意点 K，还是在另一任意点 K' 啮合，过该点所作这对齿廓的公法线，同时与形成这两条渐开线的基圆相切。由于两齿轮基圆的大小和位置不变，且同方向的公法线只有一条，所以，这对渐开线齿廓，无论在任何点啮合，过接触点所作的公法线的方向和位置始终不变。因而，节点 C 位置不变，瞬时传动比为常数。

7.4.2 渐开线齿廓中心距的可分性

由于生产和装配存在一定的误差，所以实际中心距 $\overline{O_1O_2}$ 会与理论值往往不同。但是，从图 7-9 中可知，$\triangle O_1N_1C \backsim \triangle O_2N_2C$，从而得

$$i = \frac{\omega_1}{\omega_2} = \frac{\overline{O_2 C}}{\overline{O_1 C}} = \frac{r_{b2}}{r_{b1}} = \frac{r_2}{r_1} = \frac{z_2}{z_1} = 常数 \tag{7-10}$$

式中，r_1、r_2 为两齿轮分度圆半径(mm)；r_{b1}、r_{b2} 为两齿轮基圆半径(mm)；ω_1、ω_2 为两齿轮的传动角速度(rad/s)；z_1、z_2 为齿轮的齿数。

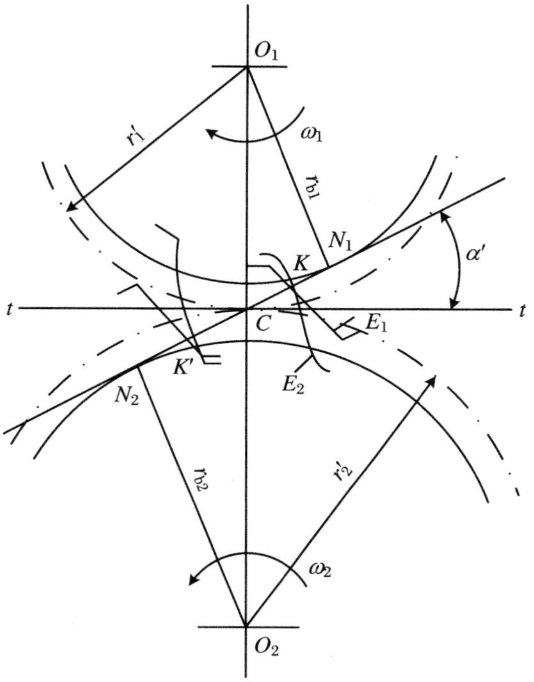

图 7-9 渐开线齿廓的啮合

由式(7-10)可知，两齿轮的传动比与分度圆的半径呈反比，也与两齿轮的齿数呈反比。因而渐开线齿轮啮合时，两齿轮中心距在小范围内变动，仍可保持传动比不变。渐开线齿廓的这一特性，称为中心距的可分性。

由渐开线的性质和上述分析可知，渐开线齿廓的公法线既是形成渐开线的基圆的公切线，也是渐开线的发生线，同时由于过任意接触点所作公法线都是两基圆的公切线，所以，啮合点的轨迹也是这条直线。渐开线齿廓的这一特性称为"四线合一"。

7.4.3 渐开线齿轮正确啮合条件

渐开线齿轮在满足齿廓啮合基本定律后，只是保证了一对齿廓啮合时传动比为常数，但是要想保证齿轮啮合过程中传动比始终为常数，还需满足正确啮合条件。

图 7-10 所示为一对能够相互啮合的渐开线齿轮。图中点 K' 为一对齿的开始啮合点，点 K 为前一对齿的脱离啮合点，KK' 称为法向齿距。根据渐开线的性质①可知，法向齿距 KK' 分别和两齿轮的基圆上的齿距 p_{b1} 和 p_{b2} 相等。这就说明，要想让一对齿轮相互啮合在一起，两齿轮的齿距必须相等。即

$$p_{b1} = p_{b2}$$

因基圆上有 $zp_b = \pi d_b$，故

$$p_b = \frac{\pi d_b}{z} = \frac{\pi d \cos \alpha}{z} = \frac{\pi m z \cos \alpha}{z} = \pi m \cos \alpha$$

所以

$$p_b = p\cos\alpha$$

从而就有

$$p_1\cos\alpha_1 = p_2\cos\alpha_2 \Rightarrow \pi m_1\cos\alpha_1 = \pi m_2\cos\alpha_2$$

由此得正确啮合条件为

$$\begin{cases} m_1 = m_2 = m \\ \alpha_1 = \alpha_2 = \alpha \end{cases}$$

这就说明，只要一对渐开线齿轮的模数和压力角分别相等，就可以相互正确啮合。

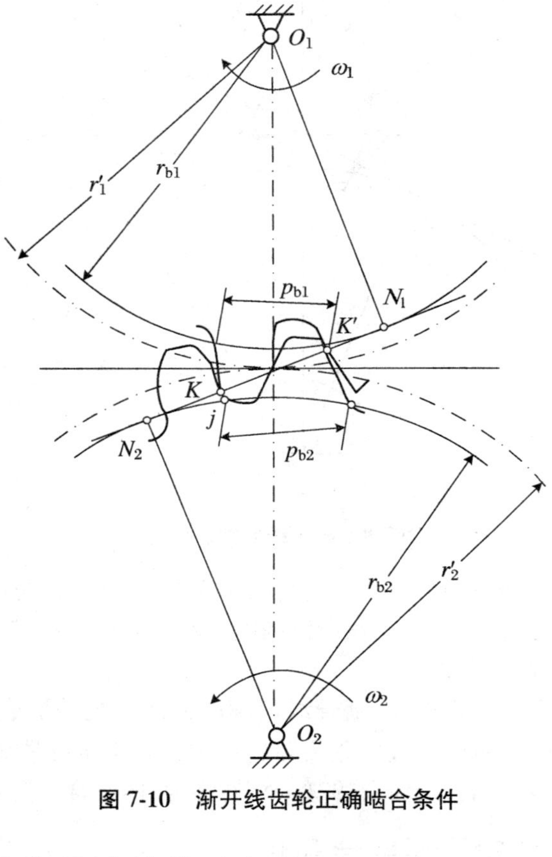

图 7-10 渐开线齿轮正确啮合条件

7.4.4 渐开线齿轮连续传动条件

如果一对渐开线齿轮，在啮合传动过程中，不能保证始终是连续不断的渐开线齿廓啮合，也就是两齿轮的齿距虽然相等，但是相邻两对齿廓在交接啮合过程时不连续，同样不能保证传动比为常数。为此，渐开线齿轮啮合时还需满足连续传动的条件。

图 7-11 所示为一对渐开线齿轮啮合传动图。图中齿轮 1 为主动轮，齿轮 2 为从动轮。点 B_2 为开始啮合点，是由从动轮的齿顶圆和啮合线 N_1N_2 相交获得的，点 B_1 为脱离啮合点，是由主动轮的齿顶圆和啮合线 N_1N_2 相交获得的，因此线段 B_1B_2 称为实际啮合线段。当两齿轮的齿顶圆直径增大时，点 B_2、B_1 分别靠近点 N_1、N_2，因此啮合线 N_1N_2 称为理论啮合线段。这就说明，要保证传动连续不断，必须在前一对齿还未脱开啮合，也就是在未越过 B_1 点的时候，后一对齿应该已经在点 B_2 进入啮合。根据渐开线的性质①，由图 7-11 可

知，只要

$$p_{b1} = p_{b2} \leqslant \overline{B_2B_1}$$

便可做到前一对齿尚未脱离啮合状态，后一对齿已经进入啮合状态，这就保证了传动过程中渐开线齿廓的连续啮合。令

$$\varepsilon = \frac{\overline{B_1B_2}}{p_b} \geqslant 1 \tag{7-11}$$

式中，ε 称为渐开线齿轮传动的重合度。

重合度越大，同时啮合的齿数越多，多齿啮合所占时间也越多，传动越平稳，承载能力大。

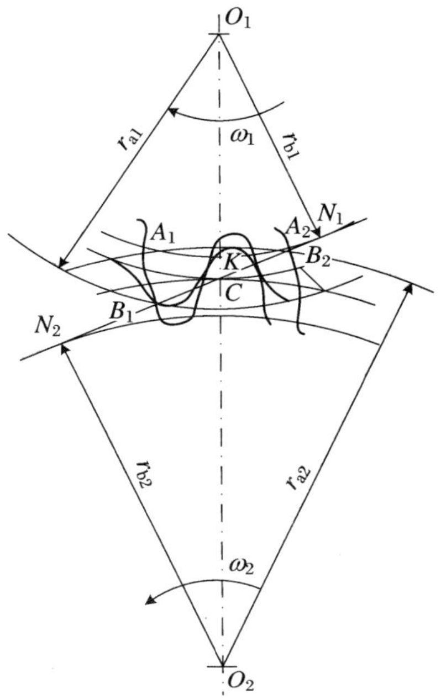

图 7-11　渐开线齿轮的连续传动

7.4.5　标准齿轮的安装

为了避免齿轮啮合过程中产生冲击和噪声，要求按照齿侧间无侧隙来安装一对齿轮。由于标准齿轮在分度圆上的齿厚和齿槽宽相等，所以，安装应使两齿轮的分度圆相切，才能做到无侧隙（图 7-12）。标准齿轮的正确安装中心距，即外啮合为

$$a = r_1' + r_2' = r_1 + r_2 = \frac{1}{2}m(z_1 + z_2)$$

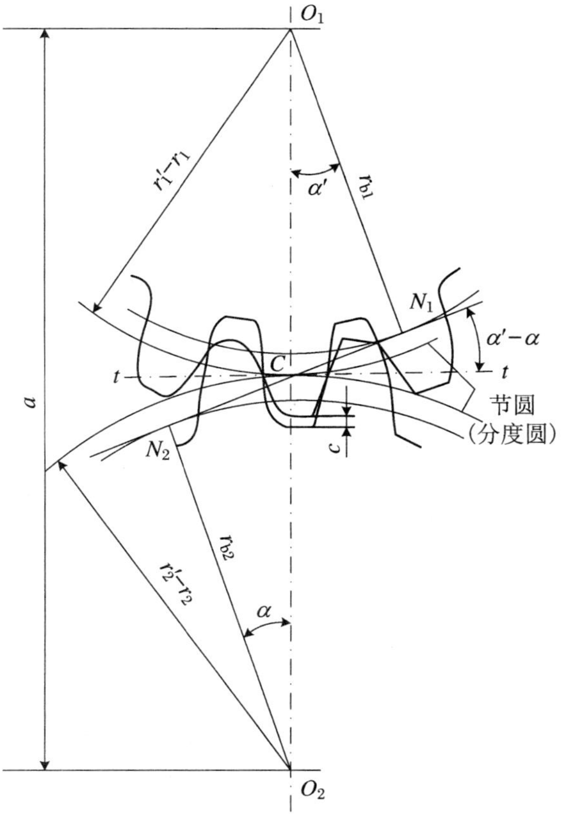

图 7-12　外啮合齿轮传动的中心距

内啮合为

$$a = r_2' - r_1' = r_2 - r_1 = \frac{1}{2}m(z_2 - z_1)$$

由上述可知,一对按照标准齿轮无侧隙安装的齿轮,在啮合时,两齿轮的分度圆与节圆重合。啮合线 N_1N_2 与节圆的公切线 tt 的夹角称为啮合角 α',则啮合角与压力角相等,即 $\alpha' = \alpha$。

7.5 渐开线齿廓的加工

渐开线齿轮的加工有很多方法,从原理上讲,有仿形法和展成法两种。

7.5.1 仿形法加工

所谓仿形法,就是按照齿轮的齿槽端面形状做出刀具,再用这种刀具将轮齿加工出来。这种方法的特点是:在所使用的刀具的轴剖面内,刀刃的形状和尺寸与被切齿轮齿槽的形状相同。仿形法加工齿轮,采用的设备通常是铣床,使用的刀具是盘形铣刀和指状铣刀两种。如图 7-13 所示,在加工过程中,刀具绕自身轴线旋转,做切向运动,轮坯退回原位并转位一个齿的角度 $360°/z$,再切削第二个齿槽,完成分度过程。重复这一过程,最终完成整个齿轮的加工。

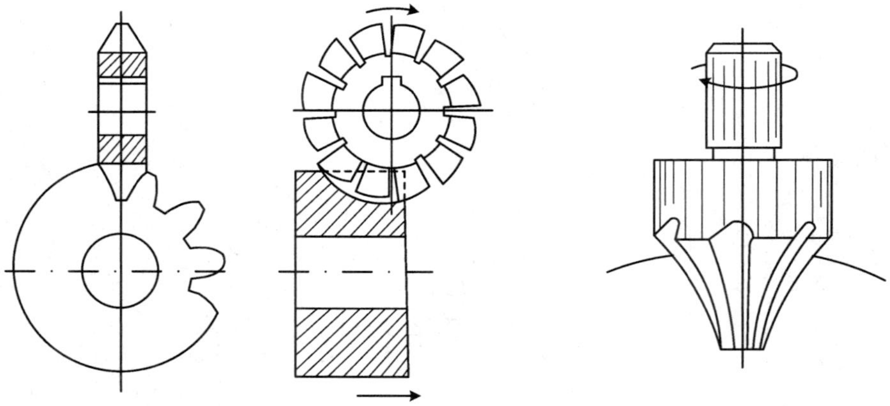

(a) 盘形铣刀加工齿轮　　(b) 指状铣刀加工齿轮

图 7-13　仿形法加工齿轮

这种加工方法,要求刀具的切削刃与齿廓的形状完全相同。由于渐开线的形状取决于基圆的大小,而基圆直径 $d_b = mz\cos\alpha$,故齿廓形状与模数、齿数、压力角有关。这就使得一把刀具只能有加工参数完全相同的一种齿轮。这显然在实际中是不可行的。因此,在工程实际中要求用一把刀具来加工模数和压力角相同,但齿数不同的几种齿轮。通常每个模数备有 8 种号码的铣刀,可供选择。各号齿轮铣刀切削齿轮的齿数范围见表 7-4。

表 7-4　各号铣刀切削齿轮的齿数范围

铣刀号码	1	2	3	4	5	6	7	8
切削齿数	12～13	14～16	17～20	21～25	26～34	35～54	55～134	≥135

由于铣刀号数少，分度过程存在误差，所以用仿形法加工的齿轮精度低、切削不连续，且生产效率低。但这种方法简单，不需要专用的齿轮加工设备。因此这种方法只用于单件生产及精度要求不高的齿轮加工。

7.5.2　展成法加工

用展成法加工齿轮齿廓是目前齿轮加工中最常用的一种方法。展成法就是在一对齿轮或齿轮与齿条相互啮合时，用其中的一条齿廓包络出另一条齿廓的加工方法（图 7-14(a)）。将相互啮合的一对齿轮中的一个制成刀具，在轮坯上切出能与其相互啮合的渐开线齿廓。常用的刀具有齿轮插刀、齿条插刀和齿轮滚刀等。

用展成法加工齿轮，一把齿轮刀具可以加工模数、压力角相同而齿数不同的齿轮，且生产率较高，因此应用广泛。

1．齿轮插刀

齿轮插刀实际上是一个具有刀刃的渐开线直齿圆柱外齿轮。

为能切出齿轮的顶隙部分，齿轮插刀的齿顶高要比齿轮的齿顶高出 $c^* m$ 的量，如图 7-14 所示。插齿时，按照一对齿轮相互啮合时的相对运动关系，来实现插刀和齿轮毛坯的相对运动，这种相对运动如图 7-14(a)所示，称为展成运动。为了完成切齿，插刀除沿轮坯轴向做往复运动外，还应有向中心靠近的横向进给运动，当轮坯的分度圆与刀具的分度圆相切时，便切出轮齿的全部。用齿轮插刀加工齿轮的效率和精度比仿形法高。

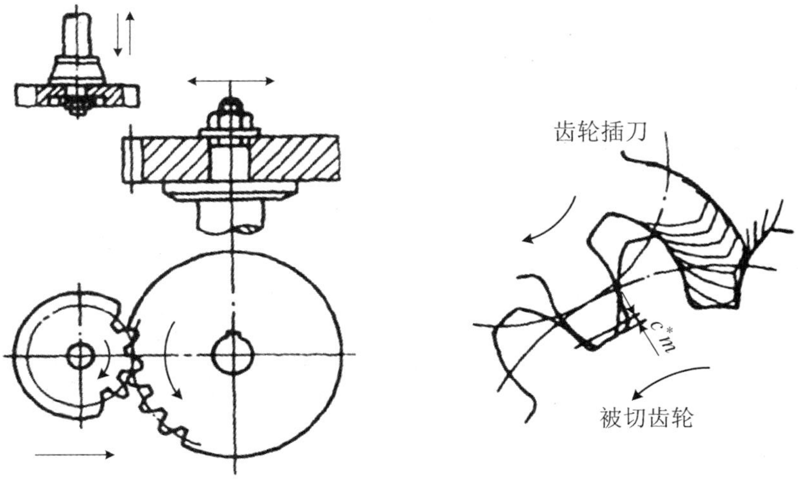

(a) 加工示意图　　(b) 加工原理

图 7-14　齿轮插刀加工齿轮

2．齿条插刀

齿条插刀加工齿轮，与齿轮插刀不同之处就在于刀具与轮坯的展成运动是用齿条与齿轮啮合时的相对运动关系来实现的。其运动形式与齿轮插刀加工齿轮时相同(图 7-15(a))。

与齿轮插刀一样，如图 7-15(b)所示，齿条插刀的齿顶高也要高出 $c^* m$ 的量，以便切出顶隙。因刀具是按标准加工的，所以，在刀具的中线(即分度线)上的齿厚与齿槽宽相等。因而，在加工标准齿轮时，刀具横向进给的量，应保证刀具的中线与被切齿轮的分度圆相切，才能使切制出的齿轮分度圆上的齿厚与齿槽宽相等。

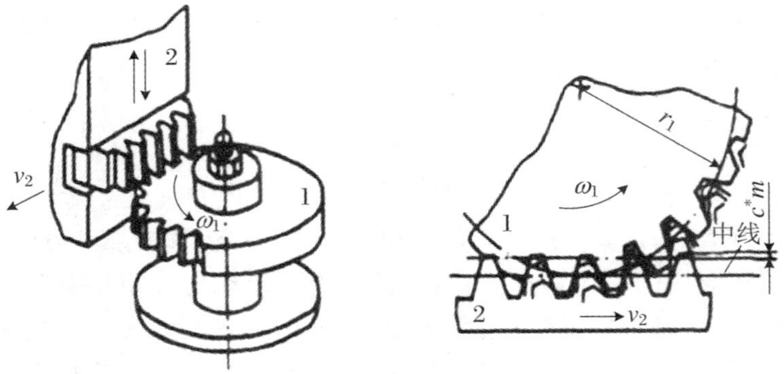

(a) 加工示意图　　(b) 加工原理

图 7-15　齿条插刀加工齿轮

3. 齿轮滚刀

采用上述两种刀具加工齿轮，都需要刀具沿轮坯轴线做往复直线运动来实现切削过程。因此，由于冲击造成切削精度低，且生产效率也低。实际生产中常常采用能实现连续切削，而且生产效率高的齿轮滚刀来加工齿轮。

滚刀是一个在轮坯端面上的投影具有齿条插刀齿形的螺杆。如图 7-16 所示，用滚刀加工齿轮时，滚刀的轴线与齿轮的毛坯的端面形成的夹角与滚刀的螺纹升角相等，使得滚刀切削刃的螺纹与轮坯的齿向相同。滚刀转动时，相当于齿条的切削刃连续向一个方向移动。为了完成切削，滚刀还要做纵向和横向进给运动。

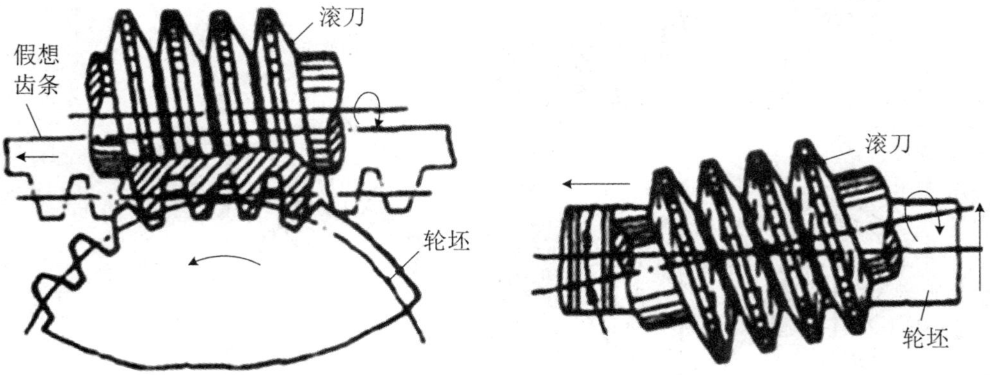

图 7-16　齿轮滚刀切齿

7.5.3　渐开线齿廓的根切

用展成法加工齿轮，有时会出现如图 7-17 所示的轮齿根部被切去一部分的现象。这种现象被称为轮齿的根切。轮齿产生根切后，抗弯强度减弱，重合度减小，所以要避免。

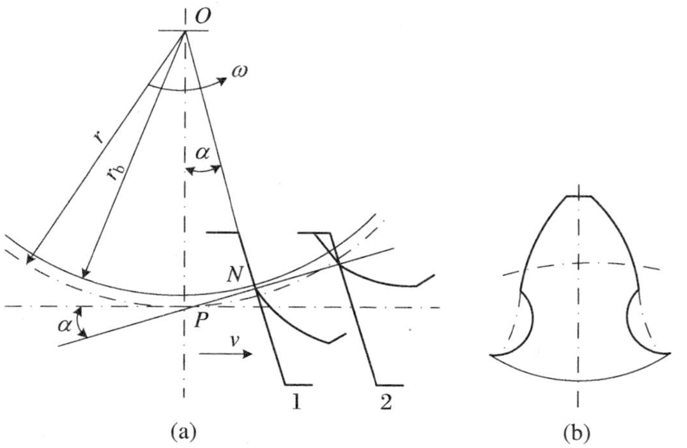

图 7-17　根切现象的产生

图 7-18 所示为齿条插刀加工标准齿轮的情况。此时，刀具的分度线必须与被切齿轮的分度圆相切。要使被切齿轮不发生根切，刀具的齿顶线不得超过啮合极限点 N，即

$$h_a^* m \leqslant NM \tag{7-12}$$

由△PNO 和△PMN 知

$$NM = PN \cdot \sin\alpha = r\sin^2\alpha = \frac{mz}{2}\sin^2\alpha$$

代入式(7-12)整理可得

$$z \geqslant \frac{2h_a^*}{\sin^2\alpha}$$

因此，切制标准齿轮时，为了保证无根切现象，被切齿轮的最少齿数为

$$z_{\min} = \frac{2h_a^*}{\sin^2\alpha}$$

当 $\alpha = 20°$，$h_a^* = 1$ 时，$z_{\min} = 17$。

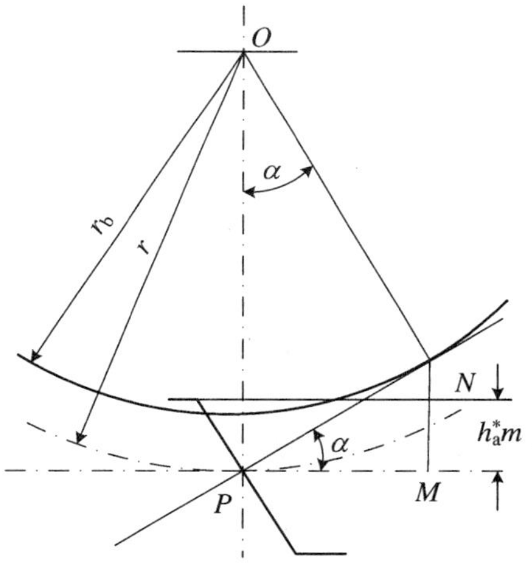

图 7-18　齿条插刀加工标准齿轮

有时为满足传动要求，需要齿轮的齿数少于 17。为了避免产生根切，在加工齿轮时，让齿轮刀具的分度圆与被加工齿轮的分度圆相离，刀具的齿顶在被加工齿轮的基圆以外。这样加工出来的齿轮称为变位齿轮。变位齿轮的齿厚和齿槽宽与标准齿轮不同。

有时为了满足中心距要求，也需要对齿轮进行变位加工。如图 7-19 所示(齿轮的模数为 3 mm)，为实现Ⅰ、Ⅱ轴之间变速运动，Ⅰ轴上的双联滑移齿轮 1、3 分别与Ⅱ轴上的 2、4 齿轮啮合，实现了两轴之间不同传动比的运动传递。由于中心距相同，齿数比不同，所以只有将其中的一对齿轮设计成变位齿轮，才符合这一中心距要求。

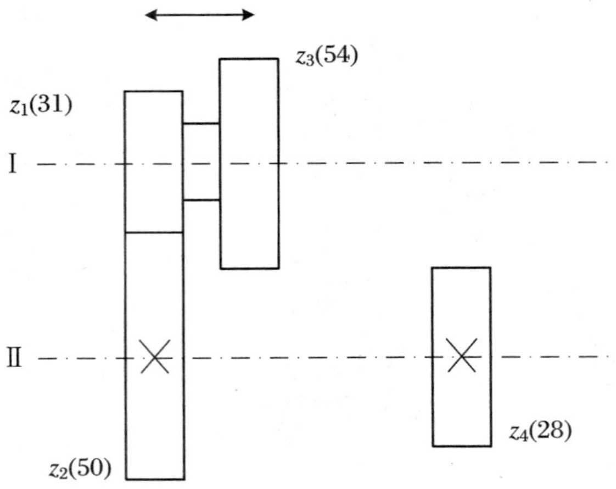

图 7-19　变位齿轮凑配中心距

7.6　直齿圆柱齿轮的强度计算

前面几节主要分析了如何保证齿轮传动的平稳性。从本节开始要分析讨论如何使轮齿具有一定的承载能力。这要先从轮齿的受力和失效开始分析。

7.6.1　轮齿的失效形式

7.6.1.1　轮齿的受力分析

为了分析轮齿的失效形式、设计齿轮传动、计算轮齿的强度,要首先分析轮齿上的受力情况。如图 7-20 所示,忽略轮齿啮合时齿廓表面间的摩擦力,该接触处的约束反力的方向

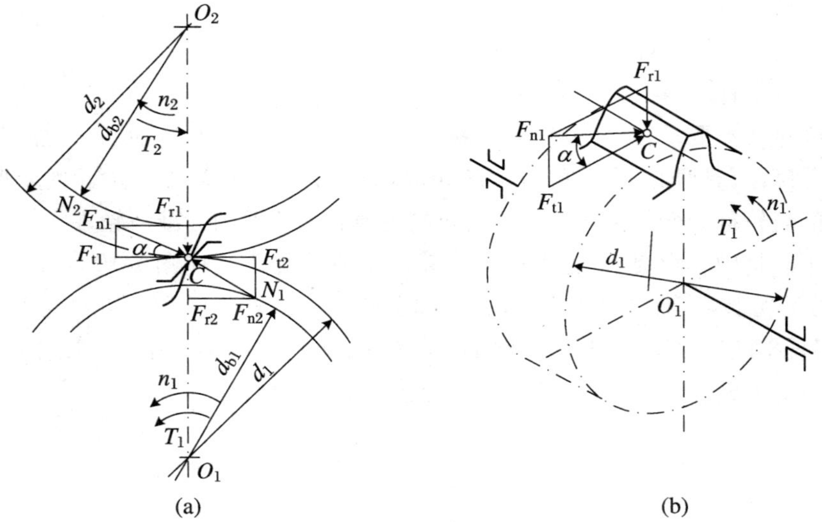

图 7-20　直齿圆柱齿轮的受力分析

为过接触点两齿廓的公法线方向，这个力 F_n 称为法向力。由于这对齿廓在啮合时，接触点的位置，从齿顶到齿根不断变化，所以，在齿廓表面和齿根产生的应力是变化的。为了便于分析和计算，通常将这个力在分度圆上分解为沿半径方向的径向力 F_r 和切于分度圆上圆周力 F_t。因此有

$$F_{t1} = \frac{2T_1}{d_1} \tag{7-13}$$

$$F_{r1} = F_{t1}\tan\alpha \tag{7-14}$$

$$F_{n1} = \frac{F_{t1}}{\cos\alpha} = \frac{2T_1}{d_1\cos\alpha} \tag{7-15}$$

式中，T_1 为主动轮传递的名义转矩（N·mm），与该齿轮传递的功率 P_1 之间的关系为

$$T_1 = 9.55\times10^6\frac{P_1}{n_1}$$

式中，n_1 为主动轮的转速（r/min）；d_1 为主动轮的分度圆的直径（mm）；α 为齿轮分度圆的压力角（°）。

以上所分析的轮齿上的圆周力、径向力、法向力均是名义载荷，而在工作实际中，因受到很多因素的影响，致使轮齿所受的载荷会发生变化。为保证齿轮传动在实际工作环境下安全、可靠地工作，故应将名义载荷加以修正，修正后的载荷称为计算载荷 F_e，其值为

$$F_e = KF_n \tag{7-16}$$

式中，K 为载荷系数，其值可通过查表7-5获得。

表7-5 载荷系数 K

原动机	工作的载荷特性		
	平稳和较平稳	中等冲击	大的冲击
电动机　气轮机	1～1.2	1.2～1.6	1.6～1.8
多缸内燃机	1.2～1.6	1.6～1.8	1.9～2.1
单缸内燃机	1.6～1.8	1.8～2.0	2.2～2.4

注：斜齿、圆周速度低、精度高、齿宽系数小时取小值；直齿、圆周速度高、精度低、齿宽系数大时取大值。齿轮在两轴承间，并对称布置时取小值；齿轮在两轴承间不对称布置及悬臂布置时取大值。

7.6.1.2 齿轮的失效形式

从上述轮齿的受力情况，结合齿轮传动的工作环境和硬度、润滑条件等分析得出，齿轮的失效形式主要有：轮齿折断、齿面点蚀、齿面胶合、齿面磨损、齿面塑性变形。齿轮传动的工作环境包括有闭式传动和开式传动。因闭式传动中齿轮在封闭的环境下工作，故润滑条件好；开式传动因没有防护罩，故润滑条件较差，易受粉尘影响，故齿面易磨损。

1. 轮齿折断

从上述受力分析可知，轮齿的受力情况可以简化为悬臂梁这种力学模型。所以，齿根部截面为危险截面。当该截面上的弯曲应力值超过某极限时，轮齿将在齿根发生断裂。若轮齿是在短时间过载或在冲击载荷作用下产生的折断，称为过载折断（图7-21(a)）。过载折断属于静载下的破坏。图7-21(b)所示的是另一种折断，当齿根处的交变应力超过了材料的疲

劳极限时，齿根过渡圆角会产生疲劳裂纹，轮齿并未折断。随着交变应力次数不断累积，裂纹继续扩展，直至轮齿断裂。显然，疲劳折断需要一个过程。轮齿发生疲劳折断，断口表现为既有光滑区，也有锋利区；而过载折断的断口处全部为锋利区。

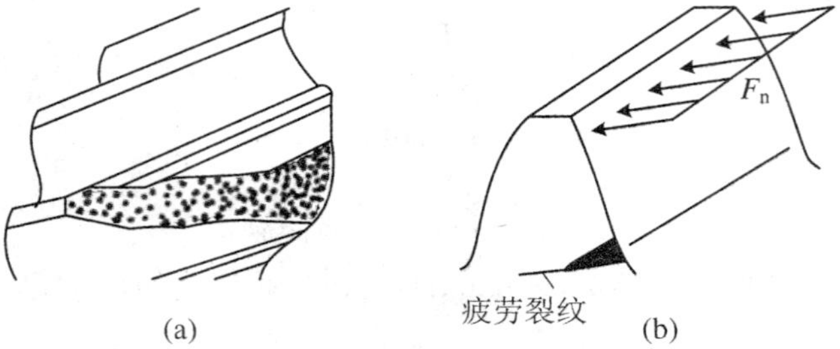

图 7-21 轮齿折断

2. 齿面点蚀

齿廓相互啮合时，作用在齿面上的法向力，使齿面表面产生应力，称为齿面接触应力。在各个不同齿面接触点的齿面接触应力大小不同，在节线处最大。当交变接触应力重复次数累积到一定限度后，轮齿表面层的金属就会产生不规则的细微的疲劳裂纹。随着交变接触应力继续累积，疲劳裂纹蔓延扩展使金属脱落，在齿面形成麻点状凹坑，即为齿面点蚀（图 7-22）。因节线处啮合的齿对少，接触应力大，且节线处齿廓间滑动速度小，不易形成油膜，所以这种失效形式常发生在节线附近。这种失效形式主要发生在闭式软齿面的齿轮传动中。

3. 齿面胶合

对于承受重载作用、高速转动，且齿面硬度较低的齿轮，因摩擦过大，导致齿表面局部温度过高，使齿面油膜破裂，造成齿面金属软化，并直接接触形成黏着。随着相对运动的继续，金属从齿面上被撕落而引起严重的黏着磨损，这种失效称为齿面胶合（图 7-23）。另外，在低速重载时，也会出现胶合失效，所不同的是，齿面不变软，直接在重载下，刺破油膜发生胶合破坏，称为冷胶合。

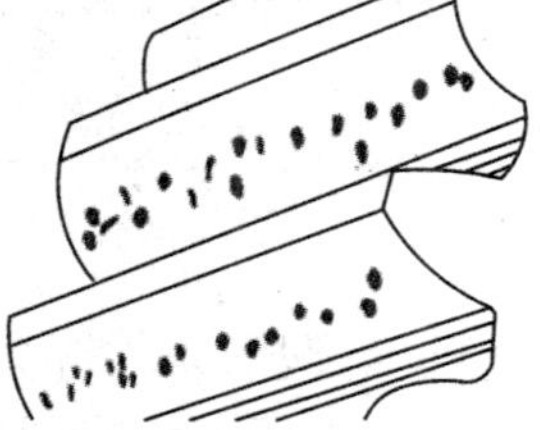

图 7-22 齿面点蚀

图 7-23 齿面胶合

4. 齿面磨损

当齿廓工作表面硬度较高，或落入灰尘、硬屑等颗粒物质时，会引起齿面磨损。产生齿面磨损后，齿廓渐开线形状遭到破坏，造成冲击、振动和噪声，且齿厚变薄，从而引起轮齿因硬度削弱而折断（图 7-24）。这种失效形式主要发生在开式硬齿面传动中。

5. 齿面塑性变形

如图 7-25 所示，齿面较软的齿轮，载荷及摩擦力较大时，轮齿在啮合过程中，齿面表层的材料就会沿着摩擦力的方向产生局部性变形，齿廓失去了正确的形状，导致失效。

图 7-24 齿面磨损

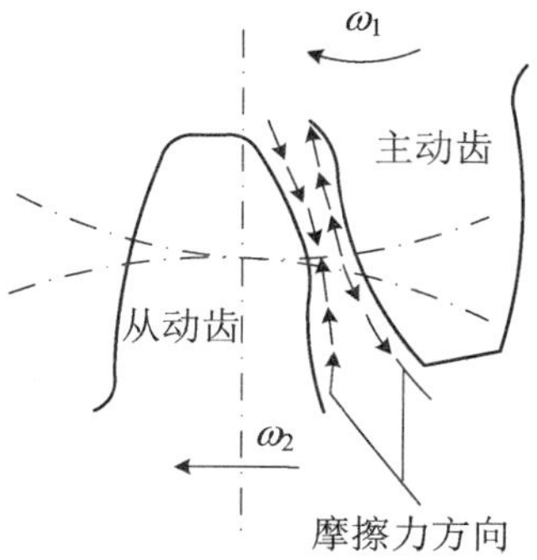

图 7-25 齿面塑性变形

7.6.2 齿轮传动设计准则与齿轮的传动精度

轮齿常见的失效形式虽然有很多种，但在不同的工作环境、齿面硬度条件下，失效的可能性有主、有次，并不是都要发生或同时发生。

对于软齿面（硬度≤350 HBS）的闭式齿轮传动中，润滑条件良好，齿面点蚀将是主要的失效形式，其次是轮齿折断。所以，设计时通常按齿面接触疲劳强度进行设计，再按齿根弯曲疲劳强度校核。

对于硬齿面（硬度＞350 HBS）的闭式齿轮传动中，抗点蚀的能力较强，主要的失效形式是轮齿折断，其次是齿面点蚀。所以先按齿根弯曲疲劳强度设计，后按齿面接触疲劳强度校核。

对于开式齿轮传动，主要失效形式是齿面磨损和轮齿折断。因磨损尚无成熟的计算方式，所以只对轮齿折断进行齿根弯曲疲劳强度设计，并通过增大模数10%～20%的方法来考虑磨损的影响。

齿轮传动设计计算中，不仅要保证不发生失效，还要正确地选择齿轮传动的精度，这样才能使齿轮在传动装置中合理地使用。齿轮传动在制造和安装过程中，都会产生误差，这些误差会影响传动性能。

为了便于控制误差范围，保证齿轮传动的使用要求，国家标准 GB/T10095—1988 和 GB/T11365—1989 规定渐开线圆柱齿轮和圆锥齿轮的精度分为 12 级，1 级最高，12 级最低，常用的精度等级为 6～9 级。按检查项目分为Ⅰ、Ⅱ、Ⅲ三组公差，各组公差对传动性能的影响见表 7-6。

表 7-6 齿轮公差分组表

公差组	公差与极限偏差	对性能的主要影响
Ⅰ	F'_i、F''_i、F_p、F_r、F_W	传递运动的准确性
Ⅱ	f'_i、f''_i、f_f、F_{pt}、F_{pb}、$F_{t\beta}$	传动的平稳性
Ⅲ	接触斑点、F_β、F_{pX}	载荷分布的均匀性

注：表中各组中公差与极限偏差的代号说明，可参阅《机械零件设计手册》。

第Ⅱ组公差组的精度等级可按表 7-7 选出，第Ⅰ、Ⅲ公差组的精度等级可与第Ⅱ公差组同级,也可按需要上、下相差 1 级。

表 7-7 齿轮传动平稳性要求的精度选择

精度等级	最大圆周速度(m/s)						应用举例
	圆柱齿轮				直齿锥齿轮		
	直齿		斜齿				
	≤350 HBS	>350 HBS	≤350 HBS	>350 HBS	≤350 HBS	>350 HBS	
6	18	15	36	30	10	9	普通分度机构或高速传动的重要齿轮、飞机、汽车、机床的重要齿轮
7	12	10	25	20	7	6	一般机械制造业的重要齿轮,飞机、汽车、机床中的一般齿轮
8	6	5	12	9	4	3	一般机械制造业的齿轮,飞机、汽车、机床中的不重要齿轮,农业机械中的重要齿轮
9	4	3	8	6	3	2.5	低速传动齿轮、农业机械中的一般齿轮
10	1	1	2	1.5	0.8	0.8	辅助、手动或粗糙机器中的齿轮

注:锥齿轮传动圆周速度按平均直径计算。

7.6.3 齿轮常用材料和热处理

制造齿轮的材料主要是各种钢材,其次是铸铁,还有有色金属和其他非金属材料。在低速、大直径的开式传动中,齿轮的材料常用铸铁,以便于制造。但铸铁的抗弯强度和抗冲击能力差,不宜用于重要的和较大功率的传动。

齿轮常用的热处理方式有:正火、调质、表面淬火、渗碳淬火和渗氮等。正火和调质处理的齿轮是软齿面齿轮,这种齿轮的制造工艺过程简单,常用于要求强度不高、中低速的一般机械传动齿轮。其余热处理方式可获得硬齿面齿轮,承载能力大,耐磨性好,多用于大量生产和要求尺寸小、精度高的齿轮。常用材料和热处理方式见表 7-8。

表 7-8 常用材料和热处理

材料牌号		热处理方法	硬度	应用举例
优质碳素结构钢	35	正火	150～180 HBS	低速、轻载的齿轮或中载、中速的大齿轮
	45	正火	162～217 HBS	
		调质	217～255 HBS	中速、中载一般传动用的齿轮,如减速器
		表面淬火	40～50 HRS	高速、重载无剧烈冲击的齿轮

续表

材料牌号		热处理方法	硬度	应用举例
合金结构钢	35SiMn	调质	217～269 HBS	中速、中载一般传动用的齿轮，如通用减速器等
	38SiMnMo		217～269 HBS	
	40Cr		241～286 HBS	
		表面淬火	48～55 HRS	高速、中载无剧烈冲击的齿轮
	20Cr	渗碳淬火	56～62 HRS	高速、中载承受冲击载荷的齿轮，如汽车、拖拉机中的重要齿轮
	20CrMnMo		56～62 HRS	
	20CrMoTi		56～62 HRS	
	38CrMoAlA	渗氮	>65 HRS	载荷平稳，润滑良好
铸钢	ZG310—570	正火	156～217 HBS	重型机械中的低速齿轮
	ZG340—640		169～229 HBS	

注：$v<25$ m/s 为低速，$v=25\sim40$ m/s 为中速，$v>40$ m/s 为高速。

7.6.4 直齿圆柱齿轮传动的强度计算

7.6.4.1 齿轮接触疲劳强度计算

根据失效分析可知，要保证轮齿齿面不发生点蚀，具有足够的接触疲劳强度，应使最大接触应力不超过齿面的接触疲劳极限。齿面接触应力的计算公式是以弹性力学中的赫兹公式为依据的，对于渐开线标准直齿圆柱齿轮传动，其齿面接触疲劳强度的校核公式为

$$\sigma_H = 335\sqrt{\frac{KT_1}{ba^2}\ \frac{(u\pm1)^3}{u}} \leqslant [\sigma_H] \tag{7-17}$$

式中，σ_H 为轮齿齿面所受到的接触应力（MPa）；$[\sigma_H]$为许用接触应力（MPa）；u 为齿数比，即大齿轮齿数与小齿轮齿数之比；K 为载荷系数，由表 7-5 确定；T_1 为齿轮 1 所受的转矩（N·mm）；a 为一对标准齿轮的中心距（mm）；b 为齿轮齿宽（mm）。

令 $b=\psi_a a$，其中 ψ_a为齿宽系数。将式(7-17)变换为设计式：

$$a \geqslant (u\pm1)\sqrt[3]{\frac{KT_1}{\psi_a u}\left(\frac{335}{[\sigma_H]}\right)^2} \tag{7-18}$$

说明：

① 式中"±"分别表示用于外啮合、内啮合齿轮。

② 相啮合的两齿轮接触处的应力相等，$\sigma_{H1}=\sigma_{H2}$。

③ 轮齿齿轮接触应力取决于小齿轮的分度圆的直径；齿面接触疲劳强度取决于由材料及其热处理后的齿面硬度和齿轮分度圆直径。

④ 齿轮传动进行校核时，要校核$[\sigma_{H1}]$和$[\sigma_{H2}]$中较小的那个齿轮。

7.6.4.2 齿根弯曲疲劳强度计算

齿根处的弯曲强度最大，计算时设全部载荷由一对齿承担，且载荷作用于齿顶，将轮齿看做悬臂梁，其危险截面可用 30°切线法确定，即作与轮齿对称中心线成 30°夹角并与齿根过

渡曲线相切的两条直线，连接两切点即为齿根的危险截面，如图 7-26 所示。

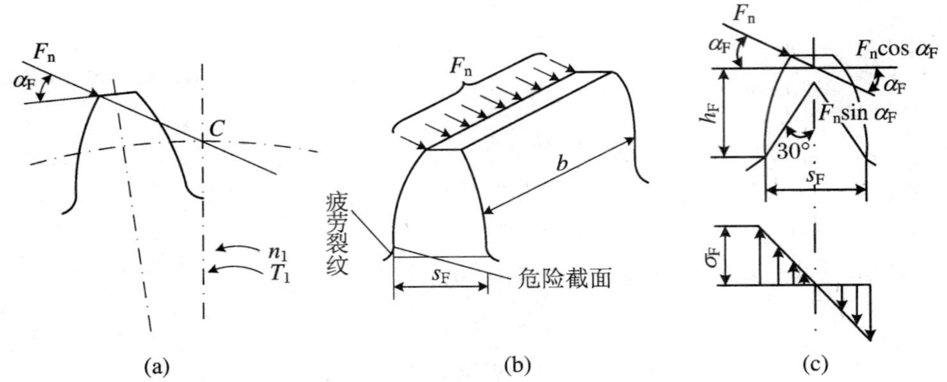

图 7-26　齿根弯曲应力

运用材料力学的方法，可得齿根弯曲强度校核的公式为

$$\sigma_F = \frac{2KT_1}{bm^2 z_1} Y_F \leqslant [\sigma_F] \tag{7-19}$$

式中，σ_F 为轮齿齿根所受到的弯曲应力(MPa)；$[\sigma_F]$为许用弯曲应力(MPa)；T_1 为齿轮 1 所受到的转矩(N・mm)；m 为齿轮的模数(mm)；b 为轮齿宽度(mm)；Y_F 为与模数无关，与齿数有关的齿形系数，其值可通过查图 7-27 得到。

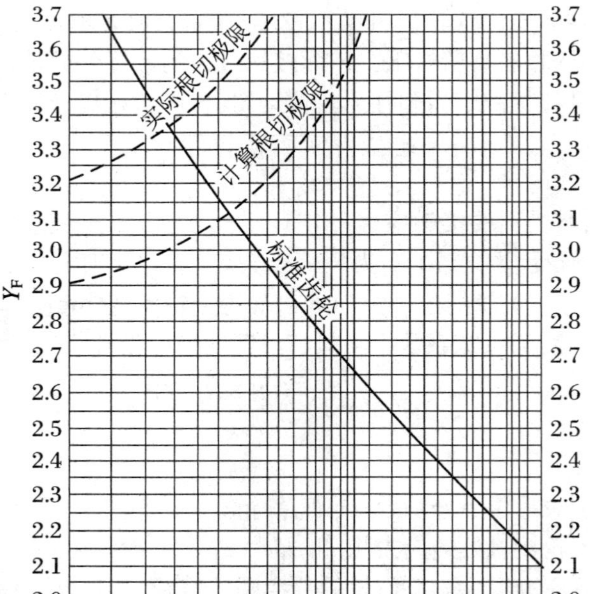

图 7-27　齿形系数 Y_F

同样令 $b=\psi_a a$，将上式变换为设计式：

$$m \geqslant \sqrt[3]{\frac{4KT_1}{\psi_a z_1^2(u \pm 1)} \frac{Y_F}{[\sigma_F]}} \tag{7-20}$$

说明：

① 因大、小齿轮的齿数不同，所以齿形系数不同。故两齿轮齿根上的弯曲力也不相同，即 $\sigma_{F1} \neq \sigma_{F2}$。

② 在齿轮的材料、传动转矩、齿数和齿宽系数一定的情况下，齿根弯曲应力大小取决于模数。

③ 校核计算时，应将两齿轮全部进行校核。而设计计算时，要将两齿轮的 $Y_F/[\sigma_F]$ 中的大值代入式(7-18)中进行计算。

7.6.4.3 许用应力的确定

许用接触应力和许用弯曲应力的确定可按下式确定

$$[\sigma_H] = \frac{\sigma_{Hlim}}{S_{Hlim}}$$

$$[\sigma_F] = \frac{\sigma_{Flim}}{S_{Flim}}$$

式中，σ_{Hlim} 为齿面接触疲劳极限(图 7-28)；σ_{Flim} 为齿根弯曲疲劳极限(图 7-29)；S_{Hlim} 为接触强

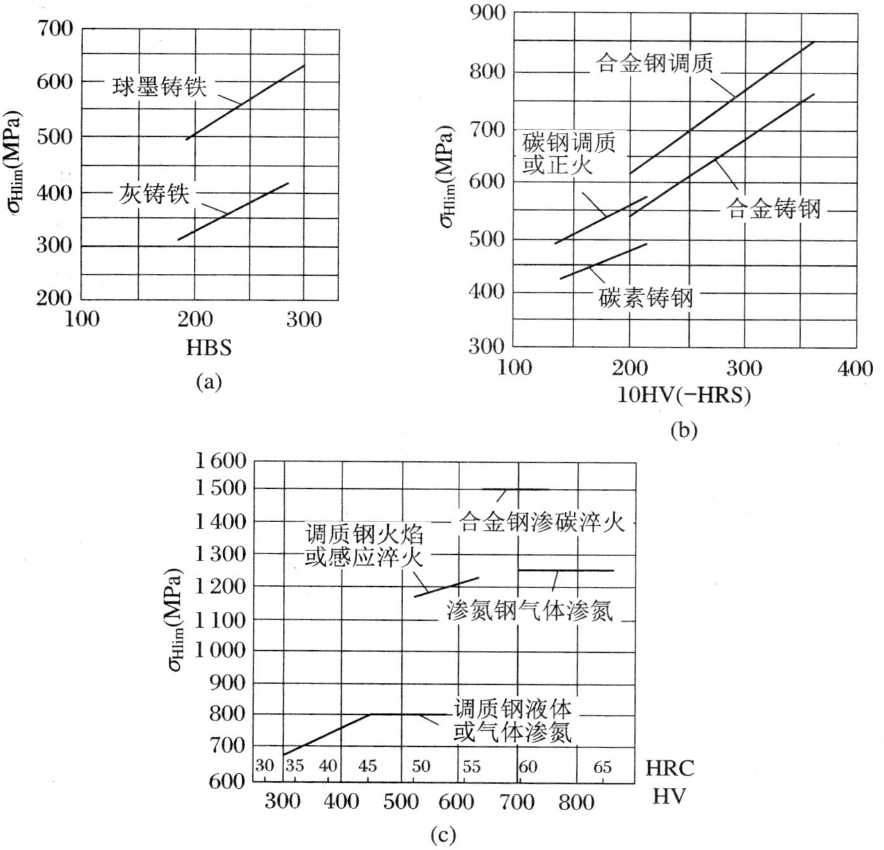

图 7-28 齿轮接触疲劳极限

度的最小安全系数，其值由表 7-9 确定；S_{Flim} 为弯曲强度的最小安全系数，其值由表 7-9 确定。

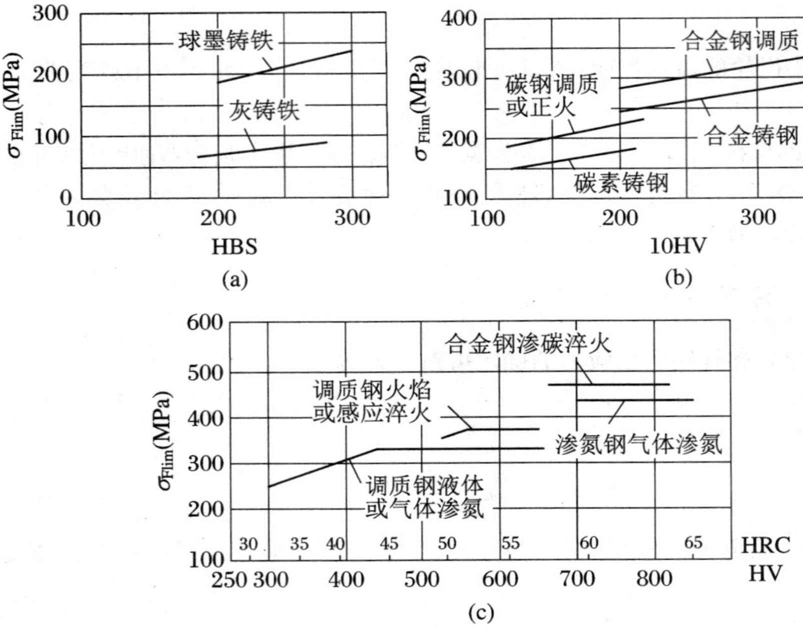

图 7-29 齿根弯曲疲劳极限

表 7-9 最小安全系数

安全系数	静强度		疲劳强度	
S_{Hmin}	1.0	1.3	1.0～1.2	1.3～1.6
S_{Fmin}	1.4	1.8	1.4～1.5	1.6～3.0

注：表中数值可根据齿轮传动的重要程度选取，要求可靠程度高的齿轮传动设计中选大值；反之，选小值。

图 7-29 所提供的数据，适合于齿轮单向传动，对于长期双侧工作的齿轮传动，其齿根弯曲应力为对称循环变应力，故应将图中所得数据乘以 0.7。

7.6.5 齿轮传动的结构设计

通过齿轮传动的强度计算，确定齿数、模数、分度圆直径等主要参数和尺寸后，还要通过结构设计确定齿圈、轮腹、轮毂等的结构形式及尺寸大小。齿轮的结构形式主要依据齿轮的尺寸、材料、加工工艺、经济性等因素而定，各部分尺寸由经验公式求得。

较小的钢制圆柱齿轮，其齿根圆至键槽底部的距离 $\delta \leqslant 2m$（m 为模数）。或圆锥齿轮小端齿根圆至键槽底部的距离 $\delta \leqslant 1.6m$（m 为大端模数）时（图 7-30），齿轮和轴做成一体，称为齿轮轴（图 7-31）。

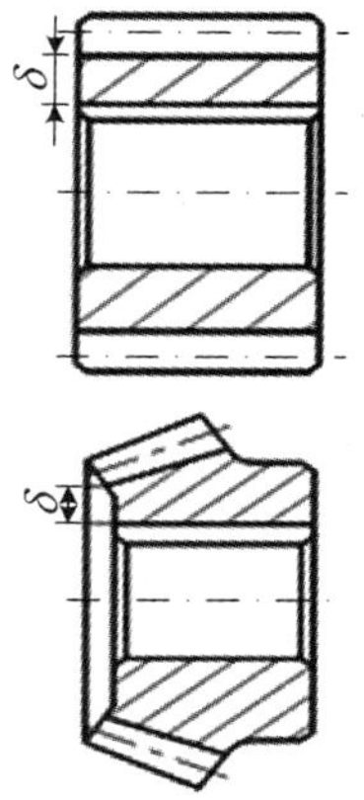

图 7-30 齿轮结构尺寸 δ

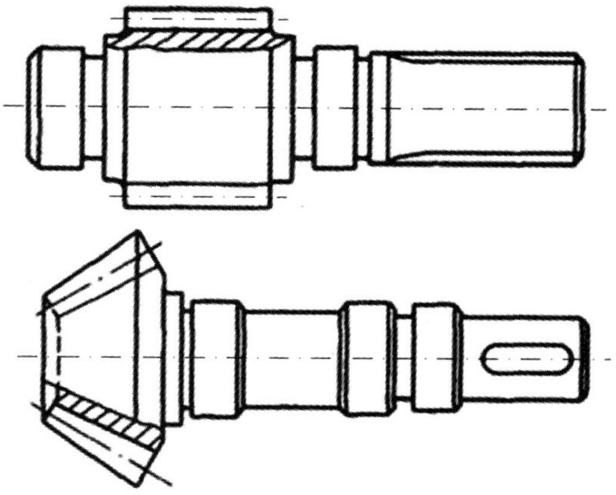

图 7-31 齿轮轴

当齿顶圆直径 $d_a \leqslant 200$ mm，且 δ 超过上述尺寸时，可将齿轮与轴分开制造，做成盘式结构(图 7-32)。

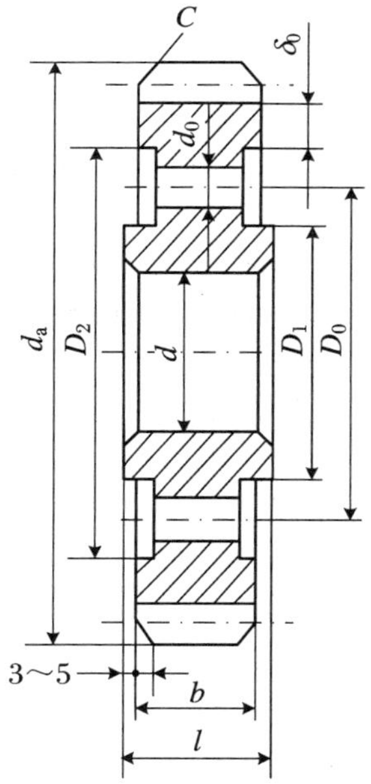

适用条件：$d_a \leqslant 200$ mm
$D_1 = 1.6d$
$d_0 = 0.2(D_2 - D_1)$
$\delta_0 = 2.5m_n$，但不小于 8 mm
$1.5d > l \geqslant b$
$D_0 = 0.5(D_2 + D_1)$
当 $d_0 < 10$ mm 时可不必制孔
$n = 0.5m_n$

图 7-32 盘式齿轮

当齿顶圆直径 $d_a \leqslant 500$ mm 的较大尺寸的齿轮，为减轻重量、节省材料，可做成腹板式结构(图 7-33)。

当齿顶圆直径 $d_a \geqslant 400$ mm 时，常用铸铁或铸钢制成轮辐式结构，如图 7-34 所示。

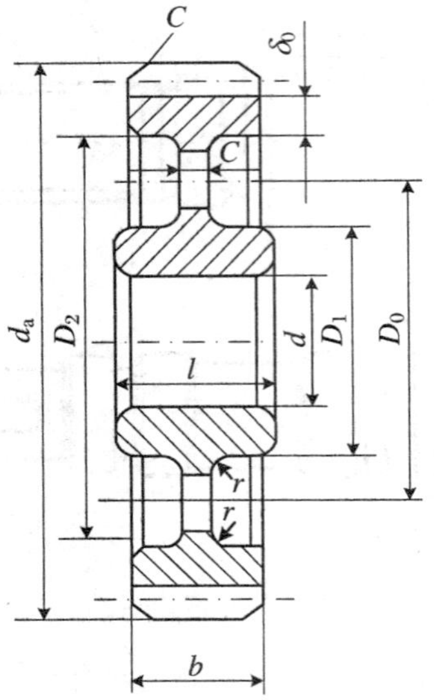

适用条件：$d_a \leqslant 500$ mm 锻钢

$\delta_0 = (2.5 \sim 4) m_n$，但不小于 8 mm

$d_0 = 0.25(D_2 - D_1)$；

$D_0 = 0.5(D_2 + D_1)$；

$C = 0.3b$（自由锻）；

$C = 0.2b$（模锻），但不小于 8 mm

$r = 0.5C$

$n = 0.5m_n$

图 7-33 腹板式齿轮

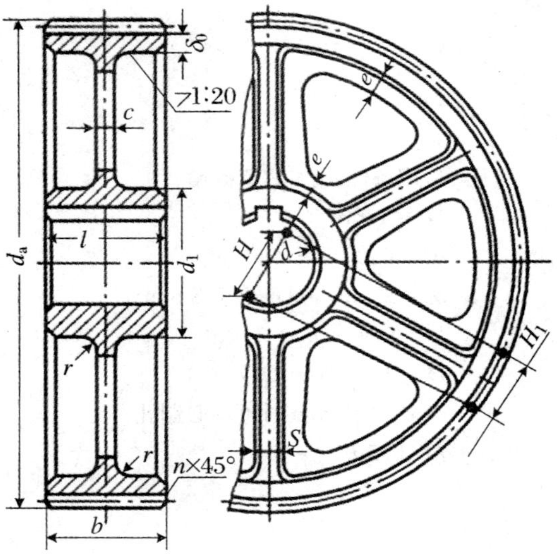

$d_a > 400, b < 240$

适用条件：$d_a \geqslant 400$ mm

$d_1 = 1.6d$（铸钢），$d_1 = 1.8d$（铸铁）

$1.5d > l \geqslant b$

$\delta = (3 \sim 4) m_t$，但不小于 8 mm；

$H = 0.8d$（铸钢）、$H = 0.9d$（铸铁）

$H_1 = 0.8H$

$c = (1 \sim 1.3)\delta_0$、$s = 0.8c$

$e = (1 \sim 1.2)\delta_0$

$n = 0.5m_t$

$r \approx 0.5c$

图 7-34 轮辐式齿轮

当齿顶圆直径 $d_a \geqslant 600$ mm 时，常用组装齿圈式结构的齿轮。图 7-35 所示为镶圈式齿轮，图 7-36 所示为焊接式齿轮。

7.6.6 齿轮传动的润滑

7.6.6.1 润滑方式

齿轮传动的润滑方式，主要取决于齿轮圆周速度的大小。对于速度较低的齿轮传动或开式齿轮传动，采用的是人工定期加润滑油或润滑脂。对于闭式齿轮传动，当齿轮的圆周速度 $v \leqslant 12$ m/s 时，通常采用浸油（或称油池、油浴）润滑，如图 7-37 所示，大齿轮浸入油池一定的深度，齿轮运转时，把润滑油带到啮合区，同时也甩到箱体壁上，起到散热的作用。当 v 较大时，浸入深度约为一个齿高；当 v 较小时（0.5～0.8 m/s），浸入深度为 1/6 的齿轮半径。当 $v>12$ m/s 时，应采用喷油润滑，如图 7-38 所示，即由油泵以一定的压力，用喷油嘴将润滑油喷到轮齿的啮合面上。

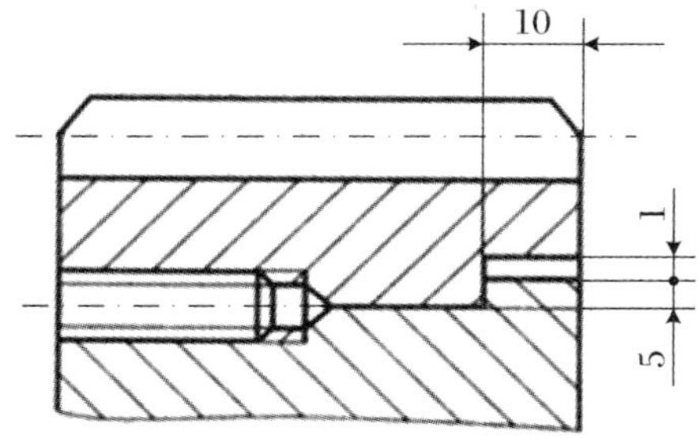

图 7-35　镶圈式齿轮

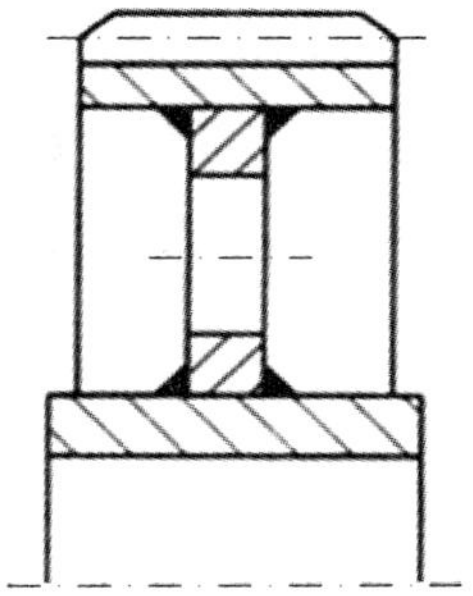

图 7-36　焊接式齿轮

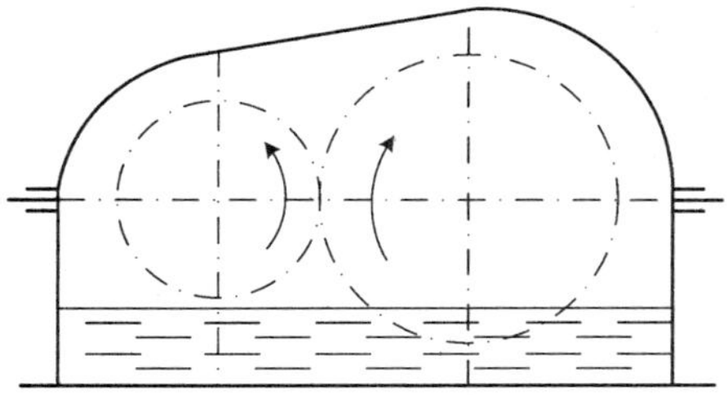

图 7-37　浸油润滑

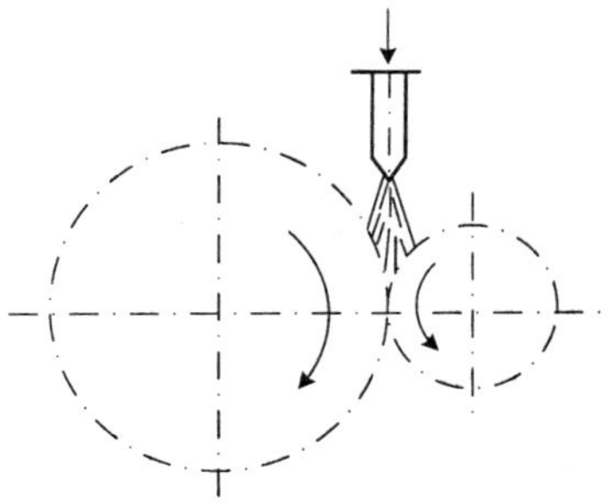

图 7-38　喷油润滑

7.6.6.2　润滑油的选择

齿轮传动的润滑，可根据表 7-10 来选择润滑油的黏度，然后根据有关手册选定润滑油的牌号。

表 7-10　齿轮传动润滑油的推荐黏度值

<table>
<tr><td>滑动速度 v(m/s)</td><td><1</td><td><2.5</td><td><5</td><td>5～10</td><td>10～15</td><td>15～25</td><td>>25</td></tr>
<tr><td>工作条件</td><td>重载</td><td>重载</td><td>中载</td><td>–</td><td>–</td><td>–</td><td>–</td></tr>
<tr><td>黏度(mm²/s)(ν₄₀℃)</td><td>1 000</td><td>685</td><td>320</td><td>220</td><td>150</td><td>100</td><td>68</td></tr>
<tr><td rowspan="2">润滑方式</td><td rowspan="2" colspan="3">油浴</td><td rowspan="2">油浴
喷油</td><td colspan="3">压力喷油润滑(喷油压力)
(N/mm)</td></tr>
<tr><td>0.07</td><td>0.2</td><td>0.3</td></tr>
</table>

闭式蜗杆传动的润滑油黏度可根据相对滑动速度和载荷类型，在表 7-10 中选取；对于开式传动，则采用黏度较高的齿轮油或润滑脂。

7.7 一级直齿圆柱齿轮传动设计

齿轮传动的主要设计内容包括选择齿轮材料和热处理方式、确定主要参数、几何尺寸、结构形式、精度等级等，最后绘制出零件工作图。

7.7.1 主要参数的选择

为了使齿面磨损均匀，小齿轮的齿数一般应 $z_1 \geqslant 17 \sim 25$。传动比一般在 $i \geqslant 5 \sim 7$。对于一般齿轮传动，允许实际传动比为 $i \leqslant 4.5$ 时有 $\pm 2.5\%$ 和传动比为 $i > 4.5$ 时有 $\pm 4\%$ 的误差。模数一般在 2～8 mm 之间。齿宽系数按表 7-11 查得。

表 7-11 圆柱齿轮的齿宽系数

齿轮相对轴承的位置	大齿轮或两轮齿面硬度≤350 HBS	两轮齿面硬度>350 HBS
对称布置	0.8～1.4	0.4～0.9
非对称布置	0.6～1.2	0.3～0.6
悬臂布置	0.3～0.4	0.2～0.5

注：① 载荷稳定时取大值，轴与轴承的刚度较大时取大值，斜齿轮与人字齿轮取大值。

② 对于金属切削机床的传动齿轮，取小值；传动功率不大时，可小到 0.2。

7.7.2 设计步骤

设计步骤如下：

(1) 软齿面闭式齿轮传动

选择材料、热处理方式及精确等级；合理选择齿轮参数，按接触疲劳强度设计公式确定小齿轮分度圆直径；计算齿轮的主要尺寸；校核所设计的齿轮传动的弯曲疲劳强度；确定齿轮的结构；绘制齿轮的零件工作图。

(2) 硬齿面闭式齿轮传动

选择材料、热处理方式及精度等级；合理选择齿轮参数，按弯曲疲劳强度设计公式求出模数，并圆整为标准模数；计算齿轮的主要尺寸；校核所设计的齿轮传动的接触疲劳强度；确定齿轮的结构；绘制齿轮的零件工作图。

(3) 开式传动

选择齿轮材料、热处理方式及精度等级；合理选择齿轮参数，按弯曲疲劳强度设计公式求出模数，并加大 10%～20%，取标准值；计算齿轮的主要尺寸；确定齿轮的结构；绘制齿轮的零件工作图。

7.7.3 应用实例

例 7-2 某机械装置中的减速器，采用的是一级直齿圆柱齿轮传动。已知小齿轮转速为 $n_1 = 960$ r/min，传动的功率 $P = 6$ kW，传动比 $i = 2.5$。减速器工作时，载荷平稳，单向运转，齿轮在两支承间对称布置，原动机为电动机。试设计该齿轮传动。

解 (1) 选择材料、确定齿轮的许用应力

由表7-7确定这对齿轮的精度等级为8级，由表7-8选择齿轮的材料和热处理为：小齿轮45钢，调质热处理，硬度取230 HBS；大齿轮45钢，正火热处理，硬度取190 HBS。查图7-28和图7-29可得

$$\sigma_{\mathrm{Hlim1}} = 560\ \mathrm{MPa}, \quad \sigma_{\mathrm{Hlim2}} = 530\ \mathrm{MPa}$$

$$\sigma_{\mathrm{Flim1}} = 195\ \mathrm{MPa}, \quad \sigma_{\mathrm{Flim2}} = 180\ \mathrm{MPa}$$

因这对齿轮传动属一般传动装置用，故查表7-9可得

$$S_{\mathrm{Hlim}} = 1.1, \quad S_{\mathrm{Flim}} = 1.4$$

由此得两轮的许用应力为

$$[\sigma_{\mathrm{H}}]_1 = \frac{\sigma_{\mathrm{Hlim1}}}{S_{\mathrm{Hmin}}} = \frac{560}{1.1} = 509.1\ (\mathrm{MPa})$$

$$[\sigma_{\mathrm{H}}]_2 = \frac{\sigma_{\mathrm{Hlim}}}{S_{\mathrm{Hmin}}} = \frac{530}{1.1} = 481.8\ (\mathrm{MPa})$$

$$[\sigma_{\mathrm{F}}]_1 = \frac{\sigma_{\mathrm{Flim}}}{S_{\mathrm{Fmin}}} = \frac{195}{1.4} = 139.3\ (\mathrm{MPa})$$

$$[\sigma_{\mathrm{F}}]_2 = \frac{\sigma_{\mathrm{Flim2}}}{S_{\mathrm{Fmin}}} = \frac{180}{1.4} = 128.6\ (\mathrm{MPa})$$

(2) 按齿面接触疲劳强度设计

计算小齿轮传递的转矩为

$$T_1 = 9.55 \times 10^6 \frac{P}{n_1} = 9.55 \times 10^6 \times \frac{6}{960} = 59\,687.5\ (\mathrm{N \cdot mm})$$

因载荷平稳，查表7-5可选定载荷系数 $K=1$。

因齿轮在两轴承间对称布置，取齿宽系数 $\psi_{\mathrm{a}}=0.4$。

由齿面接触疲劳强度条件式可得

$$a \geqslant (u \pm 1)\sqrt[3]{\frac{KT_1}{\psi_{\mathrm{a}} u}\left(\frac{335}{[\sigma_{\mathrm{H}}]}\right)^2}$$

$$= (2.5 + 1) \times \sqrt[3]{\frac{1 \times 59678.5}{0.4 \times 2.5}\left(\frac{335}{481.8}\right)^2}$$

$$= 107.4\ (\mathrm{mm})$$

(3) 确定基本参数、计算几何尺寸

为使齿轮不发生根切，且结构紧凑，取 $z_1=26$，$z_2=z_1 i=26\times2.5=65$。

由式(7-2)确定模数为

$$m = \frac{2a_0}{z_1 + z_2} = \frac{2 \times 107.4}{26 + 65} = 2.36\ (\mathrm{mm})$$

考虑弯曲强度的情况，由表7-2取标准模数 $m=2.5\ \mathrm{mm}$。

确定中心距为

$$a = \frac{1}{2}m(z_1 + z_2) = \frac{1}{2} \times 2.5 \times (26 + 165) = 113.75\ (\mathrm{mm})$$

确定齿宽为

$$b = \psi_{\mathrm{a}} a = 10.4 \times 113.75 = 45.5\ (\mathrm{mm})$$

考虑齿轮安装误差的因素，取 $b_2=46$ mm，$b_1=50$ mm。

分度圆直径为

$$d_1 = mz_1 = 2.5\times 26 = 65\,(\text{mm})$$

$$d_2 = mz_2 = 2.5\times 65 = 162.5\,(\text{mm})$$

已确定主要参数 m、z 后，其余尺寸可按表 7-3 计算，此处略。

(4) 校核弯曲疲劳强度

查表 7-9 可得这对齿轮的齿形系数为 $Y_{F1}=2.68$，$Y_{F2}=2.27$。由齿根弯曲疲劳强度条件式可得

$$\sigma_{F1} = \frac{2KT_1}{bm^2 z_1}Y_{F1} = \frac{2\times 1\times 59687.5\times 2.68}{50\times 2.5^2\times 26} = 39.4\,(\text{MPa}) < [\sigma_F]_1$$

$$\sigma_{F2} = \sigma_{F1}\frac{Y_{F2}}{Y_{F1}} = 39.4\times\frac{2.27}{2.68} = 33.4\,(\text{MPa}) < [\sigma_F]_2$$

说明该对齿轮的齿根弯曲疲劳强度足够。

(5) 验算圆周速度

$$v = \frac{\pi d_1 n_1}{60\times 1\,000} = \frac{\pi\times 65\times 960}{60\times 1\,000} = 3.27\,(\text{m/s})$$

属于中低速，符合 8 级精度。

最后确定齿轮的结构尺寸及绘制大齿轮工作图(略)。

7.8 变位齿轮传动

前面我们讨论了展成法加工渐开线标准齿轮时的根切问题，从中得出的结论是：标准渐开线直齿圆柱齿轮不发生根切的条件是必须使其齿数大于等于 17。所以齿轮的最小尺寸受到限制。另外，当齿轮机构的安装中心距不等于标准齿轮的理论中心距时，齿轮或不能安装或齿轮轮齿间的间隙太大，从而影响齿轮传动的质量。对于上述实际工程中出现的问题，采取的办法是：在加工齿轮时，将齿轮刀具向远离被加工齿轮轴线的方向移动，使其中线与被加工齿轮的分度圆脱离，使刀具顶部不会切到轮齿的根部。但这样加工出来的齿轮是非标准齿轮——变位齿轮。

7.8.1 用标准渐开线齿条型刀具加工齿轮时的变位

用齿条刀具加工标准渐开线齿轮时，齿条刀具的中线与被加工齿轮的分度圆相切，若要齿轮不发生根切，则必须使齿条刀具的顶线低于齿轮啮合线的端点 N_1(图 7-39)。

7.8.1.1 单个齿轮的变位

如图 7-39 所示，当齿条刀具的顶线高于齿轮啮合线的端点 N_1 时，必须将齿条刀具的位置后撤，即将齿轮刀具向远离被加工齿轮毛坯中心的方向移动一段距离，使齿条刀具的顶线低于齿轮啮合线的端点。

图 7-39 中虚线为刀具移动前的位置，在该位置，刀具的顶线在 N_1 点以上，图 7-39 中实

线为刀具移动距离为 xm 后的位置，在该位置，刀具的顶线通过 N_1 点。此时在该位置上，用标准齿条刀具加工出来的齿轮称为变位齿轮，该方法称为变位修正法。刀具移动的距离 xm 称为变位量，x 称为变位系数。同时规定：刀具向远离被加工齿轮毛坯中心的方向移动时，x 为正，称此时的变位为正变位；刀具向被加工齿轮毛坯中心的方向移动时，x 为负，称此时的变位为负变位；x 为 0 时，为标准齿轮。

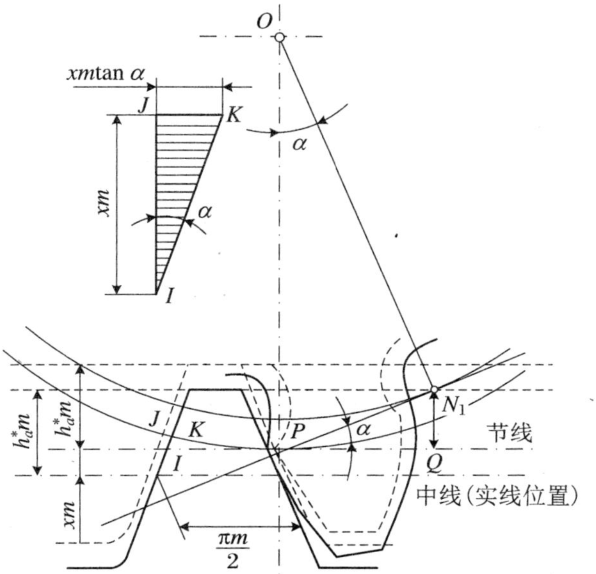

图 7-39 最小变位系数

7.8.1.2 最小变位系数

由前面的介绍可知，齿轮的齿数小于最小齿数时，为使齿轮不发生根切，齿轮必须做到正变位，必须使刀具向远离被加工齿轮毛坯中心移动，使得刀具的顶线至少移动到 N_1 点。此时的变位系数称为最小变位系数 $x_{\min}$。由图 7-39 可知，渐开线直齿圆柱齿轮不发生根切的条件是

$$xm + N_1Q \geqslant h_a^* m \tag{7-21}$$

又因为

$$N_1Q = PN_1\sin\alpha = r\sin^2\alpha = \frac{mz}{2}\sin^2\alpha \tag{7-22}$$

由(7-21)和(7-22)两式得

$$x \geqslant h_a^* - \frac{z\sin^2\alpha}{2} \tag{7-23}$$

又因为

$$\frac{\sin^2\alpha}{2} = \frac{h_a^*}{z_{\min}} \tag{7-24}$$

将式(7-24)代入式(7-23)

$$x \geqslant \frac{h_a^*(z_{\min} - z)}{z_{\min}} \tag{7-25}$$

故最小变位系数为

$$x_{\min} = \frac{h_a^*(z_{\min} - z)}{z_{\min}} \tag{7-26}$$

对于正常齿渐开线标准直齿圆柱齿轮，最小变位系数为

$$x_{\min} = \frac{17 - z}{17} \tag{7-27}$$

式(7-26)表明，实际齿数小于最小齿数时，变位系数为正值，为避免根切，齿轮应做正变位；实际齿数大于最小齿数时，最小变位系数为负值。只要使齿轮的变位系数大于最小变位系数，即使齿轮做负变位时，齿轮也不会根切。

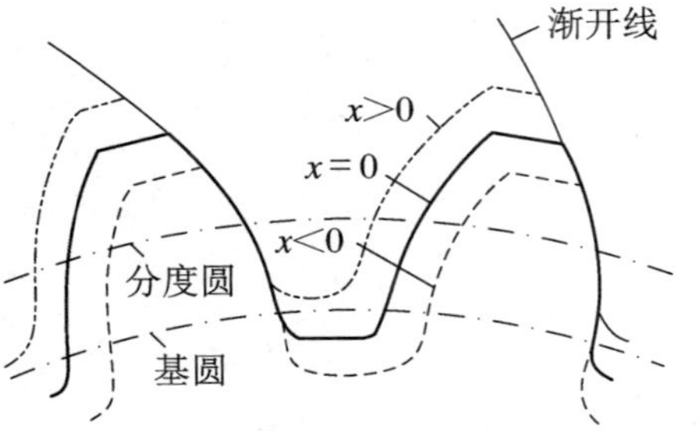

图 7-40 变位齿轮的齿厚

7.8.1.3 变位齿轮的特点

标准渐开线齿轮分度圆的齿厚等于齿槽宽，当采用变位修正法加工齿轮时，齿轮分度圆上的齿厚与齿槽宽都发生变化，但齿轮的分度圆齿距不变，基圆直径不变。

如图 7-40 所示，正变位（$x>0$）齿轮的齿厚大于标准齿轮的齿厚，齿槽变窄，齿顶变尖；负变位（$x<0$）齿轮的齿厚小于标准齿轮的齿厚，齿槽变宽，齿顶变厚。

7.8.2 变位齿轮传动的类型与特点

一对相互啮合齿轮的变位系数分为 x_1 和 x_2，则按 x_1 和 x_2 的组合，变位齿轮传动可以分为零传动、正传动和负传动三种类型。

7.8.2.1 零传动

零传动又可以分为两种情况：

① $x_1 = x_2 = 0$ 时，这一对相互啮合的齿轮都是标准齿轮，安装中心距等于标准中心距，因此称该种传动为标准齿轮传动。为避免根切，两个齿轮的齿数都必须大于最小齿数。

② $x_1 = -x_2 \neq 0$ 时，由于两齿轮变位系数的绝对值相等，又称该种传动为等变位(或高变位)齿轮传动。此时，这一对相互啮合的齿轮都是变位齿轮，一般地，齿数大的齿轮是负变位齿轮，齿数小的齿轮是正变位齿轮，安装中心距仍然等于标准中心距。

为保证两齿轮都不发生根切，应使

$$z_1 + z_2 \geqslant 2z_{\min}$$

等变位齿轮传动的特点是：可以使齿数较少的齿轮不发生根切，从而使齿轮传动的尺寸较小；改善小齿轮的磨损情况；使小齿轮与大齿轮的强度接近，相对提高齿轮传动的承载能力；互换性差，必须成对设、制造和使用；重合度略有减少。

7.8.2.2 正传动

当 $x_1 + x_2 > 0$ 时，称该齿轮传动为正传动。此时，两齿轮的安装中心距大于标准中心距，啮合角大于压力角。

正传动的特点是：可以使齿轮机构的尺寸减小，提高齿轮的接触强度和弯曲强度，可以凑配中心距，互换性差，必须成对设计、制造和使用，重合度减小。

7.8.2.3 负传动

当 $x_1+x_2<0$ 时，称该齿轮传动为负传动。此时，两齿轮的安装中心距小于标准中心距，啮合角小于压力角。

负传动的特点是：重合度略有增加，可以凑配中心距，齿轮强度有所降低，轮齿磨损加剧，互换性差，必须成对设计、制造和使用。

7.9 斜齿圆柱齿轮传动

7.9.1 主要参数和几何尺寸计算

斜齿圆柱齿轮的齿廓曲面与直齿圆柱齿轮的齿廓曲面，在形成原理上是一样的，均是发生面在基圆柱上做纯滚动时，发生面上的一条直线走过的轨迹。区别在于直齿圆柱齿轮的轮齿曲面的形成是发生面上 KK 线平行于基圆轴线的直线，展成的是直齿轮齿廓曲面（图 7-41(a)）；斜齿圆柱齿轮曲面的形成是发生面上 KK 线不平行于基圆轴线的斜直线，展成的是斜齿圆柱齿轮的螺旋齿廓曲面（图 7-41(b)）。由此可以分析得出，直齿轮啮合时，齿廓曲面接触线是一条平行于轴线的直线，而斜齿轮啮合时齿廓曲面接触线是一条斜线。因而斜齿轮的啮合过程，不像直齿轮那样，突然进入啮合，而是接触线逐渐由点变为线，进入啮合状态，再由线变为点，逐渐脱离啮合状态。因此，斜齿轮啮合时，冲击和振动小。

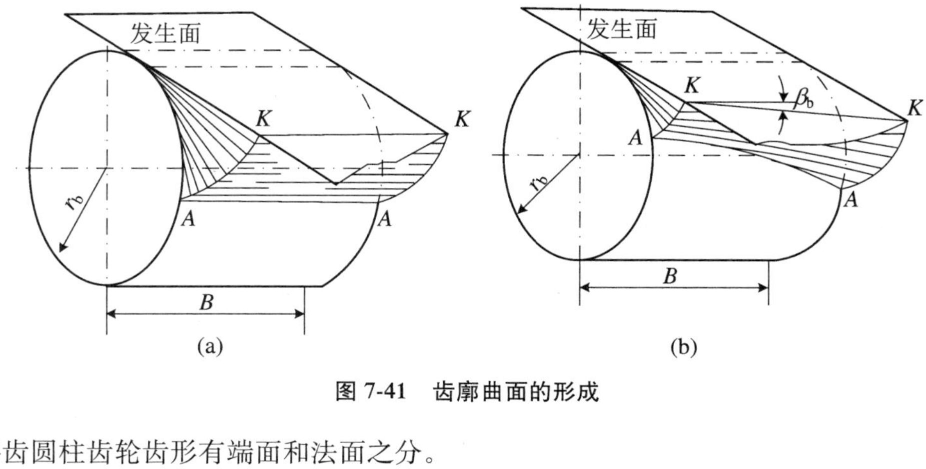

图 7-41 齿廓曲面的形成

斜齿圆柱齿轮齿形有端面和法面之分。

法面是指垂直于轮齿螺旋线方向的平面。轮齿的法面齿形与刀具齿形相同，故国际上规定法面参数（m_n，α_n）为标准参数。端面是指垂直于轴线的平面。端面齿形与直齿轮相同，故可以采用直齿轮的几何尺寸计算公式计算斜齿轮的几何尺寸（表 7-12）。应注意：端面参数（m_t，α_t）为非标准值，为了计算斜齿轮的几何尺寸，必须掌握法面参数和端面参数间的换算关系。

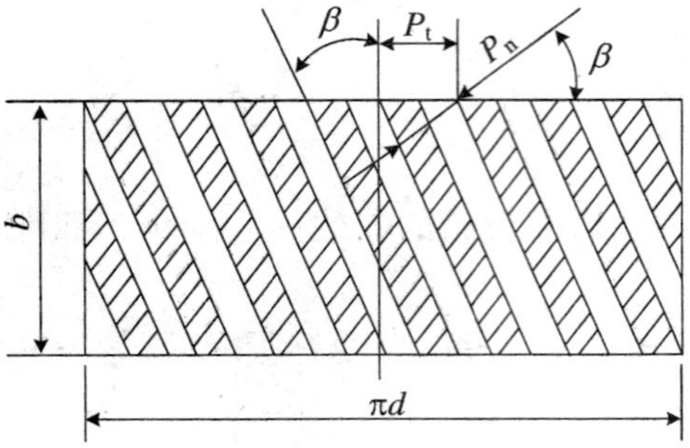

图 7-42 分度圆柱展开图

螺旋角是反映斜齿轮轮齿倾斜程度的参数。若将斜齿轮的分度圆柱展开成平面，如图 7-42 所示，在分度圆柱面上，分度圆和齿廓曲面的交线（即螺旋线）变为一条斜直线。该直线与齿轮的轴线所夹的锐角 β，称为斜齿轮的螺旋角。螺旋角越大，轮齿倾斜程度越大，重合度越大，传动平稳性越好。但轴向力也越大。一般螺旋角 $\beta\approx 8^\circ\sim 15^\circ$。

在图 7-42 所示的斜齿圆柱齿轮分度圆柱面的展开图中，p_n 为法向齿距，p_t 为端面齿距，由几何关系得出下式

$$p_n = p_t\cos\beta$$

若 m_n 为法向模数，m_t 为端面模数，且因 $p=m\pi$，由此得

$$m_n = m_t\cos\beta \tag{7-28}$$

也可用同样的方法得出法向压力角 α_n 和端面压力角 α_t 的关系

$$\tan\alpha_n = \tan\alpha_t\cos\beta \tag{7-29}$$

表 7-12 标准斜齿圆柱齿轮的几何尺寸计算

序号	名称	符号	计算公式及参数的选择
1	端面模数	m_t	$m_t=\dfrac{m_n}{\cos\beta}$，$m_n$ 为标准值
2	螺旋角	β	一般取 $\beta=8^\circ\sim 20^\circ$
3	端面压力角	α_t	$a_t=\arctan\dfrac{\tan\alpha_n}{\cos\beta}$，$a_n$ 为标准值
4	分度圆直径	d_1、d_2	$d_1=m_tz_1=\dfrac{m_nz_1}{\cos\beta}$，$d_2=m_tz_2=\dfrac{m_nz_2}{\cos\beta}$
5	齿顶高	h_a	$h_a=m_n$
6	齿根高	h_f	$h_f=1.25m_n$
7	全齿高	h	$h=h_a+h_f=2.25m_n$
8	顶隙	c	$c=h_f-h_a=0.25m_n$
9	齿顶圆直径	d_{a1}、d_{a2}	$d_{a1}=d_1+2h_a$，$d_{a2}=d_2+2h_a$
10	齿根圆直径	d_{f1}、d_{f2}	$d_{f1}=d_1-2h_f$，$d_{f2}=d_2-2h_f$
11	中心距	a	$a=\dfrac{d_1+d_2}{2}=\dfrac{m_t}{2}(z_1+z_2)=\dfrac{m_n(z_1+z_2)}{2\cos\beta}$

7.9.2 斜齿圆柱齿轮的啮合传动

7.9.2.1 正确啮合条件

要想让一对斜齿圆柱齿轮能够正确啮合，除了要保证该对齿轮的齿距相等外，还要使这对斜齿轮的轮齿在啮合位置的倾斜方向一致。由此得斜齿轮传动的正确啮合的条件为

$$\begin{cases} m_{n1} = m_{n2} = m \\ \alpha_{n1} = \alpha_{n2} = \alpha \\ \beta_1 = \mp \beta_2 \end{cases}$$

式中,“－”表示外啮合两齿轮的轮齿旋向不同,“＋”表明内啮合两齿轮的轮齿旋向相同。

7.9.2.2 斜齿轮啮合的重合度

由斜齿轮轮齿的啮合特点可知,轮齿啮合过程是由点变为线逐渐进入啮合,再由线变为点逐渐脱离啮合。图 7-43 所示为端面尺寸相同和轮齿宽度相同的直齿轮和斜齿轮基圆柱展开的平面图。图中 B_2 为轮齿进入啮合点,B_1 为脱离啮合点。显然斜齿轮啮合的实际啮合线段的长度比直齿轮要长。由图中几何关系可得知,直齿轮啮合的实际啮合线段长度为 L,斜齿轮啮合的实际啮合线段为 $L+\Delta L$,且有 $\Delta L = b\tan\beta_b$(β_b 为基圆柱上的螺旋角)。因此有斜齿圆柱齿轮传动的重合度为

$$\varepsilon = \frac{L+\Delta L}{p_{bt}} = \frac{L}{p_{bt}} + \frac{b\tan\beta_b}{p_{bt}} = \varepsilon_t + \varepsilon_b \tag{7-30}$$

式中,ε_t 为由端面几何尺寸决定的端面重合度;ε_b 为由轴向尺寸和螺旋角决定的轴向重合度;β_b 为斜齿轮基圆柱上的螺旋角,其值小于分度圆柱上的螺旋角(°);p_{bt} 为斜齿轮在端面上的基圆齿距(mm)。

由式(7-30)可得知,斜齿轮传动时的重合度要比直齿轮大得多,故斜齿圆柱齿轮传动的平稳性和承载能力要比直齿轮大。

7.9.3 当量齿数

为了选择盘形铣刀及进行强度计算,必须知道和斜齿圆柱齿轮法面齿形相当的直齿圆柱齿轮。如图 7-44 所示,过斜齿轮的某一轮齿上的节点 C 作轮齿的法面 nn,此法面与斜齿轮分度圆柱的交线为一椭圆,其长轴半径为 $a=\dfrac{d}{2\cos\beta}$,短轴半径为 $b=\dfrac{d}{2}$。根据高等数学可知,此椭圆在节点的曲率半径为

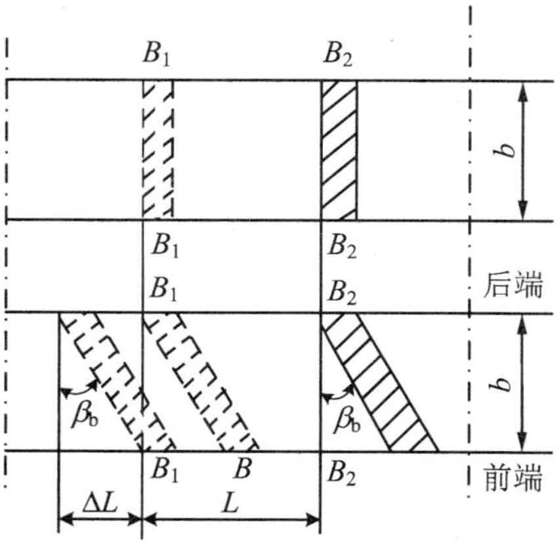

图 7-43 斜齿轮传动的重合度

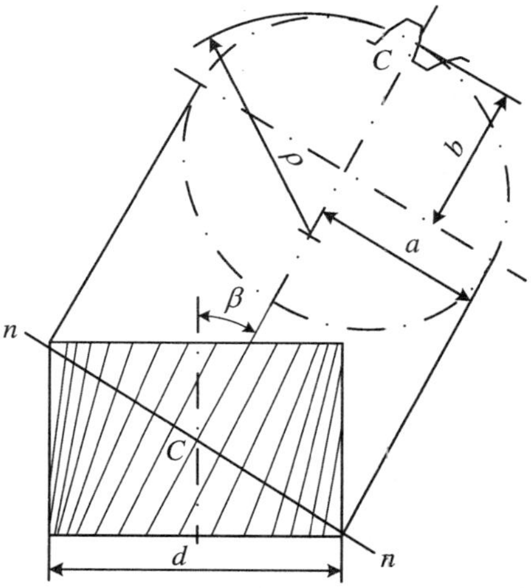

图 7-44 斜齿圆柱齿轮的当量齿数

$$\rho = \frac{a^2}{b} = \frac{d}{2\cos^2\beta}$$

以 ρ 为分度圆半径，取斜轮齿的法向模数 m_n 为模数，法向压力角 α_n 为压力角作一个直齿圆柱齿轮，其齿形近似于斜齿轮的法面齿形。这个假想的直齿圆柱齿轮称为斜齿圆柱齿轮的当量齿轮，其齿数 z_v 为当量齿数。其值为

$$z_v = \frac{2\rho}{m_n} = \frac{z}{\cos^3\beta} \tag{7-31}$$

式(7-31)中，z 为斜齿轮的实际齿数。

7.9.4 斜齿轮传动的强度计算

7.9.4.1 轮齿的受力分析

图 7-45 所示为斜齿圆柱齿轮传动中的主动轮轮齿的受力情况。通常忽略摩擦力，将法向力 F_n 分解为三个相互垂直的分力，即圆周力 F_t、径向力 F_r、轴向力 F_a，其大小为

$$F_{t1} = \frac{2T_1}{d_1} = -F_{t2} \tag{7-32}$$

$$F_{r1} = \frac{F_t\tan\alpha_n}{\cos\beta} = -F_{r2} \tag{7-33}$$

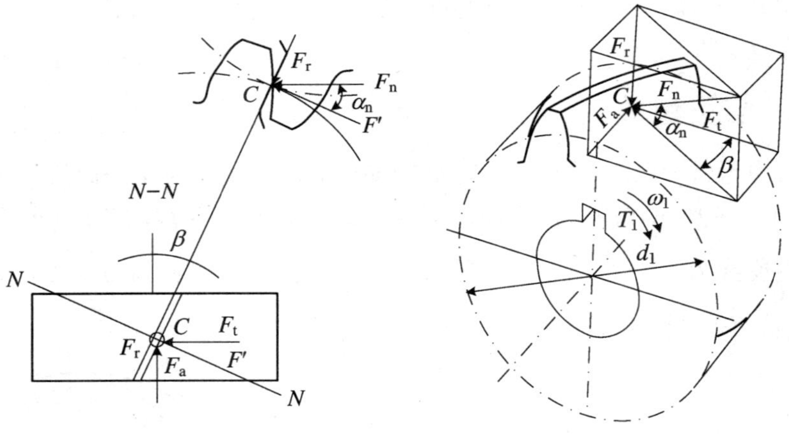

图 7-45 斜齿轮传动的受力分析

$$F_{a1} = F_t\tan\beta = -F_{a2} \tag{7-34}$$

式中，T_1 为齿轮 1 传递的名义转矩(N·mm)；α_n 为斜齿轮法面分度圆上的压力角(°)；β 为斜齿轮分度圆上的螺旋角(°)。

如图 7-46 所示，以上各力方向是：圆周力方向在主动轮上与啮合点圆周速度方向相反；在从动轮上与啮合点圆周速度相同。两齿轮的径向力方向总是指向各自轴心。主动轮上轴向力方向可用左、右手法则判定，即轮齿为右(左)旋，则用右(左)手，四指按照齿轮的转动方向弯曲握住齿轮，拇指伸直，则拇指所指的方向为主动轮所受轴向力的方向；从动轮轴向力的方向，用作用力与反作用力关系判断。

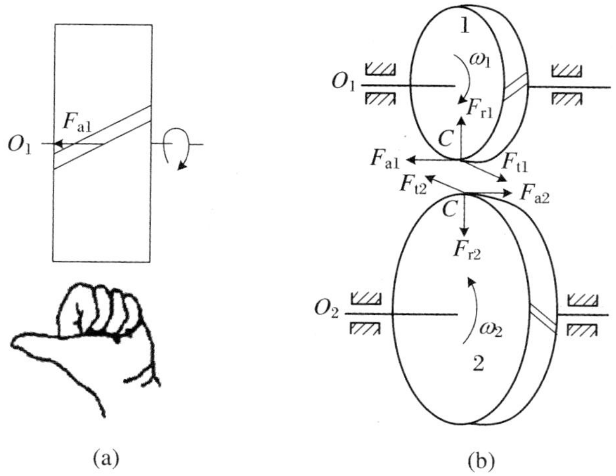

图 7-46 各分力的方向

7.9.4.2 强度计算

斜齿圆柱齿轮传动的计算,分析的思路和直齿轮传动相似。同样是要进行失效分析、载荷修正、建立强度条件式等。对斜齿轮传动来说,在建立强度条件时要考虑齿面接触线是倾斜的,重合度增大、载荷作用在位置的变化等因素对强度的影响。

1. 齿面接触疲劳强度

一对钢制标准斜齿圆柱齿轮传动的齿面接触疲劳强度校核式为

$$\sigma_H = 305\sqrt{\frac{KT_1}{ba^2}\frac{(u\pm 1)^3}{u}} \leqslant [\sigma_H] \tag{7-35}$$

式中,σ_H 为轮齿齿面所受到的接触力(MPa);$[\sigma_H]$为许用接触应力(MPa);u 为齿数比,即大齿轮齿数与小齿轮齿数之比;K 为载荷系数,由表 7-5 确定;T_1 为齿轮 1 所受到的转矩(N·mm);a 为一队标准齿轮的中心距;b 为轮齿齿宽(mm)。

将 $b=\psi_a a$ 代入式(7-35)中,可得出接触疲劳强度的设计式为

$$a \geqslant (u+1)\sqrt[3]{\left(\frac{305}{[\sigma_H]}\right)^2\frac{KT_1}{\psi_a u}} \tag{7-36}$$

从上式可以看出,在相同条件下,斜齿轮传动的强度要比直齿轮传动大。

2. 齿根弯曲疲劳强度的计算

对斜齿轮传动进行弯曲疲劳强度计算时,也要考虑轮齿倾斜对弯曲强度的影响,引入螺旋角系数 Y_F,得到斜齿轮弯曲疲劳强度校核式为

$$\sigma_F = \frac{1.6KT_1}{bm_n^2 z_1}Y_F\cos\beta \leqslant [\sigma_F] \tag{7-37}$$

将 $b=\psi_a a$ 代入上式中可得设计式为

$$m_n \geqslant \sqrt[3]{\frac{3.2KT_1\cos^2\beta Y_F}{\psi_a z_1^2(u\pm 1)[\sigma_F]}} \tag{7-38}$$

以上两式中,Y_F 为齿形系数,按照当量齿数 z_v 在表 7-10 中查得;σ_F 为轮齿齿根所受到的弯曲应力(MPa);$[\sigma_F]$为许用弯曲应力(MPa);K 为载荷系数,由表 7-5 确定;T_1 为齿轮 1

所受到的转矩（N·mm）；m_n 为齿轮标准模数（mm）；b 为轮齿齿宽（mm）。

其余参数和许用应力的确定与直齿轮传动设计中的原则相同。

7.9.4.3 斜齿轮传动的设计应用实例

例 7-3 试设计一闭式斜齿圆柱齿轮传动。已知单缸内燃机驱动，功率 $P=11$ kW，转速 $n_1=350$ r/min，传动比为 $i=3.2$。工作条件为双向传动，载荷平稳，齿轮在两轴承间对称布置，要求结构紧凑。

解 （1）选择材料、确定齿轮的许用应力

由表 7-7 确定这对齿轮的精度等级为 8 级，因要求结构紧凑，故采用硬齿面，由表 7-8 确定两齿轮都选用 20CrMnTi，渗碳淬火，其硬度小齿轮取 59 HRC，大齿轮为 56 HRC。查图 7-27 和图 7-28 可得

$$\sigma_{\text{Hlim1}} = 1\,440\ \text{MPa}, \quad \sigma_{\text{Hlim2}} = 1\,360\ \text{MPa}$$

$$\sigma_{\text{Flim1}} = 370\ \text{MPa}, \quad \sigma_{\text{Flim2}} = 360\ \text{MPa}$$

因这对齿轮传动属一般传动装置用，故查表 7-11 可得

$$S_{\text{Hlim}} = 1.3, \quad S_{\text{Flim}} = 1.6$$

由此得两轮的许用应力为

$$[\sigma_{\text{H}}]_1 = \frac{\sigma_{\text{Hlim1}}}{S_{\text{Hmin}}} = \frac{1\,440}{1.3} = 1\,107.06\ (\text{MPa})$$

$$[\sigma_{\text{H}}]_2 = \frac{\sigma_{\text{Hlim}}}{S_{\text{Hmin}}} = \frac{1\,330}{1.3} = 1\,046\ (\text{MPa})$$

$$[\sigma_{\text{F}}]_1 = \frac{0.7\times\sigma_{\text{Flim}}}{S_{\text{Fmin}}} = \frac{0.7\times 370}{1.6} = 161.96\ (\text{MPa})$$

因工作条件为双向传动，故

$$[\sigma_{\text{F}}]_2 = \frac{0.7\times\sigma_{\text{Flim2}}}{S_{\text{Fmin}}} = \frac{0.7\times 360}{1.6} = 157.5\ (\text{MPa})$$

（2）按齿根弯曲疲劳强度设计

计算小齿轮传递的转矩为

$$T_1 = 9.55\times 10^6\,\frac{P}{n_1} = 9.55\times 10^6\times\frac{11}{350} = 300\,142.9\ (\text{N}\cdot\text{mm})$$

因原动机为单缸内燃机，载荷平稳，支承为对称布置，查表 7-5 可选定 $K=1.6$。

取齿宽系数为 $\psi_a=0.4$，初选螺旋角 $\beta=15°$，取齿数取 $z_1=20$，$z_2=z_1 i=20\times 3.2=64$。

当量齿数为

$$z_{v1} = \frac{z_1}{\cos^3\beta} = \frac{20}{\cos^3 15°} = 22.19$$

$$z_{v2} = \frac{z_2}{\cos^3\beta} = \frac{64}{\cos^3 15°} = 71$$

查图 7-27 得 $Y_{\text{F1}}=2.87$，$Y_{\text{F2}}=2.24$。

$$\frac{Y_{\text{F1}}}{[\sigma_{\text{F1}}]} = \frac{2.80}{161.9} = 0.017\,3$$

$$\frac{Y_{\text{F2}}}{[\sigma_{\text{F2}}]} = \frac{2.24}{157.5} = 0.014\,2$$

将大值代入齿根弯曲疲劳强度设计公式中

$$m_n \geqslant \sqrt[3]{\frac{3.2KT_1\cos^2\beta}{\psi_a z_1^2(u \pm 1)} \frac{Y_F}{[\sigma_F]}} = \sqrt[3]{\frac{3.2 \times 1.6 \times 300\,142.9 \times 2.80 \times \cos^2 15^\circ}{0.4 \times (3.2 + 1) \times 20^2 \times 161.9}} = 3.399\ (\text{mm})$$

由表 7-2,取 $m_n = 3.5$ mm。

(3) 确定基本参数、计算几何尺寸

初定中心距为

$$a_0 = \frac{m_n(z_1 + z_2)}{2\cos\beta} = \frac{3.5 \times (20 + 64)}{2 \times \cos 15^\circ} = 152.2\ (\text{mm})$$

取 $a = 155$ mm。

修正螺旋角 β 为

$$\beta = \arccos\frac{m_n(z_1 + z_2)}{2a} = \arccos\frac{3.5 \times (20 + 64)}{2 \times 155} = 18^\circ 29' 19''$$

齿宽为

$$b = \psi_a a = 0.4 \times 1.55 = 62\ (\text{mm})$$

取 $b_2 = 62$ mm,$b_1 = 65$ mm,则分度圆直径为

$$d_1 = \frac{mz_1}{\cos\beta} = \frac{3.5 \times 20}{\cos 18^\circ 29' 19''} = 73.8\ (\text{mm})$$

$$d_2 = \frac{mz_2}{\cos\beta} = \frac{3.5 \times 64}{\cos 18^\circ 29' 19''} = 236.2\ (\text{mm})$$

已确定主要参数 m_n、z 后,其余尺寸可按表 7-12 计算,此处略。

(4) 校核齿面接触疲劳强度

$$\sigma_H = 305\sqrt{\frac{KT_1}{ba^2}\frac{(u \pm 1)^3}{u}} = 305 \times \sqrt{\frac{1.6 \times 300\,142.9 \times (3.2 + 1)^3}{3.2 \times 65 \times 155^2}} = 813.8 \leqslant [\sigma_H]_2$$

说明该对齿轮的齿面接触疲劳强度足够。

(5) 验算圆周速度

$$\frac{\pi d_1 n_1}{60 \times 1\,000} = \frac{\pi \times 73.8 \times 350}{60 \times 1\,000} = 1.35\ (\text{m/s})$$

属于中低速,符合 8 级精度。

最后确定齿轮的结构尺寸及绘制大齿轮工作图(略)。

7.10 圆锥齿轮传动

7.10.1 圆锥齿轮传动的传动比和几何尺寸计算

圆锥齿轮主要用于几何轴线相交的两轴间的传动,其运动可以看成是两个圆锥形摩擦轮相切做纯滚动,该圆锥即节圆锥。圆锥齿轮也分为分度圆锥、齿顶圆锥、齿根圆锥等。但和圆柱齿轮不同的是,圆锥齿轮轮齿的厚度沿锥顶方向逐渐减小。锥齿轮也有直齿和斜齿两种,本书只讨论直齿圆锥齿轮。圆锥齿轮传动中,两轴的夹角 Σ 一般可以为任意角,但通常为 $\Sigma = 90^\circ$。当 $\Sigma = 90^\circ$时,其传动比为

$$i_{12} = \frac{r_2}{r_1} = \frac{\sin\delta_2}{\sin\delta_1} = \cot\delta_1 = \tan\delta_2 \tag{7-39}$$

如图 7-47 所示，为了计算和测量方便，通常取锥齿轮的大端参数为标准值。其值可按照圆柱齿轮进行选择。渐开线圆锥齿轮的几何尺寸按表 7-13 计算。

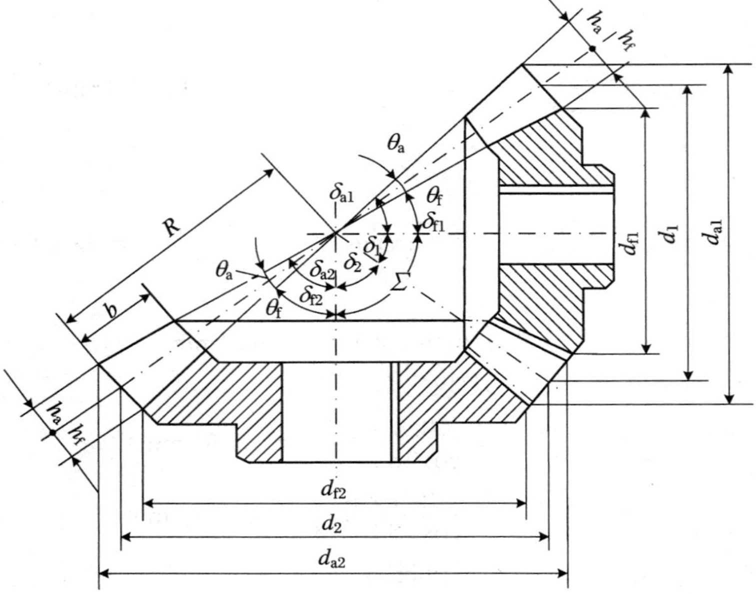

图 7-47 锥齿轮传动

表 7-13 渐开线锥齿轮的几何尺寸计算

序号	名称	符号	计算公式及参数的选择
1	大端模数	m_e	按 GB12368—90 取标准值
2	传动比	i	$i = \frac{z_2}{z_1} = \tan\delta_2 = \cot\delta_1$，单级 $i<6$
3	分度圆锥角	δ_1、δ_2	$\delta_2 = \arctan\frac{z_2}{z_1}$，$\delta_1 = 90° - \delta_2$
4	分度圆直径	d_1、d_2	$d_1 = m_e z_1$，$d_2 = m_e z_2$
5	齿顶高	h_a	$h_a = m_e$
6	齿根高	h_f	$h_f = 1.2m_e$
7	全齿高	h	$h = 2.2m_e$
8	顶隙	c	$c = 0.2m_e$
9	齿顶圆直径	d_{a1}、d_{a2}	$d_{a1} = d_1 + 2m_e\cos\delta_1$，$d_{a2} = d_2 + 2m_e\cos\delta_2$
10	齿根圆直径	d_{f1}、d_{f2}	$d_{f1} = d_1 - 2.4m_e\cos\delta_1$，$d_{f2} = d_2 - 2.4m_e\cos\delta_2$
11	外锥距	R_e	$R_e = \sqrt{r_1^2 + r_2^2} = \frac{m_e}{2}\sqrt{z_1^2 + z_2^2} = \frac{d_1}{2\sin\delta_1} = \frac{d_2}{2\sin\delta_2}$
12	齿宽	b	$b \leqslant \frac{R_e}{3}$，$b \leqslant 10m_e$

续表

序号	名称	符号	计算公式及参数的选择
13	齿顶角	θ_a	$\theta_a = \arctan\dfrac{h_a}{R_e}$（不等顶隙齿），$\theta_a = \theta_f$（等顶隙齿）
14	齿根角	θ_f	$\theta_f = \arctan\dfrac{h_f}{R_e}$
15	根锥角	δ_{f1}、δ_{f2}	$\delta_{f1} = \delta_1 - \theta_f$，$\delta_{f2} = \delta_2 - \theta_f$
16	顶锥角	δ_{a1}、δ_{a2}	$\delta_{a1} = \delta_1 + \theta_a$，$\delta_{a2} = \delta_2 + \theta_a$

从理论上讲，圆锥齿轮的齿廓曲线为球面渐开线。但由于球面不能展开成平面，致使锥齿轮的设计制造有许多困难，故采用近似法。

图 7-48 的上部为一对互相啮合的直齿圆锥齿轮在其轴平面上的投影。$\triangle OCA$ 和 $\triangle OCB$ 分别为两轮的分度圆锥。线段 OC 称为外锥距。今过大端上 C 点作 OC 的垂线与两轮的轴线分别交于 O_1 和 O_2 点。分别以 OO_1 和 OO_2 为轴线，以 O_1C 和 O_2C 为母线作两个圆锥 O_1CA 和 O_2CB，该两圆锥称为背锥。将背锥展开成平面时，其形状为一扇形。以 O_1C 和 O_2C 为分度圆半径，以圆锥齿轮大端模数为模数，并取标准压力角，按照圆柱齿轮的作图法画出两扇形齿轮的齿廓该齿廓即为圆锥齿轮大端的近似齿廓。这一扇形齿轮的齿数 z 即为该锥齿轮的实际齿数，若将此扇形补足成为完整的圆柱齿轮，则它的齿数将增加为

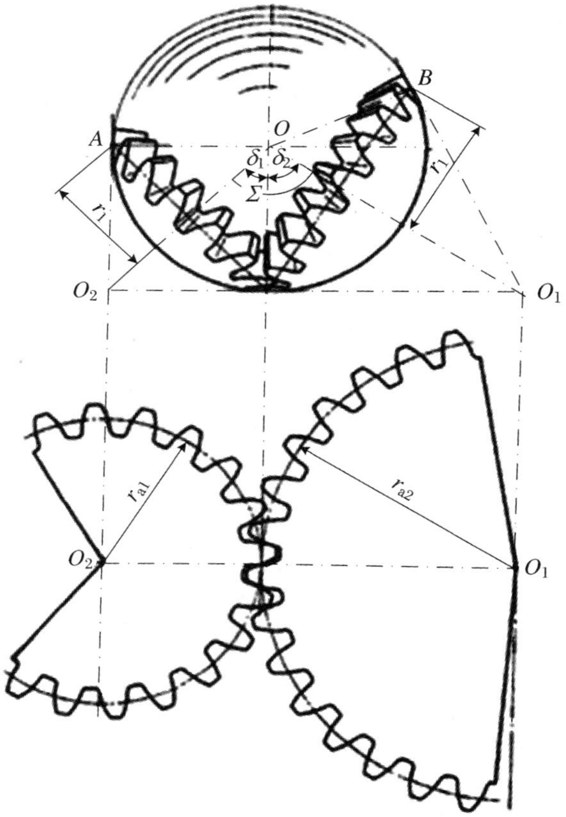

图 7-48　背锥和当量齿轮

z_v，称为该锥齿轮的当量齿数。该圆柱齿轮称为锥齿轮的当量齿轮。

$$\left.\begin{aligned} z_{v1} &= \frac{z_1}{\cos\delta_1} \\ z_{v2} &= \frac{z_2}{\cos\delta_2} \end{aligned}\right\} \tag{7-40}$$

7.10.2 圆锥齿轮传动的强度计算

7.10.2.1 轮齿受力分析

一对直齿圆锥齿轮啮合传动，如果不考虑摩擦力的影响，轮齿间的作用力可以近似简化为作用于齿宽中点节线的集中载荷 F_n，其方向垂直于工作齿面。图 7-49 所示为主动锥齿轮的受力情况，轮齿间的法向力 F_n 分解为三个相互垂直的分力，即圆周力 F_{t1}、径向力 F_{r1}、轴向力 F_{a1}，其大小为

$$\left.\begin{aligned} F_t &= \frac{2T_1}{d_{m1}} \\ F_{a1} &= F_t\tan\alpha\sin\delta_1 = F_{r2} \\ F_{r1} &= F_t\tan\alpha\sin\delta_1 = F_{a2} \\ F_n &= \frac{F_t}{\cos\alpha} \end{aligned}\right\} \tag{7-41}$$

式中，d_{m1} 为主动锥齿轮分度圆锥上齿宽中点处的直径，也可称分度圆锥的平均直径，可根据锥距 R、齿宽 b 和分度圆直径 d_1 确定，即

$$d_{m1} = d_1 - b\sin\delta_1 \tag{7-42}$$

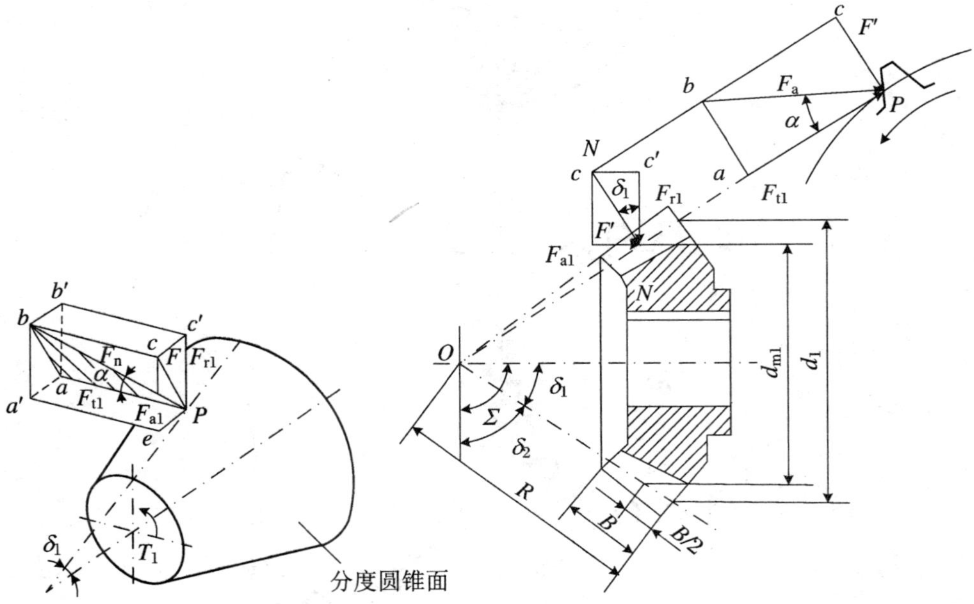

图 7-49 直齿圆锥齿轮的受力分析

以上各力方向是：圆周力方向在主动轮上与啮合点圆周速度方向相反；在从动轮上与啮

合点圆周速度相同。两齿轮的径向力方向总是指向各自轴心；轴向力的方向分别指向大端。进行受力分析时要注意主动轮的径向力与被动轮的轴向力相等，而主动轮的轴向力与被动轮的径向力相等。

7.10.2.2　强度计算

1. 齿面接触疲劳强度

直齿圆锥齿轮的失效形式及强度计算的依据与直齿圆柱齿轮基本相同，可近似按齿宽中点的一对当量直齿圆柱齿轮来考虑。将当量齿轮的有关参数代入直齿圆柱齿轮的齿面接触疲劳强度计算公式，则得圆锥齿轮齿面接触疲劳强度的校核公式为

$$\sigma_H = \frac{335}{R_e - 0.5b} \cdot \sqrt{\frac{\sqrt{(u^2+1)^3}KT_1}{ub}} \leqslant [\sigma_H] \tag{7-43}$$

若取齿宽系数 $\psi_R = \dfrac{b}{R_e}$，则可导出齿面接触疲劳强度的设计公式为

$$R_e \geqslant \sqrt{u^2+1} \cdot \sqrt[3]{\left(\frac{335}{(1-0.5\psi_R)[\sigma_H]}\right)^2 \frac{KT_1}{\psi_R u}} \tag{7-44}$$

2. 齿根弯曲疲劳强度

齿根弯曲疲劳强度的校核公式为

$$\sigma_F = \frac{2KT_1 Y_F}{bm_m^2 z_1} \leqslant [\sigma_F] \tag{7-45}$$

式中，m_m 为平均模数，与大端模数 m_e 的关系为 $m_m = m_e(1-0.5\psi_R)$，代入式(7-45)后得

$$\sigma_{F1} = \frac{2KT_1 Y_{F1}}{bm_e^2 z_1(1-0.5\psi_R)^2} \leqslant [\sigma_F]_1 \tag{7-46}$$

$$\sigma_{F2} = \frac{2KT_1 Y_{F2}}{bm_e^2 z_{21}(1-0.5\psi_R)^2} = \sigma_{F1}\frac{Y_{F2}}{Y_{F1}} \leqslant [\sigma_F]_2 \tag{7-47}$$

齿根弯曲疲劳强度的设计式为

$$m_e \geqslant \sqrt{\frac{4Kt_1 Y_F}{\sqrt{u^2+1}\psi_R(1-0.5\psi_R)^2 z_1^2[\sigma_F]}} \tag{7-48}$$

3. 应用实例

例 7-4　设计某闭式直齿圆锥齿轮传动，$\Sigma = 90°$，小齿轮悬臂支承，已知小齿轮转速为 $n_1 = 960$ r/min，传动的功率 $P = 4$ kW，传动比 $u = 3$。减速器工作时，载荷平稳，单向运转，原动机为电动机，可不考虑寿命因数。

解　(1) 选择材料、确定齿轮的许用应力

由表 7-7 确定这对齿轮的精度等级为 8 级，直齿圆锥齿轮加工多为刨齿，不宜采用硬齿面。由表 7-8 选择齿轮的材料和热处理为：小齿轮为 40Cr 钢，调质处理，硬度取 250 HBS；大齿轮为 42SiMn 钢，调质处理，硬度取 220 HBS。查图 7-28 和图 7-29 可得

$$\sigma_{Hlim1} = 680\ \text{MPa}, \quad \sigma_{Hlim2} = 560\ \text{MPa}$$
$$\sigma_{Flim1} = 230\ \text{MPa}, \quad \sigma_{Flim2} = 190\ \text{MPa}$$

因这对齿轮传动属一般传动装置用，故查表 7-9 可得

$$S_{Hlim} = 1.1, \quad S_{Flim} = 1.3$$

由此得两轮的许用应力为

$$[\sigma_H]_1 = \frac{\sigma_{Hlim1}}{S_{Hmin}} = \frac{680}{1.1} = 618.2\ (\text{MPa})$$

$$[\sigma_H]_2 = \frac{\sigma_{Hlim}}{S_{Hmin}} = \frac{560}{1.1} = 509.1\ (\text{MPa})$$

$$[\sigma_F]_1 = \frac{\sigma_{Flim}}{S_{Fmin}} = \frac{230}{1.3} = 176.9\ (\text{MPa})$$

$$[\sigma_F]_2 = \frac{\sigma_{Flim2}}{S_{Fmin}} = \frac{190}{1.3} = 146\ (\text{MPa})$$

(2) 按齿面接触疲劳强度设计

计算小齿轮传递的转矩为

$$T_1 = 9.55 \times 10^6 \frac{P}{n_1} = 9.55 \times 10^6 \times \frac{4}{960} = 39\,791.7\ (\text{N} \cdot \text{mm})$$

因原动机为电动机，载荷平稳，小齿轮悬臂支承，查表 7-5 可选定载荷系数 $K = 1.2$。

取齿宽系数为 $\psi_R = 0.3$。

由齿面接触疲劳强度条件式可得

$$R_e \geqslant \sqrt{u^2+1} \cdot \sqrt[3]{\left(\frac{335}{(1-0.5\psi_R)[\sigma_H]}\right)^2 \frac{KT_1}{\psi_R u}}$$

$$= \sqrt{3^2+1} \cdot \sqrt[3]{\left(\frac{335}{(1-0.5\times 0.3)\times 509.1}\right)^2 \frac{1.2\times 39\,791.7}{0.3\times 3}}$$

$$= 97.22\ (\text{mm})$$

(3) 确定基本参数、计算几何尺寸

取 $z_1 = 24$，$z_2 = z_1 i = 24 \times 3 = 72$。

由表 7-13 确定大端模数为

$$m_e = \frac{2R_e}{\sqrt{z_1^2 + z_2^2}} = \frac{2 \times 97.22}{\sqrt{24^2 + 72^2}} = 2.56\ (\text{mm})$$

考虑弯曲强度的情况，由表 7-2 取标准模数 $m_e = 3$ mm。

确定锥距为

$$R_e = \frac{m_e}{2}\sqrt{z_1^2 + z_2^2} = \frac{3}{2}\sqrt{24^2 + 72^2} = 113.842\ (\text{mm})$$

确定齿宽为

$$b = \psi_R R_e = 0.3 \times 113.842 = 34.15\ (\text{mm})$$

考虑齿轮安装误差的因素，取 $b_2 = 35$ mm，$b_1 = 40$ mm，则分度圆直径为

$$d_1 = mz_1 = 3 \times 24 = 72\ (\text{mm})$$

$$d_2 = mz_2 = 3 \times 72 = 216\ (\text{mm})$$

分度圆锥角

$$\delta_2 = \arctan\frac{z_2}{z_1} = \arctan\frac{72}{24} = 71^\circ 33' 54''$$

$$\delta_1 = 90^\circ - \delta_2 = 90^\circ - 71^\circ 33' 54'' = 18^\circ 26' 6''$$

当量齿数

$$z_{v1} = \frac{z_1}{\cos\delta_1} = \frac{24}{\cos 18^\circ 26' 6''} = 25.3$$

$$z_{v2} = \frac{z_2}{\cos\delta_2} = \frac{72}{\cos 71°33'54''} = 227.7$$

(4) 校核弯曲疲劳强度

查表7-9可得这对齿轮的齿形系数 $Y_{F1}=2.68$，$Y_{F2}=2.17$。由齿根弯曲疲劳强度条件式可得

$$\sigma_{F1} = \frac{2KT_1Y_{F1}}{bm_e^2z_1(1-0.5\psi_R)^2} = \frac{2\times1.2\times39\,791.7\times2.68}{40\times3^2\times24\times(1-0.5\times0.3)^2} = 41\,(\text{MPa}) < [\sigma_F]_1$$

$$\sigma_{F2} = \sigma_{F1}\frac{Y_{F2}}{Y_{F1}} = 41\times\frac{2.17}{2.68} = 33.2\,(\text{MPa}) < [\sigma_F]_2$$

说明该对齿轮的齿根弯曲疲劳强度足够。

(5) 验算圆周速度

齿宽中点处的分度圆直径为

$$d_{m1} = d_1 - b\sin\delta_1 = 72 - 40\times\sin 18°26'6'' = 59.44\,(\text{mm})$$

$$v_m = \frac{\pi d_{m1}n_1}{60\times1\,000} = \frac{\pi\times59.44\times960}{60\times1\,000} = 2.99\,(\text{m/s})$$

属于中低速，符合8级精度。

最后确定锥齿轮的结构尺寸及绘制锥齿轮工作图(略)。

习　　题

7.1　简述齿轮传动的特点。

7.2　简述齿廓啮合的基本定律。

7.3　简述斜齿圆柱齿轮的正确啮合条件。

7.4　从变位的角度出发，简述变位齿轮传动的类型。

7.5　简述齿轮传动的主要失效形式。

7.6　简述齿轮传动的计算准则。

7.7　已知一对外啮合正常齿标准直齿圆柱齿轮的模数 $m=4$ mm，$z_1=19$，$z_2=41$，试计算这对齿轮的主要几何尺寸。

7.8　试设计一对外啮合的标准直齿圆柱齿轮传动，要求传动比 $i=1.6$，模数 $m=3$ mm，安装中心距 $a=78$ mm。试确定这对齿轮的齿数 z_1 和 z_2，并计算这对齿轮的主要几何尺寸。

7.9　有一个标准直齿圆柱齿轮，跨齿数 $K=3$，用游标卡尺测出公法线长为11.595 mm，跨齿数 $K=4$，测量得16.020 mm，这个齿轮的模数是多少？

7.10　设计一对外啮合斜齿圆柱齿轮，已知 $z_1=21$，$z_2=27$，$m_n=2$ mm，中心距 $a=50$ mm，试求这对斜齿轮的螺旋角。

7.11　已知一对斜齿轮 $z_1=22$，$z_2=39$，$m_n=5$ mm，$a_n=20°$，$\beta=18°$，试求：

① 分度圆直径 d_1、d_a 及中心距 a。

② 齿顶圆直径 d_{a1}、d_{a2} 及齿根圆直径 d_{f1}、d_{f2}。

③ 当量齿数 z_{v1}、z_{v2}。

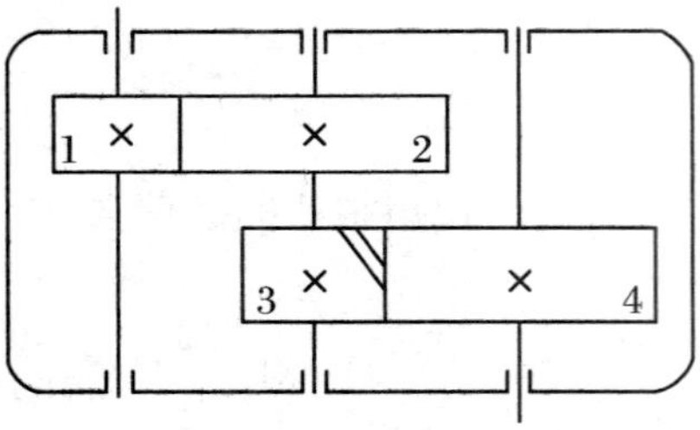

图 7-50　习题 7.12 图

7.12　图 7-50 为两级斜齿圆柱齿轮减速器。已知齿轮 2 的法向模数 $m_{n2}=2$ mm，齿数 $z_2=39$，斜齿轮 3 的法向模数 $m_{n3}=5$ mm，齿数 $z_3=24$，螺旋角 $\beta_3=12°$，忽略效率问题。试求：

① 在图中画出斜齿轮 2 的螺旋线方向，使中间轴上两齿轮轴向力方向相反。

② 欲使中间轴上两齿轮轴向力抵消，确定斜齿轮 2 的螺旋角 β_2 大小。

实训项目　齿轮传动设计

1. 实训目的

① 掌握齿轮传动设计的一般过程和方法。

② 掌握材料及热处理的变化对齿轮传动设计的影响。

③ 掌握齿轮基本参数的变化对齿轮传动设计的影响。

④ 通过设计，初步具有解决工程实际问题的能力，提高计算、绘图、计算机辅助设计、查阅设计资料（设计手册、图册、标准等）的能力。

2. 实训内容和要求

设计一级直齿圆柱齿轮减速器，已知传递的功率 $P_1=30$ kW，小齿轮转速 $n_1=960$ r/min，传动比 $i=3.8$，使用寿命为 10 年，双班制，电动机驱动，频繁双向启动，载荷有轻微冲击，要求结构紧凑，齿轮在两轴承间对称布局。试设计该齿轮传动（要求：绘制出大齿轮工作图）。

具体要求完成：选择齿轮材料，确定热处理方法，确定齿轮的主要参数和计算几何尺寸，校核齿轮传动的疲劳强度。

3. 实训方法和步骤

① 阅读和掌握本章相关部分的理论知识，掌握齿轮传动设计的基本原理。

② 认真观察齿轮传动的结构组成、传动规律。

③ 按照设计步骤进行设计计算。

第 8 章　蜗杆蜗轮传动设计

蜗杆传动由蜗杆、蜗轮和机架组成，用来传递空间两交错轴的运动和动力。如图 8-1 所示。通常两轴交错角为 90°，蜗杆为主动件。

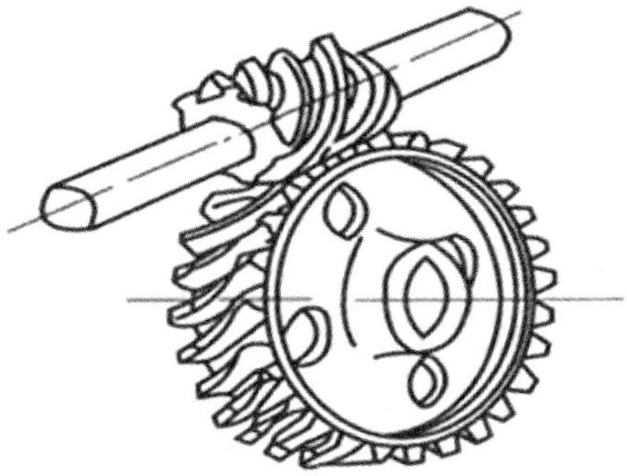

图 8-1　蜗杆传动

8.1　蜗杆传动的概述、基本参数和几何尺寸计算

8.1.1　蜗杆传动的类型

如图 8-2 所示，根据蜗杆的形状，蜗杆传动可分为圆柱蜗杆传动、环面蜗杆传动和锥面蜗杆传动。圆柱蜗杆传动，按蜗杆轴面齿型又可分为普通蜗杆传动和圆弧齿圆柱蜗杆传动。普通蜗杆传动多用直母线刀刃的车刀在车床上切制，可分为阿基米德蜗杆（ZA 型）、渐开蜗杆（ZI 型）和法面直齿廓蜗杆（ZH 型）等几种。如图 8-3 所示，车制阿基米德蜗杆时，刀刃顶平面通过蜗杆轴线。该蜗杆轴向齿廓为直线，端面齿廓为阿基米德螺旋

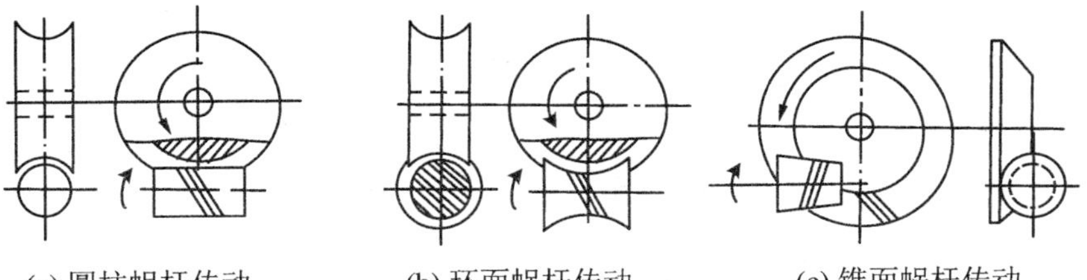

(a) 圆柱蜗杆传动　　(b) 环面蜗杆传动　　(c) 锥面蜗杆传动

图 8-2　蜗杆传动的类型

线。阿基米德蜗杆易车削、难磨削，通常在无需磨削加工情况下被采用，广泛用于转速较低的场合。

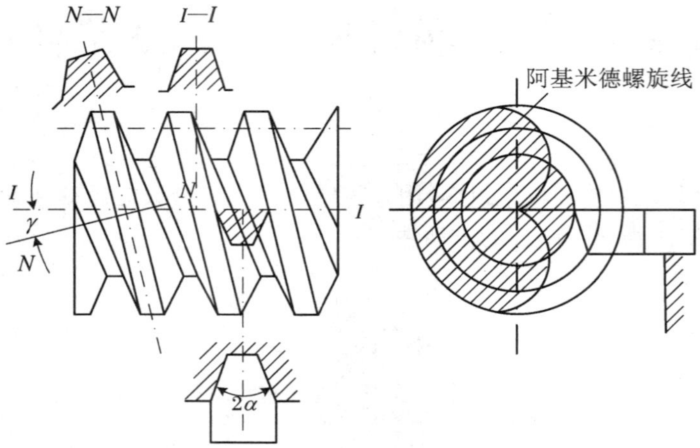

图 8-3 阿基米德蜗杆

如图 8-4 所示，车制渐开线蜗杆时，刀刃顶平面与基圆柱相切，两把刀具分别切出左、右侧螺旋面。该蜗杆轴向齿廓为外凸曲线，端面齿廓为渐开线。渐开线蜗杆可在专用机床上磨削，制造精度较高，可用于转速较高功率较大的传动。蜗杆传动类型很多，本书仅讨论目前应用最为广泛的阿基米德蜗杆传动。

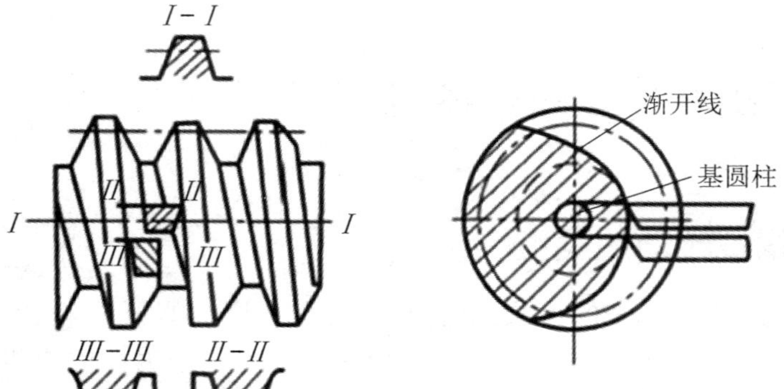

图 8-4 渐开线蜗杆

8.1.2 蜗杆传动的特点

蜗杆传动的特点有：

① 传动比大，结构紧凑。单级传动比一般为 10～40(＜80)，只传动运动时(如分度机构)，传动比可达 1 000。

② 传动平稳，噪声小。由于蜗杆上的齿是连续的螺旋齿，蜗轮轮齿和蜗杆是逐渐进入啮合又逐渐退出啮合的，故传动平稳，噪声小。

③ 可制成具有自锁性的蜗杆。当蜗杆导程角小于当量摩擦角时，蜗轮不能带动蜗杆转

动，呈自锁状态。手动葫芦和浇铸机械常采用蜗杆传动满足自锁要求。

④ 传动效率低。蜗杆蜗轮啮合处有较大的相对滑动，摩擦剧烈、发热量大，故效率低，一般为 0.7～0.9。

⑤ 蜗轮造价较高。为了减摩和耐磨，蜗轮常用青铜制造，材料成本较高。

8.1.3　蜗杆、蜗轮的材料和结构

8.1.3.1　蜗杆、蜗轮的材料选择

根据蜗杆传动的主要失效形式可知，蜗杆和蜗轮材料不仅要求有足够的强度，更重要的是要具有良好的减摩性、耐磨性和抗胶合能力。蜗杆一般用碳钢或合金钢制造。对高速重载传动常用 15Cr、20Cr、20CrMnTi 等，经渗碳淬火，表面硬度达到 56～62 HRC，须经磨削。对中速中载传动，蜗杆材料可用 45、40Cr、35SiMn 等，表面淬火，表面硬度达到 45～55 HRC，须经磨削。对速度不高、载荷不大的蜗杆，材料可用 45 钢调质或正火处理，调质硬度为 220～270 HBS。

蜗轮材料可参考相对滑动速度 v 来选择。铸造锡青铜抗胶合性、耐磨性好，易加工，允许的滑动速度 v 高，但强度较低，价格较贵。一般 ZCuSn10P1 允许滑动速度可达 25 m/s，ZCuSn5Pb5Zn5 常用于 $v<12$ m/s 的场合。铸造铝青铜，如 ZCuAl10Fe3，其减磨性和抗胶合性比锡青铜差，但强度高，价格便宜，一般用于 $v\leqslant 4$ m/s 的传动。灰铸铁（HT150，HT200），用于 $v\leqslant 2$ m/s 的低速轻载传动中。

8.1.3.2　蜗杆、蜗轮的结构

蜗杆常和轴做成一体，称为蜗杆轴，如图 8-5 所示（只有 $d_f/d\geqslant 1.7$ 时才采用蜗杆齿圈套装在轴上的形式）。车制蜗杆需有退刀槽，$d=d_f-(2\sim4)$ mm，故刚性较差（图 8-5(a)）；铣削蜗杆无退刀槽时 d 可大于 d_f（图 8-5(b)），刚性较好。蜗轮结构分为整体式和组合式两种，如图 8-6 所示。图 8-6(a)所示的整体式蜗轮用于铸铁蜗轮及直径小于 100 mm 的青铜蜗轮。图 8-6(b)、(c)、(d)均为组合式结构，其中图 8-6(b)为齿圈式蜗轮，轮芯用铸铁或铸钢制造，齿圈用青铜材料，两者采用过盈配合（H7/s6 或 H7/r6），并沿配合面安装 4～6 个紧定螺钉，该结构用于中等尺寸而且工作温度变化较小的场合；图 8-6(c)为螺栓式蜗轮，齿圈和轮芯用普通螺栓或铰制孔螺栓联接，常用于尺寸较大的蜗轮；图 8-6(d)为镶铸式蜗轮，将青铜轮缘铸在铸铁轮芯上然后切齿，适用于中等尺寸批量生产的蜗轮。

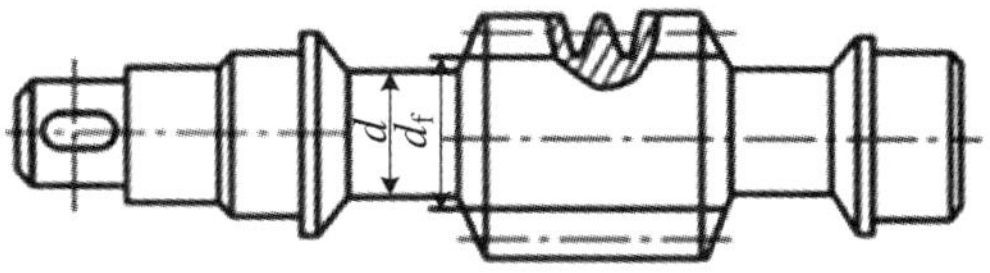

(a)

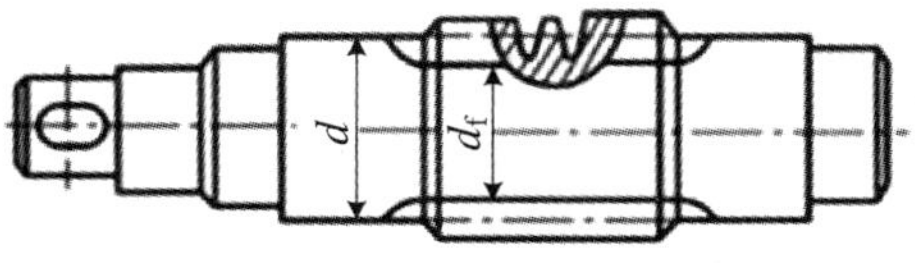

(b)

图 8-5　蜗杆轴结构

8.1.4　蜗杆传动的基本参数

图 8-7 所示为阿基米德蜗杆传动，通过蜗杆轴线并垂直于蜗轮轴线的平面称为主平面

（中间平面）。在主平面上蜗轮与蜗杆的啮合相当于渐开线齿轮与齿条的啮合。为了加工方便，规定主平面的几何参数为标准值。

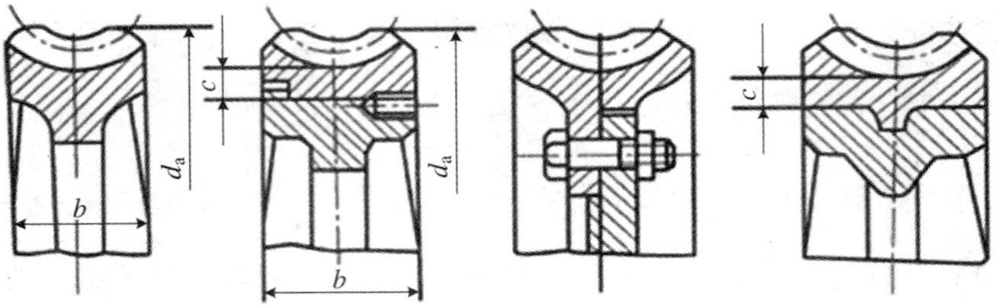

图 8-6 蜗轮结构

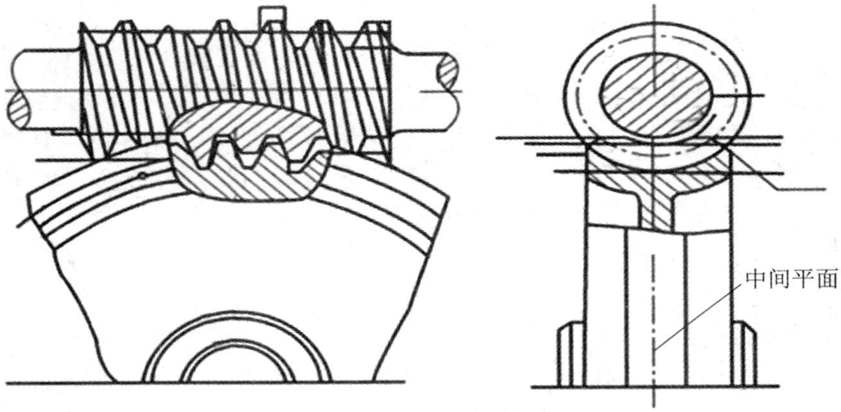

图 8-7 阿基米德蜗杆传动

1．蜗杆头数 z_1、蜗轮齿数 z_2 和传动比 i

蜗杆头数 z_1（齿数）即为蜗杆螺旋线的数目。z_1 少，效率低，但易得到大的传动比；z_1 大，效率提高，但加工进度难以保证。一般取 $z_1=1\sim4$。当传动比大于 40 或要求蜗杆具有自锁性时，取 $z_1=1$。

蜗杆齿数 z_2 由传动比和蜗杆的头数决定。齿数越多，蜗轮的尺寸越大，蜗杆轴也相应增大，但刚度减小，影响啮合精度，故蜗杆齿数不宜多于 100，为了避免蜗轮根切，保证传动平稳，蜗杆齿数 z_2 应不少于 28，一般 $z_2=27\sim80$。z_1、z_2 值的选取可参见表 8-1。

表 8-1 z_1 和 z_2 的推荐值

传动比	5～6	7～8	9～13	14～24	25～27	28～40	>40
蜗杆头数	4	4	3～4	2～3	2～3	1～2	1
蜗轮齿数	29～36	28～32	27～52	28～72	50～81	28～80	>40

对于减速蜗杆传动，当蜗杆转过一周时，蜗轮将转过 z_1 个齿，故传动比为

$$i=\frac{n_1}{n_2}=\frac{z_1}{z_2}$$

式中，n_1、n_2 分别为蜗杆、蜗轮的转速，应注意，传动比 i 不等于 d_2/d_1。

2．模数 m 和压力角 α

蜗杆传动也是以模数作为主要计算参数的。由于在中间平面内，蜗杆传动相当于齿轮与齿条的啮合传动，蜗杆的轴向模数 m_{a1} 应等于蜗轮的端面模数 m_{t2}，且为标准值。

3．蜗杆的导程角 γ

蜗杆的轮齿呈螺旋线形状绕于分度圆柱上，如图 8-8 所示。将螺杆分度圆柱展开，其螺旋线与端面的夹角 γ 称为螺杆的导程角，由图可知，螺杆螺旋线的导程为

$$L = z_1 p_{a1} = z_1 \pi m$$

$$\tan\gamma = \frac{L}{\pi d_1} = \frac{z_1 p_{a1}}{\pi d_1} = \frac{z_1 m}{d_1} \tag{8-1}$$

式中，p_{a1} 为蜗杆轴向齿距（mm）；d_1 为蜗杆分度圆直径（mm）。

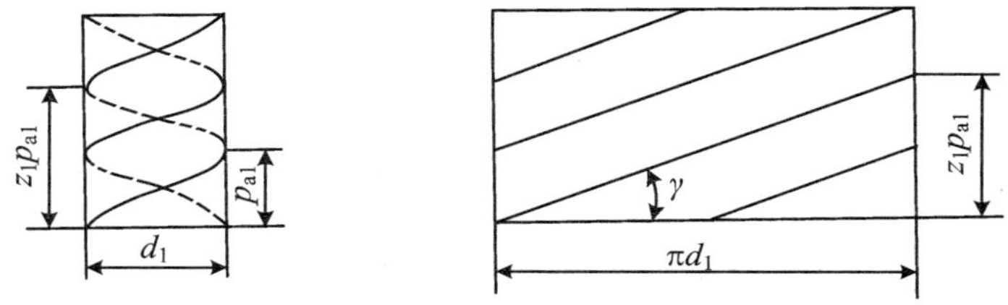

图 8-8　分度圆柱展开图

蜗杆的导程角 γ 小，效率低，但可实现自锁；γ 增大，效率随之提高，但是蜗杆的车削加工较困难。根据啮合传动原理，两轴交错角为 90°的蜗杆传动正确啮合条件为

$$\begin{cases} m_{a1} = m_{t2} = m \\ \alpha_{a1} = \alpha_{t2} = \alpha \\ \gamma = \beta \end{cases} \tag{8-2}$$

式中，β 为蜗轮的螺旋角，其旋向与 γ 相同。

4．蜗杆的分度圆直径 d_1 和直径系数 q

$$d_1 = \frac{m z_1}{\tan\gamma} = mq$$

$$q = \frac{d_1}{m} \tag{8-3}$$

d_1 已标准化。d_1 与 m 有一定的匹配，如表 8-2 所示。

5．中心距 a

蜗杆传动中，当蜗杆节圆与蜗轮分度圆重合时称为标准传动，其中心距为

$$a = \frac{d_1 + d_2}{2} = \frac{d_1 + m z_2}{2}$$

规定标准中心距为 40，50，63，80，100，125，160，(180)，200，(225)，250，(280)，315，(355)，400，(450)，500。在蜗杆传动设计时中心距应按上述标准圆整。

8.1.5　蜗杆传动的几何尺寸计算

蜗轮的分度圆直径为

$$d_2 = z_2 m_{t2} = m z_2$$

蜗杆传动的标准中心距为

$$a = \frac{1}{2}(d_1 + d_2) = \frac{1}{2}m(q + z_2)$$

标准阿基米德蜗杆传动主要几何尺寸计算公式如表 8-3 所示。

表 8-2 蜗杆基本参数($\Sigma = 90°$)(摘自 GB/T10085—88)

模数 m (mm)	分度圆直径 d_1(mm)	蜗杆头数 z_1	直径系数 q	$m_2 d_1$ (mm³)	模数 m (mm)	分度圆直径 d_1(mm)	蜗杆头数 z_1	直径系数 q	$m_2 d_1$ (mm³)
1	18	1	18.000	18	6.3	(80)	1,2,4	12.698	3 175
1.25	20	1	16.000	31.25		112	1	17.778	4 445
	22.4	1	17.920	35	8	(63)	1,2,4	7.875	4 032
1.6	30	1,2,4	12.500	51.2		80	1,2,4,6	10.000	5 376
	28	1	17.500	71.68		(100)	2,2,4	12.500	6 400
2	(18)	1,2,4	9.000	72		140	1	17.500	8 960
	22.4	1,2,4,6	11.200	89.6	10	(71)	1,2,4	7.100	7 100
	(28)	1,2,4	14.000	112		90	1,2,4,6	9.000	9 000
	35.5	1	17.750	142		(112)	1,2,4	11.200	11 200
2.5	(22.4)	1,2,4	8.960	140		160	1	16.00	16 000
	28	1,2,4,6	11.200	175	12.5	(90)	1,2,4	7.200	14 062
	(35.5)	1,2,4	14.200	221.9		112	1,2,4	8.960	17 500
	45	1	18.000	281		(140)	1,2,4	11.200	21 875
3.15	(28)	1,2,4	8.889	278		200	1	16.000	31 250
	35.5	1,2,4,6	11.27	352	16	(112)	1,2,4	7.000	28 672
	45	1,2,4	14.286	447.5		140	1,2,4	8.750	35 840
	56	1	17.778	556		(180)	1,2,4	11.250	46 080
4	(31.5)	1,2,4	7.875	504		250	1	15.625	64 000
	40	1,2,4,6	10.000	640	20	(140)	1,2,4	7.000.	56 000
	(50)	1,2,4	12.500	800		160	1,2,4	8.000	64 000
	71	1	17.750	1 136		(224)	1,2,4	11.200	89 600
5	(40)	1,2,4	8.000	1 000		315	1	15.750	126 000
	50	1,2,4,6	10.000	1 250	25	(180)	1,2,4	7.200	112 500
	(63)	1,2,4	12.600	1 575		200	1,2,4	8.000	125 000
	90	1	18.000	2 250		(280)	1,2,4	11.200	175 000
6.3	(50)	1,2,4	7.936	1 985		400	1	16.000	250 000
	63	1,2,4,6	10.000	2 500					

注:① 表中模数和分度圆直径仅列出了第一系列的较常用数据。

② 括号内的数字尽可能不用。

表 8-3　阿基米德蜗杆/蜗轮传动的几何尺寸计算

名　称	计算公式	
	蜗　杆	蜗　轮
齿顶高和齿根高	$h_{a1}=h_{a2}=m, h_{f1}=h_{f2}=1.2m$	
分度圆直径	$d_1=mq$	$d_2=mz_2$
齿顶圆直径	$d_{a1}=m(q+2)$	$d_{a2}=m(z_2+2)$
齿根圆直径	$d_{f1}=m(q-2.4)$	$d_{f2}=m(z_2-2.4)$
顶隙	$C=0.2m$	
蜗杆轴向齿距蜗轮端面齿距	$p_{a1}=p_{t2}=\pi m$	
蜗杆分度圆导程角蜗轮分度圆螺旋角	$\gamma=\arctan\frac{z_1}{q}$	$\beta=\gamma$
中心距	$a=\frac{m}{2}(q+z_2)$	
蜗杆螺纹部分长度 蜗轮齿顶圆弧半径	$z_1=1、2$，　$L\geqslant(11+0.06z_2)m$ $z_1=3、4$，　$L\geqslant(12.5+0.09z_2)m$	$r=a_2=a-\frac{1}{2}d_{a2}$
蜗轮外圆直径		$z_1=1$，　$d_{e2}\leqslant d_{a2}+2m$ $z_1=2、3$，　$d_{e2}=d_{a2}+1.5m$ $z_1=4\sim6$，　$d_{e2}=d_{a2}+m$
蜗轮轮缘宽度		$z_1=1、2$，　$b\leqslant0.75d_{a1}$ $z_1=4\sim6$，　$b\leqslant0.67d_{a1}$

8.2　蜗杆传动的受力分析及强度计算

8.2.1　蜗杆传动的受力分析

蜗杆传动受力分析与斜齿圆柱齿轮的受力分析相似，齿面上的法向力 F_n 可分解为3个相互垂直的分力：圆周力 F_t、轴向力 F_a、径向力 F_r，如图8-9所示。蜗杆为主动件，轴向力 F_{a1} 的方向由左、右手定则确定。图8-9为右旋蜗杆，用右手四指指向蜗杆转向，拇指所指方向就是轴向力 F_{a1} 的方向。圆周力 F_{t1} 与主动蜗杆转向相反；径向力 F_{r1} 指向蜗杆中心。蜗轮受力方向，由 F_{t1} 与 F_{a2}、F_{a1} 与 F_{t2}、F_{r1} 与 F_{r2} 的作用力与反作用力关系确定(图8-9)。各力的大小可按下式计算：

$$F_{t1}=F_{a2}=\frac{2T_1}{d_1} \tag{8-4}$$

$$F_{a1}=F_{t2}=\frac{2T_2}{d_2} \tag{8-5}$$

$$F_{r1}=F_{r2}=F_{t2}\tan\alpha \tag{8-6}$$

$$T_2=T_1 i\eta \tag{8-7}$$

式中，T_1、T_2 分别为作用在蜗杆和蜗轮上的转矩(N·mm)，η 为蜗杆传动的总效率。

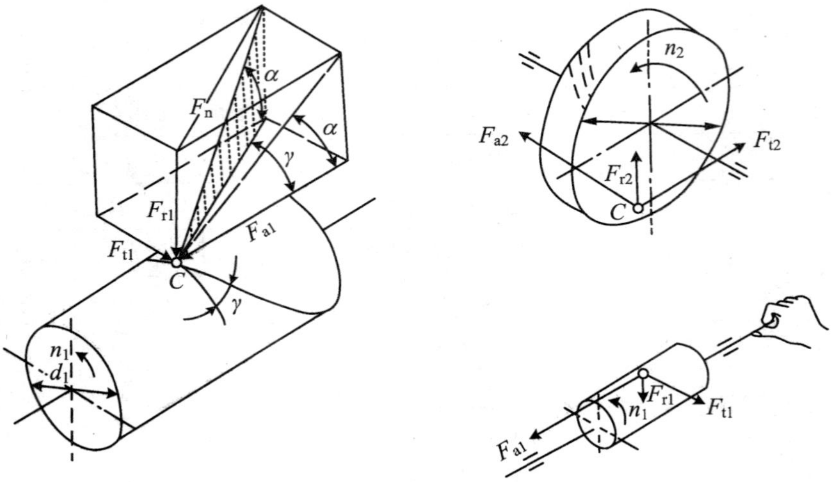

图 8-9 蜗杆传动受力分析

蜗杆及蜗轮的旋向判断与螺纹旋向或斜齿轮旋向的判断相同，常用右旋螺杆。

8.2.2 蜗杆传动的强度计算

蜗轮齿面接触疲劳强度计算与斜齿轮相似，以赫兹公式为计算基础，按节点处的啮合条件计算齿面接触应力，可推出对钢制蜗杆与青铜蜗轮或铸铁蜗轮校核公式如下：

$$\sigma_H = 500\sqrt{\frac{kT_2}{d_1 d_2^2}} = 500\sqrt{\frac{kT_2}{m_2 d_1 z_2^2}} \leqslant [\sigma_H] \tag{8-8}$$

式中，T_2 为蜗轮轴的转矩(N·mm)；k 为载荷系数，$k=1\sim1.5$；$[\sigma_H]$蜗轮材料的许用接触应力(MPa)。

式(8-8)适用于钢制蜗杆与青铜或灰铸铁蜗轮相配。经整理得蜗轮齿面接触疲劳强度的设计公式为

$$m^2 d_1 \geqslant kT_2\left(\frac{500}{z_2[\sigma_H]}\right)^2 \tag{8-9}$$

当蜗轮的材料为铝青铜或铸铁($\sigma_b>300$ MPa)时，蜗轮的主要失效形式为胶合，此时进行的接触强度计算是条件性计算，许用接触应力可根据材料和滑动速度由表 8-4 查得；当蜗杆材料为铝青铜时，主要失效形式为疲劳点蚀，许用接触应力可根据表 8-5 查得。

由式(8-9)计算出 $m_2 d_1$ 值后，可由表 8-2 查得适当的 m 和 d_1 值。

表 8-4 锡青铜蜗轮的基本许用接触应力$[\sigma_H]$ (MPa)

蜗轮材料	铸造方法	适用的滑动速度 v_s (m/s)	蜗杆齿面硬度	
			≤45 HRC	45 HRC
ZCuSn10P1	砂型	≤12	180	200
	金属型	≤25	200	220
ZCuSn5Pb5Zn5	砂型	≤10	110	125
	金属型	≤12	135	150

表 8-5　铸铝青铜及铸铁蜗轮的许用接触应力[σ_H](MPa)

蜗轮材料	蜗杆材料	滑动速度 v_s(m/s)						
		0.5	1	2	3	4	6	8
ZCuAl10Fe3	淬火钢	250	230	210	180	160	120	90
HT150、HT200	渗碳钢	130	115	90	–	–	–	–
HT150	调质钢	110	90	70	–	–	–	–

8.2.3　蜗杆传动的失效形式和设计准则

8.2.3.1　齿面相对滑动速度 v_s

蜗杆传动中蜗杆的螺旋面和蜗轮齿面之间有较大的相对滑动。滑动速度 v_s 沿蜗杆螺旋线的切线方向。如图 8-10 所示，v_1 为蜗杆的圆周速度，v_2 为蜗轮的圆周速度，作速度三角形得

$$v_s = \frac{v_1}{\cos\gamma} \tag{8-10}$$

较大的滑动速度 v_s，对齿面的润滑情况、齿面的失效形式及传动效率都有很大的影响，其概略值如图 8-11 所示。

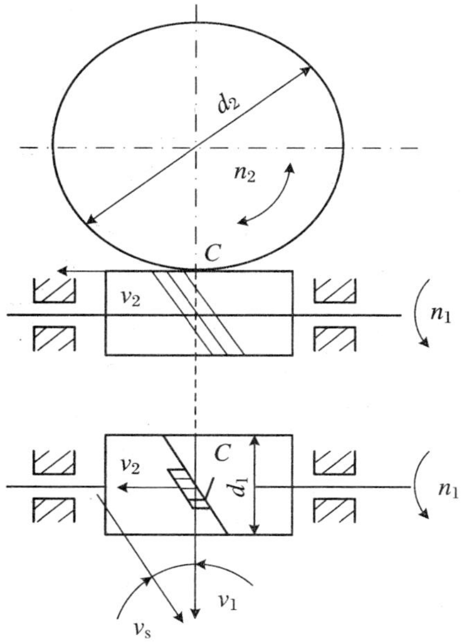

图 8-10　蜗杆传动滑动速度

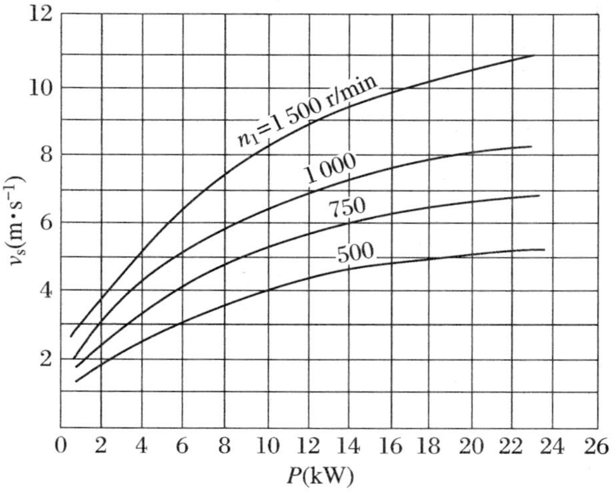

图 8-11　滑动速度 v_s 的概略值

8.2.3.2　蜗杆传动的失效形式和设计准则

在蜗杆传动中，蜗杆具有连续的螺旋齿，且其材料的强度高于蜗轮轮齿的强度，因此失效多发生在蜗轮轮齿上。蜗杆传动的相对滑动速度大，发热量大，效率低，故传动的失效形式主要是蜗轮齿面的磨损、胶合和点蚀等。

目前,对胶合和磨损尚无比较完善的计算方法,通常只是仿照圆柱齿轮,进行齿面接触疲劳强度和齿根弯曲疲劳强度的条件性计算,并在选取许用应力时,适当考虑胶合和磨损的影响。实践证明,这种条件性计算是符合工程要求的。蜗杆传动的设计准则是:对闭式蜗杆传动,一般按齿面接触疲劳强度设计,必要时进行齿根弯曲疲劳强度校核。此外,还应做热平衡核算,限制工作温度。对开式蜗杆传动通常以保证齿根弯曲疲劳强度作为主要设计准则。当蜗杆直径较小且跨距较大时,还要进行蜗杆的弯曲刚度验算。

8.2.4 蜗杆传动的常用材料及选择

由蜗杆传动的失效形式可知,选择的材料除要有足够的强度外,更重要的是要有良好的减摩性、耐磨性和抗胶合能力。实践证明,蜗杆传动较理想的配对材料是钢和青铜。

蜗杆一般用碳钢或合金钢制成。高速重载蜗杆常用低碳合金钢,如 15C、20C、20CrMnTi,经渗碳淬火,表面硬度为 56～62 HRC。中速中载蜗杆可用优质碳素钢或合金结构钢,如 45Cr 或 40Cr,并经淬火,表面硬度为 40～55 HRC。对于低速或不重要的传动,蜗杆可用 45 钢经调质处理,表面硬度小于 270 HBS。

蜗轮的常用材料为青铜或铸铁。铸造锡磷青铜(ZCuSn10P1)或铸造锡锌铅青铜(ZCuSn5Pb5Zn5)耐磨性好,但价格较高,用于滑动速度 $v_s \geqslant 3$ m/s 的重要传动中。铸造铝铁青铜(ZCuAl10Fe3)的耐磨性、抗胶合性较锡青铜差一些,但强度高,价格便宜,一般用于滑动速度 $v_s \leqslant 4$ m/s 的传动场合。灰铸铁(HT150、HT200)只用于滑动速度 $v_s \leqslant 2$ m/s 的不重要传动中。

8.3 蜗杆传动的效率、润滑和热平衡计算

8.3.1 蜗杆传动的效率

闭式蜗杆传动的总效率 η 包括:啮合效率 η_1、搅油效率 η_2 和轴承效率 η_3,有

$$\eta = \eta_1 \eta_2 \eta_3 \tag{8-11}$$

啮合效率 η_1 是总效率的主要部分,蜗杆为主动件时啮合效率按螺旋传动公式求出:

$$\eta_1 = \frac{\tan \gamma}{\tan(\gamma + \rho_v)}$$

通常取 $\eta_2 \eta_3 = 0.95 \sim 0.97$,故有

$$\eta = (0.95 \sim 0.97)\frac{\tan \gamma}{\tan(\gamma + \rho_v)} \tag{8-12}$$

式中,γ 为蜗杆螺旋升角(导程角);ρ_v 为当量摩擦角,$\rho_v = \arctan f_v$,其值如表 8-6 所示。在初步计算时,蜗杆的传动效率可近似取下列数值:

闭式传动:$z_1 = 1$、2、4、6;η 分别为:0.7～0.75,0.75～0.82,0.82～0.92,0.86～0.95。

开式传动:$z_1 = 1$、2;$\eta = 0.60 \sim 0.70$。

8.3.2 蜗杆传动的润滑

润滑对蜗杆传动特别重要,因为当润滑不良时,蜗杆传动的效率将显著降低,并会导致

剧烈的磨损和胶合。通常采用黏度较大的润滑油，为提高其抗胶合能力，可加入油性添加剂以提高油膜的刚度，但青铜蜗轮不允许采用活性大的油性添加剂，以免被腐蚀。

表 8-6　当量摩擦因数 f_v 和当量摩擦角 ρ_v

蜗轮材料	锡青铜				铝青铜		灰铸铁			
蜗杆齿面硬度	≥45 HRC		<45 HRC		≥45 HRC		≥45 HRC		<45 HRC	
滑动速度 v_s(m/s)	f_v	ρ_v	f_v	ρ_v	f_v	ρ_v	f_v	ρ_v	f_v	ρ_v
0.01	0.110	6°17′	0.120	6°51′	0.180	10°12′	0.018	10°12′	0.190	10°45′
0.05	0.090	5°09′	0.100	5°43′	0.140	7°58′	0.140	7°58′	0.160	9°05′
0.10	0.080	4°34′	0.090	5°09′	0.130	7°24′	0.130	7°24′	0.140	7°58′
0.25	0.065	3°43′	0.075	4°17′	0.100	5°43′	0.100	5°43′	0.120	6°51′
0.50	0.055	3°09′	0.065	3°43′	0.090	5°09′	0.090	5°09′	0.100	5°43′
1.00	0.045	2°35′	0.055	3°09′	0.070	4°00′	0.070	4°00′	0.090	5°09′
1.50	0.040	2°17′	0.050	2°52′	0.065	3°43′	0.065	3°43′	0.080	4°34′
2.00	0.035	2°00′	0.045	2°35′	0.055	3°09′	0.055	3°09′	0.070	4°00′
2.50	0.030	1°43′	0.040	2°17′	0.050	2°52′				
3.00	0.028	1°36′	0.035	2°00′	0.045	2°35′				
4.00	0.024	1°22′	0.031	1°47′	0.040	2°17′				
5.00	0.022	1°16′	0.029	1°40′	0.035	2°00′				
8.00	0.018	1°02′	0.026	1°29′	0.030	1°43′				
10.0	0.016	0°55′	0.024	1°22′						
15.0	0.014	0°48′	0.020	1°09′						
24.0	0.013	0°45′								

注：对于硬度≥45 HRC 的蜗杆，ρ_v 值是指 Ra<0.32 μm，经跑合并充分润滑的情况。

闭式蜗杆传动的润滑油黏度和润滑方法可参考表 8-7 进行选择。开式传动则采用黏度较高的齿轮油或润滑脂进行润滑。闭式蜗杆传动用油池润滑，在 $v_s \leqslant 5$ m/s 时常采用蜗杆下置式，浸油深度约为一个齿高，但油面不得超过蜗杆轴承的最低滚动体中心，如图 8-12(a)、(b))所示；$v_s > 5$ m/s 时常用上置式(图 8-12(c))，油面允许达到蜗轮半径 1/3 处。

表 8-7　蜗杆传动的润滑油黏度及润滑方法

滑动速度 v_s(m/s)	<1	<2.5	<5	5～10	10～15	15～25	>25
工作条件	重载	重载	中载	–	–	–	–
运动黏度 γ(mm²/s)(40 ℃)	1 000	680	320	220	150	100	68
润滑方法	浸油			浸油或喷油	喷油润滑，油压(MPa)		
					0.07	0.2	0.3

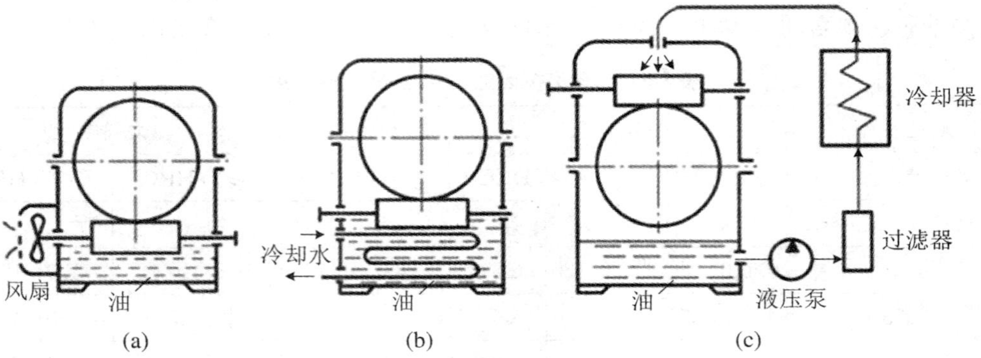

图 8-12 蜗杆传动的散热方法

8.3.3 蜗杆传动的热平衡计算

蜗杆传动效率低,发热量大,若产生的热量不能及时散掉,将使油温升高,油黏度下降,油膜破坏,磨损加剧,甚至产生胶合破坏。因此对连续工作的蜗杆传动应进行热平衡计算。在单位时间内,蜗杆传动由于摩擦损耗产生的热量为

$$Q = 1\,000P_1(1-\eta) \tag{8-13}$$

式中,P_1 为蜗杆传动的输入功率(kW);η 为蜗杆传动的效率。

自然冷却时单位时间内经箱体外壁散到周围空气中的热量为

$$Q_2 = K_sA(t_1 - t_0) \tag{8-14}$$

式中,K_s 为散热系数,可取 $K_s = 8 \sim 17\ \text{W/(m}^2\cdot℃)$,通风良好时取大值;$A$ 为散热面积(m^2);t_1 为箱体内的油温,一般取许用油温$[t_1] = 60 \sim 80$ ℃,最高不超过 90 ℃;t_0 为周围空气的温度,通常取 $t_0 = 20$ ℃。

按热平衡条件 $Q_1 = Q_2$,可得工作条件下的油温为

$$t_1 = \frac{1\,000P_1(1-\eta)}{K_sA + t_0} \leqslant [t_1] \tag{8-15}$$

若工作温度超过许用温度,可采用下列措施:

① 在箱体壳外铸出散热片,增加散热面积 A。

② 在蜗杆轴上装风扇(图 8-12(a)),提高散热系数,此时 $K_s \approx 20 \sim 28\ \text{W/(m}^2\cdot℃)$。

③ 加冷却装置。在箱体油池内装蛇形冷却管(图 8-12(b)),或用循环油冷却(图 8-12(c))。

8.3.4 蜗杆传动设计实例

例 8-1 试设计一搅拌机用的闭式蜗杆减速器中的普通圆柱蜗杆传动。蜗杆传递功率 $P_1 = 5$ kW,转速为 $n_1 = 960$ r/min,传动比 $u = 21$,散热面积 $A = 1.5\ m^2$。减速器工作时,载荷平稳,单向运转。

解 (1) 选择材料、确定许用应力

初估滑动速度 $v_s = 6$ m/s。查表 8-4 蜗杆选用 45 钢,考虑到效率和耐磨性,蜗杆螺旋面要淬火,硬度为 45~55 HRC;蜗轮齿圈用锌铝青铜(ZCuAl9Fe3)。

$$[\sigma_H] = 140\ \text{MPa}$$

(2) 按齿面接触疲劳强度设计

选择蜗杆头数，取 $z_1 = 2$，则

$$z_2 = z_1 i = 2 \times 21 = 42$$

确定蜗轮转速 n_2 为

$$n_2 = \frac{n_1}{u} = \frac{960}{21} = 45.7\ (\text{r/min})$$

初估传动效率 $\eta = 0.82$，则蜗能转矩 T_2 为

$$T_2 = 9.55 \times 10^6 \times \frac{P_1 \eta}{n_2} = 9.55 \times 10^6 \times \frac{5 \times 0.82}{45.7} = 856\,783\ (\text{N} \cdot \text{mm})$$

取载荷系数 $k = 1.2$，由齿面接触疲劳强度条件式可得

$$m^2 d_1 \geqslant \left(\frac{500}{z_2[\sigma_H]}\right)^2 k T_2 = \left(\frac{500}{42 \times 140}\right)^2 \times 1.2 \times 856\,783 = 7\,434\ (\text{mm}^3)$$

(3) 确定基本参数、计算几何尺寸

查手册取标准值得 $m^2 d_1 = 9\,000\ \text{mm}^3$，则 $m = 10\ \text{mm}$，$d_1 = 90\ \text{mm}$，则直径系数 q 为

$$q = \frac{d_1}{m} = \frac{90}{10} = 9$$

中心距 a 为

$$a = \frac{1}{2}(d_1 + m z_2) = \frac{1}{2}(90 + 10 \times 42) = 255\ (\text{mm})$$

蜗杆、蜗轮尺寸计算略。

(4) 热平衡计算

因

$$\tan \gamma = \frac{m z_1}{d_1}$$

所以

$$\gamma = \arctan \frac{m z_1}{d_1} = \arctan \frac{10 \times 2}{90} = 12°31'44''$$

所以

$$v_s = \frac{\pi d_1 n_1}{60 \times 1\,000 \cos \gamma} = \frac{\pi \times 90 \times 960}{60 \times 1\,000 \times \cos 12°31'44''} = 4.63\ (\text{m/s})$$

按 $v_s = 4.63\ \text{m/s}$，查表 8-6，得 $\rho_v = 2°6'17''$，则传动效率为

$$\eta = (0.95 \sim 0.97) \frac{\tan \gamma}{\tan(\gamma + \rho_V)} = (0.95 \sim 0.97) \frac{\tan 12°31'44''}{\tan(12°31'44'' + 2°6'17'')}$$

$$= (0.81 \sim 0.83)$$

与初值吻合。

热平衡计算：

$$\Delta t = \frac{1\,000 P_1 (1 - \eta)}{K_s A} = \frac{1\,000 \times 5 \times (1 - 0.82)}{12 \times 1.5} = 50\ (℃) \leqslant [\Delta t]$$

8.3.5 蜗杆传动的安装与维护

8.3.5.1 蜗杆传动的安装

蜗杆传动对安装精度要求很高。根据蜗杆传动的啮合特点，应使蜗轮的中间平面通过蜗杆的轴线，如图 8-13 所示。为此，蜗杆传动安装后，要仔细调整蜗轮的轴向位置，使其定位准确，否则难以正确啮合。

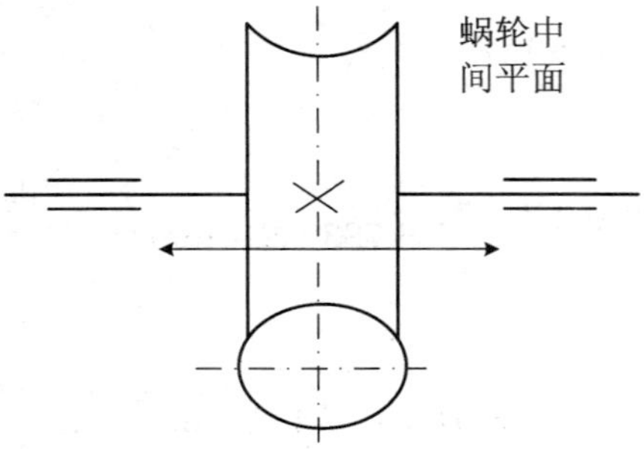

图 8-13 蜗杆传动的安装位置要求

如果齿面在短时间内严重磨损，蜗轮轴向位置的调整可以采用垫片组，也可以利用蜗轮与轴承之间的套筒做较大距离的调整，调整时可以改变套筒的长度。实际中上述两种方法有时可以联用。调整好后，蜗轮的轴向位置必须固定。

蜗杆传动装配后要进行跑合，以使齿面接触良好。跑合时采用低速运转，通常 $n_1 = 50 \sim 100$ r/min，逐步加载至额定载荷。跑合 1～5 h 后，若发现蜗杆齿面上粘有青铜，应立即停车，用细砂纸打去，再继续跑合。跑合完成后应清洗全部零件，换新润滑油，并应把此时蜗轮相对于蜗杆的轴向位置打上印记，便于以后装拆时配对和调整到原来位置。新机试车时，先空载运转，然后逐步加载至额定载荷。

8.3.5.2 蜗杆传动的维护

蜗杆传动的维护也很重要。由于蜗杆传动的发热量大，应随时注意周围的通风散热条件是否良好。蜗杆传动工作一段时间后应测试油温，如果超过油温的允许范围应停机或改善散热条件，还要经常检查蜗轮齿面是否保持完好。润滑对于保证蜗杆传动的正常工作及延长使用期限很重要。蜗杆减速器每运转 2 000～4 000 h 应及时换新油。换油时，应用原牌号油，不同厂家、不同牌号的油不要混用。

习　题

8.1 蜗杆传动为什么多用于减速传动？

8.2 蜗轮为什么多用锡青铜制造？

8.3 为什么多头蜗杆传动效率高？

8.4 如图 8-14 所示的蜗杆传动，已知蜗杆的螺旋线旋向和旋转方向，试求蜗轮的转向。

8.5 已知一传递动力的标准圆柱蜗杆传动。已知模数 $m = 8$，蜗杆头数 $z_1 = 2$，蜗轮齿数 $z_2 = 42$，蜗杆分度圆直径 $d_1 = 80$ mm，试计算其蜗杆直径系数 q、蜗杆导程角 γ 及蜗杆传动的中心距 a。

8.6 已知一对蜗杆蜗轮的参数为：$m = 4$ mm，$z_1 = 2$，$q = 11$，$d_2 = 240$ mm，$h_a^* = 1$，

$c^* = 0.25$。计算蜗杆的分度圆直径 d_1 和传动比 i_{12}。

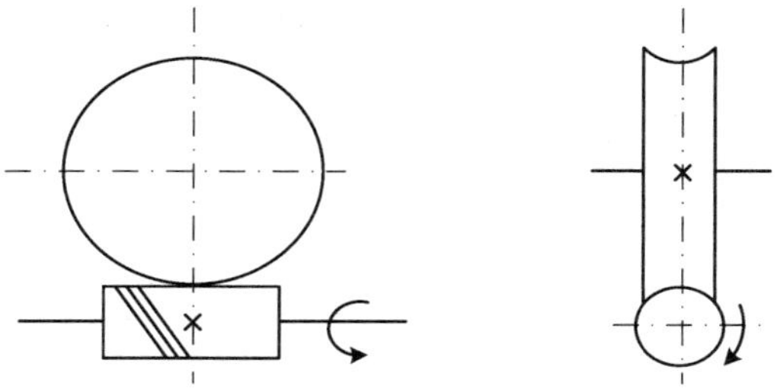

图 8-14　习题 8.4 图

实训项目　蜗杆传动设计

1. 实训目的

① 掌握给定功率、转速、传动比和使用寿命进行蜗杆传动设计的方法。

② 设计包括材料选择、载荷计算、强度及热平衡校核、几何尺寸确定等。

③ 通过设计，培养学生的计算、绘图、运用设计资料（手册、图册、标准等）的能力。

2. 实训内容和要求

试设计一由电动机驱动的单级蜗杆减速器中的蜗杆传动。电动机功率 $P_i = 7.5$ kW，转数 $n_1 = 960$ r/min，传动比 $i = 21$，载荷平稳，单向回转。

要求完成：选择蜗轮蜗杆材料、确定蜗杆的主要参数和计算几何尺寸、校核蜗杆传动的疲劳强度和热平衡计算。

3. 实训方法和步骤

① 阅读和掌握本章相关部分的理论知识，掌握蜗杆传动设计的基本原理。

② 认真观察蜗杆传动的结构组成、传动规律。

③ 按照设计步骤进行设计计算。

第9章　轮　　系

9.1　轮系及其分类

在机械设备中，只用一对齿轮传动往往难以满足工作要求。为了获得较大的传动比，或者为了变速、换向，一般需要采用多对齿轮进行传动，这种一系列齿轮组成的传动系统称为齿轮系，简称轮系。

按照轮系运动时各齿轮的几何轴线位置是否固定，轮系分为定轴轮系和周转轮系两种基本类型。

9.1.1　定轴轮系

在图9-1所示的轮系中，传动时所有齿轮的几何轴线均固定，这种轮系称为定轴轮系。

定轴轮系根据轴线是否平行又可分为平面定轴轮系和空间定轴轮系。完全由圆柱齿轮组成，各轮的轴线互相平行，这种定轴轮系称为平面定轴轮系，如图9-1(a)所示；轮系中包含圆锥齿轮、螺旋齿轮或蜗杆蜗轮等空间齿轮，这种定轴轮系称为空间定轴轮系，如图9-1(b)所示。

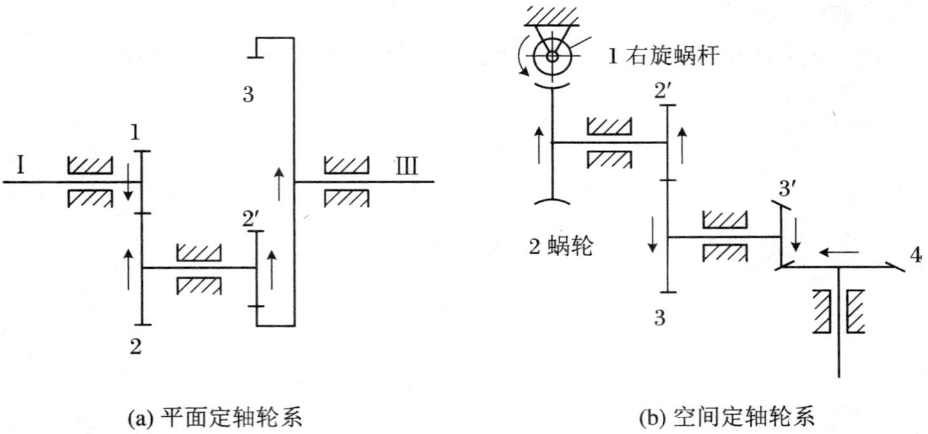

(a) 平面定轴轮系　　(b) 空间定轴轮系

图9-1　定轴轮系

9.1.2　周转轮系

在图9-2所示的轮系中，传动时齿轮g的几何轴线绕齿轮a、b和构件H的共同轴线转动，这种至少有一个齿轮的几何轴线绕另一齿轮的几何轴线转动的轮系称为周转轮系。

9.1.2.1 周转轮系的组成

图 9-2 所示为最常用的一种周转轮系的传动简图，齿轮 g 活套在构件 H 上，分别与外齿轮 a 和内齿轮 b 相啮合。传动时，齿轮 g 一方面绕自身的几何轴线 O_g 转动（自转），同时又随构件 H 绕固定的几何轴线 O 回转（公转）。

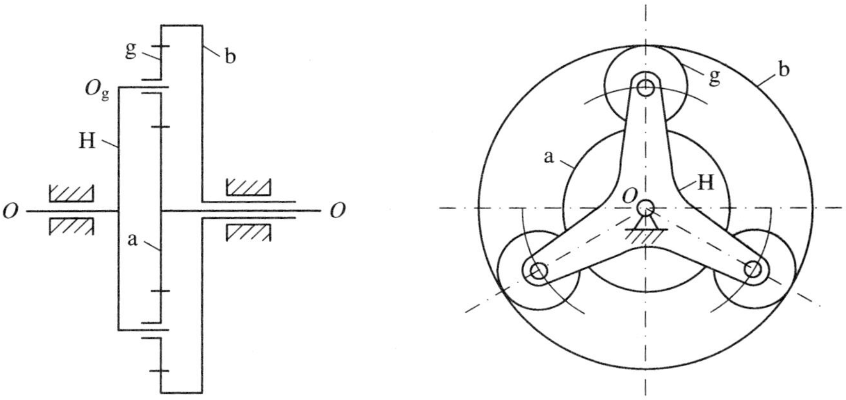

图 9-2 周转轮系

周转轮系有三种基本构件：

1. 行星轮

做行星运动的齿轮称为行星轮，用符号 g 表示。从运动学角度来讲，图 9-2 所示的单排内、外啮合的周转轮系只需 1 个行星轮。而在实际传递动力的周转轮系中，行星轮都是多个完全相同且均匀分布在中心轮四周（通常为 2～6 个，最多达 12 个），这样既可使几个行星轮共同来分担载荷，以减小齿轮尺寸，同时又可使各啮合处的径向分力和行星轮公转所产生的离心力得以平衡，以减小主轴承内的作用力，增加运转的平稳性。

2. 行星架

用于支承行星轮并使其得到公转的构件称为行星架，亦称系杆，用符号 H 表示。

3. 中心轮

在行星传动中，与行星轮相啮合且几何轴线位置固定的齿轮，用符号 K 表示。通常外齿中心轮称为太阳轮，用符号 a 表示；内齿中心轮称为内齿圈，用符号 b 表示。

周转轮系是一种共轴式传动装置，即输入轴与输出轴重合。一般情况下，具有共同轴线的与中心轮或行星架联结的轴作为动力的输入（输出）轴。

9.1.2.2 周转轮系的分类

周转轮系根据其自由度的多少又可分为行星轮系和差动轮系。自由度为 1 的周转轮系称为行星轮系，如图 9-3(a)所示；自由度为 2 的周转轮系称为差动轮系，如图 9-3(b)所示。

需要说明的是，在轮系传动的运动简图中，齿轮往往只用简单的线条表示其轮缘、腹板和轮毂。齿轮和轴固联时，轮毂不单独表示，只画成表示腹板的线和表示轴的线相交，如图 9-3(a)中的齿轮 1；而齿轮空套在轴上，可以绕轴相对转动时，轮毂就需要表示出来，如图 9-3(b)中的齿轮 2。在另一视图中，齿轮也可以用节圆表示，如图 9-3(c)所示。

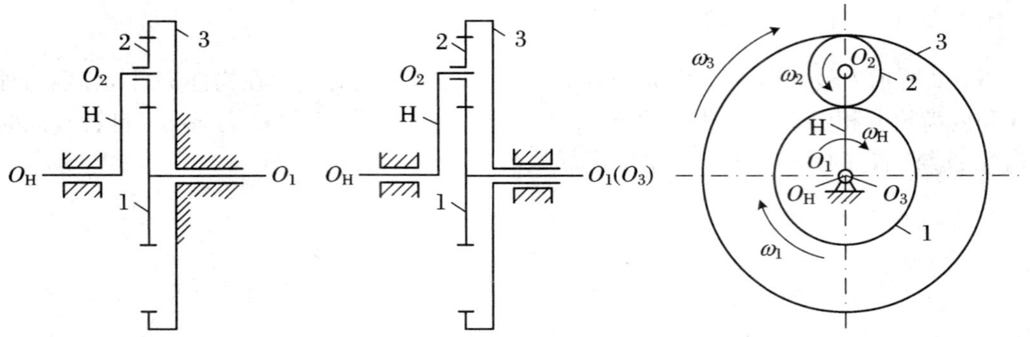

(a) 行星轮系 (b) 差动轮系 (c) 齿轮用节圆表示

图 9-3 周转轮系的分类

9.2 定轴轮系的传动比

轮系在转动时，所有齿轮几何轴线位置都是固定不变的轮系，称为定轴轮系。

传动比通常是指输入轴与输出轴的角速度之比。在轮系中，输入轴与输出轴(即主动轮1与从动轮2)的角速度(或转速)之比称为轮系的传动比，用 i_{12} 表示，即

$$i_{12}=\frac{\omega_1}{\omega_2}=\frac{n_1}{n_2} \tag{9-1}$$

式中，ω_1、ω_2 为主动轮、从动轮的角速度(rad/s)，$\omega=2\pi n/60$；n_1、n_2 为主动轮、从动轮的转速(r/min)。当主动轮转速已知时，从动轮的转速可以通过 $n_2=n_1/i_{12}$ 求得。

9.2.1 单级传动的传动比

9.2.1.1 传动比大小的计算

设主动轮 1 的转速和齿数分别为 n_1、z_1，从动轮 2 的转速和齿数分别为 n_2、z_2，其传动比大小为

$$i_{12}=\frac{n_1}{n_2}=\frac{z_2}{z_1}$$

9.2.1.2 从动轮转向的确定

圆柱齿轮传动的两轮轴线互相平行，图 9-4(a)所示的外啮合传动，两轮转向相反，传动比可用负号表示；图 9-4(b)所示的内啮合传动，两轮转向相同，传动比用正号表示，因此传动比可写为

$$i_{12}=\frac{n_1}{n_2}=\pm\frac{z_2}{z_1}$$

齿轮传动的转向关系可用齿数比前的正负号表示，或用画箭头表示(以箭头方向表示主动轮看得见一侧的运动方向)。一对外啮合齿轮传动，两轮转向相反，取负号(或箭头方向相

反）；一对内啮合齿轮传动，两轮转向相同，取正号（或箭头指向相同）。

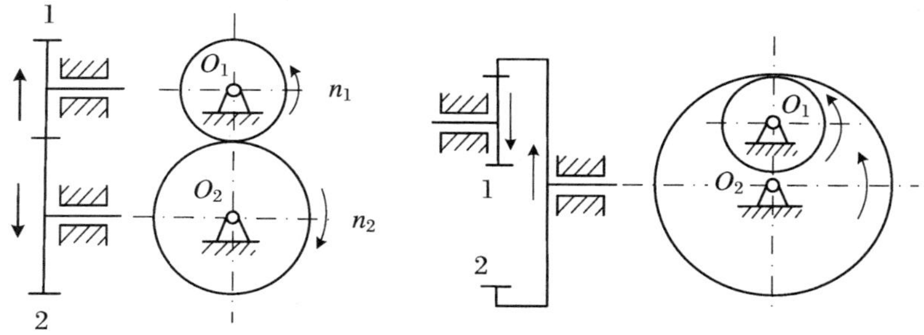

(a) 外啮合传动　　(b) 内啮合传动

图 9-4　圆柱齿轮传动

两圆锥齿轮的轴线相交，其转向关系不能用传动比的正负来表示，只能在图上用箭头表示。根据主动齿轮和从动齿轮的受力分析可知，表示两轮转向的箭头必须同时指向节点，或同时背离节点，如图 9-5 所示。

蜗杆传动两轴线在空间交错成 90°，其转向关系也不能用正负表示，只能用画箭头的方法来确定，如图 9-6 所示。根据蜗杆传动的受力分析，蜗杆所受切向力的反方向就是蜗轮的转动方向。

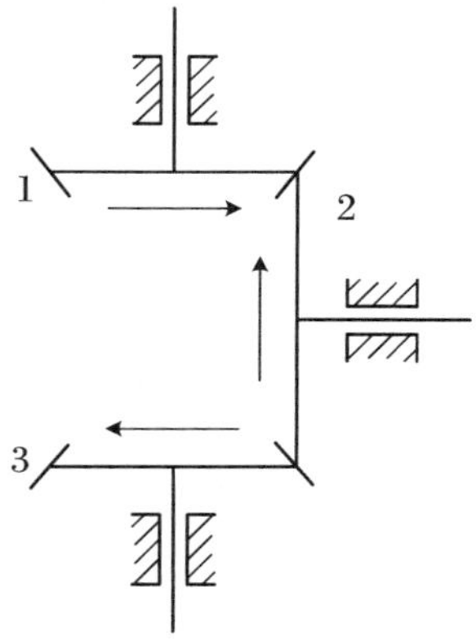

图 9-5　圆锥齿轮传动

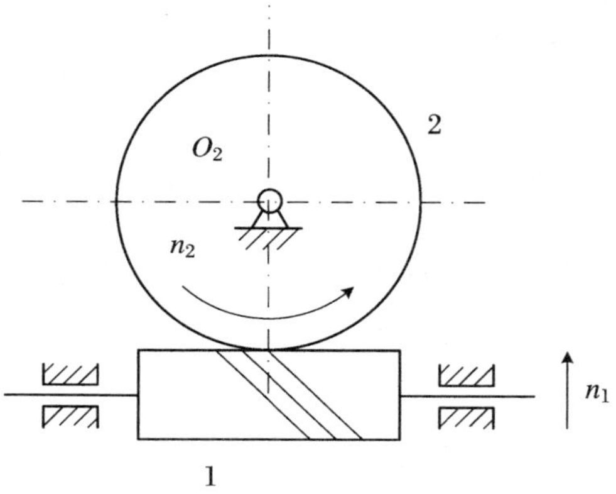

图 9-6　蜗杆传动

9.2.2　定轴轮系的传动比

现以图 9-7 所示的轮系为例，讨论平面定轴轮系传动计算。设首轮为 1，末轮为 5，各轮的转速和齿数分别为 $n_1, n_2, n_{2'}, n_3, n_{3'}, n_4, n_5$ 和 $z_1, z_2, z_{2'}, z_3, z_{3'}, z_4, z_5$，轮系中各对齿轮传动比的计算为

$$i_{12}=\frac{n_1}{n_2}=-\frac{z_2}{z_1},\quad i_{2'3}=\frac{n_{2'}}{n_3}=+\frac{z_3}{z_{2'}},\quad i_{3'4}=\frac{n_{3'}}{n_4}=-\frac{z_4}{z_{3'}},\quad i_{45}=\frac{n_4}{n_5}=-\frac{z_5}{z_4}$$

将以上各式等号两边分别相乘，可得

$$i_{15}=i_{12}i_{2'3}i_{3'4}i_{45}=\frac{n_1}{n_2}\frac{n_{2'}}{n_3}\frac{n_{3'}}{n_4}\frac{n_4}{n_5}=(-1)^3\frac{z_2z_3z_4z_5}{z_1z_{2'}z_{3'}z_4}=-\frac{z_2z_3z_5}{z_1z_{2'}z_{3'}}$$

上式表明，定轴轮系传动比的大小为所有从动轮齿数的连乘积与所有主动轮齿数的连乘积

之比，也等于各对齿轮传动比的连乘积。其正负号取决于轮系中外啮合的对数，当外啮合齿轮的对数为偶数时，取正号；外啮合齿轮的对数为奇数时，取负号。

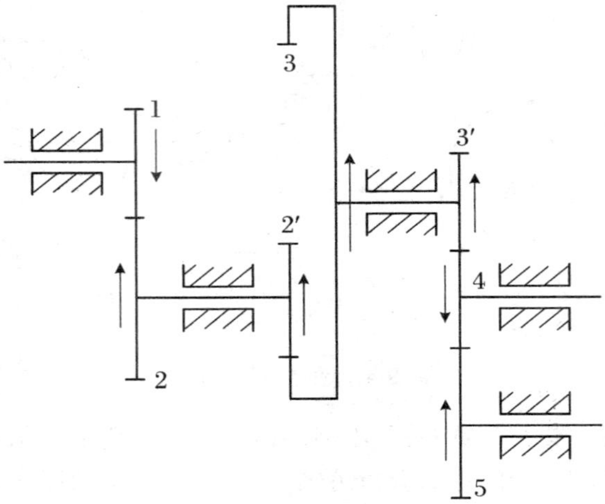

图 9-7 定轴轮系传动比分析

另外，由以上传动比计算可见，式中不含齿轮 4 的齿数，这是因为齿轮 4 既是主动轮，又是从动轮，故在等式右边分子分母中消失。这说明齿轮 4 的齿数不影响传动比的大小，但它可改变轮系的转向，这种齿轮称为惰轮。

以上结果推广到一般情况，平面定轴轮系传动比的一般表达式为

$$i_{12} = \frac{n_1}{n_2} = (-1)^m \frac{\text{轮系中所有从动轮齿数的连乘积}}{\text{轮系中所有主动轮齿数的连乘积}} \tag{9-2}$$

式中，m 为外啮合圆柱齿轮的对数；n_1 为轮系中首轮的转速(r/min)；n_2为轮系中末轮的转速(r/min)。

注意：$(-1)^m$ 仅仅适用于平面轮系，空间轮系的转向确定必须用画箭头的方法表示。

例 9-1 在图 9-8 所示的钟表传动示意图中，E 为擒纵轮，N 为发条盘，S、M 和 H 分别为

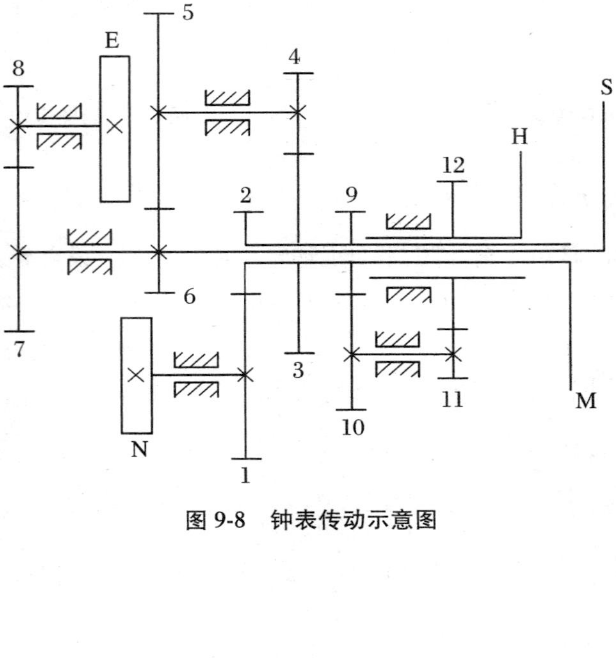

图 9-8 钟表传动示意图

秒针、分针和时针。设 $z_1=72$，$z_2=12$，$z_3=64$，$z_4=8$，$z_5=60$，$z_6=8$，$z_7=60$，$z_8=6$，$z_9=8$，$z_{10}=24$，$z_{11}=6$，$z_{12}=24$，求秒针与分针的传动比 i_{SM} 及分针与时针的传动比 i_{MH}。

解 由图 9-8 可知，该轮系是平面定轴轮系，所以按式(9-2)计算传动比：

$$i_{SM}=i_{63}=\frac{n_6}{n_3}=(-1)^2\frac{z_5z_3}{z_6z_4}=\frac{60\times 64}{8\times 8}=60$$

$$i_{MH}=i_{9\ 12}=\frac{n_9}{n_{12}}=(-1)^2\frac{z_{10}z_{12}}{z_9z_{11}}=\frac{24\times 24}{8\times 6}=12$$

例 9-2 在图 9-9(a)所示的轮系中，$z_1=16$，$z_2=32$，$z_3=20$，$z_4=40$，$z_5=2$(右旋蜗杆)，$z_6=40$，若 $n_1=800$ r/min，求蜗轮的转速 n_6 并确定各轮的转向。

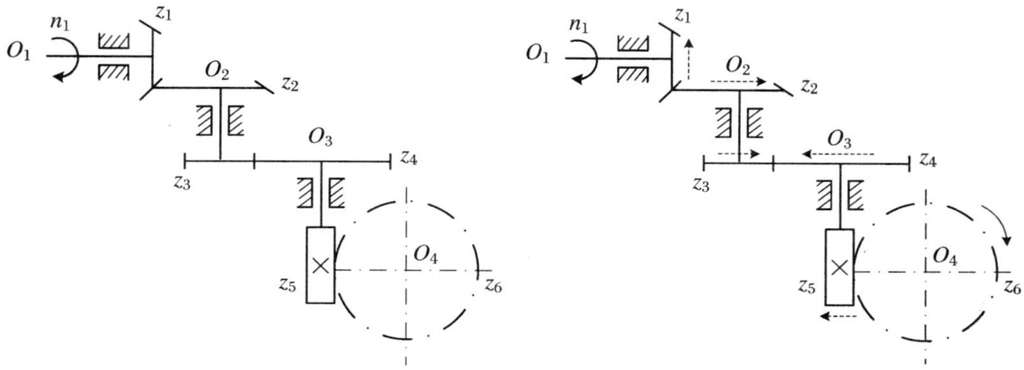

图 9-9 空间定轴轮系

解 因为轮系是空间定轴轮系，故只能用式(9-2)计算齿轮系的传动比，各轮的转动方向由画箭头的方法确定。

$$i_{16}=\frac{n_1}{n_6}=\frac{z_2z_4z_6}{z_1z_3z_5}=\frac{32\times 40\times 40}{16\times 20\times 2}=80$$

$$n_6=\frac{n_1}{i_{16}}=\frac{800}{80}=10\ (\text{r/min})$$

各轮的转向如图 9-9(b)所示。

9.3 周转轮系的传动比

周转轮系是一种先进的齿轮传动机构。由于周转轮系合理地应用内啮合传动，输入轴与输出轴共轴线，并且由数个行星轮共同承担载荷，实行功率分流，从而具有结构紧凑、体积小、质量轻、承载能力大、传递功率范围及传动比范围大、运行噪声小、效率高及寿命长等优点。所以周转轮系得到了越来越广泛的应用。

在周转轮系中，由于其行星轮系的运动不是绕定轴的简单运动，因此其传动比的计算，与定轴轮系传动比计算不同。

9.3.1 周转轮系的转化轮系

周转轮系与定轴轮系的根本区别在于，周转轮系中存在着一个转动的系杆，使行星齿轮既有自传又有公转。如果使系杆固定不动，那么周转轮系就可以转化为定轴轮系。为此，假想给整个轮系加上一个公共的转速（$-n_H$），根据相对运动原理可知，各机构之间的相对运动关系并不改变，但此时系杆的转速就变成了 $n_H-n_H=0$，即系杆可视为固定不动，于是周转轮系就转化成一个假想的定轴轮系，称为周转轮系的转化轮系。

在如图 9-10 所示的周转轮系中，当给整个轮系加上一个（$-n_H$）的公共转速后，其各个构件的转速变化情况如表 9-1 所示。

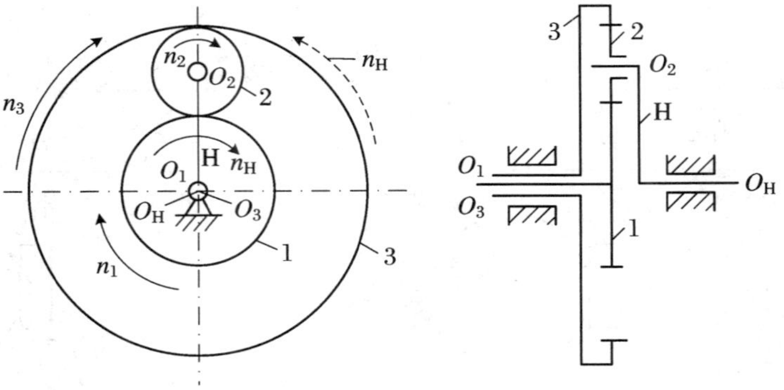

图 9-10 周转轮系加公共转速的变化

表 9-1 周转轮系转化机构中各构件的转速

构件	原先的转速	转化后的转速
1	n_1	$n_1^H=n_1-n_H$
2	n_2	$n_2^H=n_2-n_H$
3	n_3	$n_3^H=n_3-n_H$
H	n_H	$n_H^H=n_H-n_H$

注：n_1^H、n_2^H、n_3^H 分别表示在系杆固定后，所得到转化机构中齿轮 1、2、3 的转速。

由于 $n_H^H=0$，上述周转轮系就转化为如图 9-11 所示的定轴轮系。因此，该转化轮系的传动比就可以按照定轴轮齿的传动比计算。通过对转化轮系的传动比计算，即可得到周转轮系中各构件的真实转速与齿轮之间的关系，进而求出周转轮系的传动比。

9.3.2 周转轮系的传动比计算

如图 9-11 所示，周转轮系转化机构中齿轮 1 与齿轮 3 的传动比 i_{13}^H 为

$$i_{13}^H=\frac{n_1^H}{n_3^H}=\frac{n_1-n_H}{n_3-n_H}=-\frac{z_2z_3}{z_1z_2}=-\frac{z_3}{z_1}$$

式中，“$-$”号表示转化轮系中齿轮 1 和齿轮 3 的转向相反。

根据上述原理：不难得出周转轮系中转化轮系的传动比的一般计算公式。设周转轮系中两个中心轮分别为 G 和 K，系杆为 H，则其转化机构传动比为

$$i_{GK}^{H}=\frac{n_{G}^{H}}{n_{K}^{H}}=\frac{n_{G}-n_{H}}{n_{K}-n_{H}}=(-1)^{m}\frac{\text{G、K 各从动轮的齿数连乘积}}{\text{G、K 各主动轮的齿数连乘积}} \tag{9.3}$$

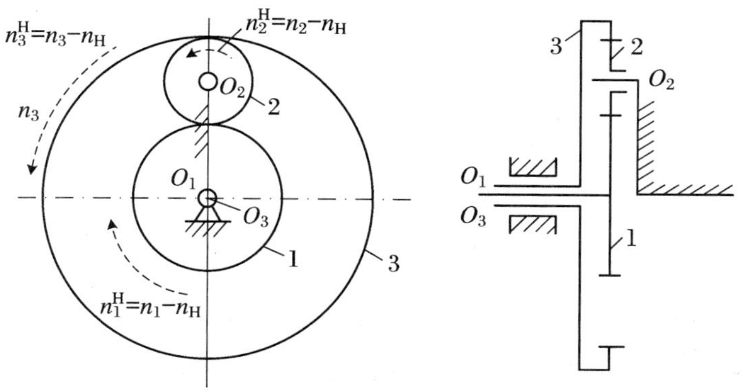

图 9-11 周转轮系的转化轮系

应用式(9-3)时必须注意以下几点：

① 视齿轮 G 为首轮，齿轮 K 为末轮，中间各轮的主从动地位，从动轮 G 起按顺序判定。

② 将 n_G、n_K、n_H 的已知值代入式(9-3)时，必须带有正号和负号。两构件转向相同时取正号；两构件转向相反时取负号。

③ i_{GK}^{H}不等于 i_{GK}(i_{GK}^{H}为转化机构中 G 与轮 K 的转速之比)，其大小与正负号应按转化的定轴轮系传动比的计算方法确定。而 i_{GK}则是周转轮系中轮 G 和轮 K 的绝对转度之比，其大小及正负号必须计算结果判定。

④ 只有两轴平行时，两轴的转速才能代数相加减，故式(9-3)只适于齿轮 G、K 和系杆 H 轴线相平行的场合。式(9-3)也适用于由锥齿轮、蜗杆蜗轮等空间齿轮组成的周转轮系，不过两个太阳系和系杆的轴向必须平行，且转化机构的传动比 i_{GK}^{H}的正负号必须用画箭头的方法确定。

例 9-3 图 9-12 所示为车床尾架传动简图，尾架顶尖有两种移动速度。在一般情况下，齿轮 1 与齿轮 4 啮合，这时手轮与丝杆联为一体，转速相同，尾架顶尖可快速移动。当在尾架套筒内装有钻头时，需要慢速移动钻头，这时齿轮 1 与齿轮 4 脱开啮合，并与齿轮 2 和齿轮 2′啮合(图中为啮合位置)，组成行星轮系，其中齿轮 4 联同丝杆为行星架，齿轮 3 与尾架固联。若已知各齿轮齿数 $z_1=17$，$z_3=51$。试确定当齿轮系行星齿轮系时，手轮与丝杆的转速关系。

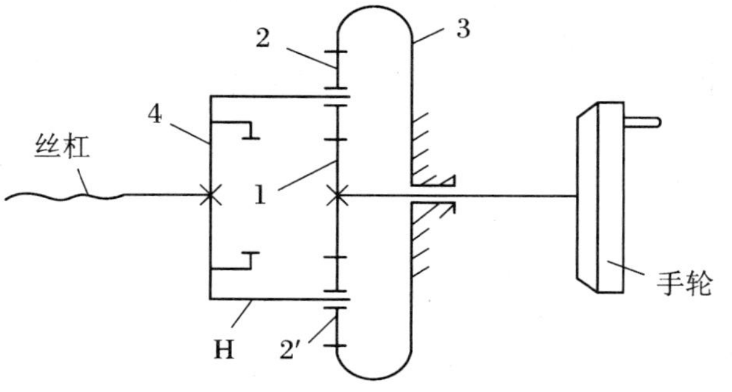

图 9-12 车床尾架行星齿轮系

解 齿轮 1 与手轮转速相同,行星架 H 与丝杆转速相同。求手轮与丝杆的转速关系,就是求齿轮 1 与行星架 H 的转速关系。

$$i_{13}^{H}=\frac{n_1^H}{n_3^H}=\frac{n_1-n_H}{n_3-n_H}=(-1)^1\frac{z_2z_3}{z_1z_2}$$

$$\frac{n_1-n_H}{0-n_H}=-\frac{51}{17}$$

$$n_H=\frac{1}{4}n_1$$

丝杆的转速为手轮转速的 1/4,这就达到了钻头慢速移动的目的。

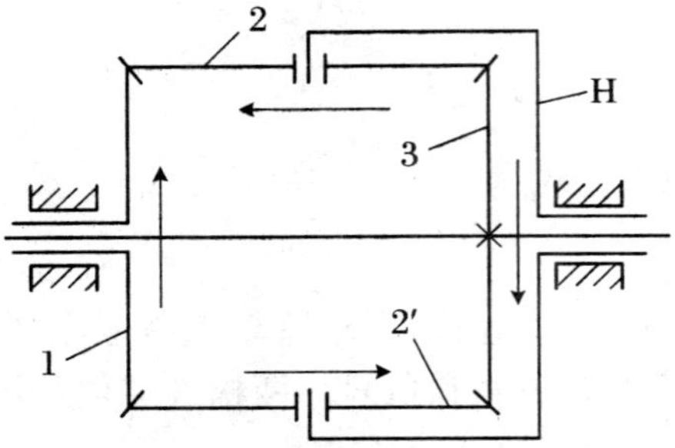

图 9-13 滚齿机差动行星齿轮机构

例 9-4 在图 9-13 所示的滚齿机差动行星齿轮机构中,四个圆锥齿轮的齿数相等。分齿运动由齿轮 1 传入,附加运动(切制斜齿圆柱齿轮时所需轮坯的附转动)由行星架 H 传入,合成运动由齿轮 3 传出。若已知 $n_1=-1$ 转,$n_H=1$ 转。求转速 n_3 和传动比 i_{13}^{H}。

解 由式(9-3)求得

$$i_{13}^{H}=\frac{n_1-n_H}{n_3-n_H}=-\frac{z_3}{z_1}=-1$$

整理并代入数据得

$$n_3=2n_H-n_1=2\times1-(-1)=3\ (\mathrm{r/min})$$

9.4 混合轮系

在工程实际中,除了采用单一的定轴轮系或单一的周转轮系外,常采用由定轴轮系和周转轮系(图 9-14(a))或由几个单一的周转轮系(图 9-14(b))组成的复杂轮系,通常把这种轮系称为混合轮系。

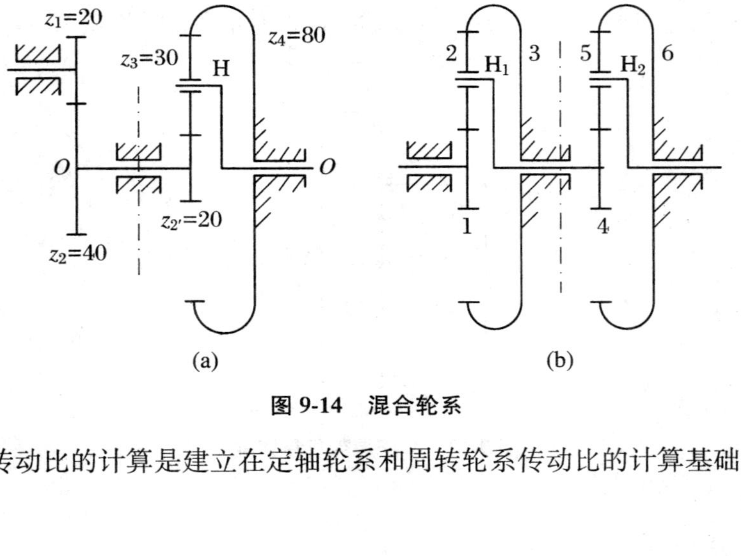

图 9-14 混合轮系

混合轮系传动比的计算是建立在定轴轮系和周转轮系传动比的计算基础上的。

其计算步骤是：首先把整个轮系划分为各周转轮系和定轴轮系；然后分别列出它们传动比的计算公式；最后再根据这些基本轮系的组成方式（即它们联系起来的条件），联立求解所需的传动比。

例 9-5　图 9-15 所示为电动卷扬机的卷筒机构。轮系置于卷筒内，结构紧凑。已知各轮的齿数为 $z_1=24, z_2=52, z_{2'}=21, z_3=78, z_{3'}=18, z_4=30, z_5=78$。动力由轮 1 输入，经卷筒 H 输出。求 i_{1H}。

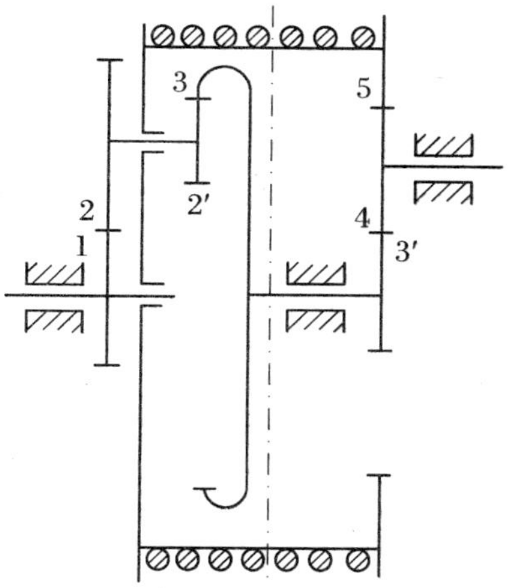

图 9-15　电动卷扬机减速器的运动简图

解　首先划分轮系。

从图 9-15 中可以看出：双联齿轮 2-2′的几何轴线不固定，而是随着内齿轮 5 的转动绕中心轴线运动，它是一个双联行星齿轮。支持该行星齿轮的内齿轮 5，即为系杆 H，而与齿轮 2 和 2′分别啮合的齿轮 1 和齿轮 3，即为太阳轮，齿轮 1、2-2′、3、5(H)组成周转轮系。齿轮 3′、4、5 组成定轴轮系。

周转轮系的传动比

$$i_{13}^{H}=\frac{n_1-n_H}{n_3-n_H}=-\frac{z_2z_3}{z_1z_{2'}}=-\frac{52\times78}{24\times21}$$

定轴轮系的传动比

$$i_{3'5}=\frac{n_{3'}}{n_5}=\frac{n_3}{n_H}=-\frac{z_5}{z_{3'}}=-\frac{78}{18}=-\frac{13}{3}$$

两式联立求解

$$i_{1H}=\frac{n_1}{n_H}=43.9$$

式中，i_{1H}为正值，表示轮 1 与卷筒 H 的转向相同。

例 9-6　在图 9-16 所示的滚齿机差动行星齿轮机构运动简图中，各齿轮齿数 $z_1=z_2=z_3=30$，$z_4=1$（单线右旋），蜗轮齿数 $z_5=30$，当齿轮 1 的转速（分齿运动）$n_1=100$ r/min，蜗杆转速（附加运动）$n_4=2$ r/min 时。试计算齿轮 3 的转速（合成运动）n_3。

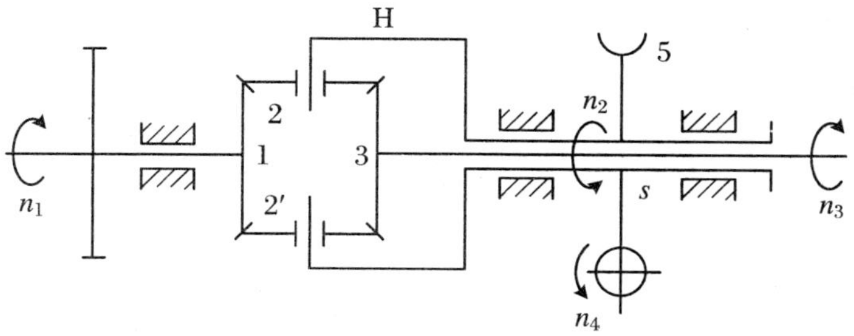

图 9-16　滚齿机差动行星齿轮机构

解　首先划分轮系。蜗杆 4 和蜗轮 5 组成定轴轮系，齿轮 1、2-2′、3 和行星架 H 组成周转轮系。

定轴轮系的传动比

$$i_{45}=\frac{n_4}{n_5}=\frac{z_5}{z_4}$$

周转轮系的传动比

$$i_{13}^{H}=\frac{n_1-n_H}{n_3-n_H}=-\frac{z_3}{z_1}=\frac{n_1-(-n_5)}{n_3-(-n_5)}=\frac{30}{30}=1$$

两式联立得

$$n_3=-2n_5-n_1=-2\times\frac{z_4}{z_5}n_4-n_1=-2\times\frac{1}{30}\times 2-100=-100.4\ (\text{r/min})$$

n_3 为负值,表示齿轮 3 的转向与齿轮 1 的转向相反。

9.5 轮系的应用

9.5.1 实现大传动比传动

一对齿轮传动,一般传动比为 5～7。当传动比大于 8 时,可采用定轴轮系的多级传动来实现。为了获得更大的传动比,可采用周转轮系。

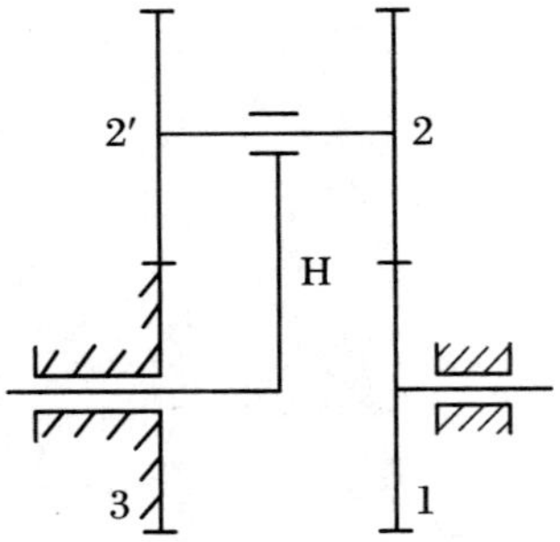

图 9-17 大传动比的行星轮系

例 9-7 如图 9-17 所示的行星轮系,已知各轮齿数 $z_1=100, z_2=101, z_{2'}=100, z_3=99$。试求传动比 i_{H1}。

解 由式(9-3)得

$$i_{13}^{H}=\frac{n_1-n_H}{0-n_H}=(-1)^2\frac{z_2z_3}{z_1z_{2'}}=\frac{101\times 99}{100\times 100}=\frac{9\,999}{10\,000}$$

$$i_{1H}=1-\frac{9\,999}{10\,000}=\frac{1}{10\,000}$$

因此

$$i_{1H}=10\,000$$

本例说明,当行星架 H 转 10 000 转时,轮 2 只转 1 转。该轮系仅用两对齿数差不多的齿轮,便能获得很大的传动比,并且传动机构非常紧凑。但这种轮系传动效率很低,而且当中心轮 1 为主动轮时,将发生自锁。因此,这种大传动比行星轮系,通常只用于高转速的仪表中,或用作精密微调机构。

9.5.2 实现运动合成

如前所述,差动轮系有 2 个自由度。利用差动轮系的这一特点,可将 2 个运动合成 1 个构件的运动输出。

例 9-8 图 9-18 所示为 Y38 滚齿机的差动轮系,它包含中心轮 1 和 3、行星轮 2、行星架 H 等构件。机构的自由度为 2。在滚切斜齿轮时,由齿轮 4 传来的运动输给中心轮 1,使其得到转速 n_1。由蜗轮 5 传来的运动输给转臂 H。这两个运动经过差动轮系合成后变为中心轮 3 的转速 n_3 输出,使滚齿机工作台得到需要的转速。

解 中心轮 1、3 的齿数相等,设轮 3 的输出转速为 n_3 则由式(9-3)可得

$$i_{13}^{H}=\frac{n_1-n_H}{n_3-n_H}=-\frac{z_3}{z_1}=-1$$

由此可得

$$n_3 = 2n_H - n_1$$

上式表明,行星架 H 和中心轮 1 的两个输入转速 n_H、n_1,经差动轮系合成为齿轮 3 的一个转速 n_3。

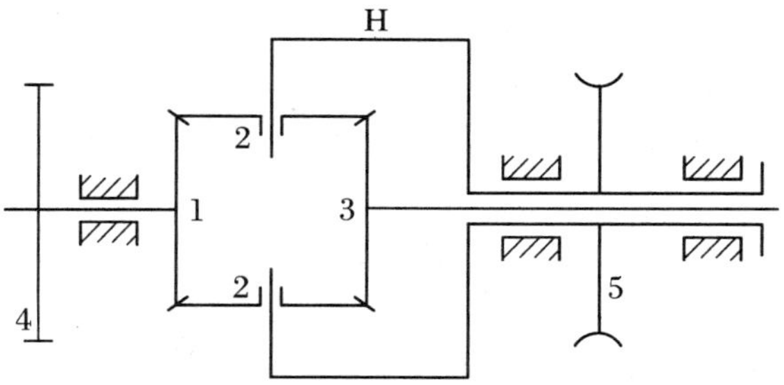

图 9-18　滚齿轮中的差动轮系

9.5.3　实现运动的分解

使用差动轮系还可以将 1 个基本构件的转动,按所需比例分解成另外 2 个基本构件的不同转动。

例 9-9　如图 9-19(a)所示,为汽车后桥差速器简图。其中齿轮 3、4、5、2(H)组成一差动轮系。汽车发动机的运动从变速器经传动轴传给齿轮 1,再带动齿轮 2 及固定在齿轮 2 上系

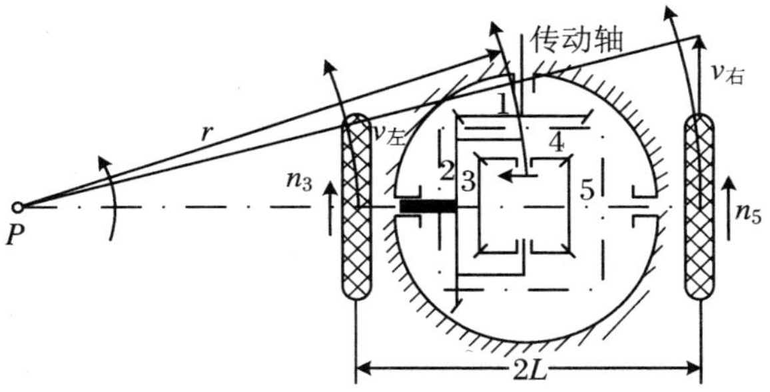

(a)

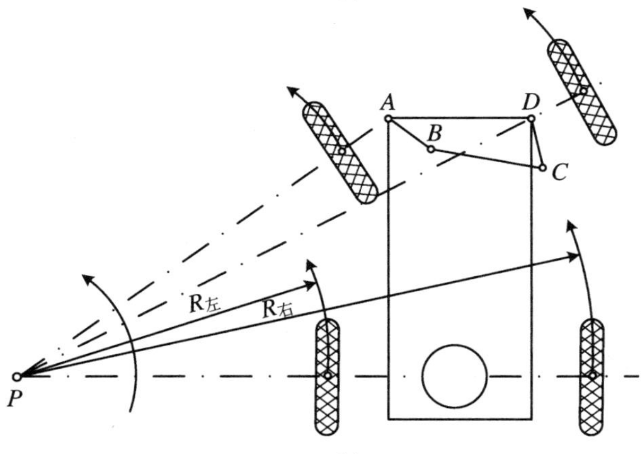

(b)

图 9-19　汽车后桥差速器

杆 H 转动。当汽车直线行驶时,要求两后轮的转速相等,即 $n_3 = n_5$。差动轮系中

$$i_{35}^{H} = \frac{n_3 - n_H}{n_5 - n_H} = -\frac{z_5}{z_3} = -1 \tag{9-4}$$

$$n_H = \frac{1}{2}(n_3 + n_5)$$

将 $n_3 = n_5$代入式(9-4),得 $n_3 = n_5 = n_H = n_2$。即齿轮 3、5 和系杆 H 之间没有相对运动,整个差动轮系相当于同齿轮 2 固连在一起,成为一刚体,随齿轮 2 一起转动。此时行星轮 4 相对于系杆没有转动。

当汽车转弯时,前轮转向机构确定了后轴线上的转弯中心 P 点之后(图 9-19(b)),使处于弯道内侧的左后轮转动一小圆弧;而处在弯道外侧的右后轮转动一大圆弧。即要求两后轮所走的路程不相等,因此齿轮 3、5 有不同的转速。汽车后桥上采用了上述差速器后,就能根据转弯半径的不同,自动改变两后轮的转速。

设汽车向左转弯,汽车两前轮在梯形转向机构 $ABCD$ 的作用下向左偏转。其轴线与汽车两后轮的轴线相较于 P 点,四个车轮均能绕 P 点做纯滚动。两个左侧车轮转得慢些,两个右侧车轮转的快些。由于两前轮是浮套在轮轴上的,故可适应任意转弯半径而与地面保持纯滚动。两个后轮,是通过上述差速器来调整转速的。设两后轮中心距为 $2L$,弯道平均半径为 r,由于两后轮的转速与弯道半径成正比,故由图可得

$$\frac{n_3}{n_5} = \frac{r - L}{r + L} \tag{9-5}$$

联立(9-4)、(9-5)两式,可求得汽车两后轮的转速分别为

$$n_3 = \frac{r - L}{r} n_H$$

$$n_5 = \frac{r + L}{r} n_H$$

这说明,当汽车转弯时,可利用上述差速器自动将传动轴的输入转速分解为两个后轮的不同转速。

这里需要特别说明的是,差动轮系可以将一个转动分解成另两个转动是有前提条件的,其前提条件是这两个转动之间必须具有一个确定的关系。在上述汽车差速器的例子中,两后轮转动之间的确定是由地面的约束条件确定的。

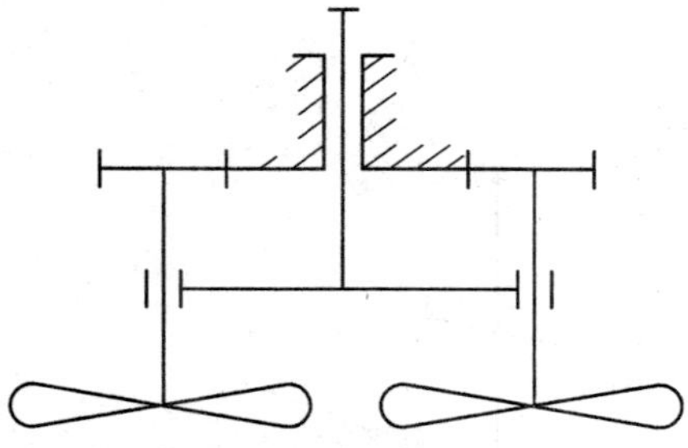

图 9-20 行星搅拌器运动简图

9.5.4 实现执行构件的复杂传动

由于在周转轮系中,行星轮既自转又公转,工程实际中,一些装置直接利用了行星轮的这一特点,实现复杂动作。

如图 9-20 所示,为一种行星搅拌器的运动简图。其搅拌器与行星轮连在一起,从而增加搅拌效果。

习 题

9.1 什么是轮系？轮系如何分类？

9.2 周转轮系中的差动轮系和行星轮系有何区别？

9.3 周转轮系的转化机构如何得到？转化机构说明什么？

9.4 轮系传动比的含义是什么？其中包含哪两方面的内容？

9.5 在图9-21所示的定轴轮系中，已知 $z_1=15, z_2=25, z_{2'}=15, z_3=30, z_{3'}=15, z_4=30, z_{4'}=2, z_5=30, z_{5'}=20, m=4$ mm。若 $n_1=500$ r/min，求齿条6的线速度 v 的大小和方向。

9.6 已知一差动轮系如图9-22所示，各轮齿数为：$z_1=16, z_2=24, z_3=64$。轮1与轮3的转速分别为1 r/min、4 r/min，转向如图9-22所示，试求 n_H 和 i_{1H}。

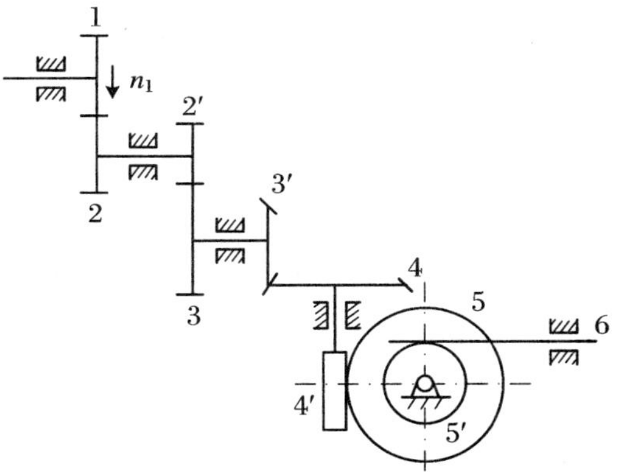

图9-21 习题9.5图

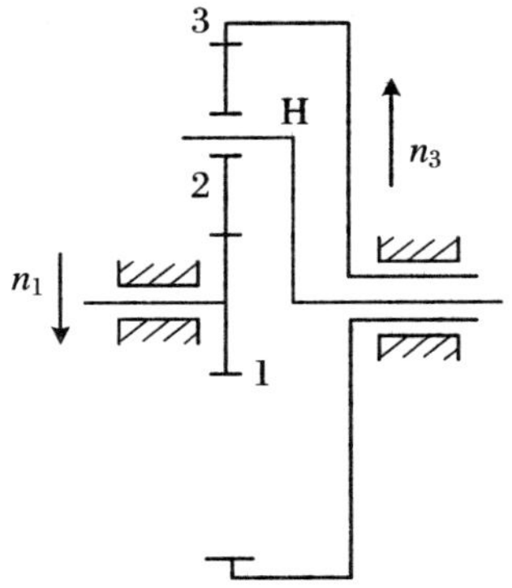

图9-22 习题9.6图

9.7 在图9-23所示的轮系中，已知各轮的齿数为：$z_1=48, z_2=48, z_{2'}=18, z_3=24$，$n_1=250$ r/min，$n_3=100$ r/min，转向如图9-23所示。求系杆的转速 n_H 的大小和方向。

9.8 在图9-24所示的混合轮系中，各轮的齿数为：$z_1=z_4=40, z_2=z_5=30, z_3=z_6=100$。试求 i_{1H}。

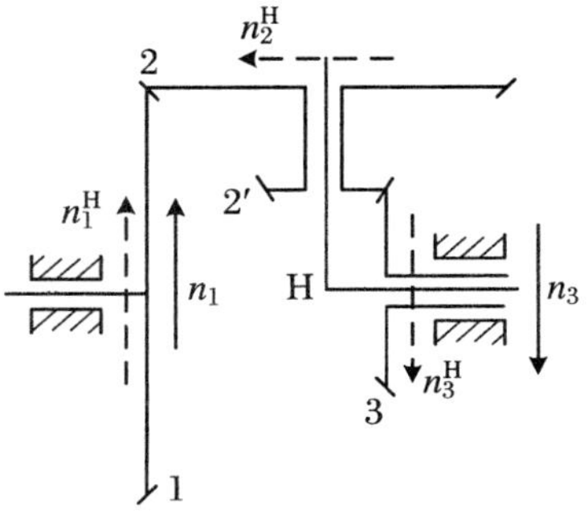

图9-23 习题9.7图

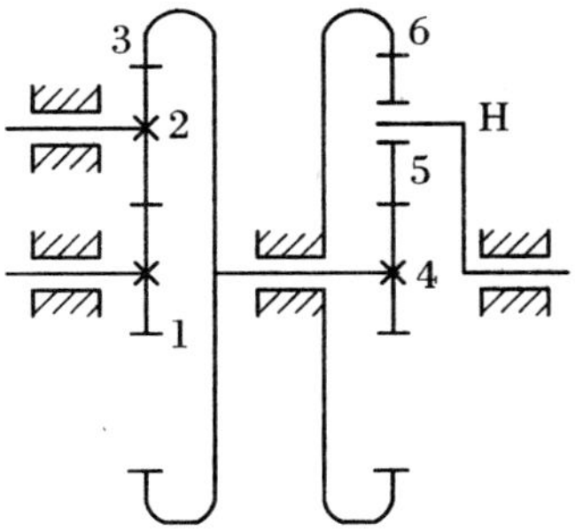

图9-24 习题9.8图

实训项目　CA6140车床主轴箱拆装和轮系传动比示意图绘制

1. 实训目的

通过对CA6140车床主轴箱传动系统的认知和分析，了解轮系的组成、轮系的类型、轮系传动示意图绘制的方法和步骤，增强对轮系的构成和传动过程判断的感性认识。

2. 实训内容和要求

① 拆装CA6140车床主轴箱，观察轮系实物。由实训指导教师现场介绍和答疑，增强对轮系的组成和传动过程的感性认识。通过对传动路线的分析，理解轮系的传动过程并查找出惰轮，然后再按步骤绘制轮系传动示意图。

② 通过拆装CA6140车床主轴箱，理解轮系的传动过程；绘制轮系传动示意图，培养动手能力和对课程学习的兴趣。

③ 阅读和掌握教材中有关轮系的理论知识。现场拆装、观察CA6140车床主轴箱，分析轮系的构成和传动过程。使用必要的测量器具和绘图工具完成轮系传动示意图。撰写实训报告。

第 10 章　机件的联接

为便于机器的制造、安装、运输及维修，机器各零部件之间广泛采用各种联接。所谓联接，是指被联接件之间的接合。被联接件指轴与轴上零件（如齿轮、飞轮）、轮缘与轮心、箱体与箱盖、焊接零件中的钢板与型钢等。专门用于联接的零件称为联接件，也称为紧固件，如螺栓、螺母、销等。有些零件没有专门的紧固件，如过盈联接、焊接、黏结等。

联接有多种分类方法，其中一种根据可拆性，分为可拆联接和不可拆联接两种。允许多次装拆而无损于其使用性能的联接称为可拆联接，如螺纹联接、键联接和销联接。必须破坏或损伤联接件、被联接件才能拆开的联接称为不可拆联接，如焊接、黏结和铆接等。

10.1　螺　　纹

10.1.1　螺纹的形成及类型

10.1.1.1　螺纹的形成

如图 10-1(a)所示，将一倾斜角为 λ 的直角三角形绕在圆柱体上，则三角形的斜边在圆柱表面上形成一条螺旋线。取图中右边带阴影的任一平面图形，使它沿着螺旋线运动，运动时保持该图形通过圆柱体的轴线，则该图形的轨迹就是螺纹。阴影的平面图形就是螺纹的牙型，如图 10-1(b)所示。

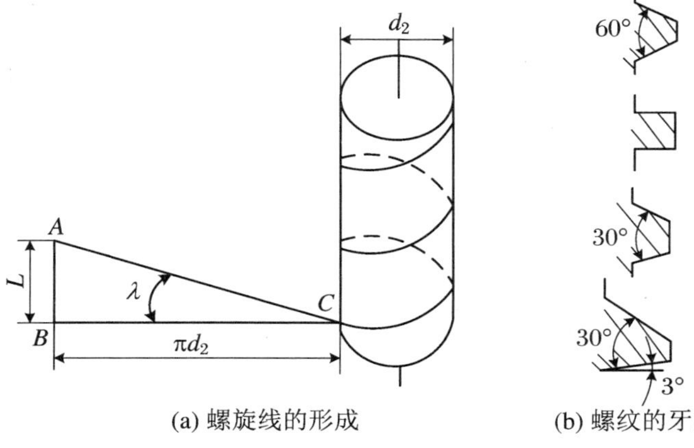

(a) 螺旋线的形成　　(b) 螺纹的牙型

图 10-1　螺旋线的形成与牙型

10.1.1.2 螺纹的类型

按螺纹的牙型分为三角形螺纹、管螺纹、梯形螺纹、锯齿形螺纹、矩形螺纹。前两种主要用于联接，后三种主要用于传动。其中除矩形螺纹外，都已标准化。标准螺纹的基本尺寸可查阅有关标准。常用螺纹的类型、特点和应用见表 10-1。

表 10-1 常用螺纹的类型、特点和应用

类型	牙型图	特点和应用
普通螺纹	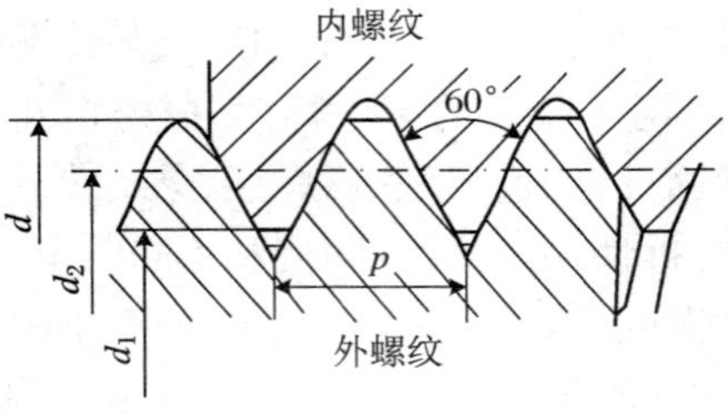	牙型角 $\alpha=60°$，牙根较厚，牙根强度较高。当量摩擦因数较大。同一公称直径，按螺距大小分粗牙和细牙，应用极广，主要用于联接。一般情况下用粗牙；细牙用于薄壁零件或受动载荷的联接，还用于液压系统内的一些联接以及微调机构的调整
英制螺纹	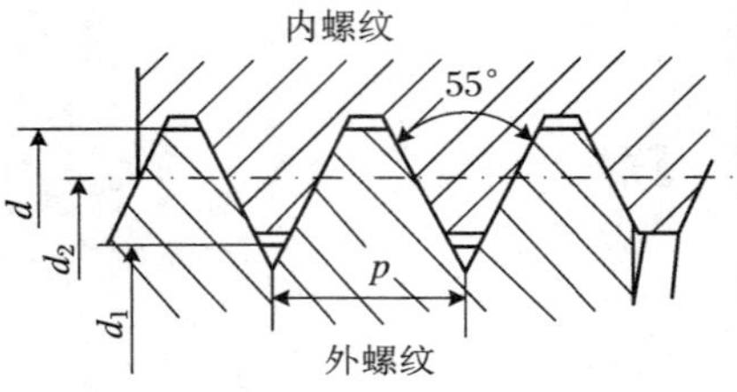	牙型角 $\alpha=55°$（英制），也有 $\alpha=60°$（美制）的。长度单位用英制单位。螺距以每英寸牙数反映，也有粗牙、细牙之分。多在修配英、美等国家的机件时使用
圆柱螺纹	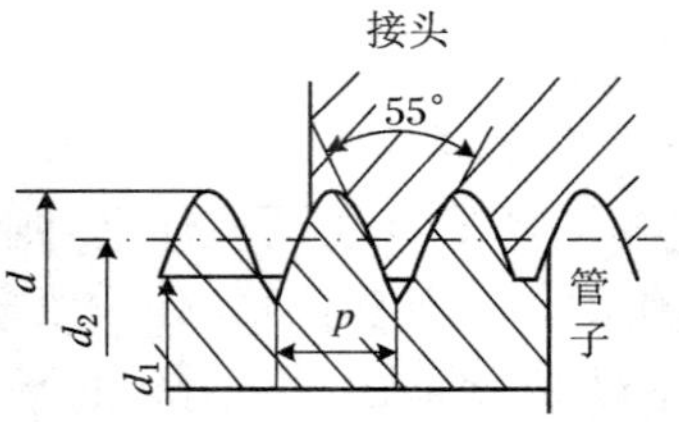	牙型角 $\alpha=55°$，牙顶呈圆弧，旋合螺纹间无径向间隙，紧密性好。公称直径近似为管子孔径，以英寸为单位。多用于压力在 1.57 MPa 以下的管子联接
圆锥螺纹	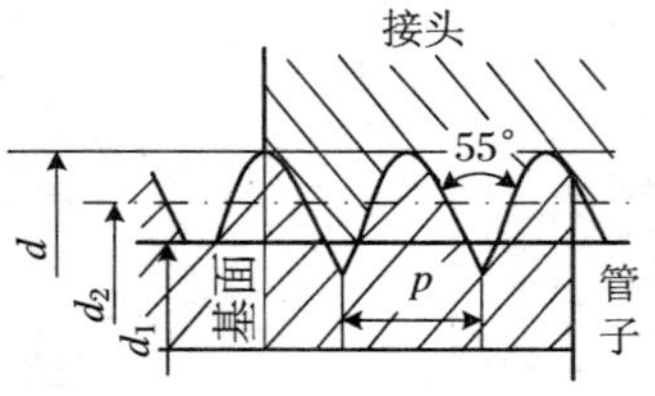	与圆柱管螺纹相似，但螺纹分布在 1∶16 的圆锥表面上，紧密性好，通常用于高温、高压条件下工作的管子联接。当与内圆柱管螺纹配用时，在 1 MPa 压力下已足够紧密
矩形螺纹	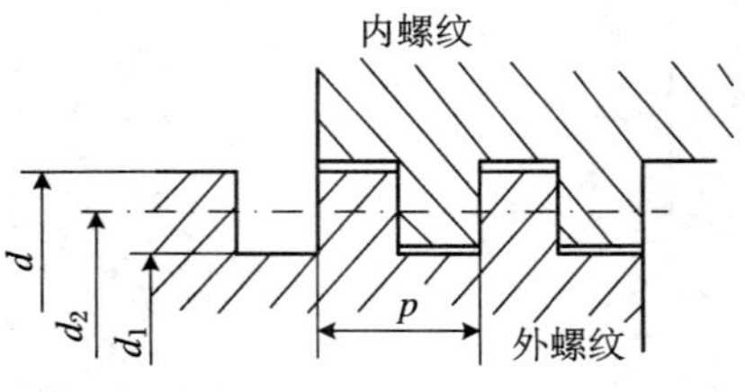	螺纹牙的剖面通常为正方形，牙型角 $\alpha=0°$，牙厚为螺距的一半，尚未标准化。牙根强调较低，难于精确加工，磨损后松动，间隙难以补偿，对中精度低。但当量摩擦因数最小，效率较其他螺纹高，故用于传动

续表

类型	牙型图	特点和应用
梯形螺纹	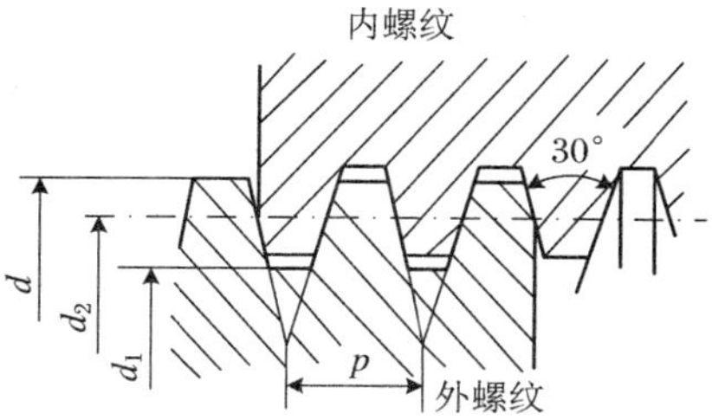	牙型角 $\alpha=30°$，效率比矩形螺纹低，但可避免矩形螺纹的缺点，广泛用于传动
锯齿形螺纹	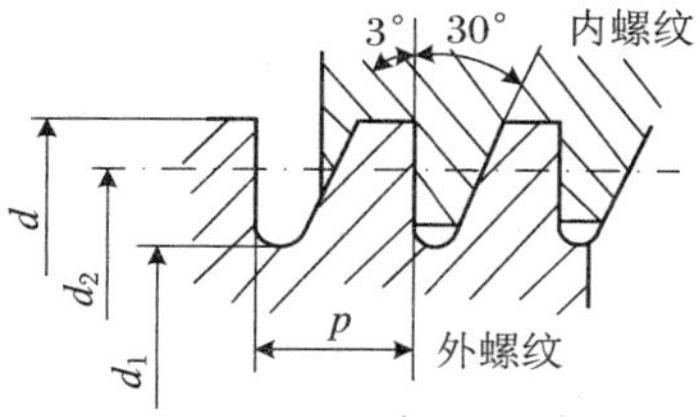	工作面的牙型角为 $\alpha=3°$，非工作面的牙侧角 $\alpha=30°$。综合了矩形螺纹效率高和梯形螺纹牙根强度高的特点，但只能用于单向受力的传动

按螺旋线的根数分为单线螺纹和多线螺纹。如图 10-2 所示，线数过多的螺纹加工困难，所以常用的线数为 2、3，最多不超过 4。

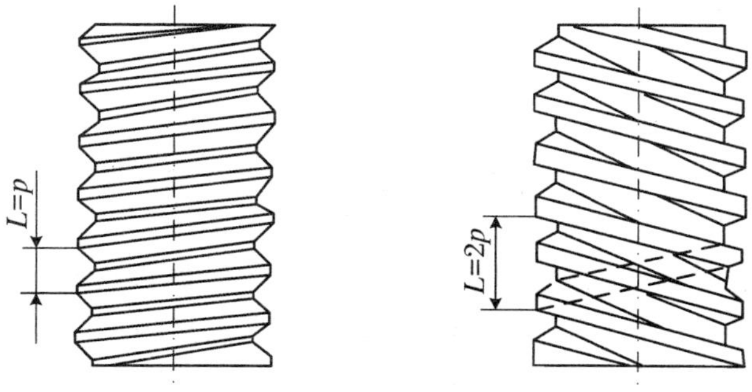

(a) 单线右旋　　(b) 双线左旋

图 10-2　不同线数和旋向的螺纹

按形成内、外表面分为外螺纹和内螺纹。在圆柱体外表面上形成的螺纹，称为外螺纹；在圆柱孔的内表面上形成的螺纹，称为内螺纹。内、外螺纹搭配形成螺纹副。按螺纹的作用分为联接螺纹和传动螺纹。按母体形状分为圆柱螺纹和圆锥螺纹（螺纹分布在圆锥面上）。按螺纹的旋向分为左旋螺纹和右旋螺纹，右旋螺纹为常用螺纹（图 10-2）。螺纹又有米制和英制（螺距以每英寸牙数表示）之分，我国除管螺纹保留英制外，都采用米制螺纹。

10.1.2　螺纹的主要参数

螺纹的主要参数如图 10-3 所示。

（1）大径 d（或 D）

螺纹的最大直径，即与螺纹牙顶相重合的假想圆柱的直径，在标准中定为公称直径。

(2) 小径 d_1(或 D_1)

螺纹的最小直径,即与螺纹牙底相重合的假想圆柱的直径,在强度计算中常作为螺杆危险截面的计算直径。

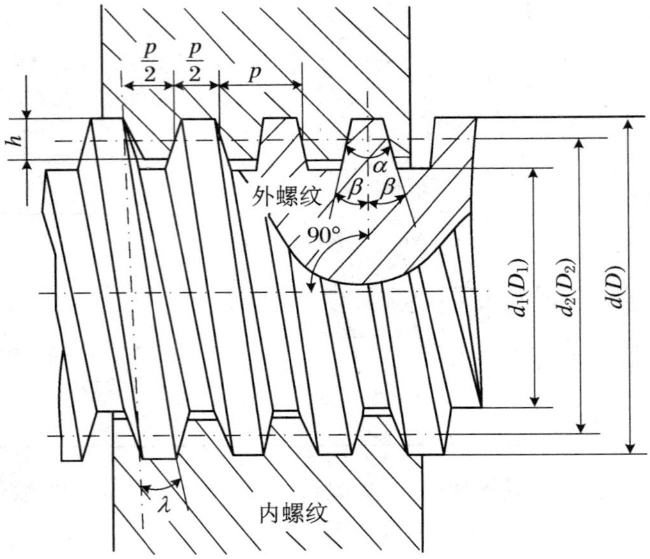

图 10-3 螺纹的主要参数

(3) 中径 d_2(或 D_2)

通过螺纹轴向截面内牙型上的沟槽和凸起宽度相等处的假想圆柱面的直径,近似等于螺纹平均直径 $d_2 \approx 1/2(d+d_1)$。中径是确定螺纹几何参数和配合性质的直径。

(4) 线数 n

螺纹的螺旋线数目。沿一根螺旋线形成的螺纹称为单线螺纹;沿两根以上的等距螺旋线形成的螺纹称为多线螺纹。常用的螺纹要求自锁性,故多用单线螺纹;传动螺纹要求传动效率高,故多用双线或三线螺纹。为了便于制造,一般用线数 $n \leqslant 4$。

(5) 螺距 p 和导程 L

螺距是指螺纹相邻两个牙型在中径线上对应两点的轴向距离。按螺距 p 的大小分成粗牙和细牙。

导程是指同一条螺旋线上的相邻两牙在中径圆柱上对应两点的轴线距离。

若螺旋线数为 n,则 $L=np$。

(6) 螺纹升角 λ

在中径线上螺旋线的切线与垂直于螺纹轴线的平面间的夹角。由图 10-1 可知

$$\tan\lambda = \frac{L}{\pi d_2} = \frac{np}{\pi d_2} \tag{10-1}$$

(7) 牙型角 α

轴向剖面内螺纹牙型两侧面的夹角。

(8) 牙侧角 β

螺纹牙型的侧边与螺纹轴线的垂直平面的夹角。对称牙型的牙侧角 $\beta=\alpha/2$。

10.1.3　螺旋副的受力分析、效率和自锁

10.1.3.1　矩形螺纹

1. 受力分析

在图 10-4(a)所示的矩形螺旋副中，为分析方便，在旋紧螺母时，可将螺母视为一滑块受轴向载荷 F_a 作用，在水平驱动力 F_t 的推动下沿螺纹表面匀速向上移动，如图 10-4(b)所示。如将螺纹沿中径展开，螺纹副的受力即相当于滑块在水平力 F_t 的推动下沿斜面匀速向上滑动。

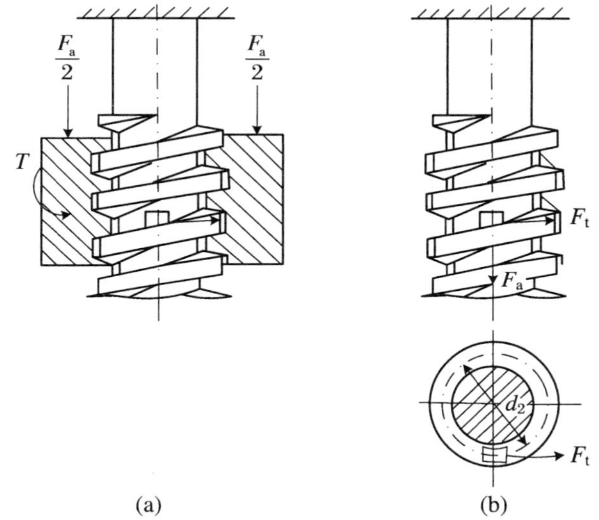

图 10-4　矩形螺纹受力情况

图 10-5(a)所示为滑块沿斜面以速度 v 匀速上升的受力情况。设 F_n 为斜面对滑块的法向反力，λ 为上升角，f 为摩擦因数，则滑块上的摩擦阻力 $F_f = fF_n$，方向与 v 相反。总反力 F_r 为 F_n 与 F_f 的合力，F_r 与 F_a 的夹角为 $\lambda+\rho$，ρ 为摩擦角，$\rho = \arctan f$。由力的平衡条件可知，F_r、F_t、F_a 三力组成力封闭三角形，由图 10-5(b)可得

$$F_t = F_a \tan(\lambda + \rho) \tag{10-2}$$

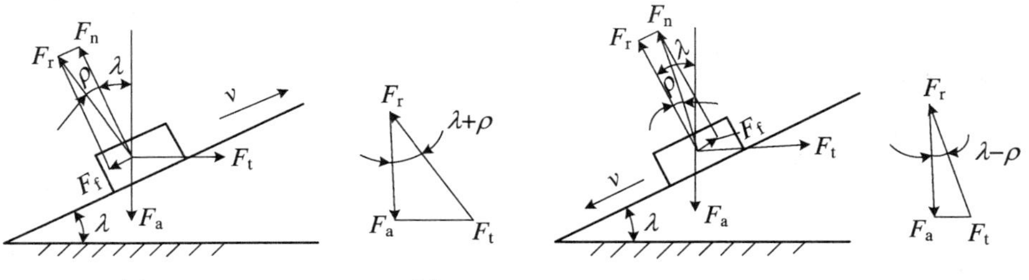

图 10-5　矩形螺纹受力分析

F_t 对螺纹轴心线的力矩 T 称为螺纹力矩：

$$T = F_t \frac{d_2}{2} = F_a \tan(\lambda + \rho) \frac{d_2}{2} \tag{10-3}$$

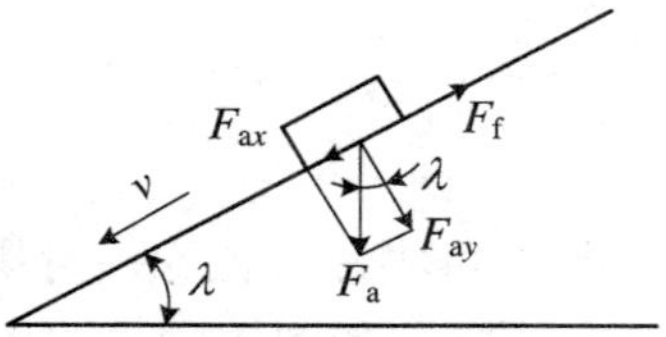

图 10-6　自锁分析

2．螺纹的自锁

螺纹被拧紧后，如果不给滑块加一力 F，则不论轴向力 F_a 有多大，滑块都不会自行下滑。这种现象称为自锁。

如图 10-6 所示，作用在滑块上的轴向力 F_a 可分解为正压力 F_{ay} 与下滑力 F_{ax}

$$\begin{cases} F_{ay} = F_a \cos \lambda \\ F_{ax} = F_a \sin \lambda \end{cases}$$

F_{ay} 使滑块压紧斜面，当滑块有下降趋势时，产生摩擦力 F_f，其方向为沿斜面向上。

当 $F_{ax} \leqslant F_f$ 时，滑块不会自行下滑，螺纹具有自锁性。即

$$F_a \sin \lambda \leqslant F_a f \cos \lambda$$

$$\tan \lambda \leqslant f = \tan \rho$$

故螺旋副的自锁条件为

$$\lambda \leqslant \rho \tag{10-4}$$

3．螺旋副的效率

有效功 W_2 与输入功 W_1 之比称为机械效率，用 η 表示。驱动螺母转动一周输入的功为 $W_1 = 2\pi T$，此时升举滑块所做的有效功 $W_2 = F_a L$，故

$$\eta = \frac{W_2}{W_1} = \frac{F_a L}{2\pi T} = \frac{F_a \pi d_2 \tan \lambda}{2\pi F_a \tan(\lambda + \rho) \dfrac{d_2}{2}} = \frac{\tan \lambda}{\tan(\lambda + \rho)} \tag{10-5}$$

10.1.3.2　非矩形螺纹

非矩形螺纹是指牙型角 $\alpha \neq 0$ 的三角形螺纹、梯形螺纹和锯齿形螺纹。

如图 10-7 所示的两种螺纹，若不考虑螺纹升角的影响，则矩形螺纹的法向反力 $F_n = F_a$，如图 10-7(a)所示；三角形螺纹则相当于槽面摩擦，它的法向反力 $F'_n = \dfrac{F_a}{\cos \beta}$，如图 10-7(b) 所示。其中，$\delta$ 为三角形螺纹的牙型斜面，显然 $F'_n > F_n$。若把法向力的增加看做摩擦因数的增加，则分析矩形螺纹所得各公式中的摩擦因数 f 和摩擦角 ρ，即变成当量摩擦因数 $f_v = f/\cos \beta$ 和当量摩擦角 $\rho_v = \arctan f_v$，得牙型角 $\alpha \neq 0$ 的螺纹力的关系式如下：

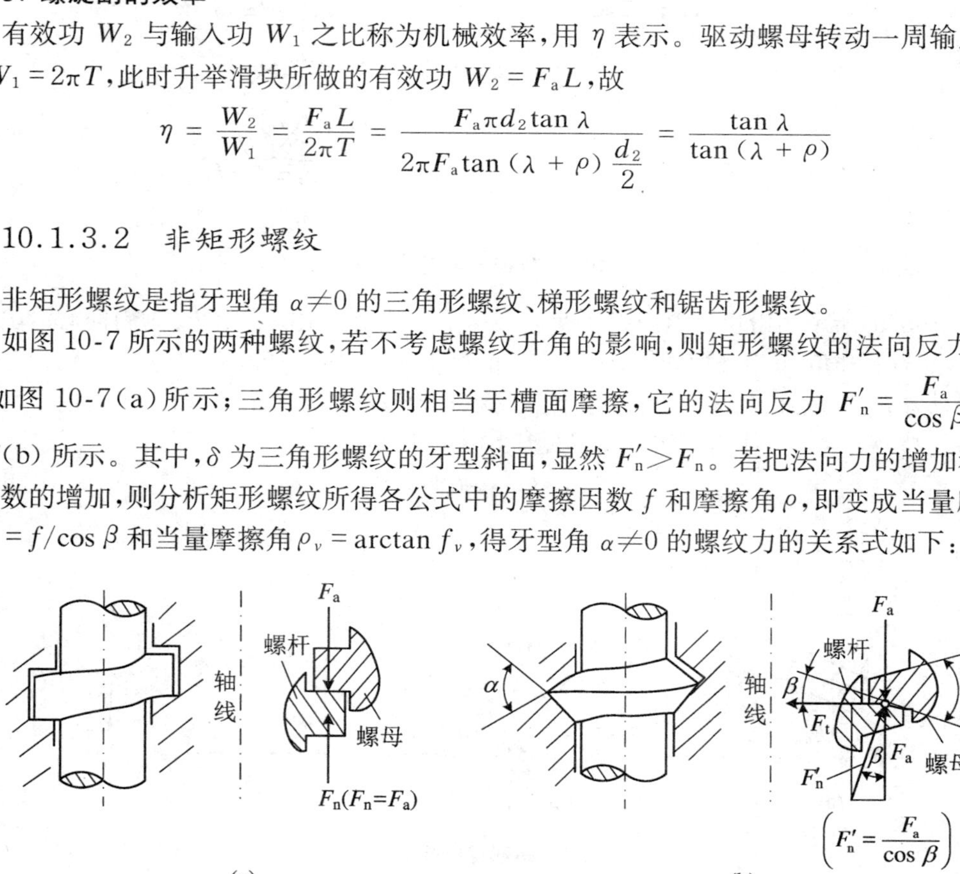

(a)　(b)

图 10-7　矩形螺纹与三角形螺纹受力分析比较

$$F_t = F_a \tan(\lambda + \rho_v)$$

$$T = F_a \frac{d_2}{2} \tan(\lambda + \rho_v)$$

$$\eta = \frac{\tan \lambda}{\tan(\lambda + \rho_v)}$$

同理，得自锁条件为

$$\lambda \leqslant \rho_v \tag{10-6}$$

分析上述几个公式可知，牙型角越大，则 f_v 和 ρ_v 越大，螺旋副的效率越低，自锁性能越好，所以单线的三角形螺纹主要用于联接；其他螺纹则用于传递运动和动力。

10.2　螺纹联接及螺纹联接件

10.2.1　螺纹联接的基本类型

10.2.1.1　螺栓联接

常见的普通螺栓联接如图 10-8(a)所示。在被联接件上开有通孔，插入螺栓后在螺栓的另一端拧上螺母。这种联接的结构特点是被联接件的通孔和螺栓杆间留有间隙，通孔的加工精度要求低，结构简单，装拆方便，使用时不受被联接件材料的限制，因此应用极广。图 10-8(b)是铰制孔用螺栓联接。这种联接能精确固定被联接件的相对位置，并能承受横向载荷，但孔的加工精度要求较高。

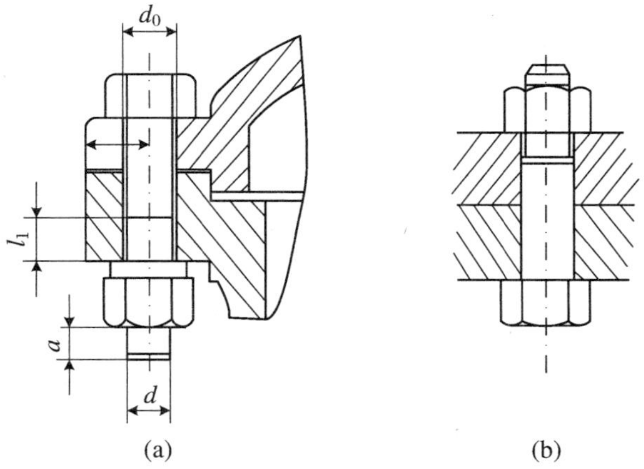

图 10-8　螺栓联接

螺纹余留长度 l_1；静载荷 $l_1 \geqslant (0.3 \sim 0.5)d$；变载荷 $l_1 \geqslant 9.75d$；冲击载荷或弯曲载荷 $l_1 \geqslant d$；铰制孔用螺栓联接 $l_1 = d$；螺纹伸出长度 $a = (0.2 \sim 0.3)d$；螺栓轴线到被联接件边缘的距离 $e = d + (3 \sim 6)\text{mm}$；通孔直径 $d_0 \approx 1.1d$

10.2.1.2 双头螺柱联接

如图 10-9(a)所示,这种联接适用于结构上不能采用螺栓的场合,例如被联接件之一太厚,不宜制成通孔,材料比较软(例如用铝镁合金制造的壳体)且需要经常拆装的,往往采用双头螺栓联接。显然,拆卸这种联接时,不用拆下螺柱。

10.2.1.3 螺钉联接

如图 10-9(b)所示,这种联接的特点是螺栓(或螺钉)直接拧入被联接件的螺纹孔中,不用螺母,在结构上比双头螺柱联接简单、紧凑。其用途和双头螺柱联接相似,但如经常拆装,易使螺纹孔磨损,可能导致被联接件报废,故多用于受力不大,或不需要经常拆装的场合。

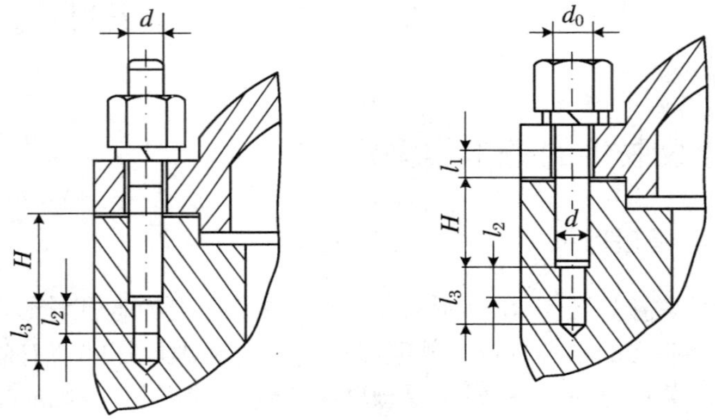

(a) (b)

图 10-9 双头螺拄、螺钉联接

拧入深度 H,当带螺纹孔件材料为:铜或青铜 $H \approx d$;铸铁 $H=(1.25\sim1.5)d$;铝合金 $H=(1.5\sim2.5)d$

10.2.1.4 紧定螺钉联接

图 10-10 紧定螺钉联接是利用拧入零件螺纹孔中的螺钉末端顶住另一零件的表面或顶入相应的凹坑中,以固定两个零件的相对位置,并可传递不大的力或转矩。

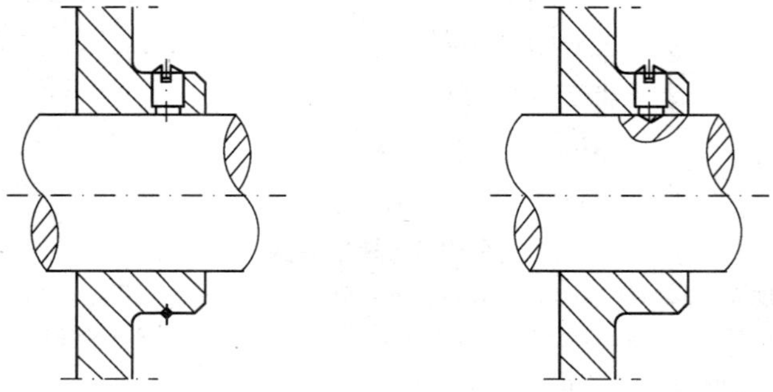

(a) (b)

图 10-10 紧定螺钉联接

螺钉除作为联接和紧定用外，还可用于调整零件位置，如机器、仪器的调节螺钉等。

除上述 4 种基本螺纹联接形式外，还有一些特殊结构的联接。例如，专门用于将机座或机架固定在地基上的地脚螺栓联接(图 10-11)，装在机器或大型零部件的顶盖或外壳上便于起吊用的吊环螺栓联接(图 10-12)，用于工装设备中的 T 形槽螺栓联接(图 10-13)等。

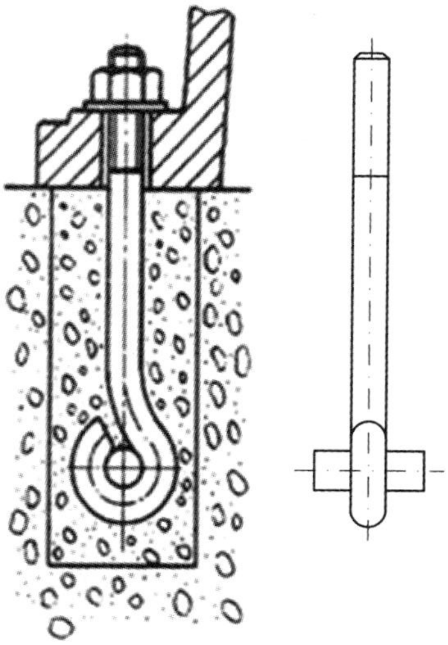

图 10-11　地脚螺栓联接

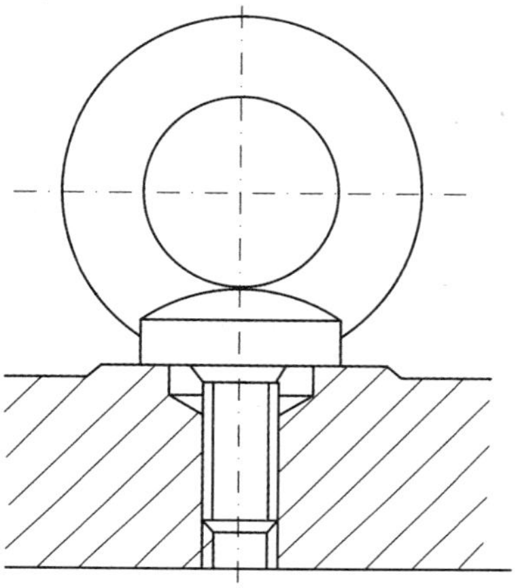

图 10-12　吊环螺栓联接

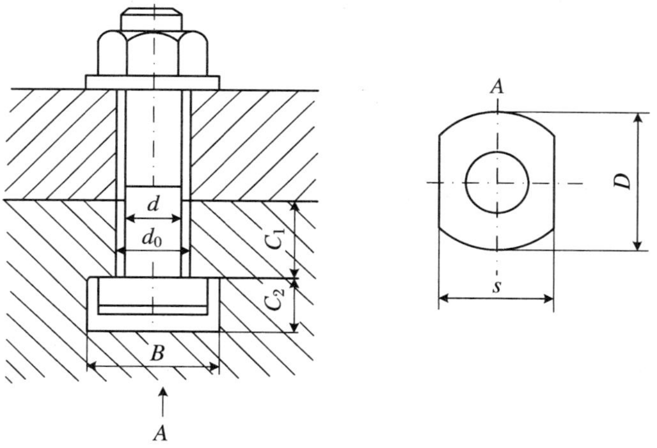

图 10-13　T 形槽螺栓联接

$d_0 = 1.1d$；　$C_1 = (1-1.5)d$；

$C_2 = (0.7 \sim 0.9)d$；　$B = (1.75 \sim 2.0)d$

10.2.2　螺纹及螺纹联接件的选用

在工程中常见的螺纹联接件有螺栓、双头螺柱、螺钉、紧定螺钉、螺母、垫圈以及防松零件等。其结构、尺寸等均已标准化。它们的主要特点和适用范围见表 10-2，设计时可根据使用要求从标准中选用。

表 10-2　常用标准螺纹联接件

类型	结构形式	特点及应用
六角头螺栓	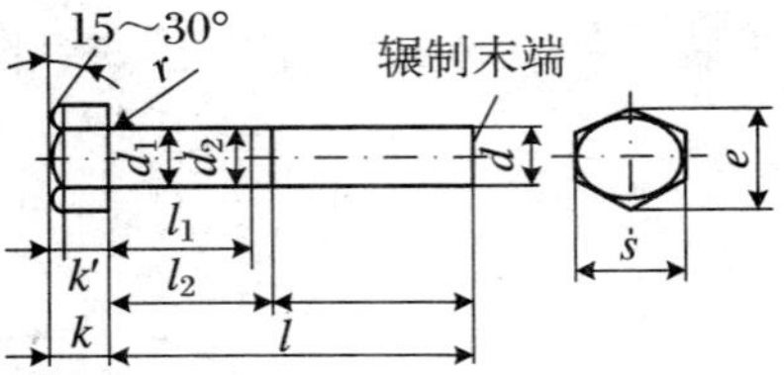	精度分为 A、B、C 三级，通常多用 C 级。杆部可以全是螺纹或只有一段螺纹，螺纹可用粗牙或细牙(A、B 级)
双头螺柱	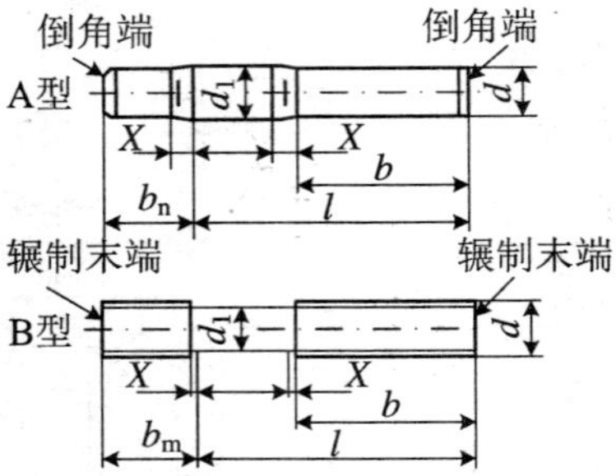	两端均有螺纹，两端螺纹可相同或不同，一端常旋入铸铁或有色金属的螺纹孔中，另一端则用于安装螺母以固定其他零件
螺钉	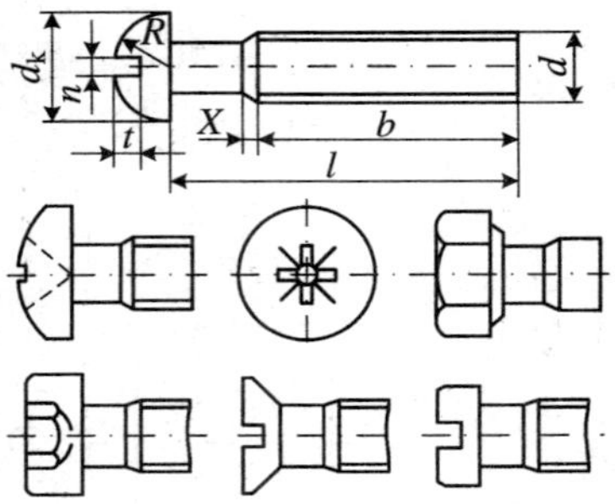	头部形状有圆头、扁圆头、内六角头、圆柱头及沉头等。头部起子槽有一字槽、十字槽、内六角孔等。十字槽强度高，便于用机动工具，内六角孔用于结构紧凑的地方。与螺栓的区别是要求全螺纹；螺纹部分直径较大
紧定螺钉	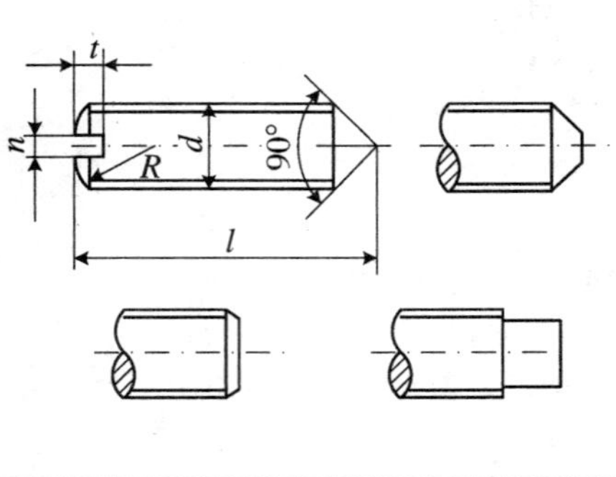	紧定螺钉末端的形状，有锥端、平端和圆柱端。锥端适用于零件表面硬度较低、不常拆卸的场合；平端接触面积大，不伤零件表面，用于顶紧硬度较大的平面，适用于经常拆卸的场合；圆柱端压入轴上凹坑中，适用于紧定空心轴上零件的位置，用于较轻材料和金属薄板

续表

类型	结构形式	特点及应用
自攻螺钉	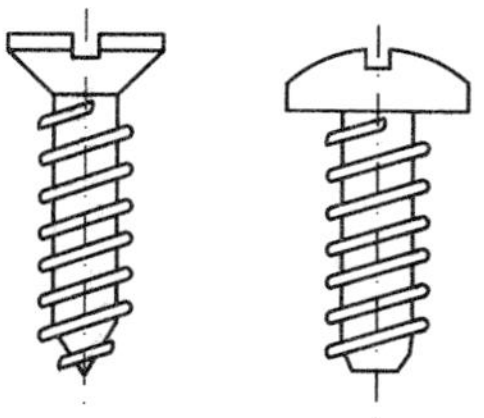	头部形状有圆头、六角头、圆柱头和沉头等。头部起子槽有一字槽、十字槽等。末端的形状有锥端、平端。利用螺钉直接攻出螺纹。多用于联接金属薄板、轻合金或塑料零件
六角螺母	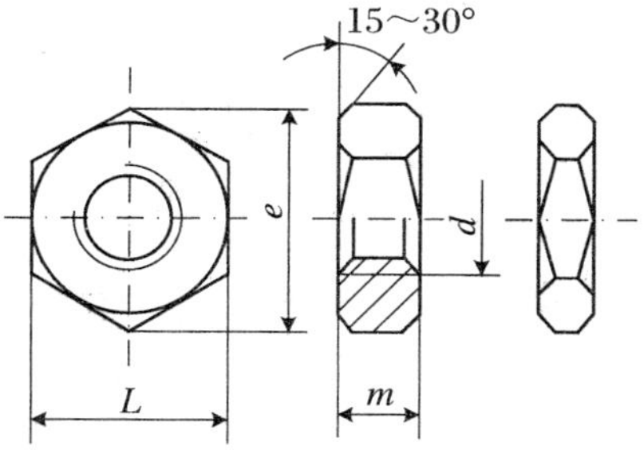	按螺母厚度分标准、薄型两种。螺母的制造精度和螺栓相同。分为 A、B、C 三级，分别与相同级别的螺栓配用
圆螺母	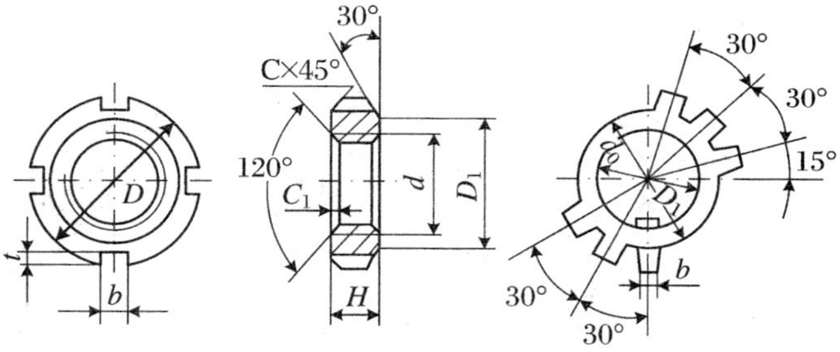	常与止退垫圈配用，应用时将垫圈内舌嵌入轴槽中，外舌嵌入圆螺母的槽内，螺母即被锁紧。常作为滚动轴承的轴向固定用
垫圈	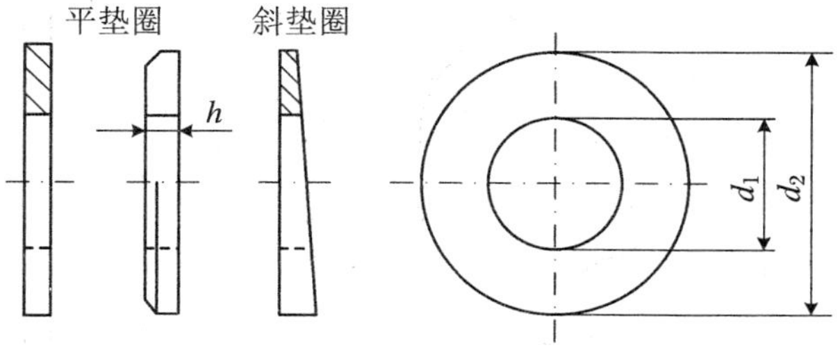	常放置在螺母和被联接件之间，用于防松。平垫圈按加工精度的不同，分 A、C 级两种。用于同一螺纹直径的垫圈又分为特大、大、普通、小四种规格。特大垫圈主要用于铁木结构，斜垫圈只用于倾斜的支承面上

10.2.3　螺纹联接的预紧和防松

10.2.3.1　螺纹联接的预紧

绝大多数螺纹在装配时都必须拧紧，通常称为预紧。预紧的目的是为了提高联接的紧密性、紧固性和可靠性。在重要的螺栓联接中，预紧力的大小要严格控制。控制预紧力可采用如图 10-14(a)示的测力矩扳手或如图 10-14(b)所示的定力矩扳手。

对于不能严格控制预紧力的重要螺旋联接，而只靠安装经验来拧紧螺栓时，一般常用M12～24 mm 的螺栓，以免装配时被拧断。

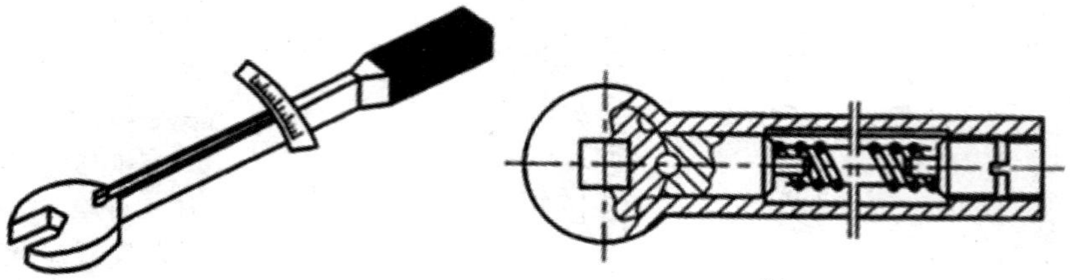

(a) (b)

图 10-14 测力矩扳手和定力矩扳手

10.2.3.2 螺纹联接的防松

螺纹联接在拧紧后，一般在静载荷作用下不会松动，但在冲击、振动或变载荷作用下，则会使联接松动。其危害很大，必须采取防松措施。

螺纹联接的防松实质上就是防止螺母和螺栓的相对运动。常采用的防松方法见表10-3。

表 10-3 常用的防松方法

利用增大摩擦力防松	 弹簧垫圈 弹簧垫圈材料为弹簧钢，装配后垫圈被压平，其反弹力能使螺纹间保持压紧力和摩擦力	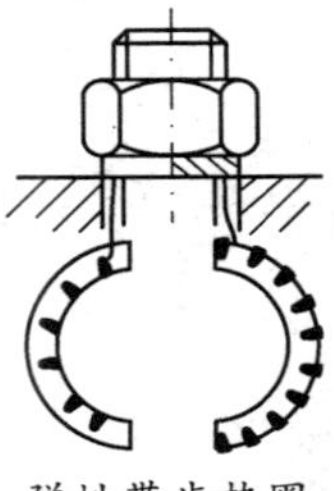 弹性带齿垫圈 靠压平垫圈后产后的弹力达到防松。由于弹力均匀，所以效果良好。它有外齿的(图右下方)，也有内齿的(图左下方)。但它不宜用于经常装卸或材料较软的被联接件	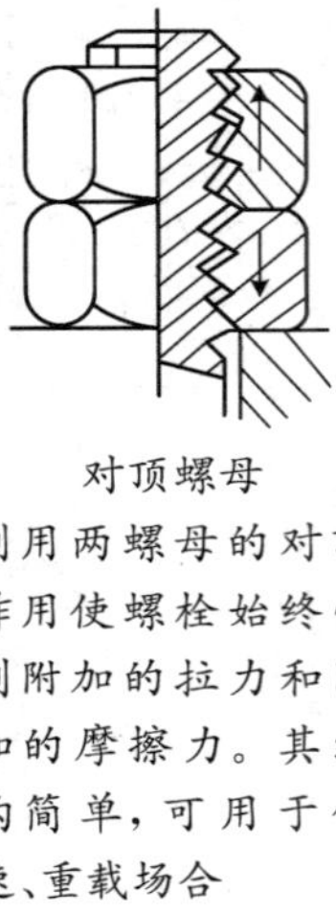 对顶螺母 利用两螺母的对顶作用使螺栓始终受到附加的拉力和附加的摩擦力。其结构简单，可用于低速、重载场合	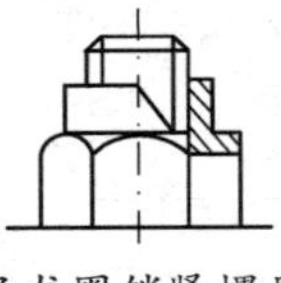 尼龙圈锁紧螺母 螺母中嵌有尼龙圈，拧上后尼龙圈内孔被胀大，箍紧螺栓

续表

采用止动元件防松	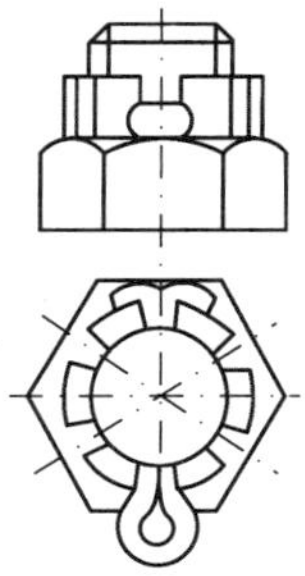 槽形螺母加工口销 槽形螺母拧紧后，用开口销穿过螺栓尾部小孔和螺母的槽，也可以用普通螺母拧紧后再配钻开口销孔	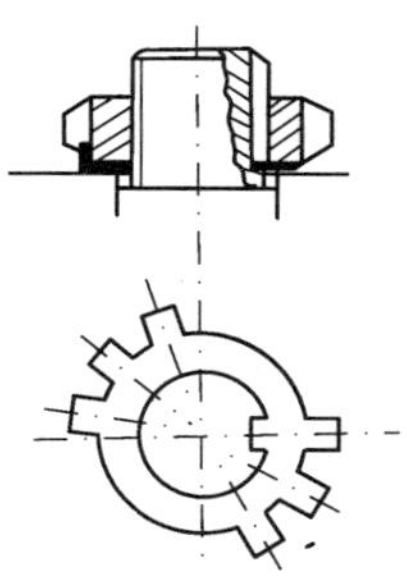 圆螺母加带齿垫片 使垫片内翅嵌入螺栓(轴)的槽内，拧紧螺母后将垫片外翅之一折嵌于螺母的一个槽内	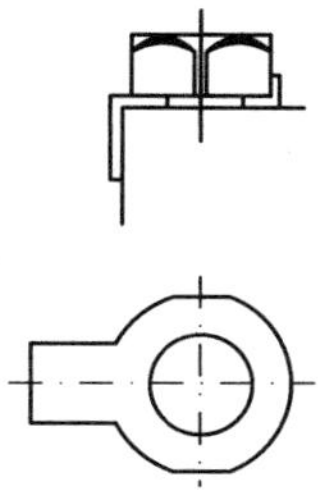 止动垫片 将垫片折边以固定螺母和被联接件的相对位置	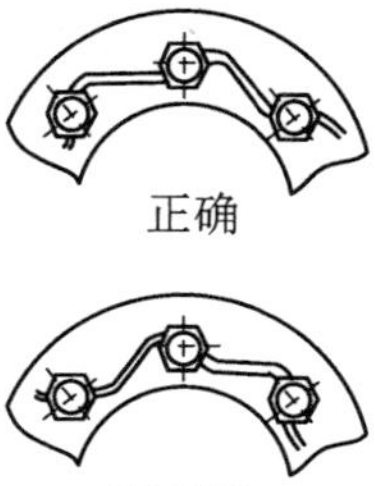 串联钢丝 利用钢丝使一组螺栓头部互相约束，无法松动
其他方法防松	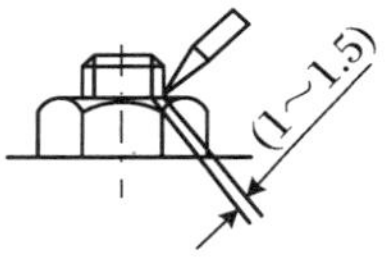 冲点法防松	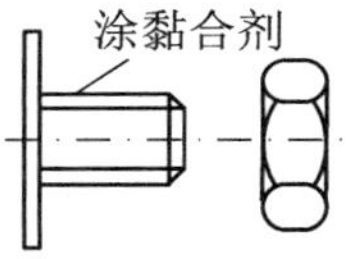 胶接法防松 用黏合剂涂于螺栓旋合表面，拧紧螺母后黏合剂能自行固定，防松效果良好		

10.3　螺栓联接的强度计算和结构设计

10.3.1　螺栓联接的强度计算

螺栓联接强度计算的目的是确定螺栓的直径，或校核危险截面的强度。至于标注螺纹联接件的其他尺寸，标注制定时贯彻了等强度原则，不需要进行承载能力计算。

10.3.1.1　普通螺栓联接的强度计算

普通螺栓的主要失效形式是螺杆被拉断，因此对普通螺栓联接要进行拉伸强度计算。

1. 承受横向工作载荷的普通螺栓联接

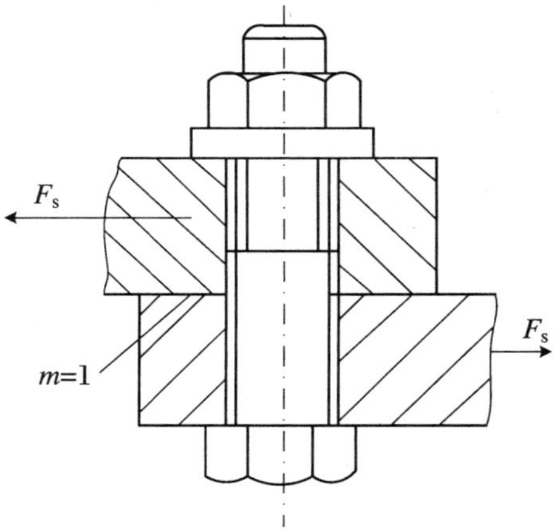

图 10-15　受横向载荷的普通螺栓联接

如图 10-15 所示，横向外载荷 F_s 与螺栓轴线垂直，在 F_s 的作用下，被联接件的结合面间有

相对滑动趋势，为防止被联接件相对滑动，螺栓的预紧力 F_0 为

$$F_0 = \frac{CF_s}{mfz} \tag{10-7}$$

式中，F_s为单个螺栓所受的横向载荷(N)；C 为可靠性系数，通常 $C=1.1\sim1.3$；m 为接合面数；f 为接合面之间的摩擦因数，对于钢或铸铁件可取 $f=0.1\sim0.5$；z 为螺栓的个数。

这种联接的螺栓在预紧力 F_0 作用下，其危险截面除受拉应力 σ 外，还受螺旋副中摩擦力矩 T 引起的切应力 τ 作用。根据第四强度理论，螺纹部分的强度条件可简化为

$$\sigma = \frac{1.3F_0}{\frac{\pi d_1^2}{4}} \leqslant [\sigma] \tag{10-8}$$

$$d_1 \geqslant \sqrt{\frac{5.2F_0}{\pi[\sigma]}} \tag{10-9}$$

式中，$[\sigma]$为螺栓的许用应力(MPa)；d_1 为螺栓的小径(mm)。

2. 承受轴向工作载荷的普通螺栓联接

图 10-16 所示为压力容器的螺栓联接，螺栓预紧后，再受轴向工作载荷。

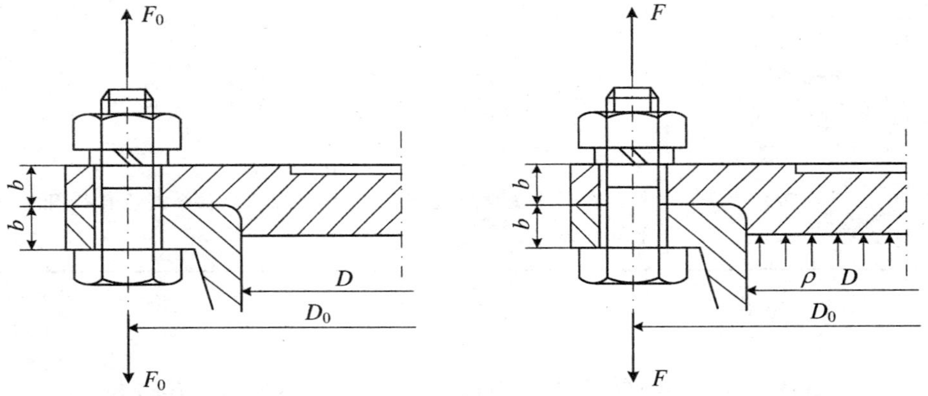

(a) 工作载荷作用前　　(b) 工作载荷作用后

图 10-16　受轴向载荷的普通螺栓联接

图 10-16(a)所示为螺栓只受预紧力 F_0，接合面也受压力的作用；工作时，在轴向工作载荷 F_a作用下，接合面处由 F_0 压力减为 F'，F'称为残余预紧力。此时，F'同时也作用在螺栓上，因此，螺栓的总拉力应等于工作拉力 F_a与残余预紧力 F'之和(图 10-16(b))，即

$$F = F_a + F' \tag{10-10}$$

为了保证联接的紧密性，残余预紧力 F'应大于 0。F'的大小可根据工作条件按表 10-4 选取。

表 10-4　残余预紧力的推荐值

联接性质	紧固联接		紧密联接
	静载荷	变载荷	
残余预紧力 F'	$(0.2\sim0.6)F_a$	$(0.6\sim1.0)F_a$	$(1.5\sim1.8)F_a$

螺栓的强度条件仍可按式(10-8)、式(10-9)进行计算。

10.3.1.2　铰制孔用螺栓联接的强度计算

在图 10-17 所示的铰制孔用螺栓联接，由于螺杆配合部分与通孔之间没有缝隙，工作时螺栓杆受到剪切，螺杆与被联接件孔壁接触面受到挤压。其强度条件为

$$\tau = \frac{F_s}{m\frac{\pi d_0^2}{4}} \leqslant [\tau] \tag{10-11}$$

$$\sigma_j = \frac{F_s}{d_0\delta} \leqslant [\sigma_j] \tag{10-12}$$

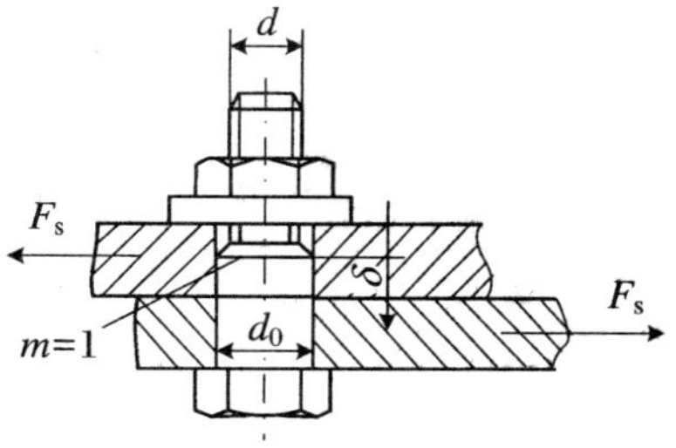

图 10-17　铰制孔用螺栓联接

式中，F_s 横向外载荷（N）；d 为螺杆受剪处的直径（mm）；δ 为螺栓杆与被联接件孔壁间受挤压的最小轴向长度（mm）；m 为剪切面的数目；$[\tau]$为螺栓的许用应力（MPa）；$[\sigma_j]$为螺栓和被联接件中，低强度材料的许用挤压应力（MPa）。

10.3.1.3　螺纹联接件的常用材料和性能等级

螺纹联接件的常用材料有 Q215、Q235、10、35、45、40Cr 等。国家标准规定螺纹联接件按材料的力学性能分出等级，见表 10-5。

表 10-5　螺纹联接件的性能等级

螺栓、双头螺柱、螺钉	性能等级	3.6	4.6	4.8	5.6	5.8	6.8	8.8	9.8	10.9
	推荐材料	Q215、10	Q235、15	Q235、15	25、35	Q235、15	45	35	35、45	40Cr、15MnVB
相配螺母	性能等级	4（d>M16 mm） 5（$d\leqslant$M16 mm）			5	5	6	8 和 9	9	10
	推荐材料	Q215、10	Q215、10	Q215、10	Q215、10	Q215、10	Q235、15	35	45	40Cr、15MnVB

注：① 性能等级的标记代号含义：“.”前的数字为公称抗拉强度极限 σ_b 的 1/100，“.”后的数字为屈强比的 10 倍，即(σ_s/σ_b) ×10。

② 规定性能等级的螺栓、螺母，在图样上只注性能等级，不标出材料牌号。

10.3.1.4　螺纹联接的许用应力和安全系数

螺栓联接的许用应力$[\sigma]$和安全系数 S 列于表 10-6 和表 10-7 中。

表 10-6　不控制预紧力时螺栓联接的安全系数 S（静载荷）

材料	M6～16	M16～30	M30～60
碳钢	4～3	3～2	2～1.3
合金钢	5～4	4～2.5	2.5

表 10-7 螺栓联接的许用应力和安全系数

联接情况	受载情况	许用应力[σ]和安全系数 S
普通螺栓	轴向静载荷 横向静载荷	$[\sigma]=\frac{\sigma_s}{S}$。控制预紧力时，$S=1.2\sim1.5$；不控制预紧力时，$S$ 查表 10-6 可知
配合螺栓	横向静载荷	$[\tau]=\frac{\sigma_s}{S}$。被联接件为钢时，$[\sigma_j]=\frac{\sigma_s}{1.25}$；被联接件为铸铁时，$[\sigma_j]=\frac{\sigma_b}{(2\sim2.5)}$
	轴向变载荷	$[\tau]=\frac{\sigma_b}{(3.5\sim5)}$；$[\sigma_j]$按静载荷的$[\sigma_j]$值降低 20%～30%

例 10-1 如图 10-18 所示，钢制凸缘联轴器用 8 个普通螺栓联接，螺栓均布在 $D_1=250$ mm 的圆周上，联轴器传递的转矩 $T=10^6$ N·mm，接合面间摩擦因数 $f=0.15$，可靠性系数 $C=1.2$。试确定螺栓直径。

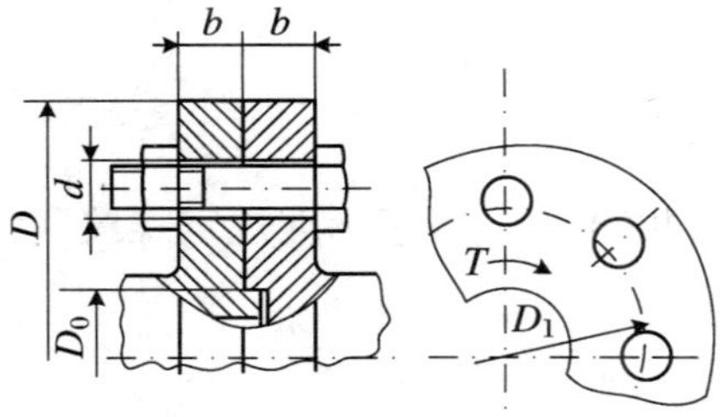

图 10-18 凸缘联轴器

解 (1) 计算螺栓受外力载荷 F_s

$$F_s=\frac{T}{\frac{D_1}{2}}=\frac{10^6}{\frac{250}{2}}=8\,000\text{ (N)}$$

(2) 计算每个螺栓的预紧力

$$F_0=\frac{CF}{mfz}=\frac{1.2\times8\,000}{1\times0.15\times8}=8\,000\text{ (N)}$$

(3) 选定螺栓材料及性能等级

由表 10-5 选 Q235，4.8 级，其

$$\sigma_b=4\times100=400\text{ (MPa)}$$

$$\sigma_s=\frac{8\times400}{10}=320\text{ (MPa)}$$

(4) 计算所需螺栓直径

按控制预紧力，由表 10-7 查得 $S=1.2\sim1.5$，取 $S=1.4$，其许用应力为

$$[\sigma]=\frac{\sigma_s}{S}=\frac{320}{1.4}=228.6\text{ (MPa)}$$

$$d_1\geqslant\sqrt{\frac{5.2F_0}{\pi[\sigma]}}=\sqrt{\frac{5.2\times8\,000}{\pi\times228.6}}=7.6\text{ (mm)}$$

查设计手册可知，M10 mm，粗牙，$d_1=8.376$ mm$\geqslant$7.6 mm，可行。

10.3.1.5 提高螺栓联接强度的措施

螺栓联接承受轴向变载荷时，其损坏形式多为螺栓杆部分的疲劳断裂，通常都发生在应力集中较严重之处，即螺栓头部、螺纹收尾部和螺母支承平面所在处的螺纹。以下简要说明影响螺栓强度的因素和提高强度的措施。

1. 减小螺栓疲劳强度的应力变化幅度

由于受轴向变载荷的紧螺栓联接，应力变化幅度是影响其疲劳强度的重要因素，应力变化幅度越小，疲劳强度越高。减小螺栓刚度、增大被联接件的刚度都能有效减小螺栓疲劳强度的应力变化幅度。

减小螺栓刚度的方法有：适当增加螺栓长度、减小螺栓光杆直径，如图 10-19 所示；也可以在螺母下装弹性元件以降低螺栓刚度，如图 10-20 所示。

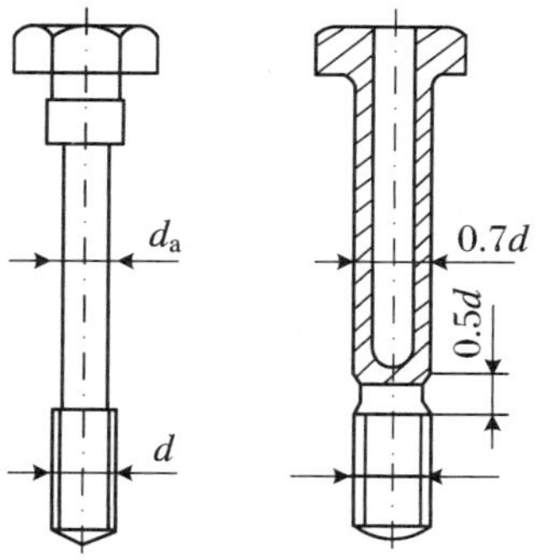

图 10-19　柔性螺栓

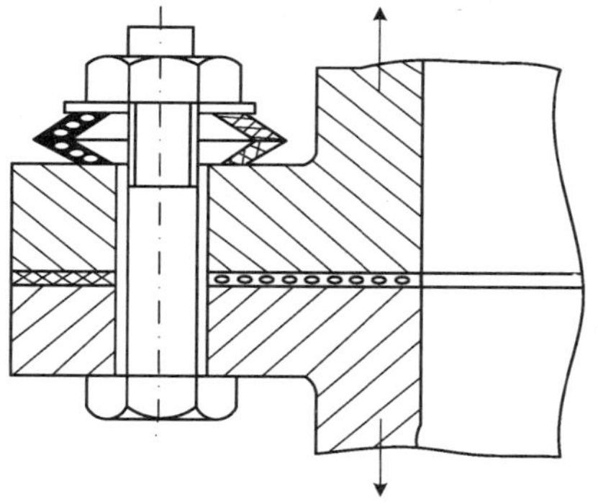

图 10-20　螺母下装弹性元件

要增大被联接件的刚度，可以从被联接件的结构和尺寸考虑外，还可以采用刚度较大的金属垫片如图 10-21 所示。对于有紧密性要求的汽缸螺栓联接，则采用密封环密封较好，如图 10-22 所示。

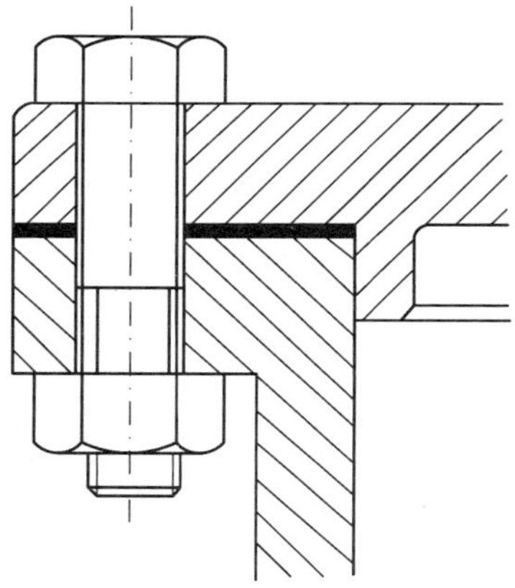

图 10-21　金属垫片

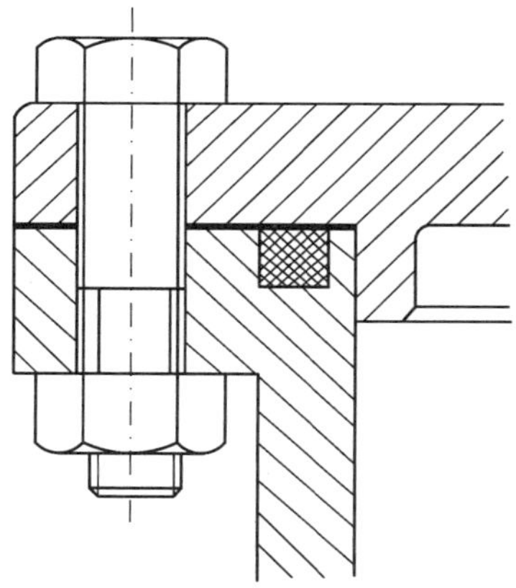

图 10-22　密封环密封

2. 改善螺纹牙间的载荷分布

采用普通螺母时，轴向载荷在旋合螺纹各圈间的分布是不均匀的，如图 10-23(a)所示，

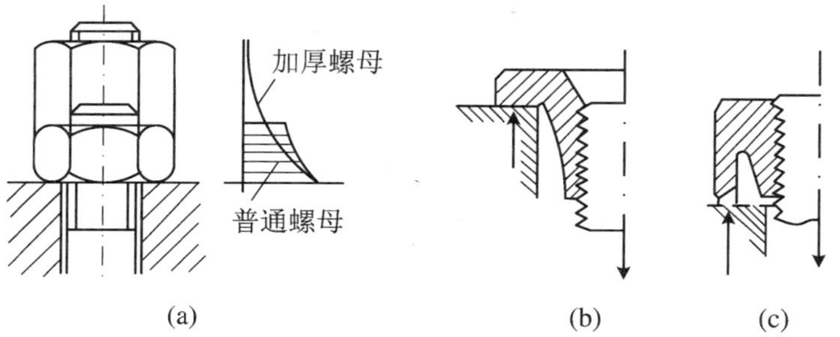

图 10-23　改善螺纹牙的载荷分布

从螺母支承面算起，第一圈受载最大，以后各圈递减。理论分析和实验证明，旋合圈数越多，载荷分布不均的程度也越显著，到第 8～10 圈以后，螺纹几乎不受载荷。所以，采用圈数多的厚螺母，并不能提高联接强度。若采用图 10-23(b)的悬置(受拉)螺母，则螺母锥形悬置段与螺栓杆均为拉伸变形，有助于减少螺母与栓杆的螺距变化差，从而使载荷分布比较均匀。图 10-23(c)为环槽螺母，其作用和悬置螺母相似。

3. 减小应力集中

如图 10-24 所示，增大过渡处圆角，切制卸载槽都是使螺栓截面变化均匀、减小应力集中的有效方法。

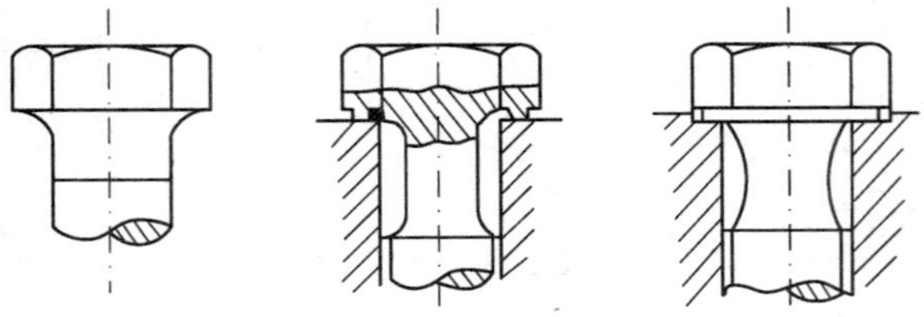

图 10-24 减小螺栓应力集中的方法

4. 避免或减小附加应力

还应注意，设计、制造或安装上疏忽，有可能使螺栓受到附加弯曲应力(图 10-25)，这对螺栓疲劳强度的影响很大，应设法避免。例如，在铸件或锻件等未加工表面上安装螺栓时，常采用凸台或沉头座等结构，经切削加工后可获得平整的支承面(图 10-26)。

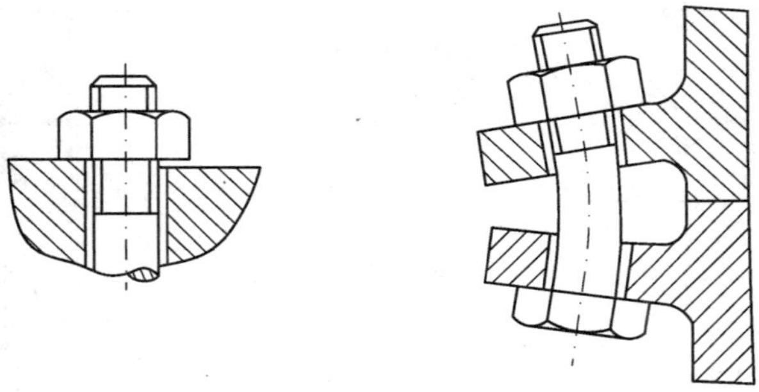

支承面不平　　被联接件变形太大

图 10-25 引起附加应力的原因

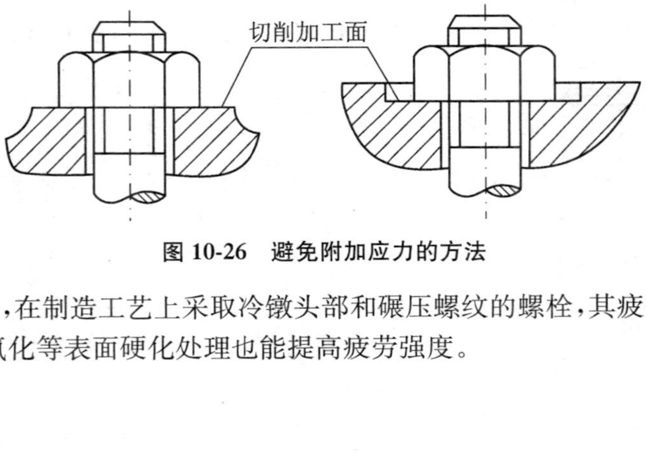

图 10-26 避免附加应力的方法

除上述方法外，在制造工艺上采取冷镦头部和碾压螺纹的螺栓，其疲劳程度比车制螺栓约高 30%，氰化、氮化等表面硬化处理也能提高疲劳强度。

10.3.2　螺栓组联接的结构设计

在大多数情况下，螺栓都是成组使用的，它们与被联接件构成螺栓组联接，单个使用极少。螺栓组联接的结构设计主要是考虑受力情况、装配因素等方面的影响后，选择合适的联接结合面的几何形状和螺栓的布置形式、螺栓的公称直径。设计时应该综合考虑以下几个方面：

① 联接接合面的几何形状应与机器的结构形状相适应，一般都设计成轴对称的简单几何形状(图10-27)。尽量对称布置螺栓，使螺栓组的几何中心与结合面的形心重合。这样便于加工制造，而且使联接的接合面受力比较均匀。

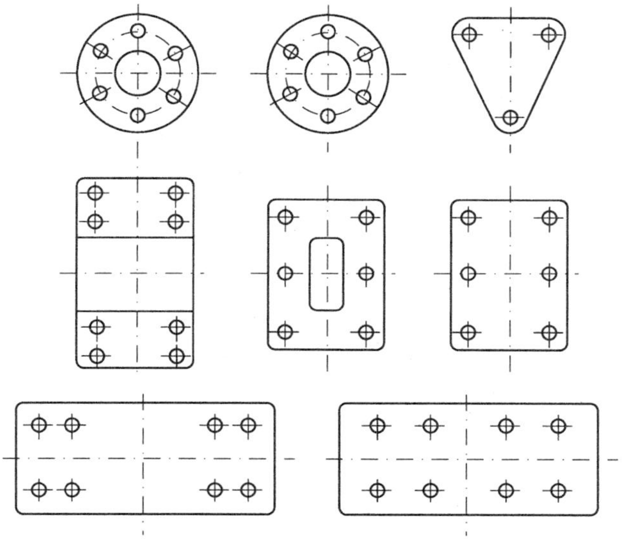

图10-27　螺栓组的布置

② 螺栓的数目应取为易于分度的数目(如3、4、6、8、12等)，以利于划线钻孔。为了减少所用螺栓的规格和提高联接的结构工艺性，通常同一个结合面上的螺栓都尽量采用相同的材料、直径和长度，以简化结构和便于装配。

③ 当螺栓联接承受弯矩和扭矩时，应将螺栓尽可能地布置在靠近结合面边缘位置，以减少螺栓中的载荷。如果普通螺栓联接受到较大的横向载荷，则可用套筒、键、销等零件来分担横向载荷，以减少螺栓的预紧力和结构尺寸。如图10-28所示。

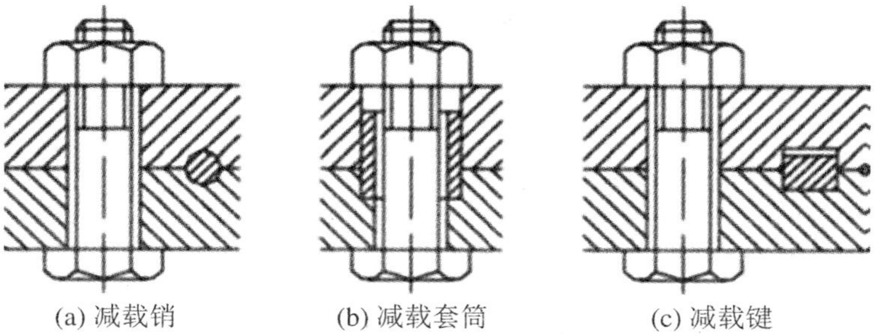

(a) 减载销　(b) 减载套筒　(c) 减载键

图10-28　受横向载荷的减载装置

④ 螺栓布置要有合理的距离。在布置螺栓时，螺栓中心线与机体壁之间、螺栓与螺栓之间的相互距离，要根据扳手活动所需的空间大小来确定。如图 10-29 所示。扳手空间的尺寸可以查有关手册确定。

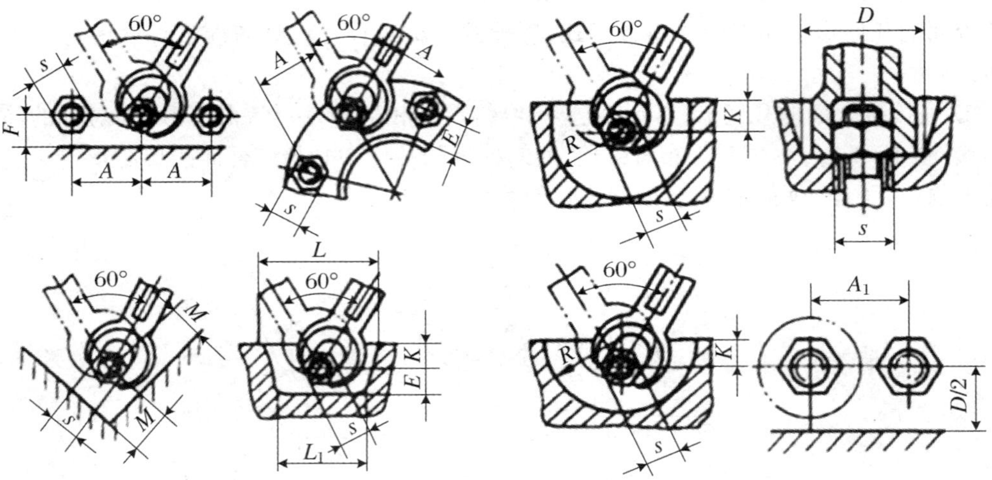

图 10-29 扳手空间

10.4 轴毂联接

轴毂联接的目的是使轴上零件能同轴一起转动，并传递转矩。轴毂联接有键联接、花键联接、销联接、成型联接和过盈配合联接等多种方式。

键主要用来实现轴和轴上零件之间的周向固定以传递转矩，有些类型的键还用于实现轴上零件的轴向固定。销的主要用途是固定零件之间的相互位置，有时也用来传递不大的载荷。键、销多数为标准件，实践的关键是根据各类键、销的结构和特点进行选用。

10.4.1 键联接

10.4.1.1 键联接的类型及应用

键联接按其结构特点和工作原理不同分为松键联接（平键、半圆键联接）和紧键联接（楔键、切向键、花键联接）两类。

1. 平键联接

普通平键的两侧面为工作面，键的上表面为非工作面，这种联接只用于轴上零件的轴向固定。平键联接结构简单、装拆方便、对中性好，应用广泛。

普通平键按键的结构，可分为 A 型（圆头）、B 型（方头）、C 型（半圆头）三类，如图 10-30 所示。A 型应用最广，C 型多用于轴端。普通平键的标记为“键 类型符号 $b \times L$ GB/T1096—1979”，A 型普通平键不标类型符号。

普通平键用于静联接，若零件在轴上移动则可采用导向平键，导向平键有 A 型、B 型两种，如图 10-31 所示，导向平键较长，轮毂可沿键做轴向移动。当轴上零件滑移距离较大时，宜采用滑键，滑键固定在轮毂上，轮毂带动滑键在轴上做轴向移动，因而需在轴上加工较长的键槽。

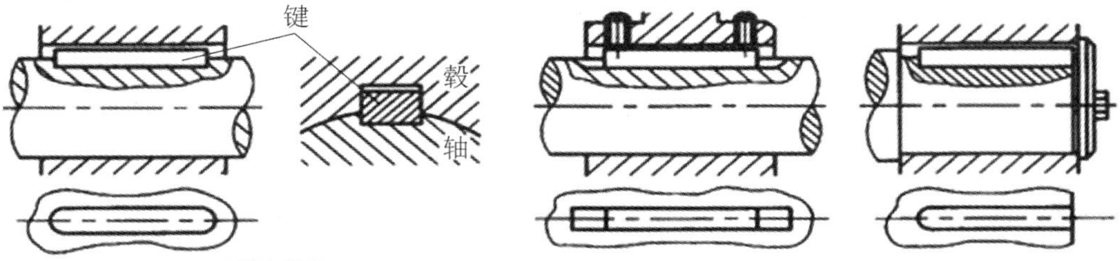

(a) 平键联接　(b) 方头平键　(c) 一端方一端圆

图 10-30　普通平键联接

2. 半圆键联接

图 10-32 所示为半圆键联接机构。半圆键用于静联接，工作时靠两侧面传递扭矩。半圆键在轴的键槽中能摆动，以适应轮毂中键槽的斜度。这种键的工艺性好、装拆方便。但对轴的强度削弱较严重，故一般用于轻载联接，常用于锥形轴的端部。

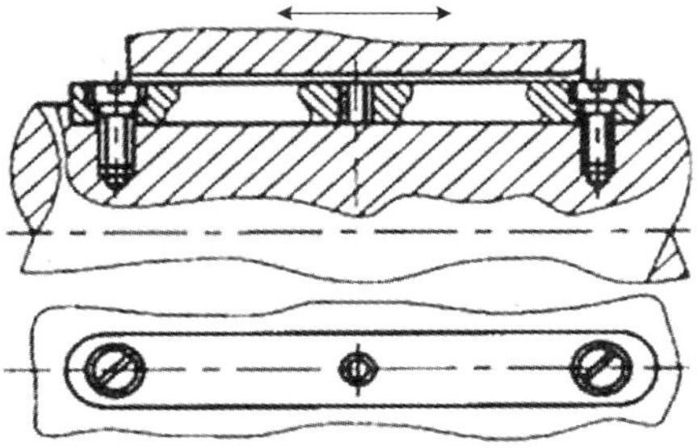

图 10-31　导向平键联接

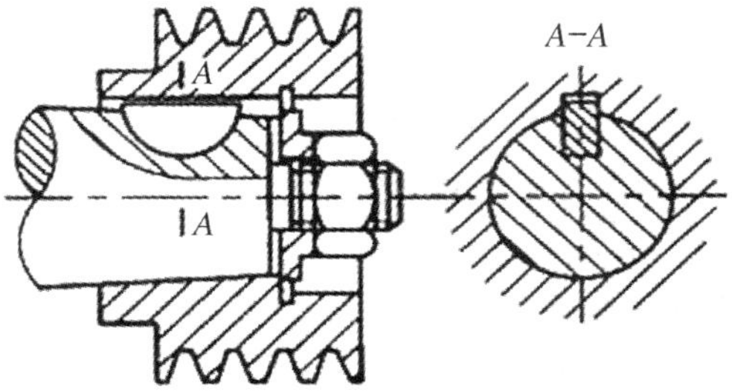

图 10-32　半圆键联接

3. 楔键联接

如图 10-33 所示，楔键的上、下面表面为工作面，键的上表面有 1∶100 的斜度，键楔紧在轴毂之间。工作时靠键、轮毂、轴之间的摩擦力传递转矩，也可以传递轴向力。但定心精度不高。一般用于轴径大于 100 mm 的场合。

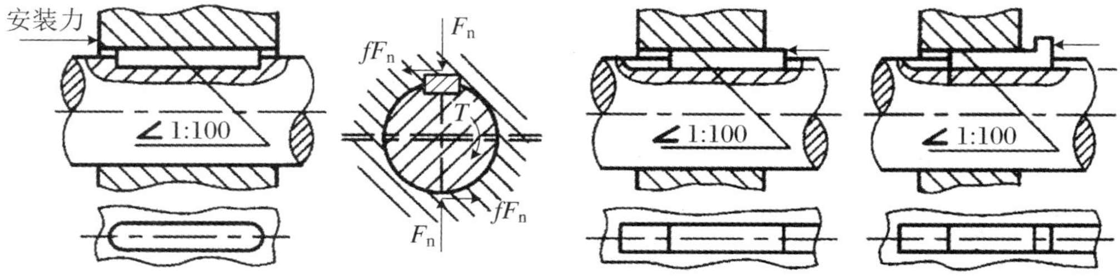

(a) 圆头键　(b) 方头　(c) 钩头

图 10-33　楔键联接

4．切向键联接

如图 10-34 所示，切向键结构由两个普通的楔键组成。工作时，靠切向键上、下平面与键槽底面的挤压力和轴毂接触后上的摩擦力来传递运动和转矩。

一副切向键只能传递单方向的转矩（图 10-34(a)），当需传递两个方向的转矩时，用两副切向键在轴上互成 120°角分布（图 10-34(b)）。切向键联接一般用于精度要求不高、低速、重载、轴径大于 100 mm 的场合。

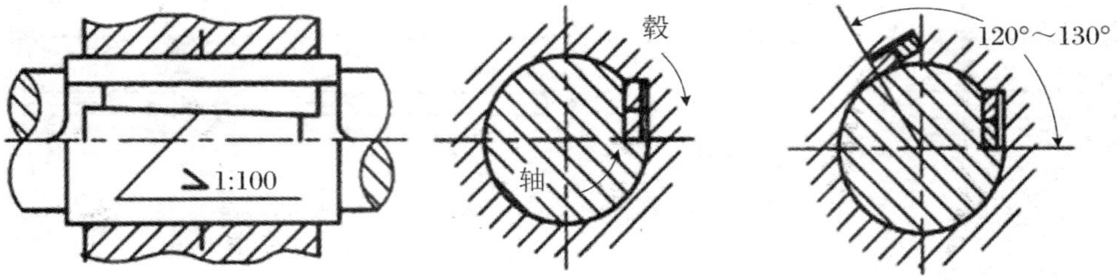

(a) 一对切向键　　(b) 两对切向键

图 10-34　切向键联接

5．花键联接

花键联接是由在轴上加工出的外花键和轮毂孔壁上加工出的内花键所构成的联接（图 10-35）。花键联接的特点是：由于工作面互为均匀多齿的齿侧面，承载能力高；由于齿槽较浅，对轴的强度削弱较轻，有良好的精度和导向性能；但加工时需专用设备、精度要求高、成本高。

花键已标准化，按其剖面齿形分为矩形花键和渐开线花键等。

（1）矩形花键

矩形花键（图 10-36(a)）的齿侧为直线，加工方便；一般以小径定心，定心精度高、稳定性好，因此应用广泛。

(a)

(b)

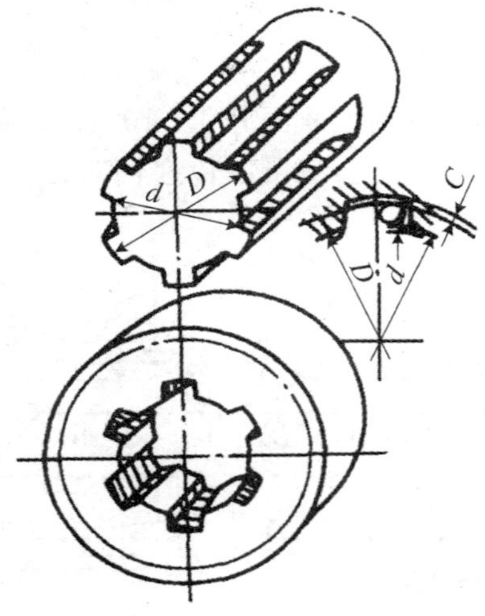

图 10-35　花键

(a)

(b)

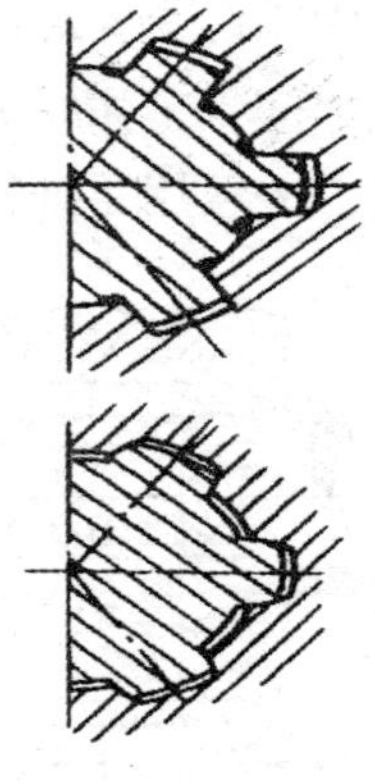

图 10-36　花键联接

（2）渐开线花键

渐开线花键（图 10-36(b)）齿侧为渐开线，分度圆压力角有 30°和 45°两种，后者又称为三角形花键。渐开线花键齿根宽，强度高，可用加工渐开线齿轮的方法加工。故工艺性好，精度高，适用于重载、定心精度高和尺寸较大的联接。

10.4.1.2　平键联接的强度计算

1．键的选择

键的选择包括类型选择和尺寸选择两个方面。键的类型应根据键联接的结构特点、使用要求和工作条件来选择；键的尺寸则按符合标准规格和强度要求来取定。键的主要尺寸为其截面尺寸（一般以键宽 $b\times$ 键高 h 表示）与长度 L。键的截面尺寸 $b\times h$ 按轴的直径 d，由标准中选定。键的长度 L 一般可按轮毂的长度而定，即键长等于或略短于轮毂的长度；而导向平键则按轮毂的长度及其滑动距离而定。一般轮毂的长度可取为 $L'\approx(1.5\sim2)d$，这里的 d 为轴的直径。所选定的键长亦应符合标准规定的长度系列。普通平键和普通楔键的主要尺寸见表 10-8。重要的键联接在选出键的类型和尺寸后，还应进行强度校核计算。

表 10-8　普通平键和普通楔键的主要尺寸(mm)

轴的直径 d	6～8	8～10	10～12	12～17	17～22	22～30	30～38	38～44
键宽×键高 $b\times h$	2×2	3×3	4×4	5×5	6×6	8×7	10×8	12×8
轴的直径 d	44～50	50～58	58～65	65～75	75～85	85～95	95～110	110～130
键宽×键高 $b\times h$	14×9	16×10	18×11	20×12	22×14	25×14	28×16	32×18
键的长度系列 L	6,8,10,12,14,16,18,20,22,25,28,32,36,40,45,50,56,63,70,80,90,100,110,125,140,180,200,220,250,…							

2．平键联接的强度计算

平键联接的主要失效形式对静联接来讲是较弱零件（一般为轮毂）的工作面被压溃；对动联接（如导向键联接）来讲是较弱零件工作面的过度磨损。除非严重过载，一般不会出现键的剪断（如图 10-37 所示，沿 a-a 面剪断）。因此，平键联接一般只需进行挤压强度计算或耐磨性计算。

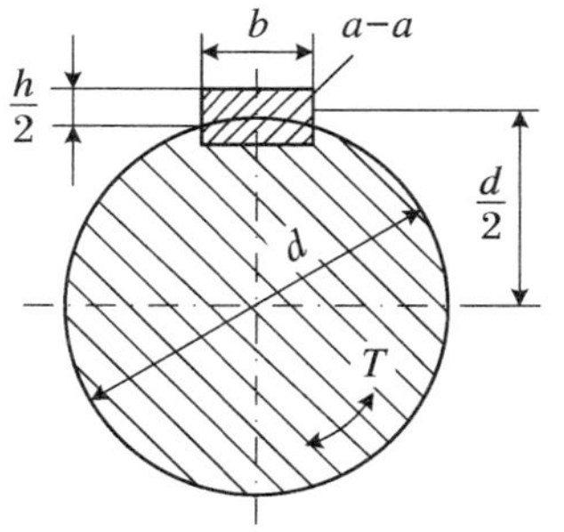

图 10-37　平键联接受力

假设载荷为均匀分布，由图 10-37 可得平键联接的强度条件为

挤压强度条件（静联接）：

$$\frac{4T}{dhl}\leqslant[\sigma_p] \tag{10-13}$$

耐磨性条件（动联接）：

$$\frac{4T}{dhl}\leqslant[p] \tag{10.14}$$

式中，$[\sigma_p]$、$[p]$分别为许用挤压应力和许用压力，如表 10-9 所示；l 为键的工作长度，对于 A 型键，$l=L-b$；对于 B 型键，$l=L$；对于 C 型键，$l=L-0.5b$。

表 10-9　键联接的许用挤压应力(MPa)、许用压力(N)

许用挤压应力、许用压力	联接工作方式	键或毂轴的材料	载荷性质		
			静载荷	轻微冲击	冲击
$[\sigma_p]$	静联接	钢	120～150	100～120	60～90
		铸铁	70～80	50～60	30～45
$[p]$	动联接	钢	50	40	30

注：如与键有相对滑动的被联接件表面经过淬火，则动联接的许用压力$[p]$可提高 2～3 倍。

若发现强度不足，可适当增大键的工作长度或采双键（按 180°布置）。考虑到载荷分布的不均匀性，在强度校核中双键只能按 1.5 个键计算。

10.4.2　销联接

销联接主要用于固定零部件之间的相对位置，称为定位销（图 10-38），它是组合加工和装配时的重要辅助零件；也可用于联接，称为联接销（图 10-39），可传递不大的载荷；还可作为安全装置中的过载剪断元件，称为安全销（图 10-40）。

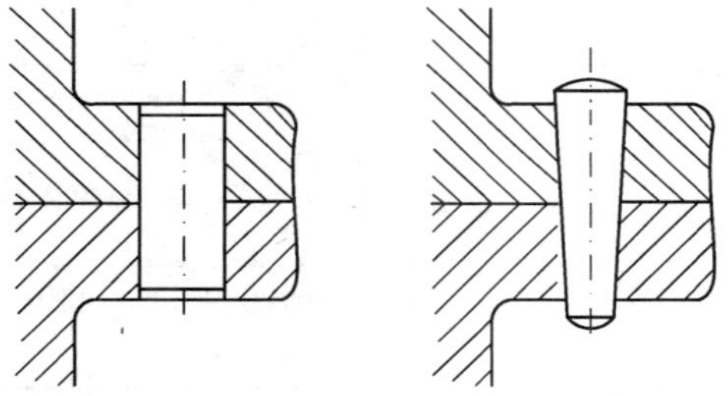

(a) 圆柱销　　(b) 圆锥销

图 10-38　定位销

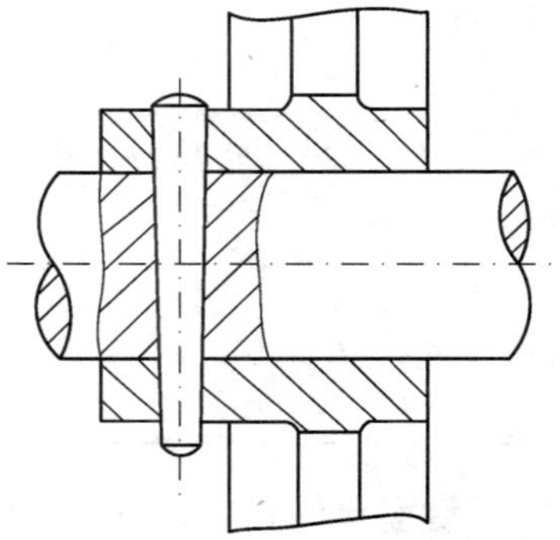

图 10-39　联接销

销是标准件，其类型有圆柱销、圆锥销、开口销（图 10-41）、菱形销等，使用时可查阅有关手册。

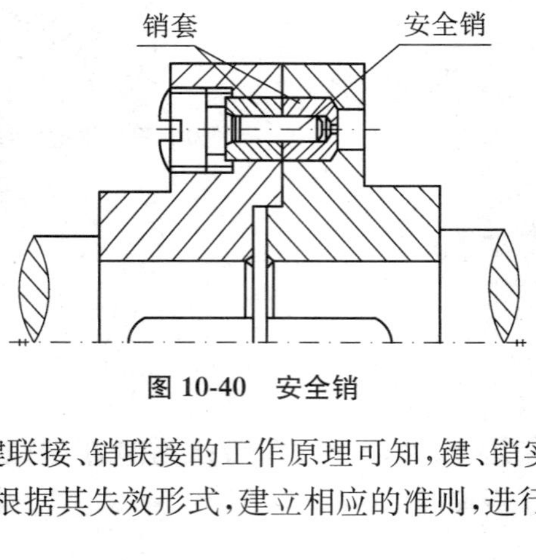

图 10-40　安全销

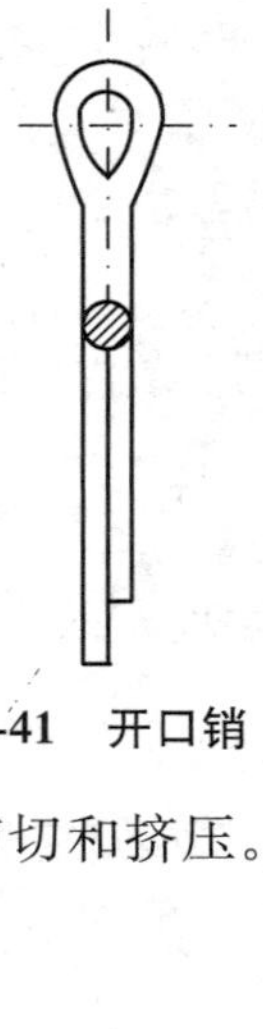

图 10-41　开口销

根据键联接、销联接的工作原理可知，键、销实际承载的载荷是剪切和挤压。为使键联接可靠，应根据其失效形式，建立相应的准则，进行分析。

必要时，应对销联接进行剪切强度或挤压强度计算。销的材料常用 35、45 钢，可取许用切应力$[\tau]=80$ MPa，许用挤压应力$[\sigma_j]$可按表 10-9 选取，剪切强度可按下式验算：

受横向力 F 作用时(图 10-42(a))有

$$\frac{4F}{\pi d^2}\leqslant[\tau] \tag{10-15}$$

受转矩 T 作用时(图 10-42(b))有

$$\frac{4T}{\pi d^2 D}\leqslant[\tau] \tag{10-16}$$

式中，d 为销危险截面的直径；D 为轴径。

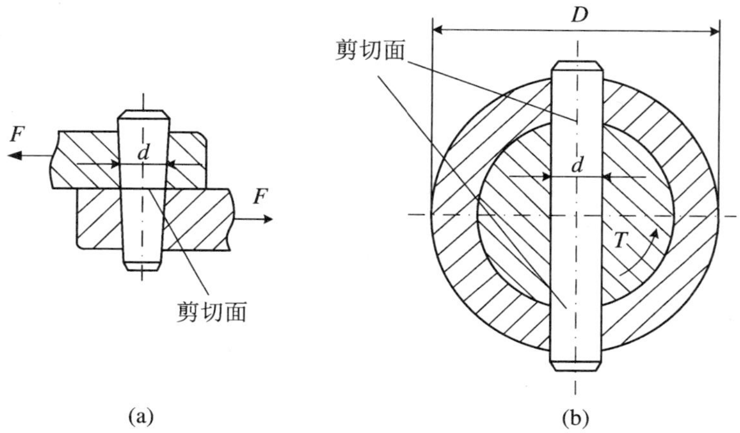

图 10-42　销联接的受力情况

$[\tau]$许用切应力可从有关手册查得。另外，对于钢材，根据试验结果常取$[\tau]=(0.6\sim 0.8)[\sigma]$，$[\sigma]$为许用正应力。

挤压强度可按下式验算：

$$\sigma_j=\frac{F_j}{A_j}\leqslant[\sigma_j] \tag{10-17}$$

式中，$[\sigma_j]$为材料的许用挤压应力(MPa)，可从有关手册中查得。F_j为挤压力(N)；A_j为挤压面积(mm)。

对于金属材料，也可以按如下经验公式确定：

$$\text{塑性材料：}[\sigma_j]=(1.7\sim 2.0)[\sigma_-]$$

$$\text{脆性材料：}[\sigma_j]=(0.9\sim 1.5)[\sigma_-]$$

式中，$[\sigma_-]$为材料的许用压应力(MPa)。

10.4.3　其他轴毂联接

10.4.3.1　成型联接

成型联接是利用非圆剖面的轴与相应轮毂所构成的轴毂联接(图 10-43)。

轴和毂孔可以是柱形的，也可以是锥形的。柱形的容易加工，除静联接外还可以用于不在载荷作用下移动的动联接；锥形的装拆容易，还能够承受单方向的轴向力，但是加工困难。

这种联接没有应力集中源，定心性好，承载能力强，装拆方便，但是加工比较复杂，因此目前应用并不广泛。方形、六角形及切边圆形容易加工，但是定心性差。

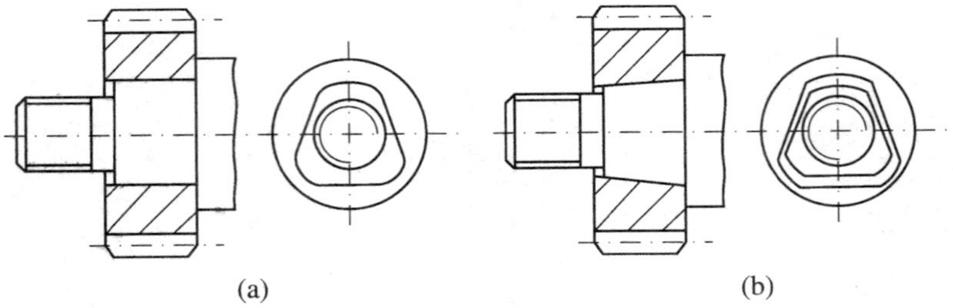

图 10-43　成型联接

10.4.3.2　过盈配合联接

过盈配合联接是利用材料的弹性变形，把具有一定配合过盈量的轴和孔套装起来的联接(图 10-44)。由于轴和毂孔配合面存在过盈，从而产生径向压力，工作时靠径向压力产生的摩擦力传递转矩和轴向力。这种联接结构简单，对中性好，承载能力大，耐冲击性好。缺点是对配合面的加工精度要求较高，装拆不便。因此常用于受冲击载荷的轴毂联接。

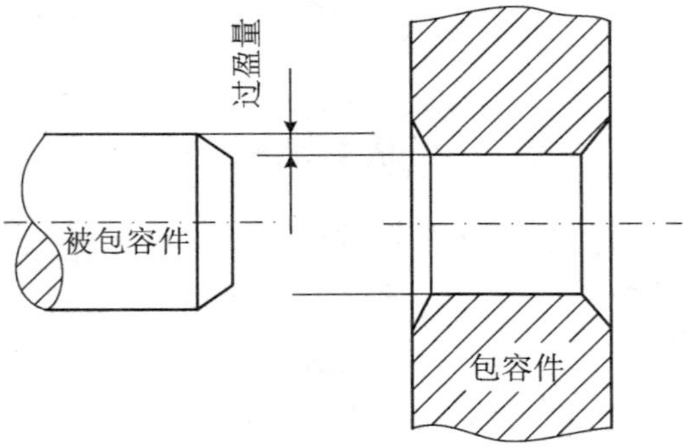

图 10-44　过盈配合联接

过盈配合联接的配合面多为圆柱面，也可以用圆锥面。圆柱面过盈联接的装配可采用压入法和温差法。用压入法装配不可避免地会使被联接零件的配合表面受到擦伤，从而降低联接的紧固性，故压入法一般只适用于配合尺寸和过盈量都比较小的联接。用温压法装配，被联接零件的配合表面不会引起损伤，所以常用于要求配合质量高和配合尺寸与过盈量都较大的联接。圆锥面过盈配合联接通常靠拧紧螺母使配合面相互压紧，多用于轴端，装拆方便。

10.5　焊　　接

把两个金属元件局部加热使融化后而连成一个整体，这种联接方法称为焊接(图 10-45)，广泛应用于制造金属构架、容器壳体、机架等结构。焊接的方法很多，机械制造业中常用的是熔融焊的电焊、气焊与电渣焊，尤其以电焊应用最广。电焊又可以分为电阻焊与电弧焊两种。

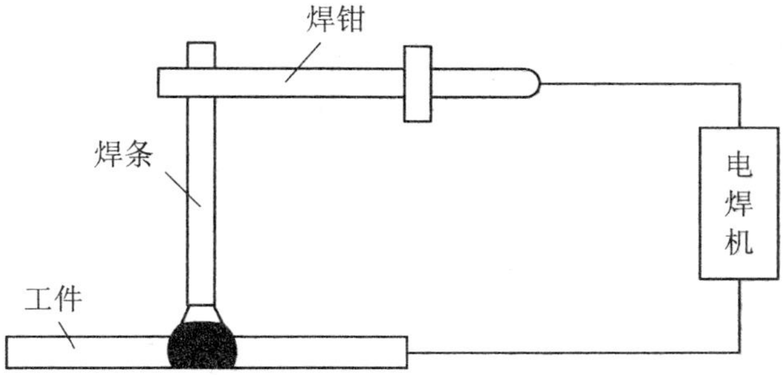

图10-45　焊接示意图

电阻焊：是利用大的低压电流通过被焊接件时，在电阻最大的接头处（被焊接部位）引起强烈发热，使金属局部融化，同时通过机械加压而形成的联接。

电弧焊：是利用电焊机的低压电流，通过电焊条（为一个电极）与被焊件（为另一电极）间形成的电路，在两极间引起电弧来熔融被焊接部分的金属和焊条，使熔融的金属混合并填充接缝而形成的。

其中电弧焊操作简便、联接质量好，使用范围广。本节主要介绍有关电弧焊的基本知识。

10.5.1　电弧焊缝的形式及特点

焊件经焊接后形成的接合部分叫做焊缝。根据焊接件在空间的相对位置，电弧焊缝有对接焊缝和填角焊缝等，焊缝接头的基本形式有对接、搭接和T形接头等。

1. 对接焊缝

对接焊缝（图10-46）受力均匀，结构工艺性好，适于承受振动载荷。当被焊接件较厚时，为了保证焊透，要在焊接的地方预先加工好坡口；两焊接件厚度不大时，可以不开坡口。

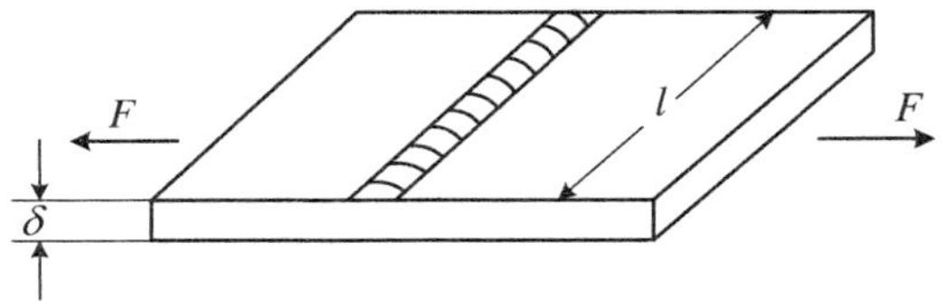

图10-46　对接焊缝

2. 填角焊缝

搭接接头和T型接头中的焊缝称填角焊缝，它用来联接不在同一平面内的构件。

在搭接接头中（图10-47），与载荷方向垂直的填角焊缝称为端焊缝（图10-47(a)）；与载荷方向平行的焊缝称为侧焊缝（图10-47(b)）；与载荷方向既不平行又不垂直的填角焊缝称为斜焊缝（图10-47(c)）；一个接头采用两种以上形式的填角焊缝称为组合焊缝。搭接接头工作时，应力分布不均匀，疲劳强度较低。

与铆接相比较，焊接具有强度高、工艺简单，由于联接而增加的质量小、工人劳动条件较好等优点，应用功能日益广泛，焊接方法发展也很迅速。另外，以焊接代替铸造可以节约大量的金属，也便于制成不同材料的组合体而节约贵重或稀有金属。在技术革新、单件生产、新产品试制等情况下，采用焊接制造箱体、机架等，经济性较好。

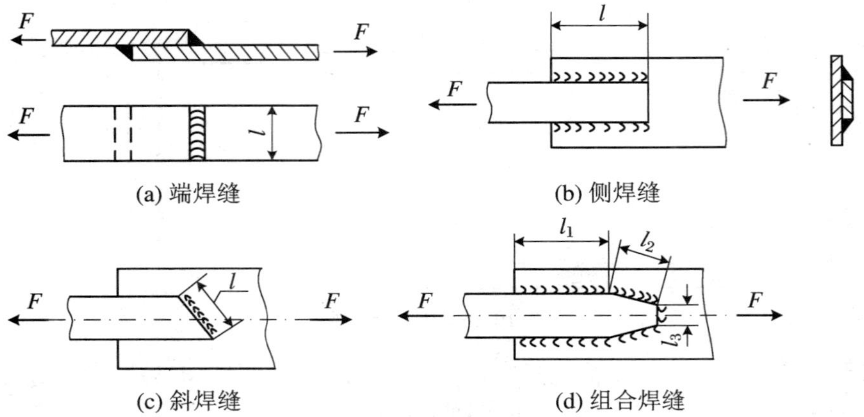

图 10-47 填角焊缝

10.5.2 焊接件常用材料及焊条

焊接的金属结构常用材料为 Q215、Q235、Q255；焊接的零件则用 Q275、15～50 碳钢，以及 50Mn、50Mn2、50SiMn2 等合金钢。在焊接中，广泛使用各种型材、板材及管材。焊条的种类很多，应针对具体要求从手册中选取。常用的焊条型号为 E4301、E4303、E5001、E5003 等。型号中的数字，前两位表示熔敷金属的最低抗拉强度极限（例如，43 表示 $\sigma_b \geqslant 43$ kgf/mm$^2 \approx 420$ MPa），第三位数字"0"或"1"表示适用于各种位置的焊接（平焊、立焊、仰焊、横焊），第四位数字表示药皮类型及焊接电源，第三、四两位组合时，01 表示钛铁矿型，03 表示钛钙型，两者的电源均为交流或直流正反接。

10.5.3 焊接件的工艺及设计注意要点

为了保证焊接质量，避免夹渣、未焊透和缺焊等现象（图 10-48），焊缝应按被焊件的厚度开出相应的坡口形式，或者进行一般的倒棱修边工艺（图 10-49）。在焊接前，应对坡口进行清洗整理。

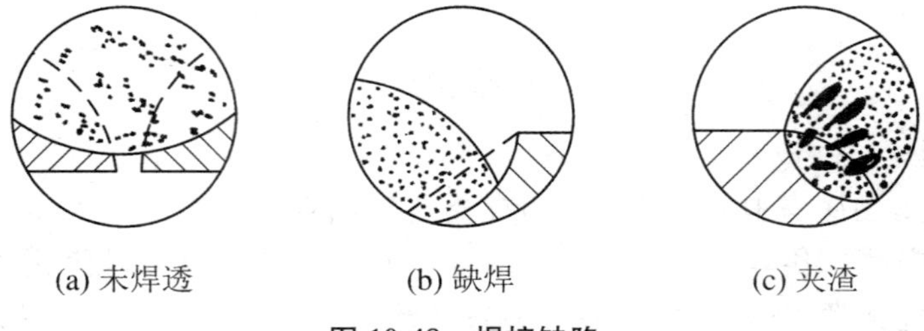

图 10-48 焊接缺陷

熔化的金属冷却时要收缩，因此使焊缝内产生残余应力，导致构件的翘曲。这不仅使焊接件难以获得精确的尺寸，且将影响到焊缝的强度。所以在满足强度条件的情况下，焊缝的长度应按实际结构尽可能取得短一些和分段进行焊接，并避免焊缝交叉；还应在焊接工艺上采取措施，使构件在冷却时能有微小自由移动的可能；焊后经热处理（退火），以消除内应力。此外，在焊接厚度不同的对接板时，应将较厚的板件沿对接部位平滑辗薄或削薄到较薄板件的厚度，以利于焊缝金属均匀熔化和承载时的力流得以平滑过渡。

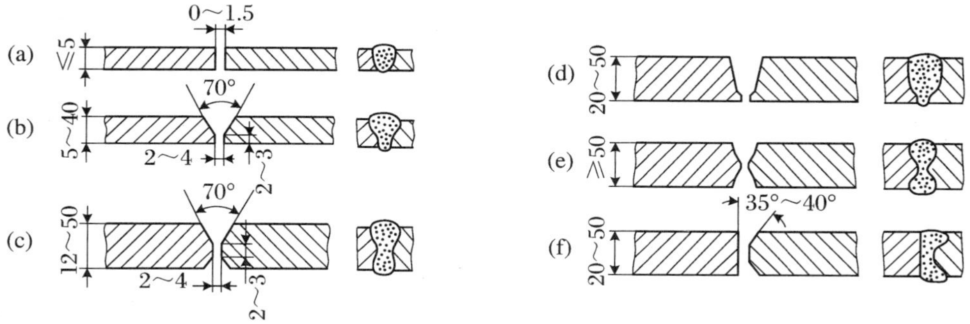

图 10-49　坡口形式及其适用焊接件厚度

在设计焊接件时，应注意恰当选取母体材料及焊条；根据被焊件的厚度选择接头及坡口形式；合理布置焊缝及焊缝长度；正确安排焊接工艺，以免施工不便及残余应力源。对于有强度要求的重要焊缝，必须按照有关行业的强度规范进行焊缝尺寸的校核，同时还应规定一定技术水平的焊工进行焊接，并在焊后仔细进行质量检验。

10.6　铆接与胶接

10.6.1　铆接

铆接是一种很早就开始使用的简单机械联接方式，其典型的结构如图 10-50 所示。它们主要由联接件铆钉 1 和被联接件 2、3 组成，有的还有辅助联接件盖板 4。这些基本元件在构造上所形成的联接部分统称为铆接缝（简称铆缝）。

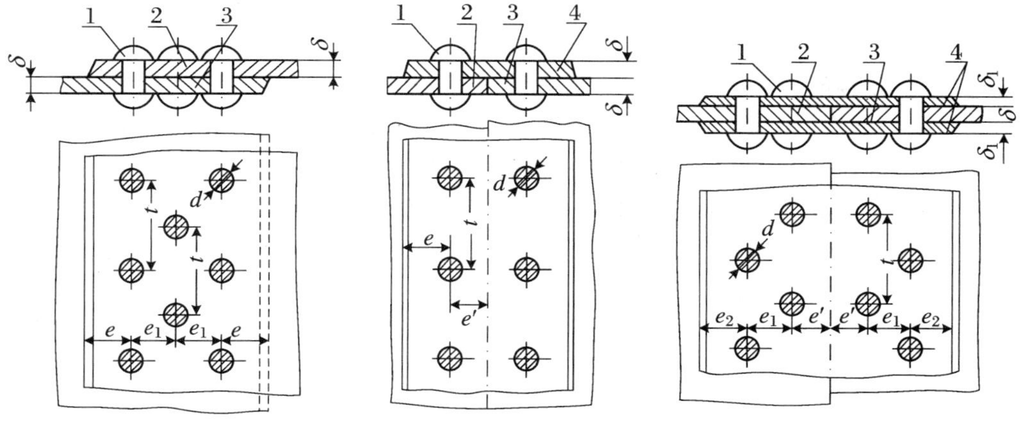

(a) 搭接缝　　(b) 单盖板对接缝　　(c) 双盖板对接缝

图 10-50　铆接接头形式

10.6.1.1 铆缝的种类、特性及应用

铆缝的结构形式有很多,就接头情况看,有图 10-50 所示的搭接缝(图 10-50(a))、单盖板对接缝(图 10-50(b))和双盖板对接缝(图 10-50(c));从铆钉排数看有单排、双排和多排之分。如果按铆缝性能的不同又可以分为 3 种:以强度为基本要求的铆缝称为强固铆缝,如飞机蒙皮与框架、起重设备的机架、建筑物的桁架等结构用的铆缝;不但要求具有足够强度,而且要求保证良好的紧密性的铆缝称为强密铆缝,如蒸汽锅炉、压缩空气贮存器等承受高压器皿的铆缝;仅以紧密性为基本要求的铆缝称为紧密铆缝,多用于一般的流体贮存器和低压管道上。

铆接具有工艺设备简单、抗震、耐冲击和牢固可靠等优点,但结构一般较为笨重,而且被联接件(或被铆件)上由于制有钉孔,强度会受到较大的削弱。铆接时一般噪声比较大,影响工人健康。因此,目前除了桥梁、建筑、造船、重型机械以及飞机制造等工业部门仍经常采用外,应用已经逐渐减少,被焊接和胶接所代替。

10.6.1.2 铆钉的主要类型和标准

铆钉的类型是多种多样的,而且已经标准化(GB/T863.1—1986～GB/T876—1986)等。通用机械中常用的铆钉在铆接后的形式如图 10-51 所示,它们的材料、结构和尺寸可查阅有关手册。

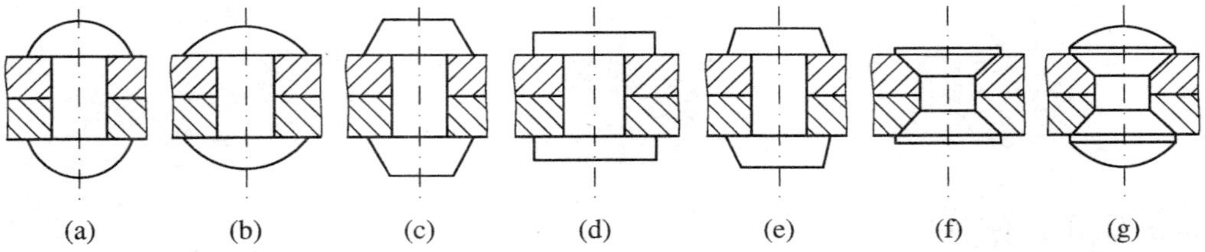

图 10-51 常用的铆钉形式

10.6.2 胶接

10.6.2.1 胶接及其应用

胶接是将胶接剂涂于被联接件之间经固化所形成的联接。这是很早就使用的一种不可拆卸的联接,例如木工使用的聚酯酸乙烯乳液(乳胶)黏合木质构件。但在机械制造中采用胶接的金属构件,还是近 50 年来发展起来的新型工艺方法。

胶接的机理涉及很多化学与物理的因素,目前虽已经有多种理论,但都不能给出圆满的解释,所以也是目前各方面正在积极研究的课题之一。随着高分子化学,特别是石油化学工业的迅速发展,胶接的理论必将日益完善。

目前,胶接在机床、汽车、拖拉机、造船、化工、仪表、航空、航天等各个工业部门中的应用日渐广泛,如图 10-52 所示。

10.6.2.2 常用胶黏剂及其主要性能与选择原则

胶黏剂的品种繁多,可以从不同的角度划分为很多类别。现在仅按使用目的分为以下

三类作简单介绍。

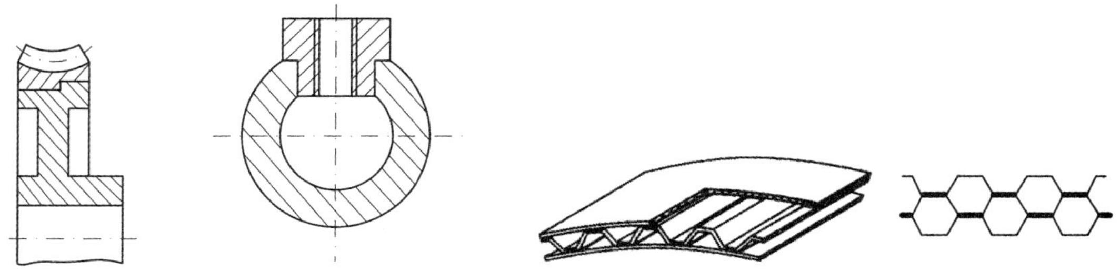

(a) 胶接组合蜗轮　(b) 螺纹接套与管件胶接　(c) 蒙皮与型材胶接　(d) 蜂窝结构填料

图 10-52　胶接的应用形式

（1）结构胶黏剂

这类胶黏剂在常温下的抗剪强度一般不低于 8 MPa，一般高、低温或化学的作用不会降低其性能，胶接件能承受较大的载荷。例如酚醛-缩醛-有机硅胶黏剂、环氧-酚醛树脂胶黏剂和环氧-有机硅胶黏剂等。

（2）非结构胶黏剂

这类胶黏剂在正常使用时有一定的胶接强度，但在受到高温或重载时，性能迅速下降。例如聚氨酯胶黏剂和酚醛-氯丁橡胶胶黏剂等。

（3）其他胶黏剂

具有特殊用途（如防锈、绝缘、导电、透明、超高温、超低温、耐酸、耐碱等）的胶黏剂。例如环氧导电胶和环氧超低温胶黏剂等。

在机械制造中，目前较为常用的是结构胶黏剂中的酚醛-缩醛-有机硅胶黏剂及环氧-酚醛胶黏剂等。

胶黏剂的主要性能是胶接强度（耐热性、耐介质性、耐老化性）、固化条件（温度、压力、保持时间）、工艺性能（涂布性、流动性、有效贮存期）以及其他特殊性能（如防锈等）。

胶黏剂的力学性能随着胶接件材料、环境温度、固化条件、胶层厚度、工作时间、工艺水平等不同而不同。例如可用于胶接各种碳钢、合金钢、铝、镁、钛等合金以及各种玻璃钢的酚醛-缩醛-有机硅胶黏剂（牌号铁锚 204 胶）胶接 30CrMnSiA 钢时，在常温下剪切强度大于 22.8 MPa；200 ℃时，剪切强度大于 15.8 MPa；300 ℃时，剪切强度大于 4 MPa。

胶黏剂的选择原则，主要是针对胶接件的使用要求及环境条件，从胶接强度、工作温度、固化条件等方面选取胶黏剂的品种，并兼顾产品的特殊性要求（如防锈等）及工艺上的方便。此外，如对受一般冲击、振动的产品，宜选用弹性模量小的胶黏剂；在边应力条件下工作的胶接件，应选膨胀系数与零件材料的膨胀系数近似的胶黏剂等。

习　　题

10.1　螺纹的主要类型有哪几种？如何合理地选用？

10.2　螺纹联接的基本形式有哪几种？各适用于何种场合？有何特点？

10.3 螺纹的主要参数有哪些？螺距和导程有什么区别和联系？

10.4 螺纹联接常用的防松方法有哪几种？它们防松的原理是怎样的？

10.5 键联接主要有哪些类型？销联接主要有哪几种类型？各适用于何种场合？

10.6 图 10-53 所示为一刚性凸缘联轴器，材料为 Q215 钢，传递的最大转矩为 1 400 N·m(静载荷)。联轴器用 4 个 M16 的铰制孔用螺栓联接，螺栓材料为 Q235 钢。试选择合适的螺栓长度，并校核该联接的强度。

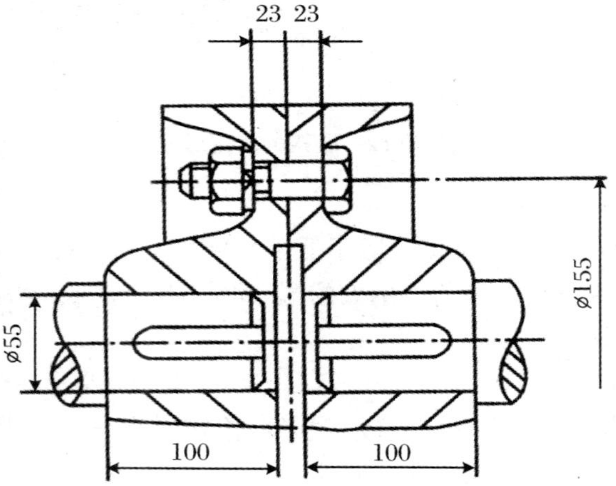

图 10-53 习题 10.6 图

实训项目 螺纹联接件的选择和螺纹中径的测量

1. 实训目的

① 掌握螺纹联接类型、联接件和定位销的选用。

② 掌握螺纹中径的测量方法。

③ 了解螺纹千分尺的结构和使用原理。

2. 实训内容和要求

① 螺纹联接件的选择。确定减速器箱体螺纹联接的类型、轴承盖螺纹联接的类型。确定检查孔盖、起盖螺钉、地脚螺钉、油塞等螺纹联接件的类型。

② 螺纹中径的测量。了解螺纹千分尺的结构。根据被测量螺纹的螺距选取一对测量头；装上测量头并校准千分尺的零位；将被测量螺纹放入两测量头之间，找正中径部位；分别在同一截面相互垂直的两个方向上测量中径，取它们的平均值作为螺纹的实际中径。

第 11 章　轴

轴是组成机器的重要零件之一，用于支承做回转运动或摆动的零件，使其有确定的工作位置。它的结构和尺寸是由被它支承的零件和支承它的轴承的结构和尺寸决定的。轴是重要的非标准零件，它的主要功用是支承回转零件及传递运动和动力。

11.1　轴的分类及材料的选择

11.1.1　轴的分类

轴的分类方法很多。按照轴线形状，轴可分为直轴（图 11-1）、曲轴（图 11-2）和挠性轴（图 11-3）；按照外形，轴可分为光轴（图 11-1）和阶梯轴（图 11-4）；按照心部结构，轴可分为实

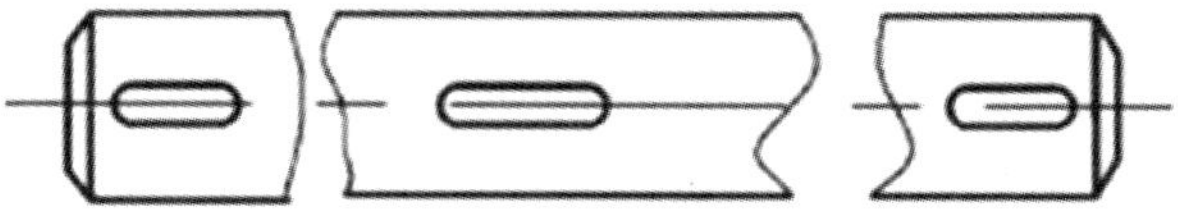

图 11-1　直轴（光轴）

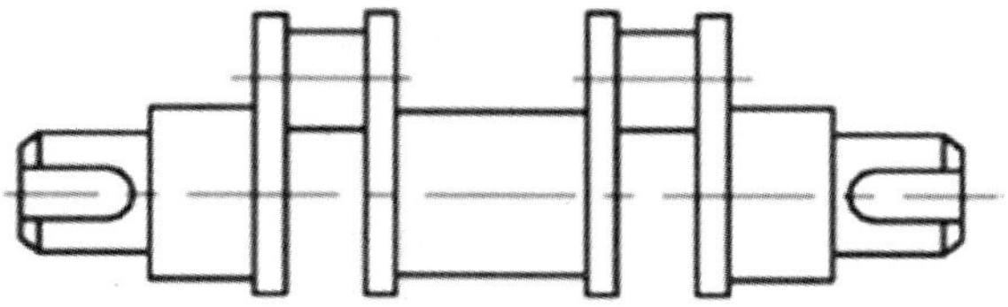

图 11-2　曲轴

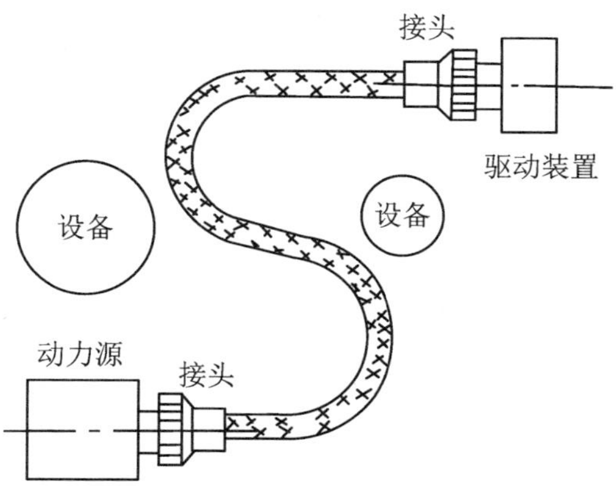

图 11-3　挠性轴

心轴和空心轴。这里重点介绍按照承受载荷的不同对轴进行的分类。

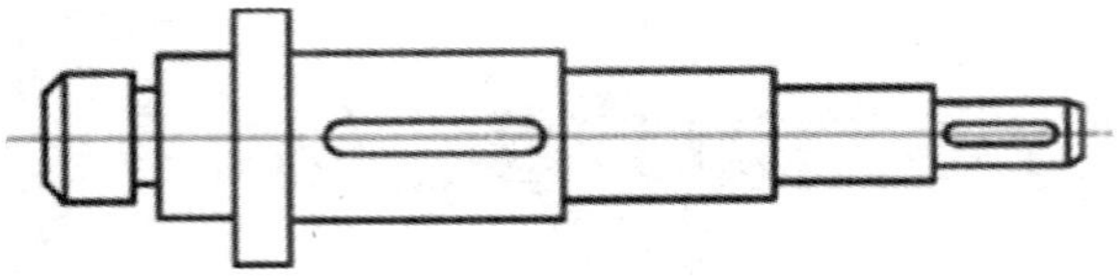

图 11-4　阶梯轴

11.1.1.1　传动轴

传动轴是只承受转矩、不承受弯矩或受很小弯矩的轴。图 11-5 所示为汽车的传动轴。

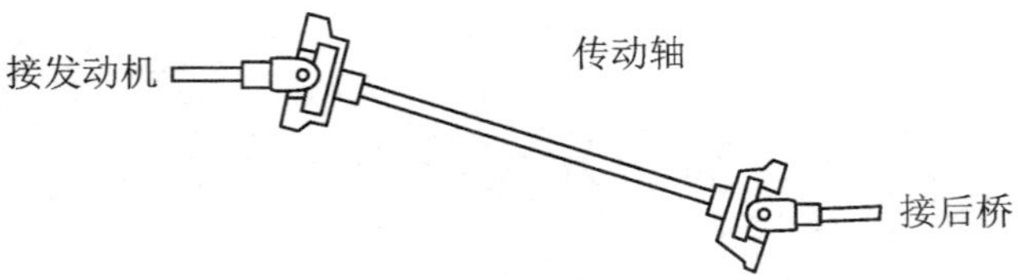

图 11-5　传动轴

11.1.1.2　心轴

心轴通常指只承受弯矩而不承受转矩的轴。心轴按其是否转动可分为转动心轴和固定心轴。图 11-6(a)所示为车辆的转动心轴;(b)所示为自行车前轮的固定心轴。在静载荷作用下,固定心轴产生静应力,转动心轴产生对称循环变应力。

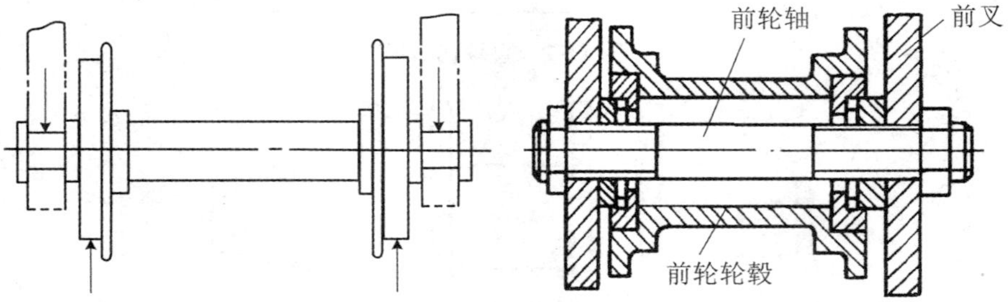

(a) 转动心轴　(b) 固定心轴

图 11-6　心轴

11.1.1.3　转轴

转轴是既承受弯矩又承受转矩的轴。转轴在各种机器中最为常见,如齿轮轴。图 11-7 所示齿轮减速器中的轴都是转轴。

11.1.2　轴的材料及选择

由于轴工作时产生的应力多为变应力,所以轴的失效多为疲劳损坏,因此轴的材料应具有足够的抗疲劳强度、较小的应力集中敏感性和良好的加工性。轴与滑动轴承发生相对运动的表面应具有足够的耐磨性。轴的常用材料是碳素钢、合金钢、球墨铸铁和高强度铸铁。

选择轴的材料时，应考虑轴所受载荷的大小和性质、转速高低、周围环境、轴的形状和尺寸、生产批量、重要程度、材料机械性能及经济性等因素。

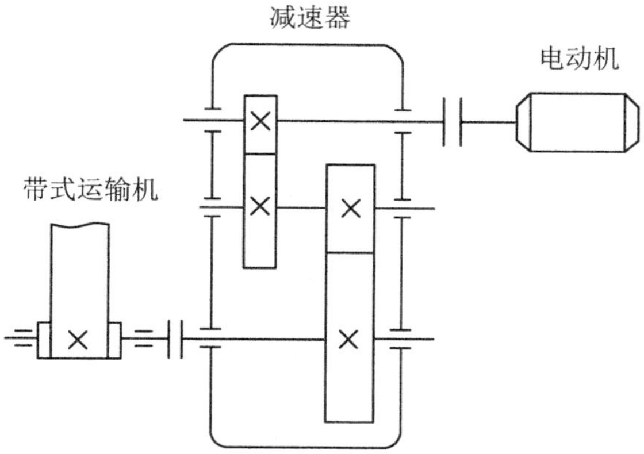

图 11-7 转轴

11.1.2.1 碳素钢

碳素钢有足够高的强度，对应力集中敏感性较低，便于进行各种热处理及机械加工，价格低、供应充足，故应用最广。优质中碳钢 30、40、45、50 钢常用于比较重要和承载较大的轴，尤以 45 号钢应用最广。对于这类钢可通过调质或正火等热处理方法改善和提高其力学性能。普通碳素钢 Q235、Q275 可用于不重要或承载较小的轴。

11.1.2.2 合金钢

合金钢具有良好的综合力学性能和热处理性能。所以对承载很大而重量、尺寸受限制或有较高强度、耐磨性、较强耐腐蚀性要求的轴，多用合金钢制造，并进行必要的热处理。常用的合金钢有：12CrNi2、12CrNi3、20Cr、40Cr、38SiMnMo 等。

必须注意的是：① 合金钢对应力集中的敏感性高，且价格高，所以合金钢轴的结构形状必须合理，否则就失去用合金钢的意义。② 在一般工作温度下，合金钢和碳素钢的弹性模量十分接近，故用合金钢代替碳素钢不能达到提高刚度的目的，此时应通过增大轴径、改变结构或减小跨距等方式来解决。③ 各种热处理、化学处理及表面强化处理（如喷丸、滚压等），可以显著提高碳素钢或合金钢制造的轴的疲劳强度及耐磨性，但对其刚度影响很小。合金钢只有进行热处理后才能充分显示其优越的力学性能。

11.1.2.3 球墨铸铁和高强度铸铁

球墨铸铁和高强度铸铁的机械强度比碳素钢低，但因铸造工艺性好，适合于制造外形复杂的轴（如曲轴、凸轮轴等），其价格低廉、强度较高、具有良好的吸振性、耐磨性和易切削性好，对应力集中敏感性低，故应用日趋增多。但铸件质量不易控制，可靠性差。表 11-1 列出了轴的常用材料及其力学性能，供设计时参考选用。

表 11-1 轴的常用材料及其主要力学性能

材料牌号	热处理类型	毛坯直径（mm）	硬度 HBS	抗拉强度 σ_b（MPa）	屈服点 σ_s（MPa）	应用说明
Q275～Q235				149～610	275～235	用于不重要的轴
35	正火	≤100	149～187	520	270	用于一般轴
		100～300	143～187	500	260	
	调质	≤100	156～207	560	300	
		100～300		540	280	
45	正火	≤100	170～217	600	300	用于强度高、韧性中等的重要轴
		100～300	162～217	580	290	
	调质	≤200	217～255	650	360	
40Gr	调质	25	≤207	1 000	800	用于强度要求高、强烈磨损、冲击小的重要轴
		≤100	241～286	750	550	
		100～300		700	500	
35SiM		25	≤229	900	750	可代替 40Gr，用于中、小型轴
		≤100	229～286	800	520	
		100～300	217～269	750	450	
42SiMn		25	≤220	900	750	与 35SiMn 相同，但专供表面淬火用
		≤100	229～286	800	520	
		100～200	217～269	750	470	
		200～300	217～255	700	450	
40MnB		25	≤207	1 000	800	可代替 40Gr，用于小型轴
		≤200	241～286	750	500	
35GrMo		25	≤229	1 000	350	用于重载的轴
		≤100	207～269	750	500	
		100～300		700	500	
38GrMnMo		≤100	229～285	750	600	可代替 35GrMo
		100～300	217～269	700	550	

11.2 轴的结构设计

轴的结构设计就是根据轴的受载情况和工作条件确定轴的形状和全部结构尺寸。轴结构设计的总原则是：在满足工作能力的前提下，力求轴的尺寸小、重量轻、工艺性好。

11.2.1　轴的各部分名称

如图 11-8 所示，轴上被轴承支承的部分称为轴颈(①和⑤处)，与传动零(带轮、齿轮、联轴器)轮毂配合的部分称为轴头(④和⑦处)，联接轴颈和轴头的非配合的部分叫轴身(⑥处)。阶梯轴上直径变化处叫做轴肩，起轴向定位作用。图 11-8 中⑥与⑦间的轴肩使联轴器在轴上定位；①与②间的轴肩使左端滚动轴承定位。③处为轴环。

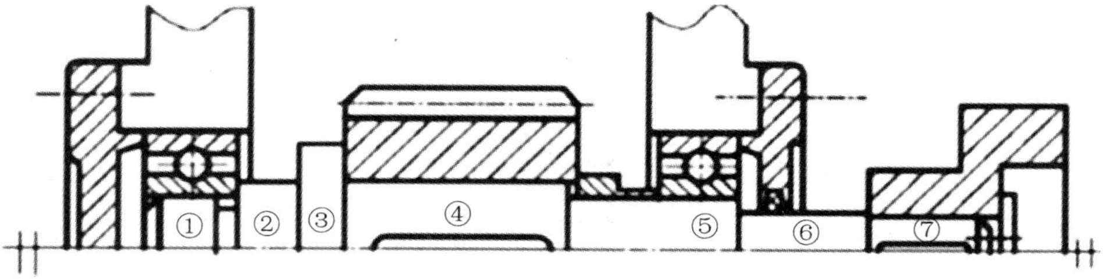

图 11-8　轴的组成

11.2.2　轴上零件的轴向固定

轴上零件的轴向固定是为了防止在工作中零件沿轴向窜动。零件的轴向固定可采用轴肩、轴环、套筒、圆螺母、轴端挡圈、弹性挡圈、紧定螺钉等方式，其结构形式、特点与应用见表 11-2。

表 11-2　轴上零件的轴向固定方法

	轴向定位和固定方式	特点和应用
轴肩和轴环	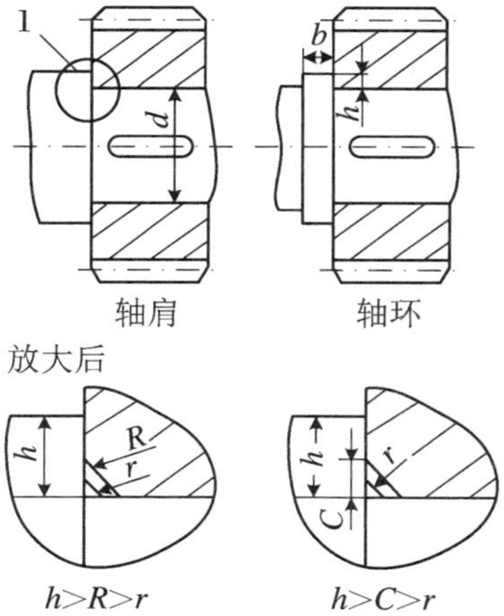	能承受较大的轴向力、加工方便、定位可靠。应用广泛
套筒	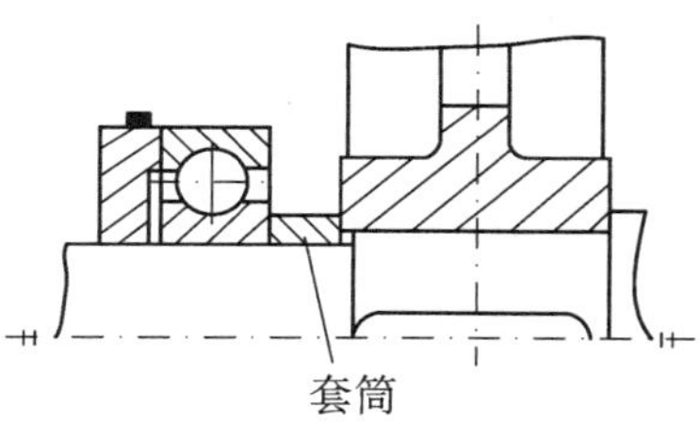	定位可靠、加工方便、可简化轴结构。 用于轴上两零件的间距不大的轴向定位和固定。 与滚动轴承组合时，套筒的厚度不应超过轴承内侧的厚度，以便轴承拆卸

续表

	轴向定位和固定方式	特点和应用
圆螺母和止动垫圈	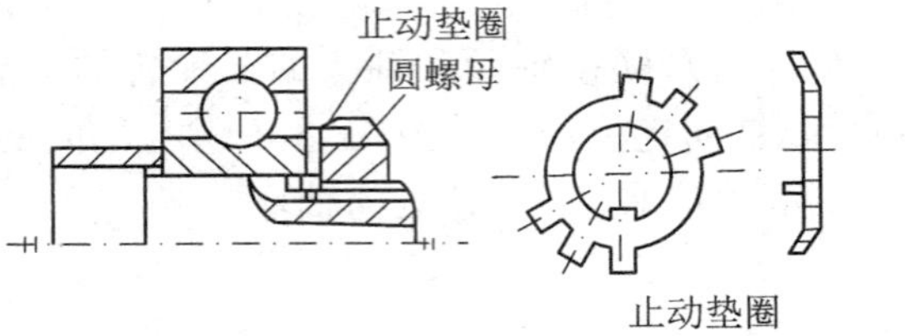	固定可靠、能承受较大的轴向力
轴端挡圈	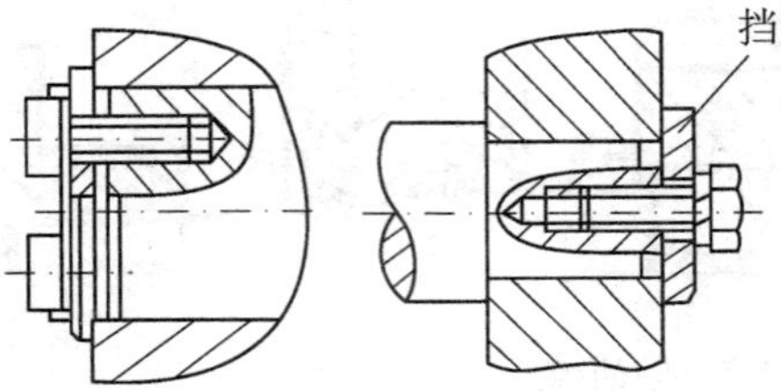	能承受较大的轴向力及冲击载荷,常用于轴端零件的固定
圆锥面	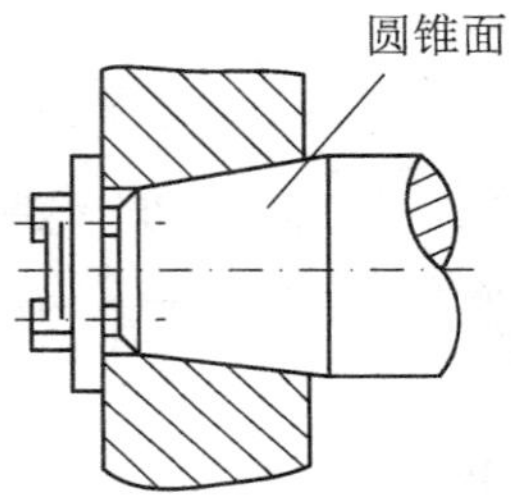	能承受较大的冲击载荷、装拆方便。常用于轴端零件的定位和固定。但配合面加工比较困难
弹性挡圈	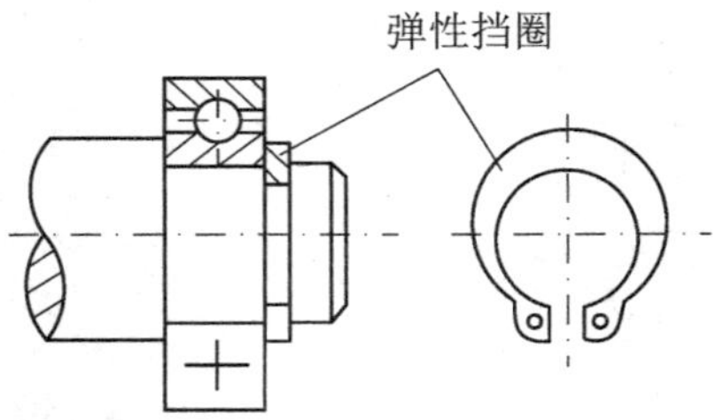	能承受较小的轴向力、结构简单、装拆方便、可靠性差。常用于固定滚动轴承和滑移齿轮的限位

11.2.3 各轴段直径和长度的确定

11.2.3.1 轴径的确定原则

轴的各段直径通常是在根据轴所传递的转矩初步估算出最小直径 d_{min}(11.3.3 节式(11-4))的基础上,考虑轴上零件的安装及固定等因素逐一确定的。确定轴的直径时应遵循的原则是:

① 轴头的直径取标准尺寸(表 11-3)。

② 安装滚动轴承的轴颈,应按滚动轴承标准规定的内孔直径选取。

③ 定位轴肩,其高度 h 按表 11-4 给定的原则确定;非定位轴肩是为了便于轴上零件的安装而设置的工艺轴肩(如图 11-12 中轴段⑤与轴段⑥间的轴肩),其高度可以很小,一般取 1～2 mm 即可。

表 11-3 轴头的直径标准尺寸(mm)

10	12	14	16	18	20	22	24	25	26	28	30	32	34	36	38
40	42	45	48	50	53	56	60	63	67	71	75	80	85	90	95

表 11-4 轴肩尺寸 h 及零件孔端圆角半径 R 和倒角 C(mm)

轴径 d	>10～18	>18～30	>30～50	>50～80	>80～100
r	0.8	1.0	1.6	2.0	2.5
R 或 C	1.6	2.0	3.0	4.0	5.0
h_{min}	2.0	2.5	3.5	4.5	5.5
b	轴环的宽度 $b=1.4h$				

滚动轴承的定位轴肩高度必须低于轴承内圈端面厚度,以便于轴承的拆卸,具体数值查相应的轴承标准。

④ 轴中装有过盈配合零件时(图 11-8 中的轴段⑤),该零件毂孔与装配时需要通过的其他轴段(轴段⑥、轴段⑦)之间应留有间隙,以便于安装。

11.2.3.2 各轴段长度应满足的要求

轴的各段长度主要是根据得到轴上零件的轴向尺寸及轴系结构的总体布置来确定的,设计时应满足的要求是:

① 轴与传动件轮毂相配合的部分(图 11-8 中④和⑦)的长度,一般应比轮毂长度短 2～3 mm,以保证传动件能得到可靠的轴向固定。轮毂长 $L\approx(1\sim1.5)d$。

② 安装滚动轴承的轴颈长度取决于滚动轴承的宽度。

③ 其余段的轴径长度,可根据总体结构的要求(如零件间的相对位置、拆装要求、轴承间隙的调整等)在结构设计中确定。

11.2.4 影响轴结构的一些因素

轴的结构设计应满足以下准则:轴上零件相对于轴必须有可靠的轴向固定和周向固定;轴的结构要便于加工,轴上零件要便于装拆;轴的结构要有利于提高轴的疲劳强度。

11.2.4.1 轴的加工工艺性

为使轴具有良好的加工工艺性,在加工时应注意以下几点:

① 轴直径变化尽可能小,并尽量限制轴的最小直径与各段直径差,这样既可以节省材料又可以减少切削加工量。

② 轴上有磨削或需切螺纹处,应留砂轮越程槽和螺纹退刀槽,如图 11-9 所示,以保证加工完整。

③ 应尽量使轴上同类结构要素(如过渡圆角、倒角、键槽、越程槽、退刀槽及中心孔等)的尺寸相同,并符合标准和规定;如数个轴段上有键槽,应将它们布置在同一母线上,以便于加工。

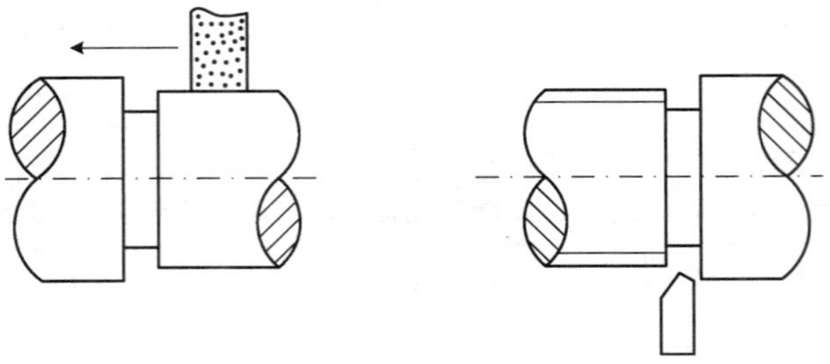

(a) 砂轮越程槽 (b) 螺尾退刀槽

图 11-9 砂轮越程槽与螺尾退刀槽

11.2.4.2 轴的装配工艺性

为使轴具有良好的装配工艺性，常采取以下措施：

① 为了便于轴上零件的装拆和固定，常将轴设计成阶梯形。如图 11-1 所示的直轴简图，轴上装有联轴器和齿轮，并用滚动轴承支承。如果将轴设计成光轴，虽然便于加工，但轴上齿轮装拆困难，而且齿轮和联轴器的轴向位置不便于固定。因此，可设计成如图 11-4 所示的阶梯轴。

② 为了便于装配，轴端应加工出 45°或 30°(60°)倒角，过盈配合零件装入端常加工出导向锥面。

11.2.4.3 改善轴的受力状况，减小应力集中

合理布置轴上零件可以改善轴的受力状况。在图 11-10(b)中，大齿轮和卷筒联成一体，转矩经大齿轮直接传给卷筒，故卷筒轴只受弯矩而不传递扭矩，在起重同样载荷 W 时，轴的直径可小于图 11-10(a)的所示的直径。

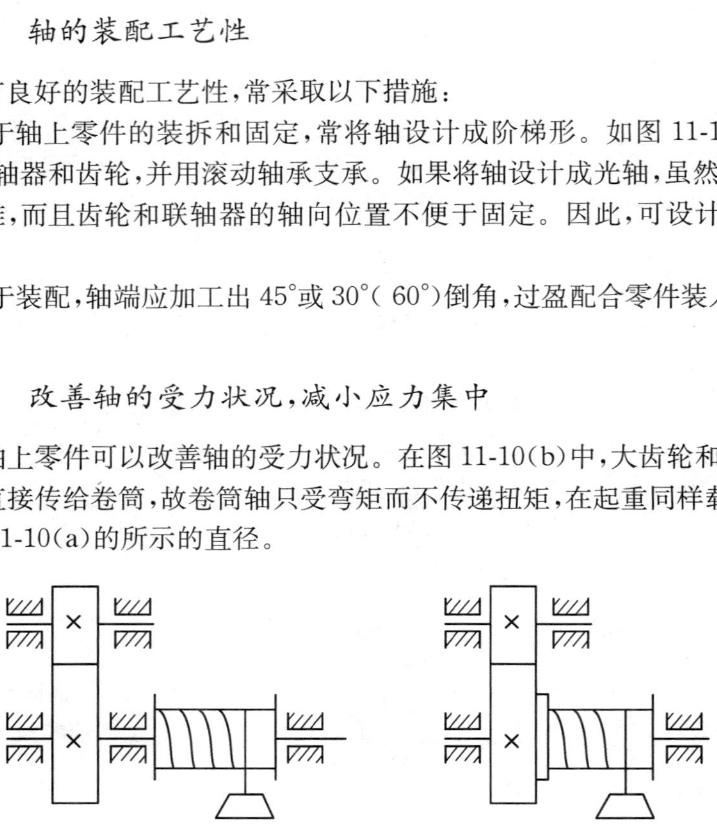

(a) 齿轮和卷筒分开布置 (b) 齿轮与卷筒联成一体

图 11-10 起重机卷筒图

如图 11-11 所示，给定轴的两种布置方案，当动力从几个轮输出时，为了减少轴上载荷，应将输入轮布置在中间(图 11-11(b))，这时轴的最大转矩为 $T_1 - T_2$，而在图 11-11(a)中最大转矩为 T_1。

改善轴的受力状况的另一个重要方面就是减少应力集中。应力集中常常是产生疲劳裂纹的根源。为了提高轴的疲劳强度，应从结构设计、加工工艺等方面采取措施，减小应力集中，对于合金钢轴尤其应注意这一要求(以下仅从结构方面讨论)。

① 要尽量避免在轴上(特别是应力较大的部位)安排应力集中严重的结构，如螺纹、横

孔、凹槽等。例如部分螺纹及退刀槽引起的应力集中都比较大，改用套筒后既简化了轴的结构，又减少了应力集中。

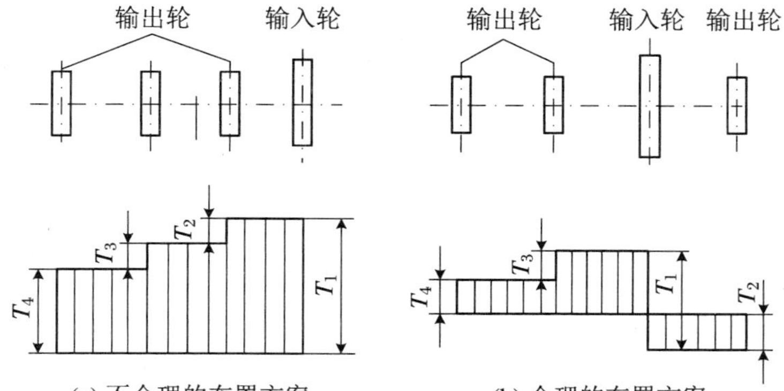

(a) 不合理的布置方案　(b) 合理的布置方案

图 11-11　轴的两种方案布置比较

② 当应力集中不可避免时，应采取减少应力集中的措施，如适当增大阶梯轴轴肩处圆角半径、在轴上或轮毂上设置卸载槽安全(图 11-12)等。轴上零件的端面应与轴肩定位面靠紧，使得轴的圆角半径常常受到限制，这时可采用凹切圆槽(图 11-12(c))或过渡肩环(图 11-12(d))等结构。

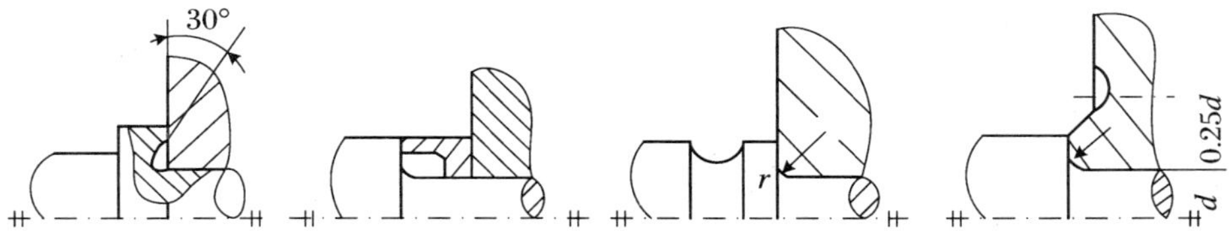

(a) 轴上设卸载槽　(b) 轮毂上设卸载槽　(c) 采用凹切圆槽　(d) 采用过渡肩环

图 11-12　减小应力集中的结构

③ 键槽端部与轴肩距离不宜过小，以避免损伤过渡圆角，减少多种应力集中源重合的机会。

11.3　轴的强度计算

不同受力类型的轴，强度计算的方法是不同的。其中传动轴按扭转强度计算；心轴按弯曲强度计算；转轴按弯扭合成强度计算。

11.3.1　传动轴的强度计算

传动轴工作时只承受扭矩，由材料力学可知，实心圆截面轴的强度条件为

$$\tau_{\mathrm{T}}=\frac{T}{W_{\mathrm{p}}}=\frac{16T}{\pi}\approx\frac{9.55\times10^{6}P}{0.2d^{3}n}\leqslant[\tau]_{\mathrm{T}}\tag{11-1}$$

式中，τ_T 为轴受扭时的最大切应力(MPa)；T 为轴传递的转矩(N·mm)；W_p 为轴的抗扭截面系数(mm^3)；P 为轴传递的功率(kW)；n 为轴的转速(r/min)；d 为轴的直径(mm)；$[\tau]_T$ 为轴材料的许用切应力(MPa)，见表 11-5。

表 11-5 轴常用材料的值$[\tau]_T$ 和 C 值

轴的材料	Q235,20	35	45	40Cr、35SiMn、38SiMnMo
$[\tau]_T$(MPa)	12～20	20～30	30～40	40～52
C	160～135	135～118	118～107	107～98

注：① 当弯矩作用相对于转矩很小或只传递转矩时，$[\tau]_T$取较大值，C 取较小值；反之，$[\tau]_T$取较小值，C 取较大值。

② 当用 35SiMn 钢时，$[\tau]_T$取较小值，C 取较大值。

11.3.2 心轴的强度计算

在一般情况下，作用在轴上的载荷方向不变，故心轴的抗弯强度条件为

$$\sigma_w = \frac{M}{W_z} = \frac{32M}{\pi} \approx \frac{M}{0.1d^3} \leqslant [\sigma]_w \tag{11-2}$$

计算轴的直径时，可将式(11-2)可以写成

$$d \geqslant \sqrt[3]{\frac{M}{0.1[\sigma]_w}} \tag{11-3}$$

式中，d 为轴的计算直径(mm)；M 为作用在轴上的弯矩(N·mm)；W_z为轴的抗弯截面系数(mm^3)；$[\sigma]_w$为轴材料的许用弯曲应力(MPa)。

对于转动心轴，取对称循环的许用弯曲应力$[\sigma_{-1}]_w$。对于固定心轴，载荷不变时取静应力下的许用弯曲应力$[\sigma_{+1}]_w$；若载荷变化，取脉动循环的许用弯曲应力$[\sigma_0]_w$。$[\sigma_{-1}]_w$、$[\sigma_{+1}]_w$、$[\sigma_0]_w$取值见表 11-6。

表 11-6 轴的许用弯曲应力(MPa)

材料	σ_b	$[\sigma_{+1}]_w$	$[\sigma_0]_w$	$[\sigma_{-1}]_w$	材料	σ_b	$[\sigma_{+1}]_w$	$[\sigma_0]_w$	$[\sigma_{-1}]_w$
碳素钢	400	130	70	40	合金钢	800	270	130	75
	500	170	75	45		900	300	140	80
	600	200	95	55		1000	330	150	90
	700	230	110	65		1200	400	180	110

11.3.3 转轴的强度计算与设计过程

11.3.3.1 选择轴的材料，初估轴径

对于转轴，在开始设计轴时，通常还不知道轴上零件的位置及支点位置，弯矩值不能确定，因此，一般在进行轴的结构设计前，先按纯扭转对轴的结构进行估算。对于圆截面的实心轴，圆轴扭转时的强度条件为 $\tau = T/W_p \leqslant [\tau]_T$，其中扭矩 $T = 9.55 \times 10^6 P/n$，抗扭截面模量 $W_p \approx 0.2d^3$。则轴直径的设计公式为

$$d \geqslant \sqrt[3]{\frac{9.55 \times 10^6 P}{0.2[\tau]_T n}} = c\sqrt[3]{\frac{P}{n}} \tag{11-4}$$

式中，c 为与轴材料有关的系数，见表 11-5。

由式(11-4)求出的直径值，需根据表 11-3 圆整成标准直径，并作为轴的最小直径。如轴上有一个键槽，可将该直径值增大 3%～5%，若有两个键槽增大 7%～10%。

11.3.3.2　转轴的结构设计

在轴的结构设计时，必须按比例绘制轴的结构草图。通常按以下步骤设计：

① 确定轴上零件的位置和固定方法。

② 确定各轴段的直径和长度。

11.3.3.3　转轴的强度计算

转轴同时承受扭矩和弯矩，必须按弯曲和扭转组合强度进行计算。完成轴的结构设计后，作用在轴上外载荷(扭矩和弯矩)的大小、方向、作用点、载荷种类及支点反力等已确定，可按弯扭合成的理论进行轴危险截面的强度校核。进行强度计算时通常把轴当作置于铰链支座上的梁，作用于轴上零件的力作为集中力，其作用点取为零件轮毂宽度的中点。支点反力的作用点一般可近似地取在轴承宽度的中点上。具体的计算步骤如下：

① 画出轴的空间力系图。将轴上作用力分解为水平面分力和垂直面分力，并求出水平面支点反力和垂直面上的支点反力。

② 计算水平面 M_H 并画出水平面弯矩图。

③ 计算垂直面弯矩并 M_V 画出垂直面的弯矩图。

④ 计算合成弯矩。$M = \sqrt{M_H^2 + M_V^2}$，画出合成弯矩图。

⑤ 计算轴的转矩 T，画出转矩图。

⑥ 计算当量弯矩。根据第三强度理论，当量弯矩 $M_e = \sqrt{M^2 + (\alpha T)^2}$。其中 α 根据转矩性质而定的应力校正系数。对于不变的扭矩，取 $\alpha = \frac{[\sigma_{-1}]_w}{[\sigma_{+1}]_w} \approx 0.3$；对于脉动循环的扭矩，取 $\alpha = \frac{[\sigma_{-1}]_w}{[\sigma_0]_w} \approx 0.6$；对于正反转频繁的轴，可按对称循环扭矩处理，取 $\alpha = 1$；若扭矩变化不清时，一般按脉动循环变化处理。

⑦ 校核轴的强度。对选定的危险截面按下式验算：

由弯矩图和转矩图可初步判断轴的危险截面。根据危险截面上产生的弯曲应力 σ_w 和扭应力 τ_T，可用第三强度理论求出钢制轴在复合应力作用下危险截面的当量弯曲应力 σ_{ew}，其强度条件为

$$\sigma_{ew} = \sqrt{\sigma_w^2 + 4\tau_T^2} \leqslant [\sigma]_w \tag{11-5}$$

对于直径为 d 的实心轴，有 $W_T \approx 2W$，由式(11-8)得

$$\sigma_{ew} = \frac{\sqrt{M^2 + T^2}}{W} \leqslant [\sigma]_w \tag{11-6}$$

对于一般转轴，σ_w 为对称循环变应力；而 τ_T 的循环特性则随转矩 T 的性质而定。考虑弯曲应力与扭应力变化情况的差异，将上式中的转矩 T 乘以校正系数 α，即

$$\sigma_{ew} = \frac{M_e}{W_z} = \frac{\sqrt{M^2 + (\alpha T)^2}}{0.1d^3} \leqslant [\sigma_{-1}]_w \tag{11-7}$$

计算轴的直径时,式(11-7)可以写成

$$d \geqslant \sqrt[3]{\frac{M_e}{0.1[\sigma_{-1}]_w}} \tag{11-8}$$

式中,d 为轴的计算直径(mm);M_e 为当量弯矩(N · mm);$[\sigma_{-1}]_w$为对称循环下材料的许用弯曲应力(MPa);σ_{ew}为计算得到的危险截面上的当量应力(MPa)。

综上所述,常用转轴的设计步骤是:先按照转矩估算轴径,作为轴上受扭转段的最细直径;再按照结构设计的要求,进行轴的初步结构设计,确定轴的外形和尺寸;然后按弯扭合成强度条件校核轴的直径。若初定轴的直径较小,不能满足强度要求,则需要修改结构设计,直到满足强度要求为止;若初定轴的直径较大,一般先不修改轴的设计,通常是在计算完轴承后再综合考虑是否修改设计。

对于一般用途的轴,按照上述方法设计计算即能满足使用要求。对于重要的轴,还须考虑应力集中、表面状态以及疲劳强度的影响,用安全系数法作进一步的强度校核,其计算方法见有关机械设计教材或参考书。

例 11-1 图 11-13 所示为带式输送机单级斜齿圆柱齿轮减速器简图。从动轴输出端与联轴器相接。已知:该轴传递功率 5 kW,转速 $n = 140$ r/min,轴上齿轮参数为:$z = 60$,$m_n = 3.5$ mm,$\beta = 12°$,法向压力角 $\alpha_n = 20°$,齿宽 $B = 80$ mm,载荷平稳,工作时单向运转。试设计减速器的从动轴。

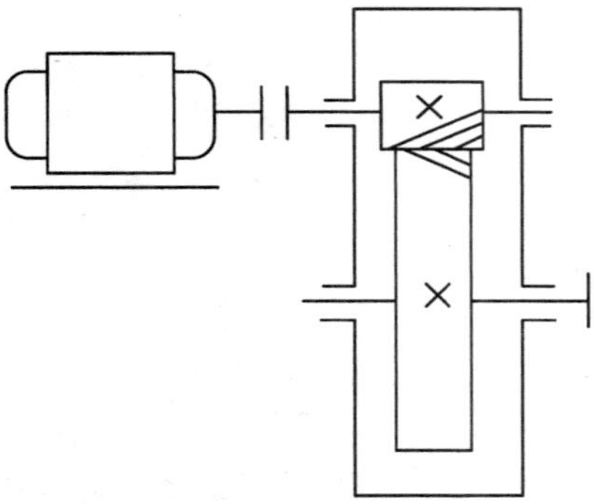

图 11-13 输送机减速器简图

解 (1) 选择轴的材料,确定许用应力

选用轴的材料为 45 钢,正火处理,查表 11-1 可知,$\sigma_b = 600$ MPa,$\sigma_s = 300$ MPa。

(2) 按扭转强度,初估轴的最小直径

输出端与联轴器相接的轴段轴径最小。查表 11-5 可知,$C = 118$,则

$$d_{min} \geqslant C\sqrt[3]{\frac{P}{n}} = 118\sqrt[3]{\frac{4.5}{140}} = 37.52\ (\text{mm})$$

考虑键槽影响及联轴器标准系列,取 $d_{min} = 40$ mm。

(3) 计算齿轮受力

分度圆直径

$$d = \frac{m_n z}{\cos\beta} = \frac{3.5 \times 60}{\cos 12°} = 214.7\ (\text{mm})$$

扭矩

$$T = 9.55 \times 10^6 \frac{P}{n} = 9.55 \times 10^6 \frac{5}{140} = 314 \times 10^3 (\text{N} \cdot \text{mm})$$

圆周力

$$F_t = \frac{2T}{d} = \frac{2 \times 341 \times 10^3}{214.7} = 3\,176.5\ (\text{N})$$

径向力

$$F_r = \frac{F_t \tan\alpha_n}{\cos\beta} = \frac{3\,176.5 \times \tan 20°}{\cos 12°} = 1\,182\ (\text{N})$$

轴向力

$$F_a = F_t \tan\beta = 3\,176.5 \times \tan 12^\circ = 675\ (\mathrm{N})$$

(4) 轴的结构设计

根据轴及轴上零件配置情况，绘制轴系结构图，如图 11-14 所示。

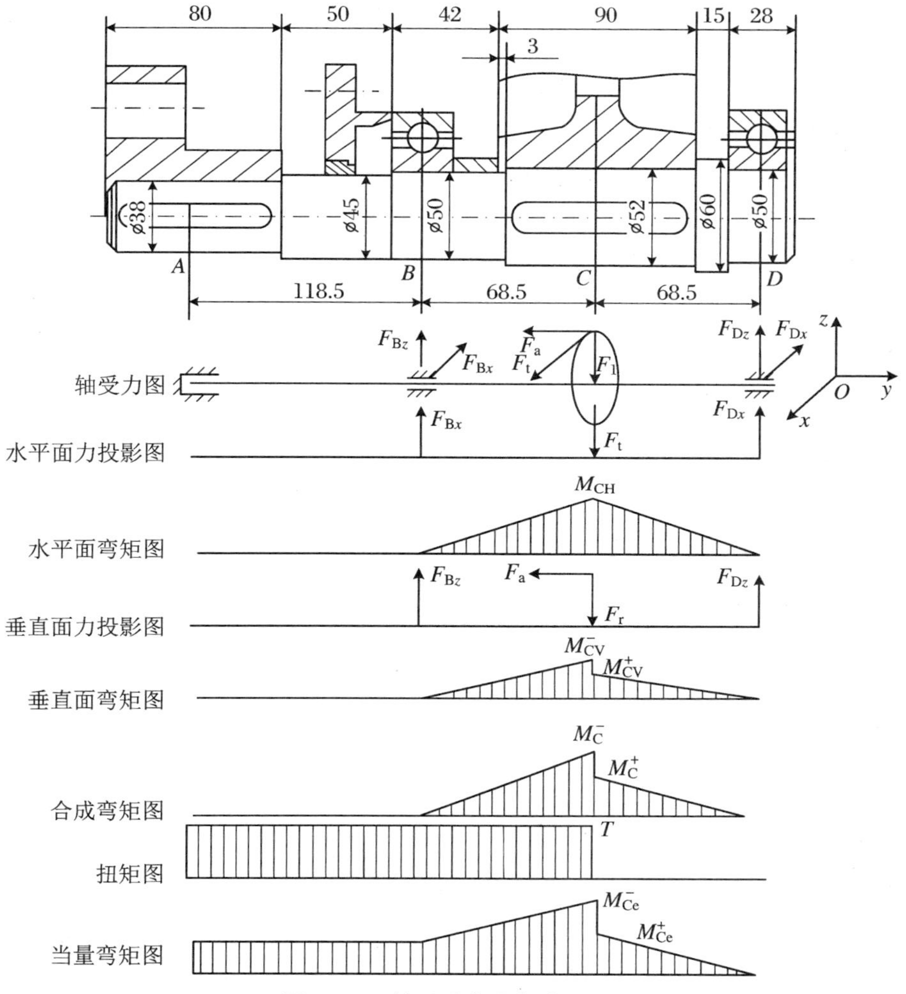

图 11-14 轴系受力及弯、扭矩图

① 定位及固定方式

斜齿轮传动有轴向力，采用角接触球轴承；轴通过两端轴承盖实现轴向定位；齿轮靠轴环和套筒轴向固定，周向定位靠平键和过盈配合实现；联轴器靠轴肩，平键和过盈配合分别实现轴向定位和周向定位。

② 联轴器的选择

查设计手册，其规格为 $HL_3$40×112GB/T5014—1985。

③ 确定各段轴的直径

估算直径。设 $d_{\min} = d_1 = 38$ mm 与联轴器相配合，同时联轴器靠轴肩定位，轴肩尺寸查表 11-4 可知，最小轴肩高度为 $h_{\min} = 3.5$ mm，所以(由左向右)第二段轴径 $d_2 = 45$ mm，取标准轴径为 $d_2 = 48$ mm，轴颈直径 $d_3 = 50$ mm($d_3 > d_2$，装拆方便，同时必须符合轴承内径标准系列)。为便于齿轮装拆,与齿轮配合处的轴径 d_4 应大于 d_3,取 $d_4 = 52$ mm,轴环为齿轮定位轴段,既要符合齿轮定位要求,又要符合右侧轴承的安装要求,右端轴径与左端轴径相同,取 $d_6 = 50$ mm。

④ 轴承型号

选用角接触球轴承,代号 7310,查手册,轴承宽度 $B = 27$ mm,安装尺寸 $D_1 = 60$ mm。

⑤ 确定各段轴的长度

与传动零件(如齿轮、带轮、联轴器等)相配合的轴段长度,一般小于传动零件的轮毂宽度 2～3 mm。轴承端盖螺钉至联轴器的距离,一般为 10～15 mm。其次,轴承的长度与箱体等设计有关,可由齿轮开始向两侧逐步确定。

⑥ 轴的强度校核

a. 绘制轴的受力简图,如图 11-14 所示。

b. 计算支承反力及弯矩。

水平平面支反力:

$$F_{BX} = F_{DX} = \frac{1}{2}F_t = \frac{1}{2} \times 3\,176.5 = 1\,588.25\ (\mathrm{N})$$

水平平面弯矩:

$$M_{CH} = F_{BX} \times 68.5 = 1\,588.25 \times 68.5 = 108\,795\ (\mathrm{N \cdot mm})$$

垂直面支反力:

$$\sum M_B(F) = 0 \Rightarrow F_{DZ} \times 137 - F_r \times 68.5 + F_a \times \frac{214.7}{2} = 0$$

$$F_{DZ} = 62\ \mathrm{N}$$

$$F_{BZ} = 1\,120\ \mathrm{N}$$

垂直面弯矩:

$$M_{CV-} = F_{BZ} \times 68.5 = 1\,120 \times 68.5 = 76\,720\ (\mathrm{N \cdot mm})$$

$$M_{CV+} = F_{DZ} \times 68.5 = 62 \times 68.5 = 4\,247\ (\mathrm{N \cdot mm})$$

合成弯矩:

$$M_{C-} = \sqrt{M_{CH} + M_{CV-}{}^2} = \sqrt{108\,795^2 + 76\,720^2} = 133\,126\ (\mathrm{N \cdot mm})$$

$$M_{C+} = \sqrt{M_{CH}{}^2 + M_{CV+}{}^2} = \sqrt{108\,795^2 + 4\,247^2} = 108\,878\ (\mathrm{N \cdot mm})$$

画出各平面弯矩和扭转图,如图 11-14 所示。

c. 当量弯矩的计算,由图可知,C 截面最危险,其最大当量弯矩为

$$M_e = \sqrt{M_{C-}{}^2 + (\alpha T)^2}$$

由于轴的应力为脉动循环应力,应力折合系数即 $\alpha = 0.6$,则

$$M_e = \sqrt{13\,312^2 + (0.6 \times 341 \times 10^3)^2} = 244\,084\ (\mathrm{N \cdot mm})$$

画出当量弯矩图,如图 11-14 所示。

④ 计算危险截面直径

$$d_c \geqslant \sqrt[3]{\frac{M_e}{0.1\,[\sigma_{-1}]_w}} = \sqrt[3]{\frac{244\,084}{0.1 \times 55}} = 35.4\ (\mathrm{mm})$$

考虑到键槽对轴的削弱,将 d 增大 3%,$d_c = 1.03 \times 35.4 = 36.5$ (mm)。因为结构设计确定的直径为 $d = 52$ mm,所以强度足够。

⑤ 绘制轴的工作图(图 11-15)。

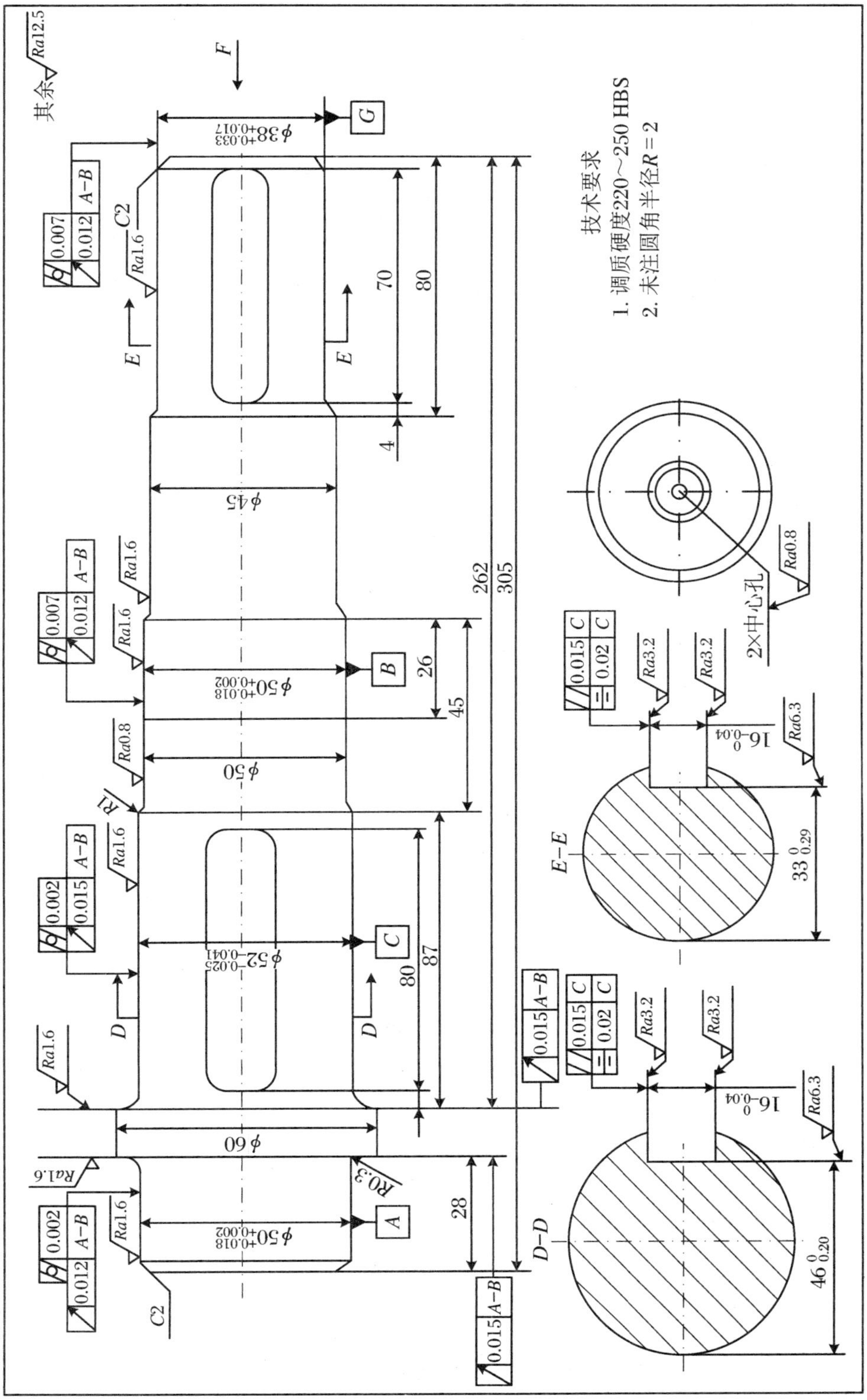

图 11-15 轴的工作图

例 11-2　实心轴与空心轴通过牙嵌式离合器联接传递转矩(图 11-16),已知轴的转速 $n=120\ \text{r/min}$,传递的功率 $P=10\ \text{kW}$,材料的许用切应力 $[\tau]=40\ \text{MPa}$,空心轴内径为 d_1,外径为 D_1。空心轴内、外径之比 $\alpha=d_1/D_1=0.6$,试设计实心轴的直径 d 和空心轴的外径 D_1。

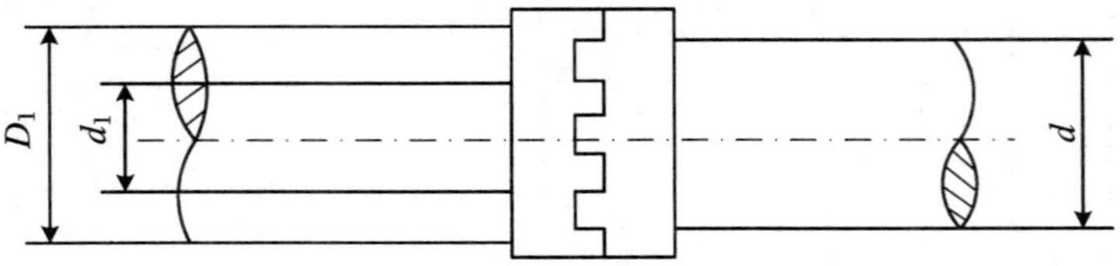

图 11-16　牙嵌式离合器

解　(1) 计算外力偶矩及扭矩

$$T = M = 9\,550\frac{P}{n} = 9\,550\times\frac{10}{120} = 795.8\ (\text{N}\cdot\text{m})$$

(2) 设计轴的直径

由式(11-1)得

$$\tau_{\max} = \frac{T}{W_p} \leqslant [\tau]$$

可得实心轴

$$W_p = 0.2d^3 \geqslant \frac{T}{[\tau]}$$

$$d = \sqrt[3]{\frac{T}{0.2[\tau]}} = \sqrt[3]{\frac{795.8\times10^3}{0.2\times40}} = 46.3\ (\text{mm})$$

空心轴

$$W_p = 0.2D_1^3(1-\alpha^4) \geqslant \frac{T}{[\tau]}$$

$$D_1 = \sqrt[3]{\frac{T}{0.2(1-\alpha^4)[\tau]}} = \sqrt[3]{\frac{795.8\times10^3}{0.2(1-0.6^4)\times40}} = 48.5\ (\text{mm})$$

取 $d=47\ \text{mm}$,$D_1=49\ \text{mm}$。

例 11-3　火车轮轴如图 11-17(a)所示,承受重力 $F=35\ \text{kN}$,轴直径 $d=115\ \text{mm}$,材料许用应力 $[\sigma]=80\ \text{MPa}$,试校核此轴的弯曲强度。

解　(1) 确定最大弯矩

作弯矩图如图 11-17(b)所示,最大弯矩为

$$M_{\max} = 8.4\ \text{kN}\cdot\text{m}$$

(2) 计算轮轴抗弯截面因素 W_z

$$W_z = 0.1d^3 = 0.1\times115^3 = 152\times10^3\ (\text{mm})$$

(3) 校核强度

$$\sigma_{\max} = \frac{M}{W_z} = \frac{8.4\times10^6}{152\times10^3}$$

$$= 55.3\ (\text{MPa}) < [\sigma] = 80\ (\text{MPa})$$

故轮轴的强度足够。

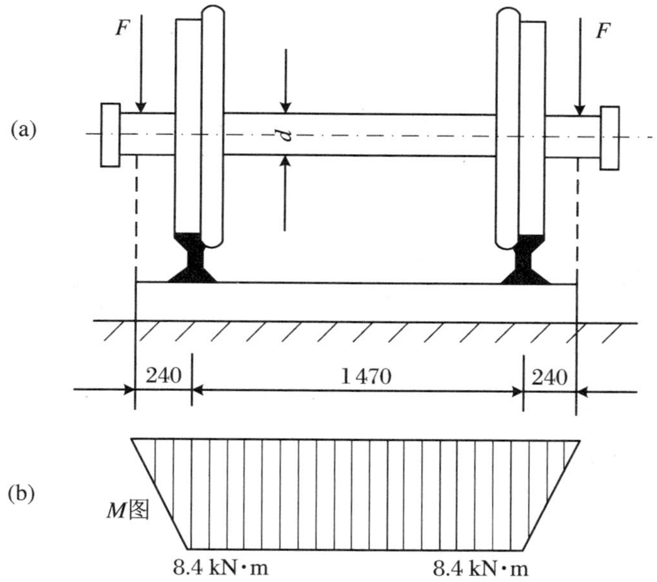

图 11-17 火车轮轴的弯曲应力

11.3.4 轴的刚度校核

轴除了应进行强度计算外，许多轴还应进行刚度计算；对于高转速下工作的轴，还应考虑其振动的稳定性。

11.3.4.1 轴的弯曲刚度校核计算

轴的弯曲刚度以挠度 y 和偏转角 θ 来度量。对于光轴，可直接用材料力学中的公式计算其挠度或者偏转角。对于阶梯轴，可将其转化为当量直接的光轴后计算其挠度或者偏转角。

轴的刚度条件为

$$挠度:y \leqslant [y] \tag{11-12}$$

$$偏转角:\theta \leqslant [\theta] \tag{11-13}$$

式中，$[y]$和$[\theta]$分别为轴的许用挠度和许用偏转角。

11.3.4.2 轴的扭转刚度校核计算

轴的扭转刚度以及扭转角 φ 来度量。轴的扭转刚度条件为

$$\varphi \leqslant [\varphi] \tag{11-14}$$

习 题

11.1 自行车的前轴、中轴和后轴分别是什么类型的轴？为什么？

11.2 对轴的材料的基本要求是什么？轴的常用材料有哪些？各适用什么场合？如何选择？

11.3 轴上常用的轴向定位结构是什么？轴肩和轴环有何区别？

11.4 轴上传动零件常见的周向固定方式是什么？

11.5 分析图 11-18 所示的轴系结构，指出图中不合理之处，作必要的文字说明，并画出正确结构。

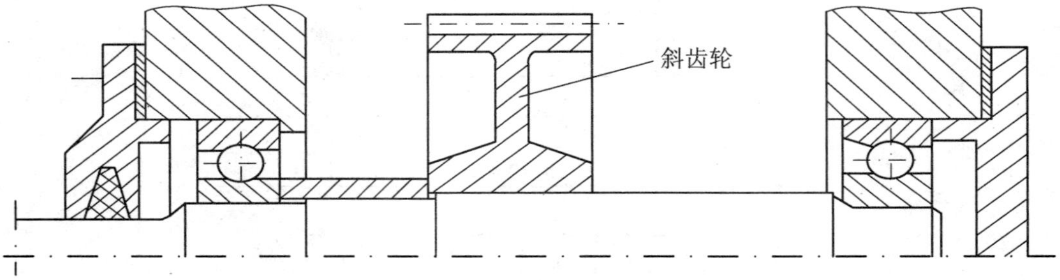

图 11-18 习题 11.5 图

11.6 有一传动轴由电动机直接驱动，已知传递的功率 $P=40$ kW，转速 $n=900$ r/min，如果轴的扭切应力不准超过 40 MPa，试估算轴的直径。

11.7 已知一转轴，在直径 $d=60$ mm 处受到不变的转矩 $T=1\,540\times10^3$ N・mm 和弯矩 $M=710\times10^3$ N・mm 作用，轴材料为 45 钢，经调质处理。该轴能否满足要求？

实训项目 轴的设计计算

1. 实训目的

进一步熟悉轴的类型、结构和特点，掌握轴的设计步骤、过程和设计计算方法，能够合理选择轴的材料、估算轴的最小直径、进行轴的结构设计、校核轴的强度，从而完成轴的设计。

2. 实训内容和要求

设计单级直齿圆柱齿轮减速器中的输出轴，用电动机驱动。电动机的功率 $P=12$ kW，转速 $n=1\,470$ r/min，齿轮的模数 $m=4$ mm，齿数 $z_1=19$，$z_2=72$，支承间跨距 $l=180$ mm（齿轮位于中央），轴的材料为 45 号钢调质。

第 12 章 轴　　承

12.1 轴承的功用与类型

轴承是支承轴和轴上零件的部件。根据轴承工作时的摩擦性质，轴承分为滚动轴承和滑动轴承。滚动轴承适用于一般速度的场合。滑动轴承适用于高速、高精度、重载和有大冲击的场合，以及不重要的低速机械中。

12.2 滚动轴承的组成、类型和代号

如图 12-1 所示，滚动轴承一般由外圈 1、内圈 2、滚动体 3 和保持架 4 组成。内圈装在轴颈上，外圈装载轴承座孔内。当内、外圈相对转动时，滚动体在内、外圈的滚道中滚动。保持架的作用是将滚动体均匀地隔开。常见滚动体形状如图 12-2 所示，主要有球面滚子、圆柱滚子、圆锥滚子、球面滚子和滚针滚子等。

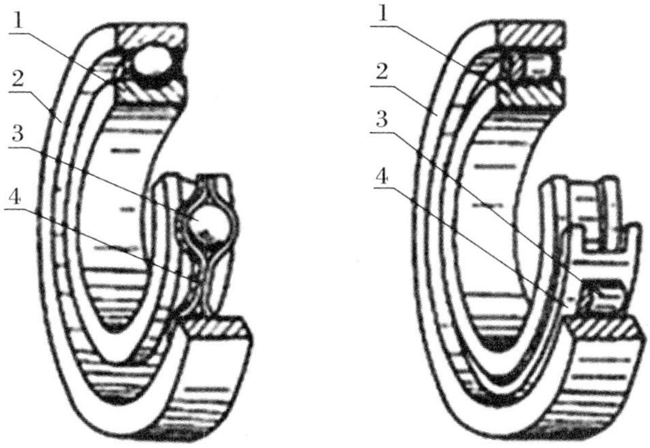

(a)　　(b)

图 12-1　滚动轴承的基本结构图

1. 外圈　2. 内圈　3. 滚动体　4. 保持架

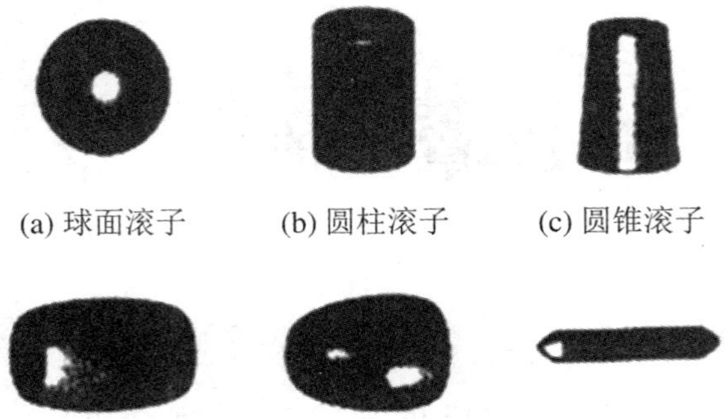

(a) 球面滚子　(b) 圆柱滚子　(c) 圆锥滚子

(d) 球面滚子(1)　(e) 球面滚子(2)　(f) 滚针滚子

图 12-2　常用的滚动体

12.2.1　滚动轴承的类型、特性和代号

12.2.1.1　滚动轴承的类型和特性

滚动轴承有多种分类方法。按滚动轴承所能承受的载荷的方向(或公称接触角)不同可分为向心轴承、推力轴承,如表 12-1 所示。所谓公称接触角是指滚动体与套圈接触处的法线与径向的夹角。按滚动体形状又可分为球轴承和滚子轴承(包括圆柱滚子、圆锥滚子、滚针滚子、球面滚子等,见图 12-3)。

表 12-1　滚动轴承分类

向心轴承		推力轴承	
径向接触轴承 $\alpha=0°$	向心角接触轴承 $0°<\alpha<45°$	推力角接触轴承 $45°<\alpha<90°$	轴向推力轴承 $\alpha=90°$
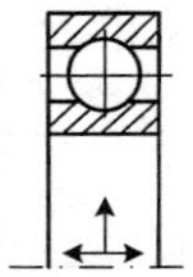	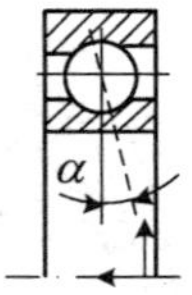	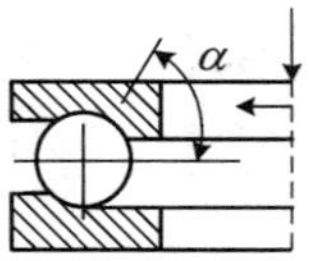	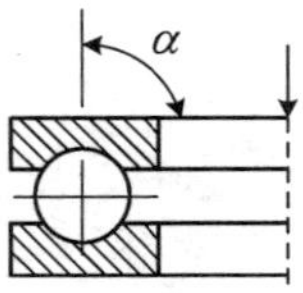

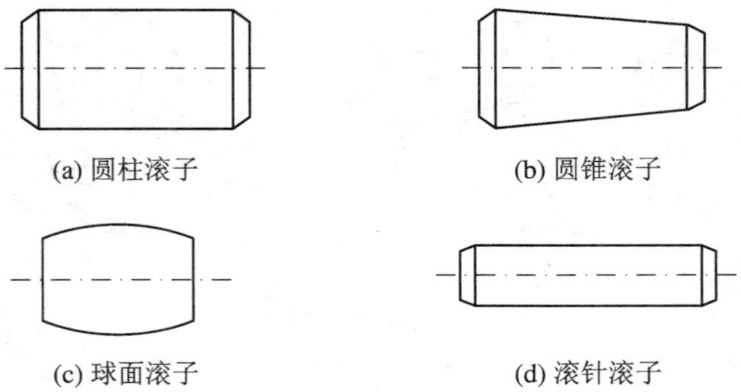

(a) 圆柱滚子　(b) 圆锥滚子

(c) 球面滚子　(d) 滚针滚子

图 12-3　滚子的常见类型简图

12.2.1.2　滚动轴承的代号

为了便于产生、设计和使用，国标 GB/T272—1993 规定了滚动轴承代号。滚动轴承代号由基本代号、前置代号和后置代号组成。代号通常刻在轴承外圈端面上，其排列顺序及代号所表示的内容见表 12-2。

表 12-2　滚动轴承代号的构成

前置代号	基本代号					后置代号							
轴承分部件代号	5	4	3	2	1	内部结构代号	密封防尘结构代号	保持架及材料代号	特殊轴承代号	公差等级代号	游隙代号	多轴承配置代号	其他代号
	类型代号	尺寸系列代号		内径代号									
		宽度系列代号	直径系列代号										

1. 基本代号

基本代号用来表示轴承的基本类型、尺寸系列和内径。一般用五位数字表示。

① 类型代号：轴承的基本类型，用数字或者字母表示（表 12-3）。双列角接触球轴承的类型代号为“0”，可省略。

② 内径代号：右起第一、二位数字表示轴承内径。内径尺寸见表 12-4。

③ 直径系列代号：表示内径相同、外径不同的系列，用右起第三位数字表示。直径系列代号见表 12-5。各系列之间的尺寸对比如图 12-4 所示。

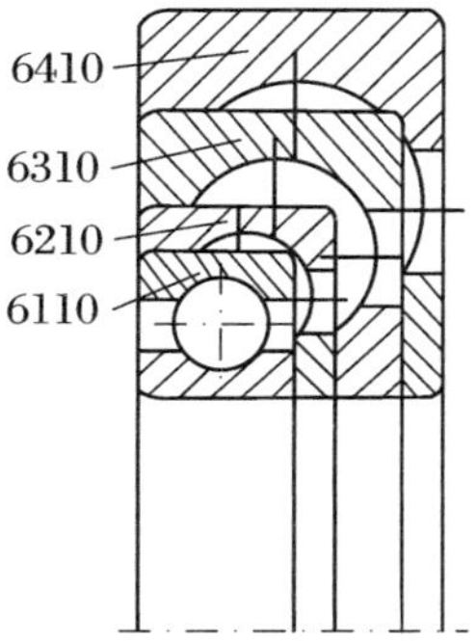

图 12-4　直径系列对比

④ 宽（高）度系列：表示内、外径相同，宽（高）度不同的系列，用右起第四位数字表示。宽（高）度系列代号见表 12-5。当宽（高）度系列代号为 0 时可省略。但对调心轴承和圆锥滚子轴承，其宽度系列代号为 0 时也应标出。

表 12-3　滚动轴承的类型、结构及特点

类型及代号	结构简图	极限转速	允许偏角	基本额定动载荷比	主要特性及应用
调心球轴承 10000	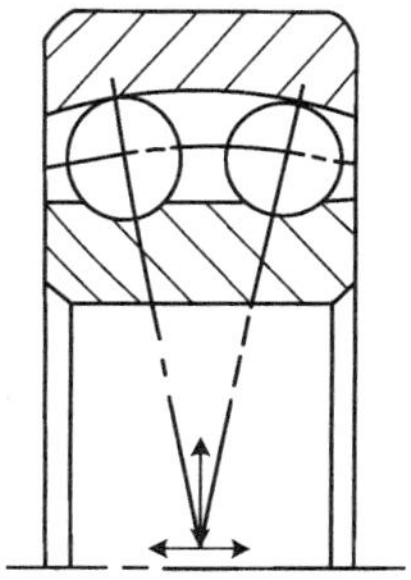	中	2°～3°	0.6～0.9	外圈滚道是球面的一部分，可自动调心，用于主要承受径向载荷的场合，不宜用于承受单纯轴向载荷的场合

续表

类型及代号	结构简图	极限转速	允许偏角	基本额定动载荷比	主要特性及应用
调心滚子轴承 20000	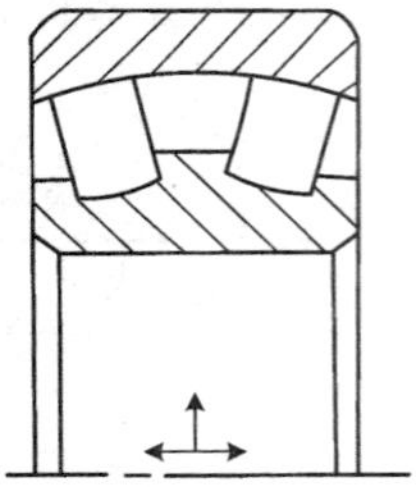	低	0.5°～2°	1.8～4	与调心球轴承相比，调心性能稍差，承载能力很大，极限转速低
圆锥滚子轴承 30000 $\alpha=10°\sim18°$	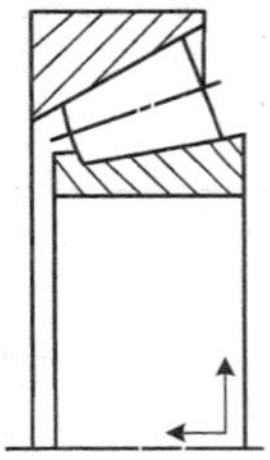	中	2′	1.5～2.5	能承受较大的径向和单向轴向联合载荷。内、外圈可分离，通常应成对使用
圆锥滚子轴承 30000B $\alpha=27°\sim30°$				1.1～2.1	
推力球轴承 51000	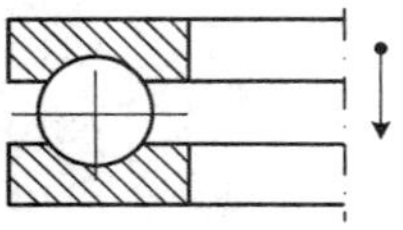	低	不允许	1	只能承受纯轴向载荷。高速时，离心力使滚动体与保持架摩擦较严重，故极限转速低。通常应和其他向心轴承联合使用
推力球轴承 52000	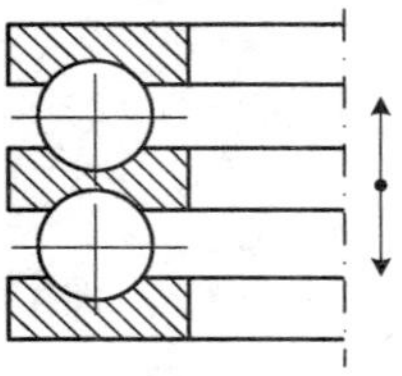				
深沟球轴承 60000	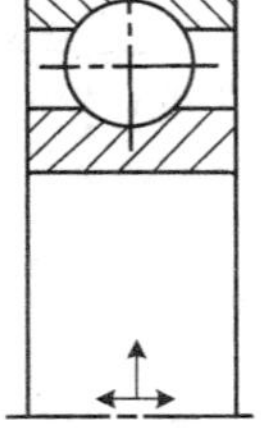	高	8′～16′	1	主要承受径向载荷，也可承受较小的轴向载荷，转速较高载荷不大时可代替推力球轴承，应用最广泛
角接触球轴承 70000C $\alpha=15°$ 70000AC $\alpha=25°$ 70000B $\alpha=40°$	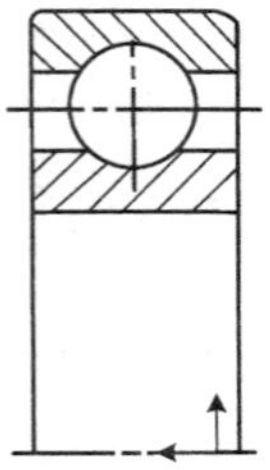	较高	2′～10′	1.0～1.4 1.0～1.3 1.0～1.2	能承受径向和单向轴向联合载荷，接触角越大，轴向载荷承载能力也越大。通常应成对使用

续表

类型及代号	结构简图	极限转速	允许偏角	基本额定动载荷比	主要特性及应用
圆柱滚子轴承 N0000	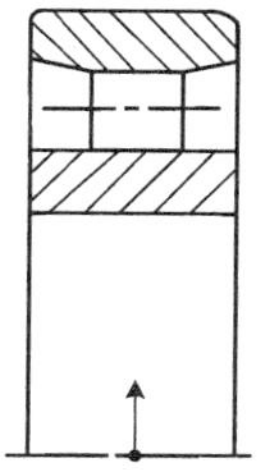	较高	2′～4′	1.5～3.0	能承受较大的径向载荷，不能承受轴向载荷，内、外圈可分离，允许偏角很小
滚针轴承 NA0000	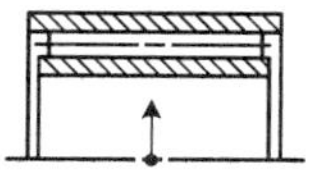	低	不允许	–	能承受径向载荷，不能承受轴向载荷，内、外圈可分离，不允许有偏角，径向尺寸最小
滚针轴承 NAR0000	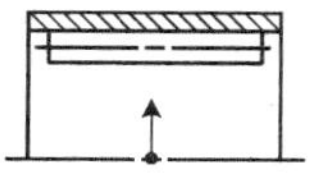				

表 12-4　轴承的内径尺寸

内径代号	00	01	02	03	04～99
内径尺寸(mm)	10	12	15	17	代号×5

表 12-5　尺寸系列代号

直径系列代号		向心轴承			推力轴承	
		宽度系列代号			高度系列代号	
		(0)	1	2	1	2
		窄	正常	宽	正常	
		尺寸系列代号				
0	特轻	(0)0	10	20	10	–
1		(0)1	11	21	11	
2	轻	(0)2	12	22	12	22
3	中	(0)3	13	23	13	23
4	重	(0)4	–	24	14	24

2．前置代号

前置代号用字母表示，它是用来说明成套轴承部件特点的补充代号。例如，用 K 表示滚动体与保持架组件，L 表示轴承可分离内圈或外圈等，详情可查阅 GB/T272—1993。

3．后置代号

后置代号用字母和数字表示，用来说明轴承在结构、公差和材料等方面的特殊要求。与基本代号空半个汉字距离或用符号“—”“/”分隔。下面介绍几个常用代号：

(1) 内部结构代号

以角接触球轴承的接触角变化为例，如接触角为 15°、25°、40°时，代号分别为 C、AC 和 B。

(2) 轴承的公差等级

滚动轴承的公差等级按精度由低到高分为 0 级、6x 级、6 级、5 级、4 级和 2 级，共 6 个级别，其代号分别为：/P0、/P6、/P6x、/P5、/P4 和/P2。/P0 为普通级，可省略不标注。见表 12-6。

表 12-6　轴承的精度等级

代号	省略	/P6	/P6x	/P5	/P4	/P2
公差等级	0 级	6 级	6x 级	5 级	4 级	2 级

以上介绍了滚动轴承代号中最常用、最基本的部分。掌握了这些基本代号就可以认识和选用常用滚动轴承了。

举例：

6307 和 7211AC/P4 代号的含义如下：

6　(0)　3　07

- 07 —— 轴承内径为 35 mm
- 3 —— 直径系列为 3(中) 系列
- (0) —— 宽度系列为 0(窄) 系列，不标出
- 6 —— 角接触球轴承

7　(0)　2　11　AC / P4

- P4 —— 4 级公差
- AC —— 接触角 α = 25°
- 11 —— 轴承内径为 55 mm
- 2 —— 直径系列为 2(轻) 系列
- (0) —— 宽度系列为(窄) 系列，不标出
- 7 —— 角接触球轴承

12.3　滚动轴承类型的选择

选用滚动轴承时，应根据轴承的具体工作条件，合理地选择轴承的类型和型号。

1. 载荷条件

载荷的大小、方向和性质是选择轴承类型的主要依据。当工作载荷小而平稳时，常选常用球轴承；当工作载荷大或有冲击时，应选用滚子轴承。承受径向载荷或主要承受径向载荷时，选用深沟球轴承，应注意圆柱滚子轴承和滚针轴承不能承受轴向载荷；承受轴向载荷时，选用推力轴承；同时承受径向载荷和轴向载荷时，应选用角接触轴承或圆锥滚子轴承。

2. 轴承的转速

滚动轴承在一定的载荷和润滑条件下允许的最高转速，称为极限转速。球轴承的极限转速比滚子轴承的极限转速高，高速或旋转精度要求较高时，应选用球轴承；低速时应选用滚子轴承。

3. 调心性能

各种轴承使用时允许的偏斜角应控制在允许范围内，否则会引起轴承的附加载荷而降低轴承的寿命。加工、安装误差及轴的挠曲变形都会引起角偏差，而选用调心轴承后，工作情况会有很大改善，如图 12-5 所示。

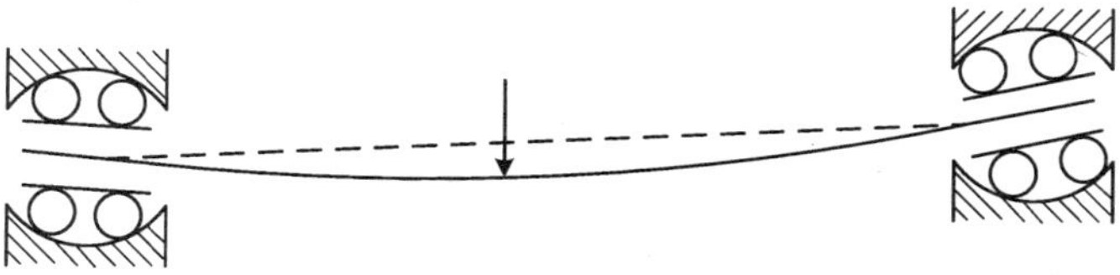

图 12-5　调心轴承和角偏差

此外，还应考虑轴承能方便地安装、拆卸、调整间隙以及经济性等因素。

12.4　滚动轴承的寿命计算和静载荷能力计算

12.4.1　滚动轴承的载荷分析

当轴承仅受轴向载荷时，可以认为各滚动体受相同的载荷。径向载荷作用下向心轴承中载荷的分布情况按照简化的理论推导，大体上如图 12-6 所示，其受载最大的滚动体的载荷可按下式估算：

$$\text{球轴承：}F_{\max} = \frac{4.37F_r}{z} \approx \frac{5F_r}{z} \tag{12-1}$$

$$\text{滚子轴承：}F_{\max} = \frac{4.08F_r}{z} \approx \frac{4.6F_r}{z} \tag{12-2}$$

式中，F_r 为轴承所受的径向力，z 为滚动体的数目。

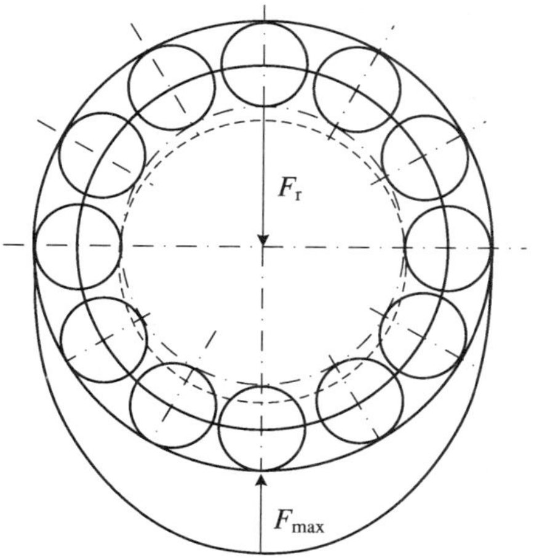

图 12-6　滚动轴承的载荷分布图

12.4.2　滚动轴承的失效形式及设计准则

滚动轴承的主要失效形式有如下两种：

1. 疲劳点蚀

滚动轴承在工作时，滚动体和套圈的滚道反复受接触应力的作用，工作一段时间后出现疲劳裂纹并继续发展，使金属表层产生微小片状剥落，即为疲劳点蚀。疲劳点蚀是滚动轴承的主要失效形式。

2. 塑性变形

滚动轴承受过大的静载荷及冲击载荷作用时，由于不正确的安装、外来硬物质的侵入等原因造成轴承滚道和滚动体接触处产生过大的永久变形（滚道表面形成塑性变形凹坑），从而使轴承在运转中产生剧烈振动和噪声，以致轴承不能正常工作。

此外，密封不好、灰尘及杂质侵入轴承造成滚动体和滚动磨损，以及润滑不良引起轴承早期磨损或烧伤，都是常见的失效形式。

根据以上分析，滚动轴承设计准则应当是：疲劳点蚀失效是疲劳寿命计算的主要依据；塑性变形是静强度计算的依据。对一般工作条件下做回转的滚动轴承进行接触疲劳寿命计算外，还应做静强度计算。此外，为了避免高速轴承过热造成黏着磨损和烧伤，还要核验极限转速。

12.4.3 基本额定寿命和基本额定动载荷

轴承中任一元件出现疲劳点蚀前的转数（或一定转速下工作的小时数）称为轴承寿命。大量试验证明，轴承寿命的差异相当大，最长寿命是最短寿命的数十倍，对一具体轴承很难确切预知其寿命，对一批轴承应用数理统计方法可求出其寿命概率分布规律。

1. 基本额定寿命

一批相同的轴承中，90%的轴承在疲劳点蚀前能够达到或超过的总转数 L（单位为10^6转）或在某一恒定转速下的工作小时数 L_h 称为基本额定寿命。

2. 基本额定动载荷

滚动轴承的基本额定寿命为10^6 转时，轴承所能承受的载荷称为基本额定动载荷，用字母 C 表示。对于向心轴承，因它是在纯径向载荷作用下进行寿命试验的，所以其基本额定动载荷通常称为径向基本额定动载荷，记作 C_r；对于推力轴承，它是在纯轴向载荷作用下进行试验的，故称之为轴向基本额定动载荷，记作 C_a。

换言之，在基本额定动载荷作用下，轴承可工作10^6 转而不发生点蚀失效的概率为90%。基本额定动载荷是衡量滚动轴承抵抗点蚀能力的一个表征值，其数值可从手册或轴承产品样本中直接查出。

12.4.4 当量动载荷

滚动轴承的基本额定动载荷 C 是在一定载荷条件下确定的，即向心轴承只承受径向载荷 F_r，推力轴承只承受轴向载荷 F_a。但轴承实际所承受的载荷往往与上述条件不一样，必须把实际载荷转换成与确定 C 值的载荷条件相同的假想载荷。在此载荷的作用下，轴承的寿命与实际载荷作用下的寿命相同，该假想载荷称为当量动载荷，以 F 表示。当量动载荷的计算公式为

$$F = XF_r + YF_a \tag{12-3}$$

式中，F_r 为轴承的径向载荷（N）；F_a 为轴承承受的轴向载荷（N）；X、Y 分别为径向、轴向的载荷系数，其值可查表 12-7 得知。

对于只承受径向载荷的向心轴承，$F = F_r$；对于只承受轴向载荷的推力轴承，$F = F_a$。

表 12-7 向心轴承当量载荷的 X、Y 值

轴承类型		F_a/C_{0r}	e	$F_a/F_r>e$		$F_a/F_r\leqslant e$	
				X	Y	X	Y
深沟球轴承（6 类）		0.014	0.19		2.30		
		0.028	0.22		1.99		
		0.056	0.26		1.71		
		0.084	0.28		1.55		
		0.11	0.30	0.56	1.45	1	0
		0.17	0.34		1.31		
		0.28	0.38		1.15		
		0.42	0.42		1.04		
		0.56	0.44		1.00		
角接触球轴承（7 类）	70000C（$\alpha=15°$）	0.015	0.38		1.47		
		0.029	0.40		1.40		
		0.058	0.43		1.30		
		0.087	0.46		1.23		
		0.12	0.47	0.44	1.19	0	0
		0.17	0.50		1.12		
		0.29	0.55		1.02		
		0.44	0.56		1.00		
		0.58	0.56		1.00		
	70000AC（$\alpha=25°$）	–	0.68	0.41	0.87	1	0
	70000B（$\alpha=40°$）	–	1.14	0.35	0.57	1	0
圆锥滚子轴承（3 类）		–	$1.5\tan\alpha$	0.4	$0.4\cot\alpha$	1	0

注：C_{0r}是轴承的径向额定栽花，C_{0r}值可由设计手册查得。

12.4.5 基本额定寿命计算

滚动轴承的基本额定寿命 L 与轴承所承受的载荷 P 有关，如图 12-7 所示的寿命曲线。图中曲线为实验所得到的载荷 F 与寿命 L 的关系曲线，该曲线的数学表达式为

$$LF^{\varepsilon} = 常数$$

当 $L=1(10^6$ 转)时，轴承所能承受的载荷称为基本额定动载荷，用 C 表示(对于推力轴承是纯轴向载荷，用 C_a 表示；对于向心轴承是指纯径向载荷，用 C_r 表示)。即

$$LF^{\varepsilon} = 1\times C^{\varepsilon} = 常数$$

则

$$L = \left(\frac{C}{F}\right)^{\varepsilon}$$

实际计算时常用工作小时数 L_h 来表示寿命。将上式整理后可得基本额定寿命 L_h 的计算式：

$$L_h = \frac{10^6}{60n}\left(\frac{C}{F}\right)^{\varepsilon} \tag{12-4}$$

式中，ε 为轴承的寿命指数，球轴承的 $\varepsilon=3$，滚子轴承的 $\varepsilon=10/3$；n 为轴承转速(r/min)；C 为基本额定动载荷(kN)，其值可从轴承手册中查取。

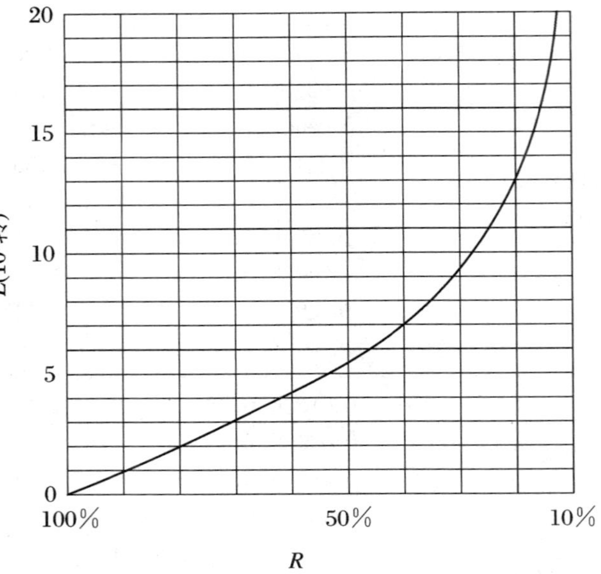

图 12-7　滚动轴承载荷-寿命曲线

考虑到实际工作中的载荷平稳程度不及试验时的情况，故引进载荷修正系数 f_p(表 12-8)；考虑到轴承实际工作温度高于轴承试验的温度(100 ℃)对轴承寿命的影响，故又引进温度修正系数 f_t(表 12-9)，作了上述修正后，基本额定寿命计算式可写为

$$L_h=\frac{10^6}{60n}\left(\frac{f_tC}{f_pF}\right)^{\varepsilon}\quad (h) \tag{12-5}$$

表 12-8　载荷修正系数 f_p

载荷性质	f_p	举　例
无冲击或轻微冲击	1.0～1.2	电动机、汽轮机、通风机、水泵等
中等冲击	1.2～1.8	车辆、动力机械、起重机、造纸机、冶金机械、卷扬机、传动装置、机床等
强烈冲击	1.8～3.0	破碎机、轧钢机、振动筛等

表 12-9　温度修正系数 f_t

轴承工作温度(℃)	100	125	150	200	250	300
f_t	1	0.95	0.90	0.80	0.70	0.60

如果载荷 F 和转速 n 为已知，预期寿命 L_h' 又已确定，则轴承应具有的基本额定动载荷的计算值 C' 可由下式得到：

$$C'=\frac{f_pF}{f_t}\left(\frac{60n}{10^6}L_h'\right)^{\frac{1}{\varepsilon}}\quad (N) \tag{12-6}$$

为使轴承不失效，应使 $L_h\geqslant L_h'$，$C\geqslant C'$，并根据上面两式确定轴承的寿命和型号。轴承

工作寿命 L'_h 的推荐值见表 12-10。

表 12-10　轴承预期寿命 L'_h 推荐值

机器类型		预期寿命 L'_h（h）
不经常使用的仪器及设备		300～3 000
间断使用的机器	中断使用不致引起严重后果的手动机械、农用机械	3 000～8 000
	中断使用会引起严重后果，如升降机、运输机、吊车	8 000～12 000
每天工作 8 h 的机器	利用率不太高的齿轮传动、电动机等	12 000～25 000
	利用率较高的印刷机械、机床等	20 000～30 000
每天工作 24 h 的机器	一般可靠性的矿山升降机、纺织机、泵等	40 000～50 000
	高可靠的电站设备、给水装置等	≈100 000

12.4.6　向心角接触轴承轴向载荷的计算

角接触轴承由于存在接触角 α，当它承受径向载荷 F_r 时，轴承下半圈各滚动体所受的法向力 F_n 会产生轴向分力 F_{sn}，本书将各滚动体上所受轴向分力的合力称为内部轴向力（或附加轴向力）。各种角接触轴承的内部轴向力 F_s 的近似值可按表 12-11 中的计算公式求得。

表 12-11　角接触轴承的内部轴向力 F_s

轴承类型	角接触向心球轴承			圆锥滚子轴承
	$\alpha=15°$	$\alpha=25°$	$\alpha=40°$	
f_s	eF_r	$0.68F_r$	$1.14F_r$	$\frac{F_s}{2Y}$（Y 是 $F_s/F_r>e$ 时的轴向载荷系数）

角接触轴承一般应成对使用，图 12-8 所示为成对使用的角接触轴承的两种安装方式及轴向载荷分析。

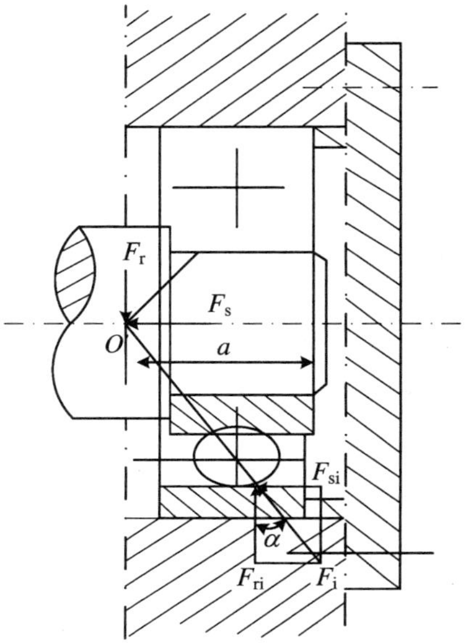

图 12-8　角接触轴承内部轴向力

图 12-9(a)为两轴承外圈窄边相对，称为正装；图 12-9(b)为两轴承外圈宽边相对，称为反装。图中 O_1、O_2 分别为轴承 1、2 的实际轴承中心，即支反力的作用点（简化计算时可以认为支承在轴承中心点处）。F_A 为轴向外载荷，计算角接触轴承的轴向载荷 F_a 时，需将轴承的派生轴向力 F_{s1}、F_{s2} 考虑进去。下面以图 12-9(a)的情况为例进行分析。

① 若 $F_A+F_{s2}>F_{s1}$，轴有向右移动的趋势，轴承 1 被“压紧”，这时轴承 1 承受的总轴向力 $F_{a1}=F_A+F_{s2}$；轴承 2 被“放松”，轴承 2 只受派生轴向力作用，即 $F_{a2}=F_{s2}$。

② 若 $F_A+F_{s2}<F_{s1}$，轴有向左移动的趋势，轴

承 2 被“压紧”，轴承 1 被“放松”。此时轴承 2 承受的轴向力 $F_{a2}=F_{s1}-F_A$；轴承 1 也只受派生轴向力的作用，即 $F_{a1}=F_1$。

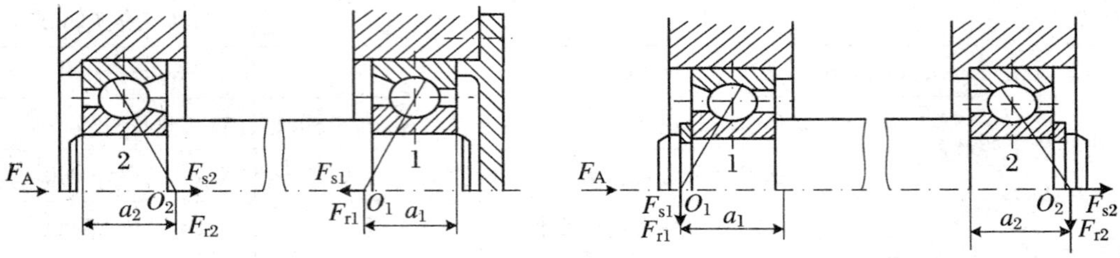

(a) 正装　　(b) 反装

图 12-9　角接触轴承的两种安装方式及轴向载荷分析

综上分析，角接触轴承轴向载荷的计算方法和步骤为：

① 确定轴承内部派生轴向力的大小和方向；

② 根据 F_A、F_{s1}、F_{s2}判定的移动趋势，判断被“压紧”和“放松”的轴承；

③ 被“压紧”轴承的轴向力等于除本身的派生轴向力外其余各轴向力的代数和；被“放松”轴承的轴向力等于它本身的派生轴向力。

例 12-1　某齿轮减速器中的 6310 型轴承承受的轴向力 $F_a=6$ kN，径向力 $F_r=7.5$ kN，轴的转速 $n=260$ r/min，工作温度正常，有轻微冲击。求该轴的寿命 L_h。

解　(1) 查机械手册

由机械手册查得，6310 轴承的 $C_r=61.8$ kN，$C_{0r}=38.0$ kN。

(2) 确定当量动载荷

由 $F/C_{0r}=4/38=0.11$，查表 12-7，得 $e=0.30$；由 $F_a/F_r=6/7.5=0.8>e$，查表 12-7，得 $X=0.56$，$Y=1.45$。查表 12-8，得 $f_p=1.2$，查表 12-9，得 $f_t=1$。由式(12-3)得

$$F = f_p(XF_r + YF_a) = 1.2\times(0.56\times 7\,500 + 1.45\times 6\,000) = 15\,480\ (\text{N})$$

(3) 求轴承寿命

由式(12-5)得

$$L_h = \frac{10^6}{60n}\left(\frac{f_t C}{F}\right) = \frac{10^6}{60\times 260}\left(\frac{1\times 61\,800}{15\,480}\right)^3 = 4\,079\ (\text{h})$$

例 12-2　某机械传动中的轴，其轴径 $d=50$ mm。根据工作条件拟采用一对角接触轴承，如图 12-10 所示，已知轴承承受的载荷 $F_{r1}=800$ N，$F_{r2}=2\,020$ N，轴向外载荷 $F_A=860$ N，转速 $n=2\,600$ r/min，运转中有中等冲击，预期寿命 $L_h'=5\,000$ h。试选用轴承。

解　(1) 计算轴承 1、2 的轴向力 F_{a1}、F_{a2}。要计算 F_{a1}、F_{a2}须先求出派生轴向力，但轴承型号未知，其接触角也未知，故用计算法，暂定 $\alpha=25°$。由表 12-11 得

$$F_{s1} = 0.68\,\text{N},\quad F_{r1} = 0.68\times 800 = 544\ (\text{N})\quad (\text{方向如图 12-10 所示})$$

$$F_{s2} = 0.68\,\text{N},\quad F_{r2} = 0.68\times 2\,020 = 1\,373.6\ (\text{N})\quad (\text{方向如图 12-10 所示})$$

因

$$F_{s2} + F_A = 1\,373.6 + 860 = 2\,233.6\ (\text{N}) > F_{s1}$$

故轴承 1 为压紧端：

$$F_{a1} = F_{s2} + F_A = 2\,233.6\ (\text{N})$$

轴承 2 为放松端：

$$F_{a2} = F_{s2} = 1\,373.6\ (\mathrm{N})$$

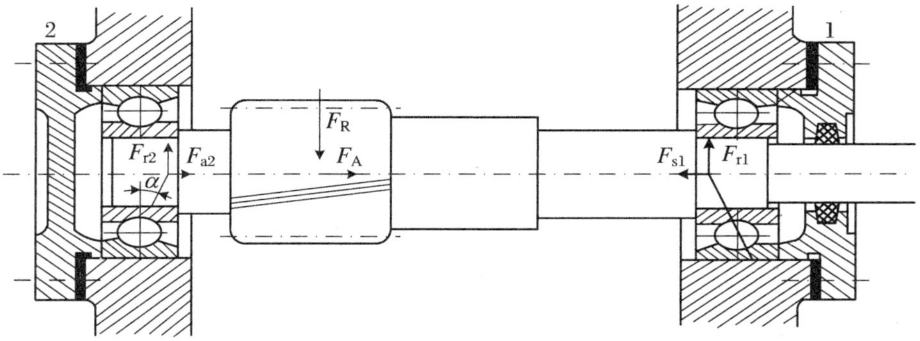

图 12-10　例 12-2 的轴承装置

(2) 计算轴承 1、2 的当量动载荷

由表 12-7,查得 $e = 0.68$,而

$$\frac{F_{a1}}{F_{r1}} = \frac{2\,233.6}{800} = 2.79 > 0.68$$

$$\frac{F_{a2}}{F_{r2}} = \frac{1\,373.6}{2\,020} = 0.68 = e$$

由表 12-7,查得 $X_1 = 0.41$,$Y_1 = 0.87$,$X_2 = 1$,$Y_2 = 0$;查表 12-8,取 $f_p = 1.5$。因此当量动载荷为

$$F_1 = f_p(0.41 \times F_{r1} + 0.87 \times F_{a1}) = 1.5 \times (0.41 \times 800 + 0.87 \times 2\,233.6) = 3\,407\ (\mathrm{N})$$

$$F_2 = f_p(1 \times F_{r2} + 0 \times F_{a2}) = 1.5 \times (1 \times 2\,020 + 0 \times 1\,373.6) = 3\,030\ (\mathrm{N})$$

(3) 计算轴承所需径向基本额定动载荷 C'

由于轴的结构要求两端选用同样型号的轴承,所以将受载大的 F_1 一端作为计算依据。查表 12-9,得 $f_t = 1$,则

$$C' = \frac{F}{f_t}\left(\frac{60n}{10^6}L'_h\right)^{\frac{1}{3}} = \frac{3\,407}{1} \times \left(\frac{60 \times 2\,600}{10^6} \times 5\,000\right)^{\frac{1}{3}} = 31\,362\ (\mathrm{N})$$

(4) 确定轴承型号

根据轴的直径 $d = 50$ mm 及所求得的 C'值,由机械手册选轴承型号为 7210AC,$C_r =$ 40 800 N>31 362 N,故适用。

12.4.7　滚动轴承的静载荷计算

对低速转动(n<10 r/min)、缓慢摆动或基本上不转动的轴承,其主要失效形式是塑性变形,需进行静载荷计算。

轴承受载后,在承载区内受载最大的滚动接触的接触应力应达到一定值,该应力对应的载荷称为基本额定静载荷,用 C_0 表示,其值可以从轴承手册中查得。

轴承的静载荷能力计算公式为

$$S_0 F_0 \leqslant C_0 \tag{12-7}$$

式中,S_0 为静载荷安全系数;F_0 为当量静载荷。

当量静载荷是一种假想的载荷,轴承在工作时,如果同时承受径向和轴向载荷,则应按当量载荷 F_0 进行计算,计算公式为

$$F_0 = X_0 F_r + Y_0 F_a \tag{12-8}$$

式中，X_0 为静径向载荷系数；Y_0 为静轴向载荷系数。S_0、X_0、Y_0 值可通过查有关机械设计手册获得。

12.5　滚动轴承的组合设计

为了保证滚动轴承的正常工作，除应合理选择轴承的类型和尺寸外，还必须综合考虑轴承的固定、装拆、配合、润滑和密封等问题，进行轴承的组合设计。

12.5.1　滚动轴承的轴向固定

机器中的轴是用轴承来支承的，当轴受到外载荷作用时，轴承应保证轴不产生轴向窜动，因此轴承必须在轴和轴承上轴向固定。

12.5.1.1　两端单向固定

轴两端的轴承各限制轴在一个方向的轴向移动，两端合起来就限制了轴的双向移动，这种固定方式称为两端单向固定（图 12-11）。这种固定方式结构简单，安装和调整方便，是应用最多的结构形式。考虑轴工作时产生的少量热膨胀，可在轴承盖与外圈端面间留出间隙 c（0.2～0.4 mm）。对于角接触轴承，两端单向固定有两种方式，即轴承正装和反装（图 12-12）。

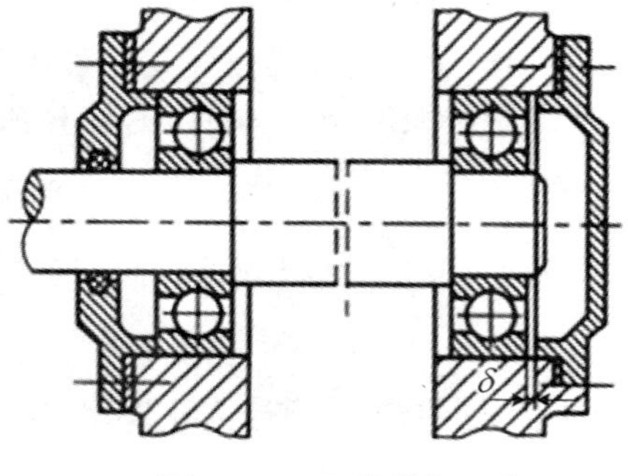

图 12-11　两端单向固定

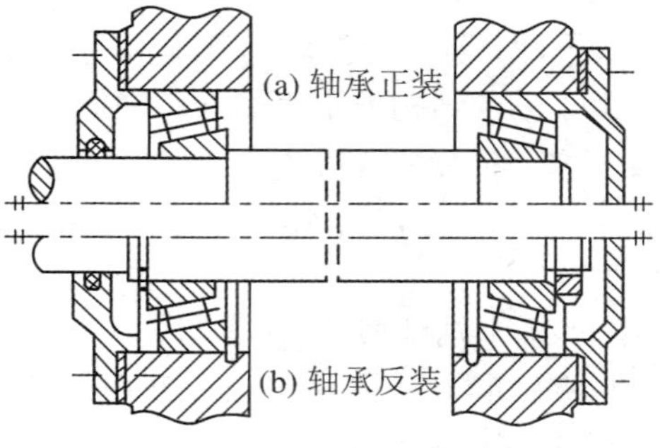

图 12-12　两端单向固定的两种结构

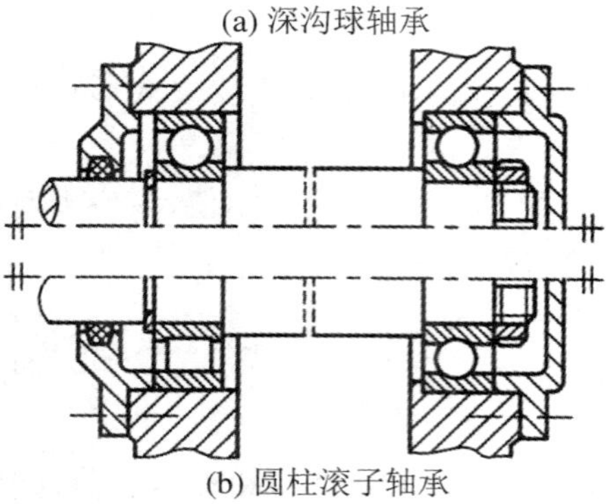

图 12-13　一端双向固定（两种游动端）

12.5.1.2　一端固定、一端游动

当轴的支点跨距较大或工作温度变化较大时，应采用一端固定、一端游动的轴系结构。这种结构的固定端轴承相对于机架双向固定，轴上沿两个方向的轴向力都经由这里传给机架，当轴受热伸长时，游动端轴承可沿轴向在一定范围内自由移动。图 12-13～图 12-15 所示为一端固定、一端游动的三种结构。

游动端通常有两种结构，当用深沟球轴承

做游动支点时(图 12-13(a)),应在轴承外端与端盖间留适当间隙,这种结构适用于载荷较小的情况;当用圆柱滚子轴承做游动支点时(图 12-13(b)),则轴承外圈应双向固定,以免内、外圈同时移动,造成过大错位。

对于轴向载荷较大的轴,采用两个角接触球轴承(或角接触滚子轴承)承受双向轴向载荷的结构,如图 12-14 所示。轴向力很大时可采用双向推力轴承来承受轴向力,而径向载荷由向心轴承承受,其结构如图 12-15 所示。

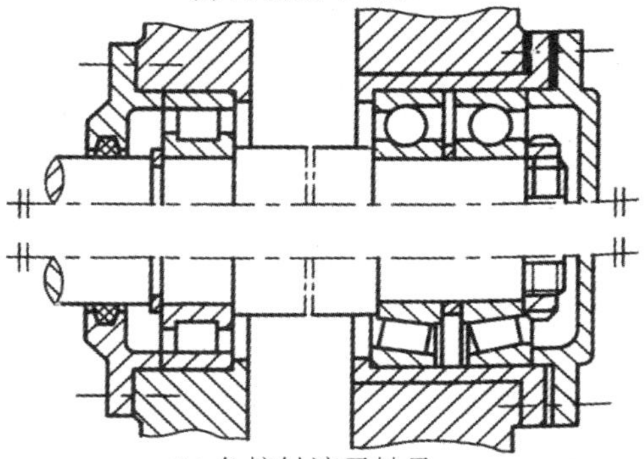

图 12-14　一端双向固定(两种固定端)

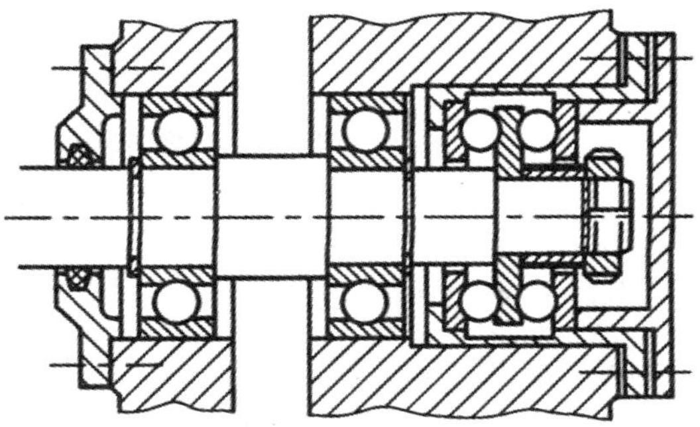

图 12-15 双向推力轴承作固定端

12.5.1.3　两端游动

当传动零件本身具有确定轴向位置的功能时,应采用两端游动结构,以避免零件本身定位功能与轴承定位功能冲突。图 12-16 是两端游动结构的一个实例,因为轴上的传动零件为人字齿齿轮,它具有确定轴向位置的功能。两端游动可以选择的轴承类型与前面介绍的游动端相同。

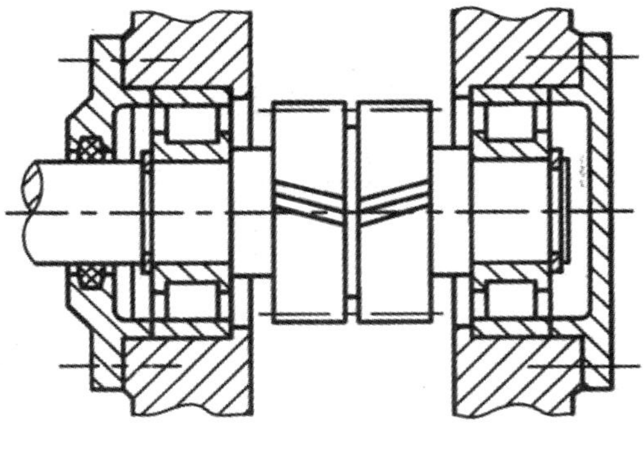

图 12-16　两端游动结构

12.5.2　轴承组合的调整

12.5.2.1　轴承间隙的调整

轴承装配时,一般应留有适当的间隙,确保轴承的正常运转。常用的调整方式有:

(1) 调整垫片

如图 12-17(a)所示的轴承,是靠加减轴承盖与机座之间的垫片厚度进行调整的。

(2) 调整螺钉

如图 12-17(b)所示的轴承,是利用螺钉 1 通过轴承外圈压盖 3 的移动进行调整的,螺母 2 用来锁紧防松。

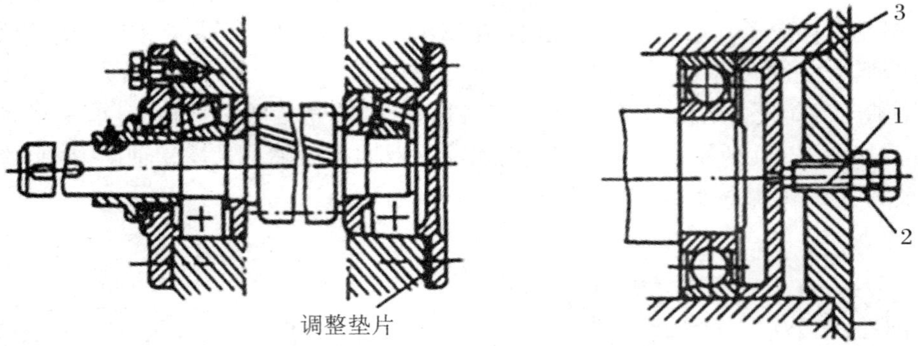

(a) (b)

图 12-17 轴承间隙调整

1. 螺钉 2. 螺母 3. 压盖

12.5.2.2 轴承的预紧

对某些内部游隙可调的轴承，为提高旋转精度或刚度，常在安装时给轴承一定的轴向力，消除轴承游隙，并使内、外圈和滚动体接触处产生微小变形，这种方法称为轴承的预紧。它可采用前述移动轴承圈套的方法实现。对某些轴承组合，还可以采用加金属垫片(图 12-18(a))或磨窄外圈(图 12-18(b))等方法。

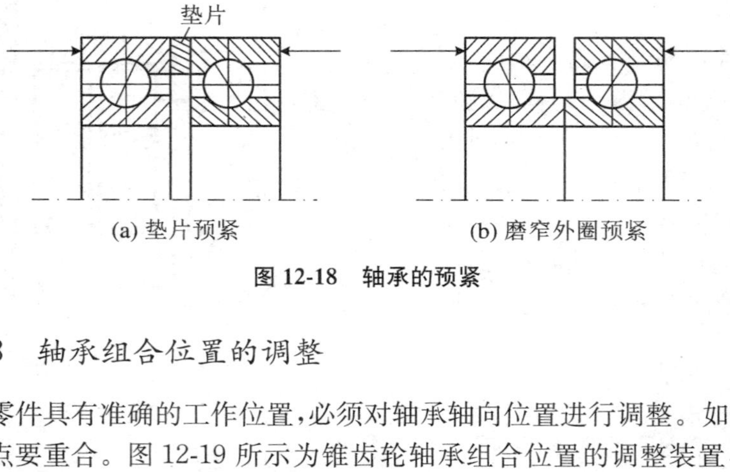

(a) 垫片预紧 (b) 磨窄外圈预紧

图 12-18 轴承的预紧

12.5.2.3 轴承组合位置的调整

为使轴上零件具有准确的工作位置，必须对轴承轴向位置进行调整。如锥齿轮传动，要求两个节锥顶点要重合。图 12-19 所示为锥齿轮轴承组合位置的调整装置，增减垫片 1 的厚度可用来调整锥齿轮的轴向位置；增减垫片 2 的厚度可用来调整游隙。

12.5.3 轴承的装拆

轴承组合结构设计，应便于轴承的安装与拆卸，在装拆过程中不损坏轴承。安装过盈配合的中小型轴承时，可采用压力机或用手锤在内圈上加压将轴承套到轴径上。大尺寸的轴承，常在油中加热至 80～120 ℃后进行热装。轴承的拆卸须用拆卸器进行，如图 12-20 所示。

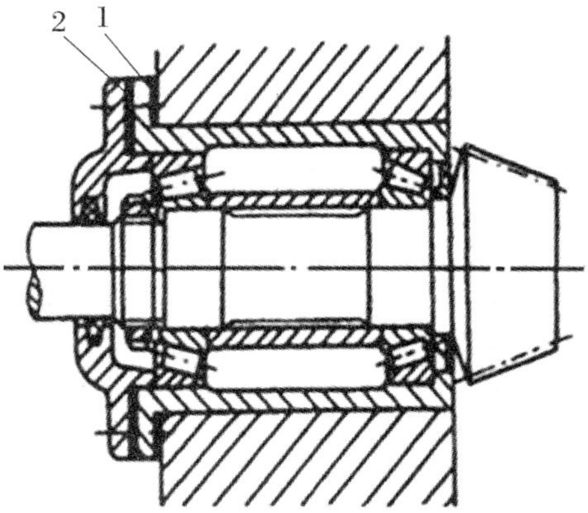

图 12-19　轴承组合位置的调整

1、2. 垫片

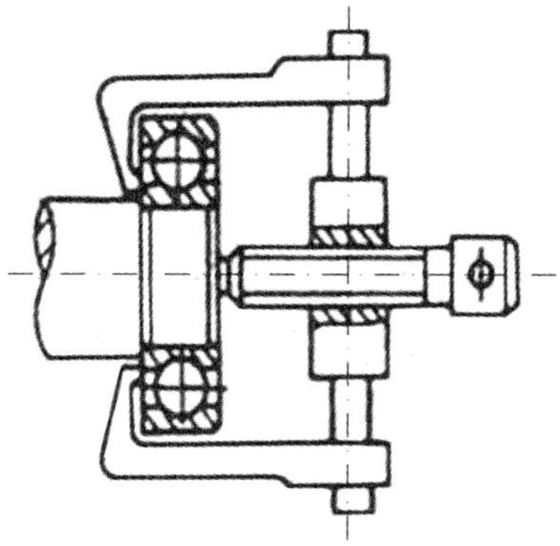

图 12-20　滚动轴承的拆卸

12.5.4　滚动轴承的润滑和密封

12.5.4.1　滚动轴承的润滑

滚动轴承润滑的主要作用是减少摩擦和磨损、提高效率、延长轴承使用寿命，同时还有散热、吸震和防蚀等作用。

滚动轴承的润滑剂主要是润滑油和润滑脂两类。一般可按轴承内径与转速的乘积 dn 值选取，见表 12-12。

表 12-12　滚动轴承润滑方式的选择

轴承类型	dn(mm・r/min)				
	脂润滑	浸油润滑 飞溅润滑	滴油润滑	喷油润滑	油雾润滑
深沟球轴承、 角接触球轴承、 圆柱滚子轴承	$\leqslant(2\sim3)\times10^5$	2.5×10^5	4×10^5	6×10^5	$>6\times10^5$
圆锥滚子轴承		1.6×10^5	2.3×10^5	3×10^5	–
推力球轴承		0.6×10^5	1.2×10^5	1.5×10^5	–

润滑脂的特点是不易流失，便于密封和维护。润滑脂填充量不得超过轴承空隙的 1/3～1/2，否则轴承容易过热。

润滑油具有摩擦阻力小、润滑可靠和散热效果好等特点，故一般 dn 值较高或具备润滑油源的装置，可采用油润滑。

12.5.4.2　滚动轴承的密封

密封是为防止灰尘、水分及其他杂质进入轴承，并阻止润滑剂流失。密封装置可分为接触式和非接触式两大类，其形式、使用范围见表 12-13。

表 12-13　常用滚动轴承的密封形式

接触式密封	毛毡圈密封 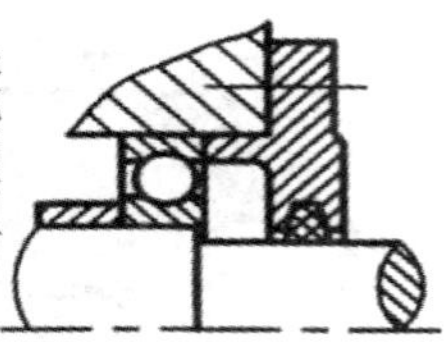 脂润滑，环境清洁，轴颈圆周速度 $v<4$ m/s，工作温度不超过 90 ℃。 矩形断面的密封圈安装于梯形槽内，对轴产生一定的压力而起到密封作用	密封圈密封 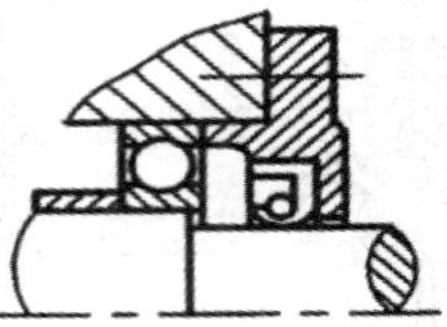 用于脂或油润滑，轴颈圆周速度 $v<7$ m/s，工作温度范围为 −40～110 ℃。 密封圈常用耐油橡胶制成标准件，分有金属骨架和无金属骨架两种结构。密封唇朝内可防漏油，朝外则是防尘
非接触式密封	间隙密封 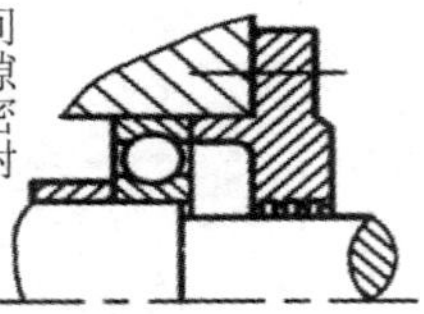 内侧密封 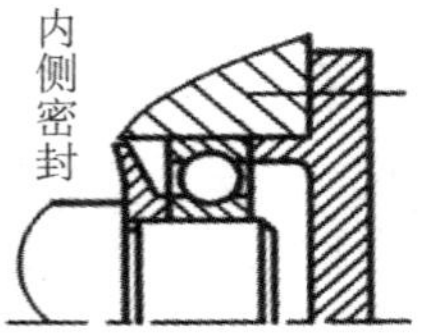 依靠轴和轴承盖间的环形微小间隙密封，间隙数值为 0.1～0.3 mm。 左图适用于脂润滑或油润滑。右图用于防止润滑轴承的润滑脂流入箱体内部	迷宫密封 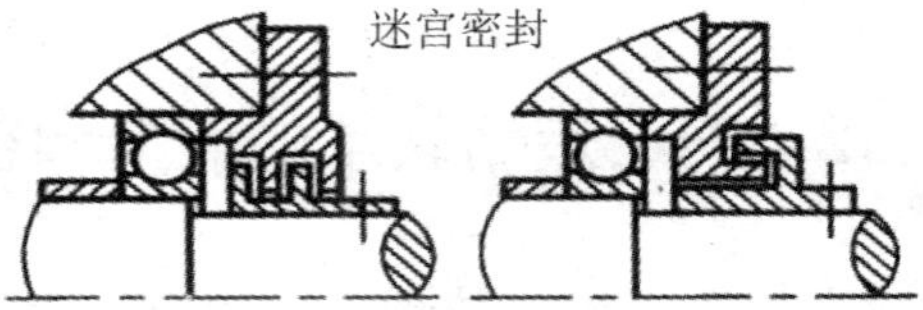 用于脂润滑或油润滑。工作温度低于润滑脂的滴点时密封效果可靠。 迷宫型间隙更长，因而密封效果更好
组合密封	组合密封 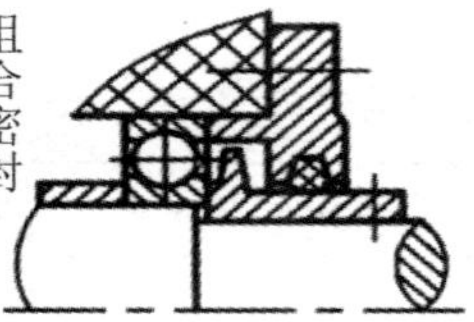	用于脂润滑或油润滑。 这是组合密封的一种形式，毛毡加迷宫密封，可以充分发挥各自的优点

12.6　滑 动 轴 承

尽管滚动轴承具有许多优点，并在一般机器中获得了广泛应用，但在高速、重载、高精度以及结构上要求剖分等情况下，滑动轴承就显示出了特有的优势，因而在汽轮机、大型电机、内燃机、空气压缩机中多采用滑动轴承。此外，在一些低速、有冲击且不重要的场合也常采用滑动轴承，如水泥搅拌机、破碎机、农用机械等。

12.6.1　滑动摩擦与润滑状态

滑动轴承工作时，轴承与轴的接触面间存在着压力并有相对滑动，因而存在滑动摩擦。按接触表面润滑的情况，摩擦可分为以下几种(图 12-21)：

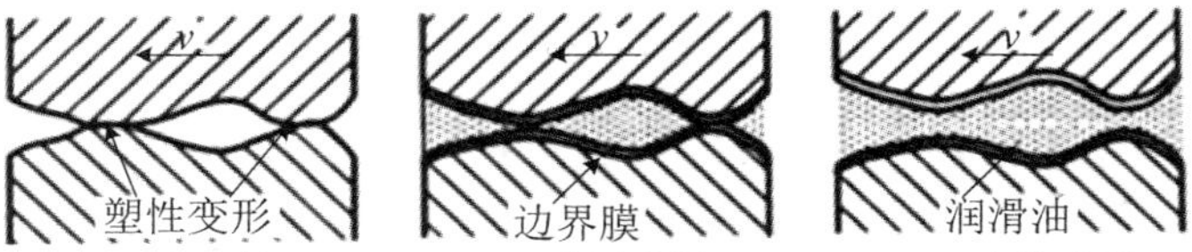

(a) 干摩擦　(b) 边界摩擦　(c) 液体摩擦

图 12-21　摩擦状态

1．干摩擦

两摩擦表面直接接触，其间不加入任何润滑剂时产生的摩擦。其摩擦因数为 0.1～1.5，磨损和发热严重。在机械零件接触中不允许出现干摩擦。

2．边界摩擦

两摩擦表面注入少量的润滑油后，便形成一层极薄的润滑油膜，油膜不能将两接触表面完全隔开。其摩擦因数为 0.05～0.20，能减少摩擦磨损。

3．液体摩擦

两摩擦表面完全被油膜隔开，此时其摩擦因数为 0.001～0.01，摩擦阻力很小，无磨损，是最理想的摩擦状态。

根据摩擦状态，滑动轴承分为非液体摩擦滑动轴承和液体摩擦滑动轴承。

4．混合摩擦

摩擦副处于干摩擦、边界摩擦及液体摩擦的混合状态。其摩擦、磨损的性能主要取决于处于边界摩擦状态的部分。

12.6.2　滑动轴承的结构

根据承受载荷的方向，滑动轴承可分为向心滑动轴承和推力滑动轴承。

1．向心滑动轴承

向心滑动轴承有整体式和剖分式两种结构。图 12-22 所示为整体式滑动轴承。这种轴承结构简单，成本低廉，但装拆轴时必须做轴向移动，而且轴承磨损后间隙无法调整，多用于间歇、低速、轻载的机械。

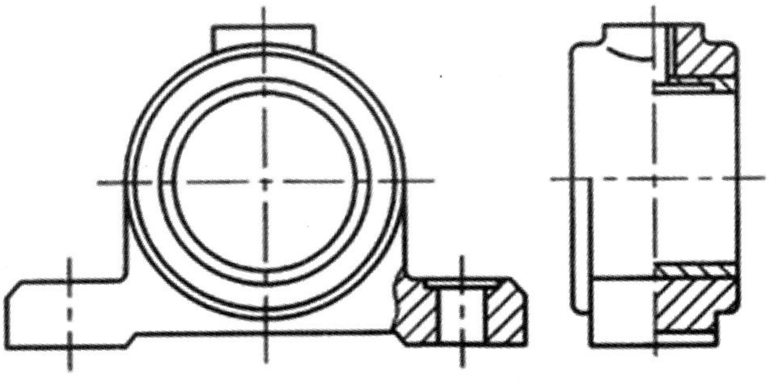

图 12-22　整体式向心滑动轴承

图 12-23 所示为剖分式滑动轴承。它由轴承座 2、轴承盖 1、剖分的上下轴瓦 3、螺栓 4 等组成。轴承盖和轴承座的剖分面设置阶梯形定位止口，以便对中并防止错动。当载荷方向倾斜时，可将中分面相应斜置，使剖分面垂直或接近垂直于载荷，如图 12-24 所示。

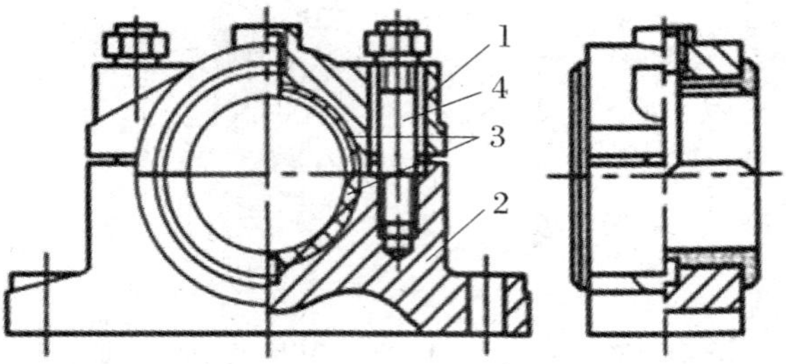

图 12-23 剖分式滑动轴承

1. 轴承盖 2. 轴承座 3. 剖分轴瓦 4. 螺栓

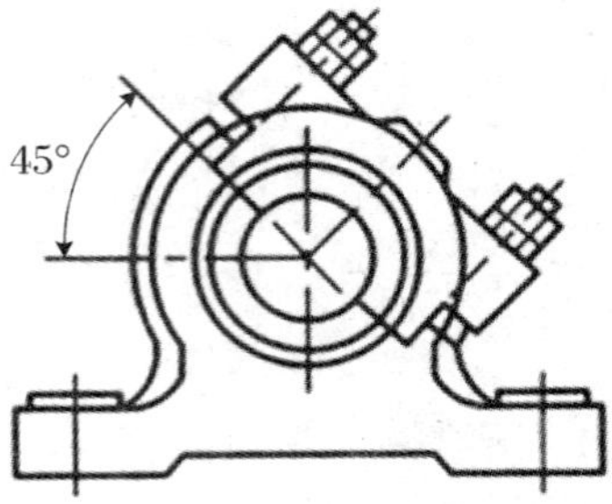

图 12-24 斜开向心滑动轴承

剖分式滑动轴承装拆方便，轴瓦磨损后，轴承孔与轴颈之间的间隙可适当调整，因此应用十分广泛。

图 12-25 所示为自动调心式滑动轴承。它的特点是轴瓦的支承面为球面，球面的中心正好在轴线上，从而能自动适应轴线的偏转，避免轴承两端边缘的过渡磨损。这种轴承适用于轴承宽度 B 与轴颈直径 d 之比大于 1.5 的场合。

2. 推力滑动轴承

图 12-26 所示为推力滑动轴承。它由轴承座 1、衬套 2、轴瓦 3、推力轴瓦 4 组成，主要用来承受轴向载荷。推力轴瓦底部做成球面，是为了使轴瓦工作表面受力均匀，销钉 5 用来防止轴瓦随轴转动。

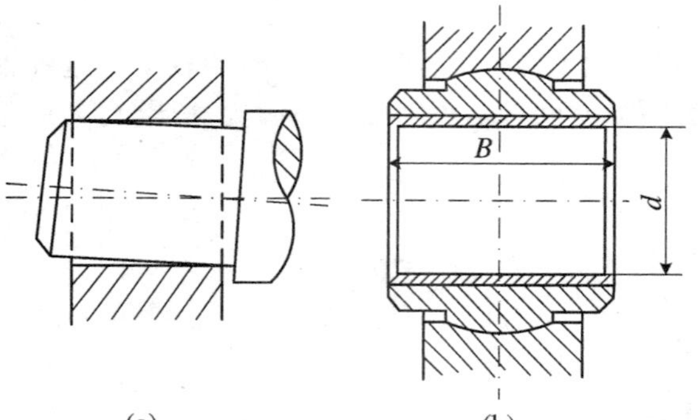

图 12-25 制动调心式滑动轴承

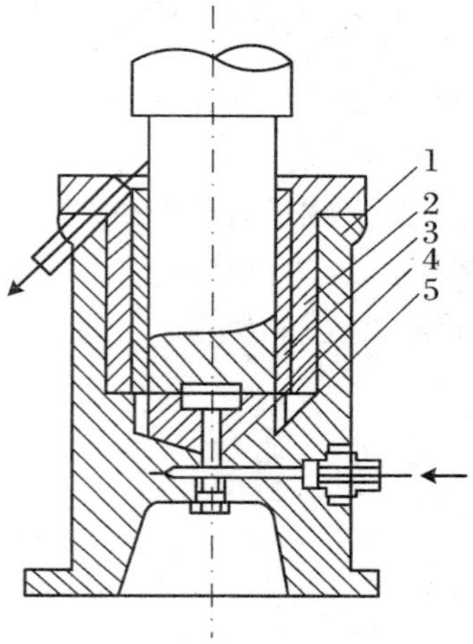

图 12-26 推力滑动轴承

1. 轴承座 2. 衬套 3. 轴瓦 4. 推力轴瓦 5. 销钉

推力轴承按支承面的形式不同，分为空心、实心、单环和多环四种(图 12-27)。实心式结构最简单，但端面上压力分布不均匀。因此，一般采用空心式或单环式。多环式结构承载能力较大，且能承载双向轴向载荷。

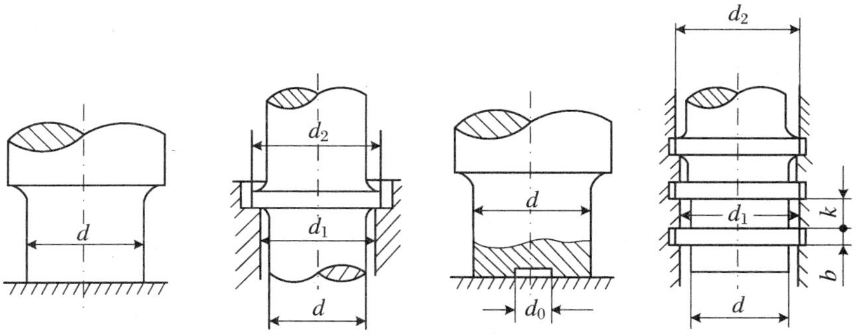

(a) 空心 (b) 实心 (c) 单环 (d) 多环

图 12-27 推力轴承轴颈的结构形式

12.6.3 轴瓦的结构和材料

12.6.3.1 轴瓦的结构

轴瓦是滑动轴承中直接与轴接触的重要零件。其工作面既是承载面，又是摩擦面，因此轴瓦需采用减摩材料。为节省减摩材料和满足其强度要求，常以钢、铸铁或青铜作轴瓦，在轴瓦内表面上浇铸一层很薄的减摩材料（如轴承合金），称之为轴承衬。为使轴承衬牢固黏附在轴瓦上，常在轴瓦内表面预制出燕尾槽或螺旋槽，如图 12-28 所示。

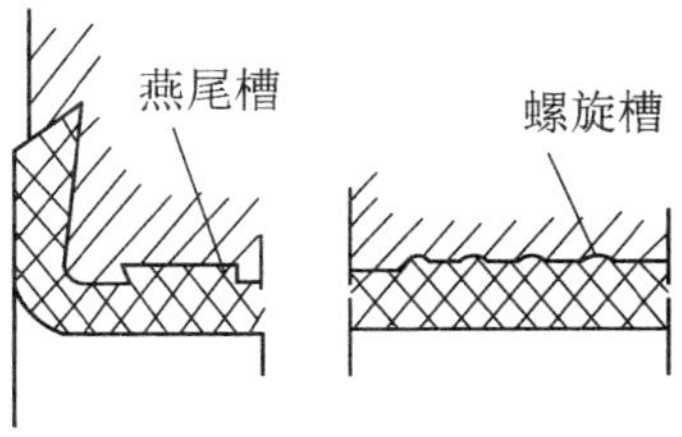

(a) (b)

图 12-28 轴瓦与轴承衬的结合形式

为使润滑油均匀分布于轴瓦工作表面上，一般在轴瓦的非承载区上开有油孔和油沟。油沟的结构形式很多，如图 12-29 所示。轴向油沟不应开通，以减少端部漏油。

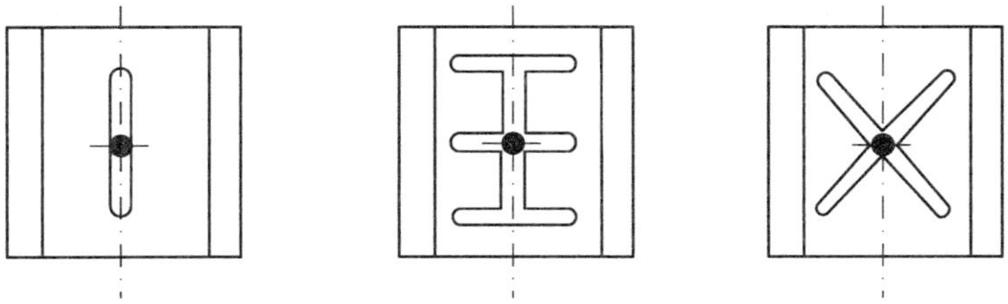

图 12-29 油孔和油槽

12.6.3.2 轴瓦的材料

轴瓦和轴承衬的材料应满足的基本要求是：① 良好的减摩性、耐磨性和抗胶合性；② 良好的跑合性、嵌藏性；③ 足够的力学性能；④ 良好的导热性、加工工艺性、耐腐蚀性和热膨胀系数小等。

常用的轴承材料有以下几种：

(1) 青铜

青铜主要有锡青铜、铝青铜、铅青铜等。青铜的摩擦因数小、耐磨性与导热性好、机械强度高、承载能力大。一般用于重载、中速中载的场合。

(2) 轴承合金

轴承合金主要有锡锑轴承合金和铅锑轴承合金两大类。由于其耐磨性、塑性、跑合性能好,导热及吸附油的性能也好,适宜用于高速、重载或中速、中载的情况。此种合金价格较贵,机械强度很低,一般用作轴承衬材料。

(3) 其他材料

粉末冶金轴承具有多孔组织,孔隙内可储存润滑油。运转时,轴瓦温度升高,油的膨胀系数比金属大,使油自动进入滑动表面润滑轴承。粉末冶金轴承使用前先将轴承放在热油中浸渍,使孔隙中充满润滑油,可以使用较长时间,常用于不便加油的场合。

在不重要或低速、轻载荷的轴承中,也常用灰铸铁或耐磨铸铁作轴承材料。

非金属轴承材料主要有塑料、硬木、橡胶等。应用最多的是塑料,它具有摩擦因数小、耐腐蚀、抗冲击等特点,但导热性差、易变形。常用于低速、轻载荷和不宜使用油润滑的场合。常用轴瓦和轴承衬的材料及性能列于表 12-14。

表 12-14 常用轴瓦和轴承衬材料及性能

材料	牌号	$[p]$ (MPa)	$[v]$ (m/s)	$[pv]$ (MPa·m/s)	备注
锡锑轴承合金	ZSnSb11Cu6	25	80	20	用于高速、重载的重要轴承。变载荷下易疲劳,价高
	ZSnSb8Cu4	20	60	15	
铅锑轴承合金	ZPbSb16Sn16Cu2	15	12	10	用于中速、中载的轴承,不宜受显著冲击,可作为锡锑轴承合金的代用品
	ZCuSn5Pb5Zn5	5	6	5	
锡青铜	ZCuSn10Zn2	15	10	15	用于中速、重载及受变载荷的轴承
	ZCnSn10Pb1	5	3	10	用于中速、中载的轴承
铅青铜	ZCuAl9Mn2	25	12	30	用于高速、重载的轴承,能承受变载荷和冲击载荷
铝青铜	ZCuZn25Al6Fe3Mn3	15	4	12	最宜用于润滑充分的低速、重载轴承
黄铜	ZCuZn16Si4	12	2	10	用于低速、中载轴承
	ZCuZn38Mn2Pb2	10	1	10	
铝合金	$w_{铝锡合金}$ 20%	28～35	14		用于高速、中载轴承
铸铁		0.1～6	0.75～3	0.3～4.5	用于低速、轻载的不重要轴承,价廉

12.6.4 非液体摩擦滑动轴承的计算

非液体摩擦滑动轴承的主要失效形式是磨损和胶合。为了防止轴承失效，应使轴颈和轴瓦的接触表面之间保持一层边界润滑油膜。影响边界油膜存在的因素很多，但若能限制轴承压强 p、速度 v 和油温，一般都能保证滑动轴承的正常工作。向心滑动轴承的受力情况如图 12-30 所示，其校核计算如下。

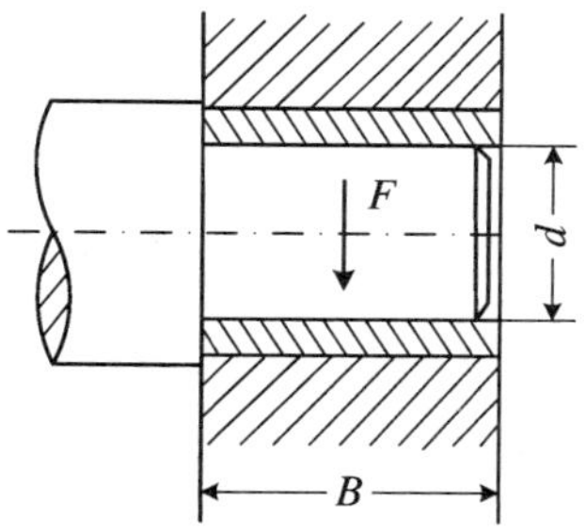

图 12-30 向心滑动轴承的受力

12.6.4.1 向心滑动轴承的校核计算

1. 校核压强 *p*

限制压强 p 可以保证润滑油不因为压力过大而被挤出，即

$$p = \frac{F}{Bd} \leqslant [p] \tag{12-9}$$

式中，F 为径向载荷(N)；B 为轴承宽度(mm)；d 为轴颈直径(mm)；$[p]$为轴瓦材料的许用压强(MPa)，见表 12-14。

轴承宽度与轴颈直径之比 B/d 称为宽度比，它是向心滑动轴承的重要参数之一。对于非液体摩擦的滑动轴承，常取 $B/d>0.8\sim1.5$。

2. 校核 *pv* 值

摩擦因数 f 与 pv 值的乘积表示单位面积上的功率损失。因而限制 pv 值也就限制了轴承的温升。

$$pv = \frac{F}{Bd}\,\frac{\pi dn}{60\times 1\,000} = \frac{Fn}{19\,100B} \leqslant [pv] \tag{12-10}$$

式中，v 为轴颈的圆周速度(m/s)；n 为轴的转速(r/min)；$[pv]$为 pv 的许用值(MPa·m/s)。

3. 校核速度 *v*

当轴与轴瓦相对滑动速度较高时，磨损加速。

$$v = \frac{\pi dn}{60\times 1\,000} = \frac{dn}{19\,100} \leqslant [v] \tag{12-11}$$

式中，$[v]$为许用圆周速度(m/s)。

12.6.4.2 推力滑动轴承的校核计算

当以上结果不能满足校核条件时，可以改变轴瓦的材料或适当增大轴承的宽度 B。对低速或间歇工作的轴承，只需进行压强 p 的校核。

设计时，轴颈与轴瓦的配合可采用$\frac{\mathrm{H8}}{\mathrm{H7}}$、$\frac{\mathrm{H9}}{\mathrm{f9}}$等间隙配合。

1. 校核压强 *p*

$$p = \frac{F}{\frac{\pi}{4}(d_2^2 - d_1^2)z} \leqslant [p] \tag{12-12}$$

式中，z 为轴环数；d_2 为轴环外径(mm)；d_1 为环状支承面内径(mm)。

2．校核 *pv* 值

$$pv_m \leqslant [pv] \tag{12-13}$$

轴环的平均速度

$$v_m = \frac{\pi d_m n}{60 \times 1\,000} \tag{12-14}$$

平均直径

$$d_m = \frac{d_1 + d_2}{2} \tag{12-15}$$

推力轴承的$[p]$和$[pv]$值见表 12-14。考虑到各止推环面受载不均匀因素，对于多环止推滑动轴承，应将表 12-14 中的$[p]$和$[pv]$值降低 20%～40%。

3．计算压强 *p*

$$p = \frac{F}{Bd} = \frac{20\,000}{60 \times 50} = 6.67\ (\text{MPa})$$

4．计算 *pv* 值

$$pv = \frac{Fn}{19\,100B} = \frac{20\,000 \times 300}{19\,100 \times 60} = 5.2\ (\text{MPa} \cdot \text{m/s})$$

5．校核速度 *v*

$$v = \frac{dn}{19\,100} = \frac{504\,300}{19\,100} = 0.79\ (\text{m/s})$$

根据上述计算，查表 12-14 可知，选用 ZCuZn38Mn2Pb2 作为轴瓦材料，其强度足够。其$[p]=10$ MPa，$[pv]=10$ MPa·m/s，$[v]=1$ m/s。

12.6.5 润滑剂与润滑装置

在设计和使用滑动轴承时，必须合理地选择润滑剂、润滑方法和润滑装置。

12.6.5.1 润滑剂的选择

常用的润滑剂主要有润滑油和润滑脂两类。在选择润滑油的品种时，对液体摩擦轴承应以黏度为主要选择指标。而对非液体摩擦轴承，则应以油性为主要选择指标。由于油性尚无一个确切的衡量指标，故一般可按黏度选择。润滑脂主要在非液体摩擦轴承中那些使用要求不高，低速或带有冲击的场合。

选择润滑油和润滑脂的牌号时，可参照表 12-15、表 12-16。

表 12-15　滑动轴承润滑油的选择(工作温度为 10～60 ℃)

压力 p(MPa)	轴颈圆周速度 v(m/s)	最高工作温度(℃)	选用的牌号
≤1.0	≤1	75	3 号钙基脂
1.0～6.5	0.5～5	55	2 号钙基脂
≥6.5	≤0.5	75	3 号钙基脂
≤6.5	0.5～5	120	2 号钙基脂
>6.5	≤0.5	110	1 号钙-钠基脂

续表

压力 p(MPa)	轴颈圆周速度 v(m/s)	最高工作温度(℃)	选用的牌号
1.0～6.5	≤1	-50～100	锂基脂
>6.5	0.5	60	2号压延机脂

注:① “压力”或“压强”,本书统用“压力”。
② 在潮湿环境,温度在75～120℃的条件下,应考虑用钙-钠基脂。
③ 在潮湿环境,工作温度在75℃以下,没有3号钙基脂时也可以用铝基脂。
④ 工作温度在110～120℃可用锂基脂或钡基脂。
⑤ 集中润滑时,稠度要小些。

表 12-16 滑动轴承润滑脂的选择

轴颈圆周速度 v(m/s)	平均压力 $p<3$ MPa	轴颈圆周速度 v(m/s)	平均压力 $p=3\sim7.5$ MPa
<0.1	L-AN68、100、150	<0.1	L-AN150
0.1～0.3	L-AN68、100	0.1～0.3	L-AN100、150
0.3～2.5	L-AN46、68	0.3～0.6	L-AN100
2.5～5.0	L-AN32、46	0.6～1.2	L-AN68、100
5.0～9.0	L-AN15、22、32	1.2～2.0	L-AN68
>9.0	L-AN7、10、15		

注:表中润滑油是以40℃时运动黏度为基础的牌号。

12.6.5.2 常用润滑方法及装置

滑动轴承的供油方式分为间歇供油和连续供油。

常见的间歇供油装置是各种油杯,如图12-31所示。图(a)为压配式压注油杯;图(b)为旋套式油杯,适用于加注润滑油;图(c)为旋盖式油杯,适用于润滑脂,加满润滑脂后,旋转螺旋杯盖可使部分润滑脂强行挤入润滑部分。间歇供油装置通常用于开机前和关机后加注润滑剂。

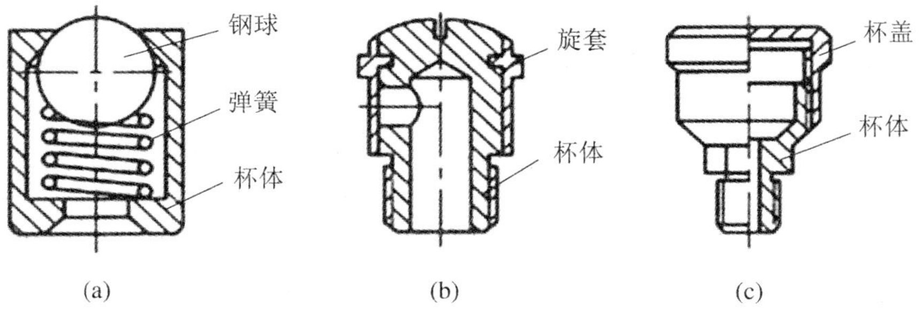

图 12-31 常见的间歇供油装置

连续供油润滑根据所需供油量的大小可采用滴油润滑、油杯润滑、浸油润滑或喷油润滑。

图12-32是两种常用的连续供油油杯。(a)是针阀油杯,手柄平放时,弹簧压力使针阀堵住油杯底部的油孔;手柄直立时,针阀被提起,油孔敞开,润滑油流入轴颈,调节螺母可以调整针阀开口的大小。(b)是弹簧盖油杯,依靠棉线毛细作用使润滑油流入润滑部位,这种

油杯结构简单，但供油量与液面高度有关，不能调节。

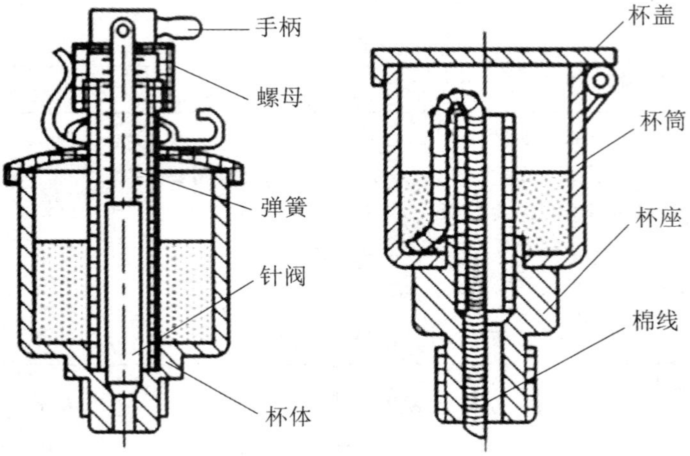

(a) 针阀油杯 (b) 弹簧盖油杯

图 12-32 连续供油装置

图 12-33 为油环润滑，轴颈上套有油环，油环的下部浸入油池中，轴颈旋转时，靠摩擦力带动油环旋转，并把润滑油带入轴承。

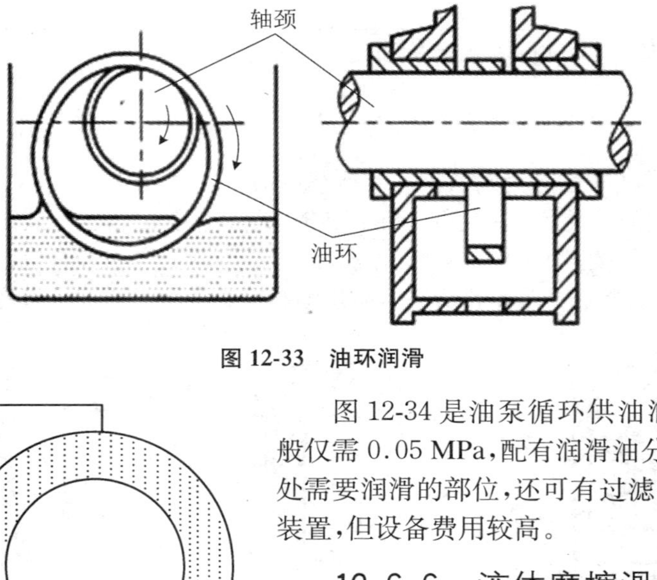

图 12-33 油环润滑

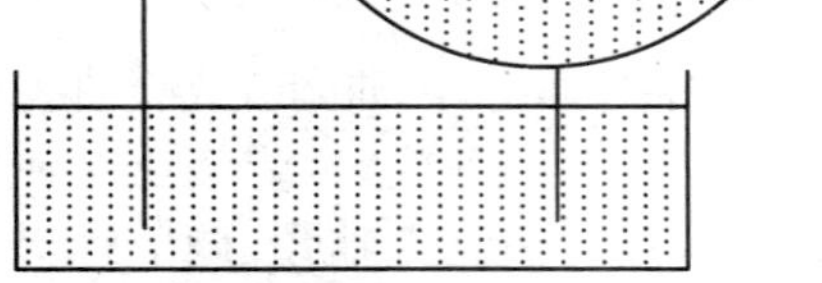

图 12-34 油泵循环供油润滑

图 12-34 是油泵循环供油润滑，供油压力一般仅需 0.05 MPa，配有润滑油分配装置可润滑多处需要润滑的部位，还可有过滤、冷却、报警、控制装置，但设备费用较高。

12.6.6 液体摩擦滑动轴承

轴颈与轴承之间的理想摩擦状态是液体摩擦，根据油膜形成原理的不同，液体摩擦滑动轴承可分为静压轴承和动压轴承。

12.6.6.1 静压轴承

静压轴承是利用外部的供油系统把压力油输

送到轴承的间隙中，强制形成承载油膜，保证轴承在液体摩擦状态下工作。

图 12-35 是静压轴承的典型结构。在轴瓦内表面上开有 4 个对称的油腔，各油腔的尺寸相同。每个油腔的四周都有适当宽度的封油面，压力油总管分别通过节流器供给每个油腔。在没有外载荷的情况下，轴颈与轴承孔同心，各油腔的油压相等。受载后，轴颈向下偏移，由于节流器的作用，上、下两个油腔形成压力差而产生向上的作用力，以此来平衡外载荷。所以，应用节流器能随外载荷的变化而自动调节各油腔的压力，它是静压轴承系统中的重要元件。

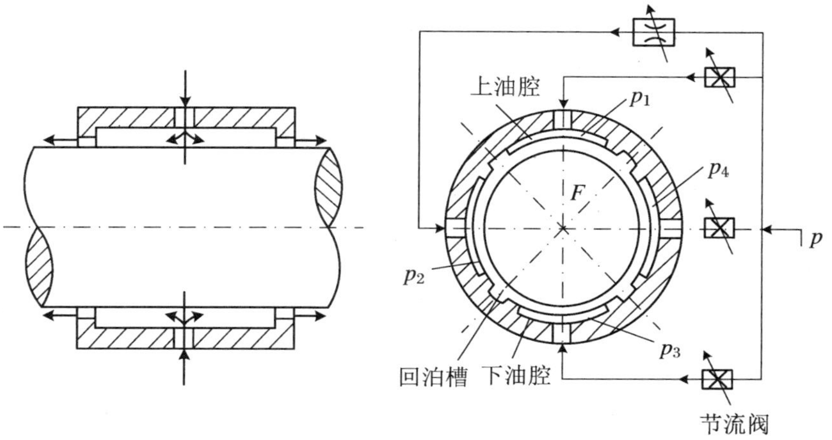

图 12-35　静压轴承的典型结构

静压轴承在正常使用情况下，启动、工作和停止时，轴颈与轴承始终不会直接接触，理论上轴颈与轴瓦无磨损，寿命长。对轴和轴瓦的制造精度可适当降低，对轴瓦材料要求也不高。轴的旋转精度高，且有良好的吸振性，运转平稳。但静压轴承需要一套供油装置，设备费用高、体积大、维护和管理不便。一般用于低速、重载或要求精度高的机械装置中，如精密机床、重型机械等。

12.6.6.2　动压轴承

图 12-36 所示为动压轴承油压的形成原理。图 12-36(a)中两块平板 AB 和 CD 相互倾斜，形成契形间隙，其中充满润滑油。当 AB 以速度 v 自右向左移动时，它将带动润滑油从

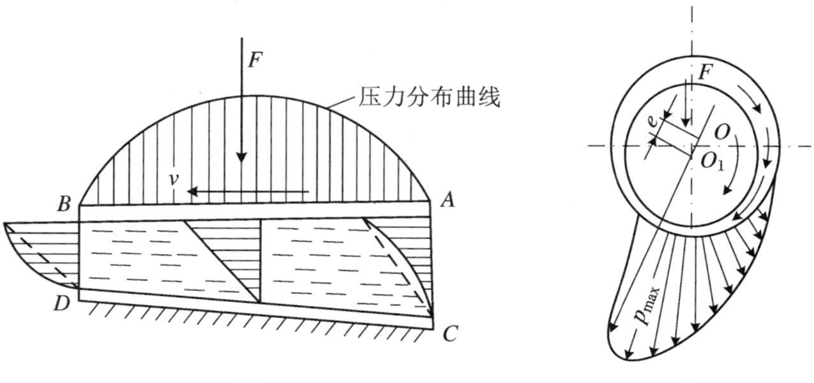

图 12-36　动压轴承的工作原理

契形的大口流向小口。在此过程中，由于间隙截面尺寸不断缩小，而液体是不可压缩的，因而在契形间隙内必将产生油压，其分布如图 12-36(b)所示。

图 12-36(b)所示的轴颈和轴承孔之间也有一定的契形间隙。当轴颈以足够高的转速转动时，其间隙中的润滑油也能形成一层强度相当大的油膜，把承受载荷 F 的轴颈抬起，使其处于流体摩擦状态。

形成这种动压油膜需具备以下条件：

① 相对运动的两表面必须具有契形间隙；

② 两表面间有相对运动；

③ 润滑油有适当的黏度。

12.7 滚动轴承与滑动轴承的比较

在设计机器轴承部件时，首先遇到的问题是采用滚动轴承还是滑动轴承的问题。因此，全面比较和了解两种轴承的性能，有助于正确地选用轴承。滚动轴承与滑动轴承的性能比较见表 12-17。

表 12-17 滚动轴承与滑动轴承的比较

<table>
<tr><td colspan="2" rowspan="3">比较项目</td><td rowspan="3">滚动轴承</td><td colspan="3">滑动轴承</td></tr>
<tr><td rowspan="2">非液体轴承</td><td colspan="2">液体轴承</td></tr>
<tr><td>动压式</td><td>静压式</td></tr>
<tr><td colspan="2">效率</td><td>0.95～0.99</td><td>0.94～0.98</td><td colspan="2">0.995～0.999(或更高)</td></tr>
<tr><td colspan="2">启动摩擦阻力</td><td>小</td><td>较大</td><td>较大</td><td>小</td></tr>
<tr><td colspan="2">旋转精度</td><td>较高</td><td>较低</td><td>较高</td><td>可以很高</td></tr>
<tr><td colspan="2">适用工作速度、寿命、噪声</td><td>低、中速，寿命较短，噪声大</td><td>低速，寿命较长，无噪声</td><td>中、高速，寿命长，无噪声</td><td>任何速度，寿命长，无噪声</td></tr>
<tr><td colspan="2">受冲击、振动能力</td><td>低</td><td>较低</td><td>高</td><td>高</td></tr>
<tr><td rowspan="2">外廓尺寸</td><td>径向</td><td>大</td><td>小</td><td>小</td><td>小</td></tr>
<tr><td>轴向</td><td>小</td><td>大</td><td>大</td><td>大</td></tr>
<tr><td colspan="2">维护</td><td>脂润滑时维护方便，不需经常照管</td><td>需定期补充润滑油</td><td>油质要清洁</td><td>油质要清洁，需经常维护供油系统</td></tr>
<tr><td colspan="2">其他</td><td>一般是大量供应的标准件</td><td colspan="3">一般要自行加工，要耗用有色金属</td></tr>
</table>

习　题

12.1 在什么情况下采用滑动轴承？试举例说明。

12.2　什么叫滚动轴承的额定动载荷？

12.3　根据摩擦状态分，滑动轴承分几类？在高速、高精度的场合应采用哪一类滑动轴承？

12.4　滚动轴承有哪些失效形式？什么叫滚动轴承的额定寿命？

12.5　直齿轮轴系用一对深沟球轴承支承，轴颈 $d=35$ mm，转速 $n=1\,450$ r/min，每个轴承承受径向载荷 $F_r=2\,100$ N，载荷平稳，预期寿命为 8 000 h，试选择轴承型号。

12.6　一非液体摩擦向心滑动轴承，轴径 $d=100$ mm，长径比 $l/d=1$，转速 $n=1\,200$ r/min，轴瓦材料是 ZQSn10-1（$[p]=15$ MPa，$[pv]=15$ MPa·m/s）。该轴承所能承受的最大径向载荷 P 是多少？

实训项目　滚动轴承的配合与装拆

1．实训目的

① 滚动轴承是标准件，能判断出何时采用基孔制，何时采用基轴制。

② 掌握滚动轴承的安装方法。

③ 掌握滚动轴承的拆卸方法。

④ 掌握滚动轴承的润滑方法和密封方法。

2．实训内容和要求

① 在设计时，应根据机器的工作条件、载荷的大小及性质、转速的高低、工作温度及内、外圈中哪一个套圈转动等因素选择轴承的配合。

② 使用工具独立完成轴承的拆装（图 12-37）。

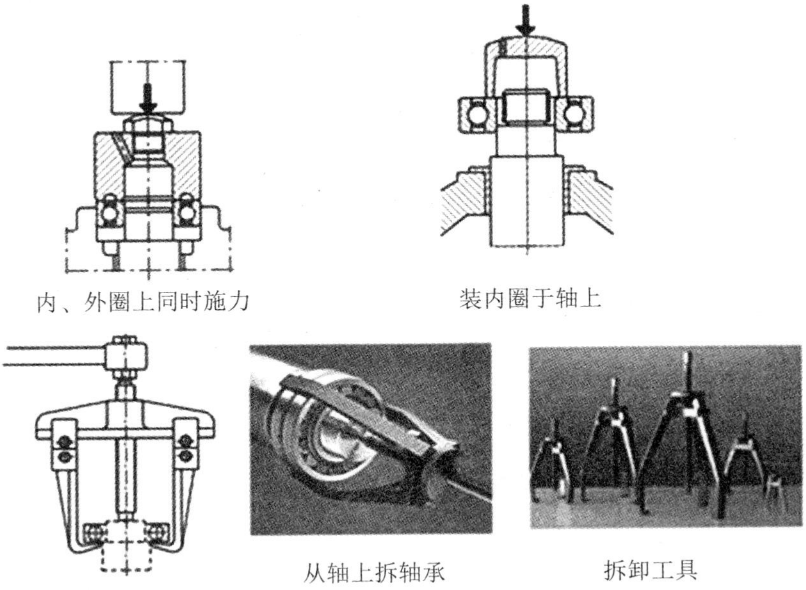

图 12-37　滚动轴承的拆装

第 13 章　其他常用零部件

13.1　联　轴　器

13.1.1　概述

联轴器、离合器是机械中常用的部件，图 13-1 所示的机器传动中就有联轴器和离合器的使用。显然可以知道，在机器中使用联轴器和离合器的目的就是为了实现两轴的联接，以便于共同回转并传递动力。其中，用联轴器联接的两轴，须在机器停止运转后才能拆卸分离；而离合器联接的两轴，则在机器运转过程中即可随时结合和分力，从而达到操纵机器传动系统的断续，以便进行变速和换向等。

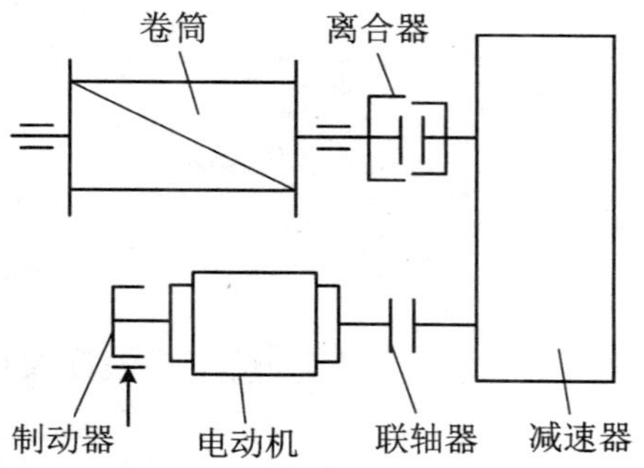

图 13-1　机器传动示意图

联轴器和离合器的类型很多，其中有些已经标准化。在选择时可根据工作要求，选定合适的类型，再按被联接轴的直径、转距和转速从有关手册中查取适用的型号和尺寸，必要时再作进一步的验算。

由于联轴器和离合器的种类繁多，本章仅对少数典型结构及其有关知识作些介绍，以便为选用和自行创新设计提供必要的基础。

13.1.2　联轴器的种类和特性

联轴器所联接的两轴，由于制造及安装误差、承载后的变形以及温度变化的影响等，往往不能保证严格的对中，而是存在着某种程度的相对位移，如图 13-2 所示。这就要求所设计的联轴器，要从结构上采取各种措施，使之具有适应一定范围的相对位移的性能。

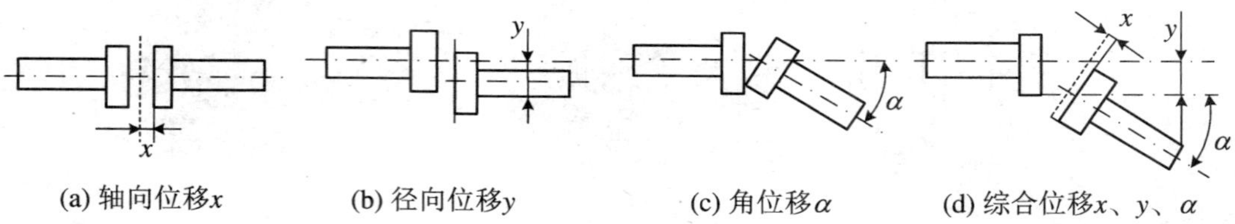

图 13-2　联轴器误差示意图

根据联轴器有无弹性元件,可以将联轴器分为两大类,即刚性联轴器和弹性联轴器。刚性联轴器又根据器结构特点分为固定式和可移动式两类,固定式联轴器要求被联接的两轴中心线严格对中。而可移动式联轴器允许两轴有一定的安装误差,对两轴的位移有一定的补偿能力。弹性联轴器视其所具有弹性元件材料的不同,又可以分为金属弹簧式和非金属弹性元件式两类。弹性联轴器不仅能在一定范围内补偿两轴线间的位移,还具有缓冲减振的作用。

13.1.2.1　刚性固定式联轴器

刚性固定式联轴器具有结构简单、成本低的优点。但对被联接的两轴间的相对位移缺乏补偿能力,故对两轴对中性要求很高。如果两轴线发生相对位移时,就会在轴、联轴器和轴承上引起附加的载荷,使工作情况恶化。所以常用于无冲击、轴的对中性好的场合。这类联轴器常见的有套筒式、凸缘式以及夹壳式等。我们主要介绍套筒式和凸缘式。

1. 套筒式联轴器

这是一类最简单的联轴器,如图 13-3 所示。这种联轴器是一个圆柱形套筒,用两个圆锥销键或螺钉与轴相联接并传递扭矩。此种联轴器没有标准,需要自行设计,例如机床上就经常采用这种联轴器。

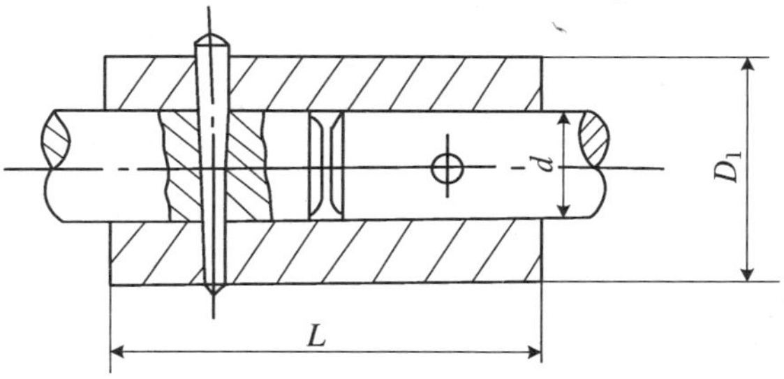

图 13-3　套筒式联轴器

2. 凸缘式联轴器

刚性联轴器中使用最多的就是凸缘式联轴器。它由两个带凸缘的半联轴器组成,两个半联轴器通过键分别与两轴相联接,并用螺栓将两个半联轴器联成一体,如图 13-4 所示。

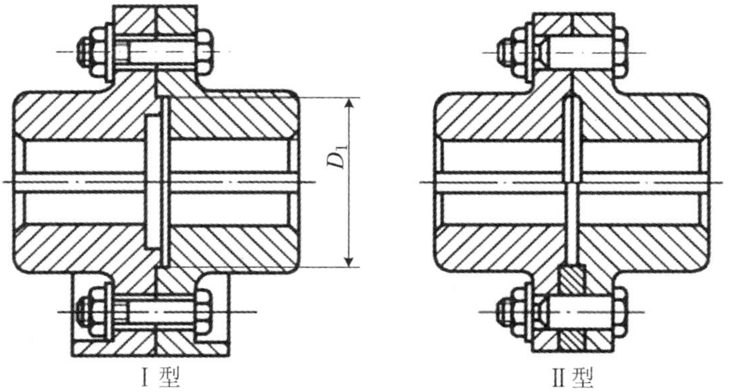

图 13-4　凸缘式联轴器

按对中方式分为Ⅰ型和Ⅱ型：Ⅰ型用凸肩和凹槽（D_1）对中，并用普通螺栓联接，工作时靠两半联轴器接触面间的摩擦力传递转矩，装拆时需要做轴向移动。Ⅱ型用铰制孔螺栓对中，螺栓与孔为略有过盈的紧配合，工作时靠螺栓受剪与挤压来传递转矩。装拆时不需要做轴向移动，但要配铰螺栓孔。

对于受中等载荷，当圆周速度小于 35 m/s 时，凸缘联轴器的材料可以使用 HT200 等灰铸铁。重载或圆周速度大于 30 m/s 时可以采用 35、45 铸钢或锻钢。

凸缘式联轴器结构简单、价格低廉，使用方便，能传递较大的转距，但要求被联接的两轴必须安装准确，严格对中。它适用于工作平稳、刚性好和速度较低的场合。凸缘联轴器的尺寸可以按照标准 GB5843—86 选用。

13.1.2.2　刚性可移式联轴器

1．十字滑块联轴器

十字滑块联轴器是由两个端面带槽的半联轴器 1、3 和两侧面各具有凸块的浮动盘组成，如图 13-5 所示。浮动盘两侧的凸块相互垂直，分别嵌装在两个套筒的凹槽中。浮动盘的凸块可在套筒的凹槽中滑动，故允许一定的径向位移（即偏心距）$y \leqslant 0.04d$，和角位移 $\alpha \leqslant 0.5°$。

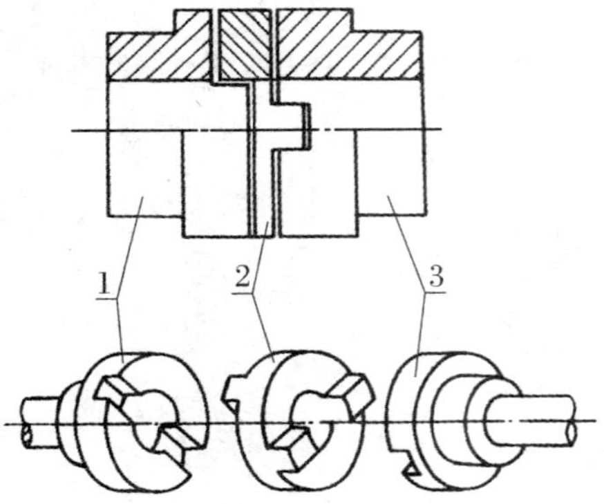

图 13-5　十字滑块联轴器

1、3. 半联轴器　2. 两面带凸牙的浮动盘

这种联轴器零件的材料可用 45 号钢，工作表面须经热处理以提高其硬度；要求较低时也可以用 Q275 钢，不进行热处理。为了减少摩擦及磨损，使用时应在中间盘的油孔注油进行润滑。

因为半联轴器与中间盘组成移动副，不能发生相对转动，故主动轴与从动轴的角加速度应该相等。但在两轴间有相对位移的情况下工作时，中间盘会产生很大的离心力，从而增大动载荷及磨损。因此选用时应该注意其工作速度不得大于规定值。

这种联轴器一般用于转速 $n<250$ r/min，轴的刚度较大，且无剧烈冲击。

效率 $\eta=1-(3\sim5)y/d$，这里 f 为摩擦因数，一般取为 0.12～0.25；y 为两轴间径向位移量（mm）；d 为轴径（mm）。

2．滑块联轴器

滑块式联轴器与十字块联轴器相似，只是两边半联轴器上的沟槽很宽，并把原来的中间盘改为两面不带凸牙的方形滑块，且通常用夹布胶木制成。如图 13-6 所示。由于中间滑块

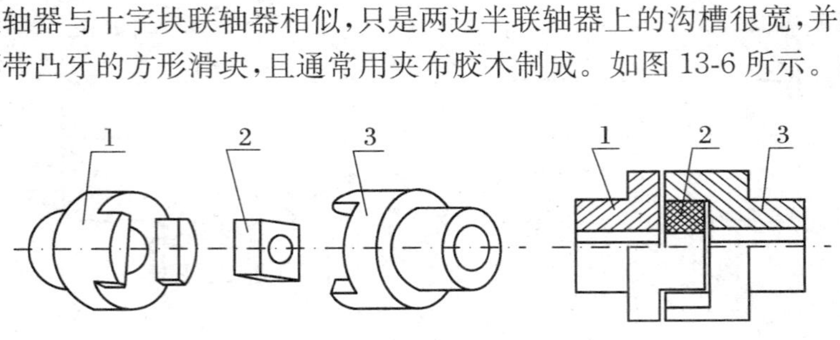

图 13-6　滑块式联轴器

1、3. 半联轴器　2. 两面不带凸牙的方形滑块

的质量减小，又有弹性，故具有较高的极限转速。中间滑块也可以用尼龙制成，并在装配时加入少量的石墨或二硫化钼，以便在使用时可以自行润滑。

这种联轴器结构简单、尺寸紧凑，适用于小功率、中等转速且无剧烈冲击的场合。使用时可以按照 JB/ZQ4384—86 选用。

3. 万向联轴器

万向联轴器又称万向铰链机构，用以传递两轴间夹角可以变化的、两相交轴之间的运动。这种机构广泛地应用于汽车、机床、轧钢等机械设备中。图 13-7 所示即为万向铰链机构的结构示意图。

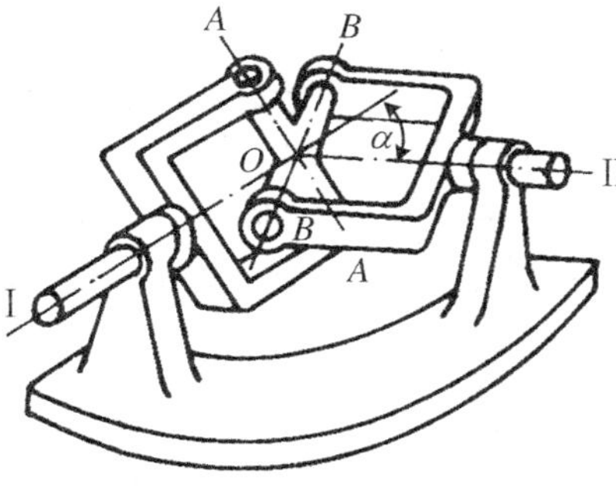

图 13-7　万向联轴器

轴Ⅰ、Ⅱ的末端各有一叉，分别用转动副 A-A 及 B-B 与一个“十”字形构件相连。所有转动副的回转中心（轴线）交于点 O，两轴间的夹角为 α。

可以看出当轴Ⅰ旋转一周时，轴Ⅱ显然也将随之转一周，即两轴的平均传动比为 1。

但是，两轴的瞬时传动比却不恒为 1，而是作周期性变化的。万向铰链的这种特性称作瞬时传动比的不均匀性。

下面我们就来证明这一特性。

图 13-8(a)中，主动轴Ⅰ的叉面与图纸平行时，这时从动轴Ⅱ的叉面显然与图纸平面垂直。根据理论力学中的角速度矢量分析法，轴Ⅰ、Ⅱ的角速度矢量有如下关系：

$$\dot{\omega}_{\mathrm{II}} = \dot{\omega}_{\mathrm{I}} + \dot{\omega}_{\mathrm{II\,I}}$$

式中，$\dot{\omega}_{\mathrm{I}}$ 为轴Ⅰ的角速度矢量，沿轴线Ⅰ，方向由右手定则确定，向右。$\dot{\omega}_{\mathrm{II}}$ 为轴Ⅱ的角速度矢量，沿轴线Ⅱ；$\dot{\omega}_{\mathrm{II\,I}}$ 为轴Ⅱ相对于轴Ⅰ的相对角速度矢量。

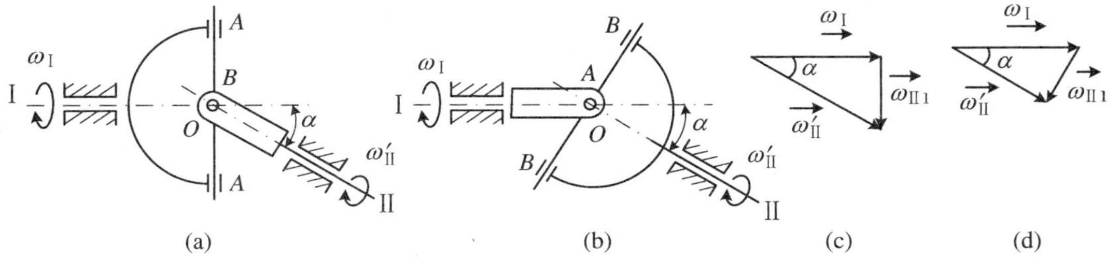

图 13-8　瞬时传动比的不均匀性

由于轴Ⅱ相对于轴Ⅰ只能绕 AA 及 BB 两轴相对转动，故在一般位置时，$\dot{\omega}_{\mathrm{II\,I}}$ 可以分解为沿轴 AA 及 BB 的两个分量 $\dot{\omega}_{\mathrm{II\,I}A}$ 与 $\dot{\omega}_{\mathrm{II\,I}B}$。在图 13-8(a)所示的瞬间，由于 $\dot{\omega}_{\mathrm{I}}$、$\dot{\omega}_{\mathrm{II}}$、$\dot{\omega}_{\mathrm{II\,I}A}$ 均在图纸平面内，仅有 $\dot{\omega}_{\mathrm{II\,I}B}$ 垂直于图纸平面，故知：$|\dot{\omega}_{\mathrm{II\,I}B}| = 0$。

而 $\dot{\omega}_{\mathrm{II\,I}} = \dot{\omega}_{\mathrm{II\,I}A}$，于是根据式 $\dot{\omega}_{\mathrm{II}} = \dot{\omega}_{\mathrm{I}} + \dot{\omega}_{\mathrm{II\,I}}$ 可以作出角速度矢量图，如图 13-8(c)所示。由图可得

$$\omega_{\mathrm{II}} = \frac{\omega_{\mathrm{I}}}{\cos\alpha}$$

当两轴转过 90°处于图 13-8(b)所示位置时，这时主动轴Ⅰ的叉面与图纸平面垂直，而从动轴Ⅱ的叉面与图纸平面平行. 设主动轴的角速度仍为 $\dot{\omega}_{\mathrm{I}}$，而从动轴Ⅱ的角速度为

$\dot{\omega}'_{\mathrm{II}}$，则

$$\omega'_{\mathrm{II}} = \dot{\omega}_{\mathrm{I}} + \dot{\omega}_{\mathrm{II\,I}}$$

同样方法分析，此时 $\dot{\omega}_{\mathrm{II\,I}} = 0$，而 $\dot{\omega}_{\mathrm{II\,I}} = \dot{\omega}_{\mathrm{II\,I}B}$。作出其矢量图，如图 13-8(d)所示，可得

$$\omega'_{\mathrm{II}} = \omega_{\mathrm{I}} \cos\alpha$$

当两轴再转过 90°，又恢复到图 13-8(a)位置。可见，从动轴的瞬时角速度是周期性变化的，其变化范围为

$$\omega_{\mathrm{I}} \cos\alpha \leqslant \omega_{\mathrm{II}} \leqslant \frac{\omega_{\mathrm{I}}}{\cos\alpha}$$

变化的幅度与两轴间的夹角 α 有关。当 α 越大，其变化的范围也越广(宽)。所以，为使从动轴速度波动的幅度不致过大，通常工程上限制两轴间的夹角 α 在 30°以内，即 $\alpha \leqslant 30°$。

为了完全消除上述万向铰链机构中从动轴变速传动的缺点，我们常将两个万向铰链机构成对串联使用，如图 13-9 所示。这种机构我们称作双万向铰链机构。

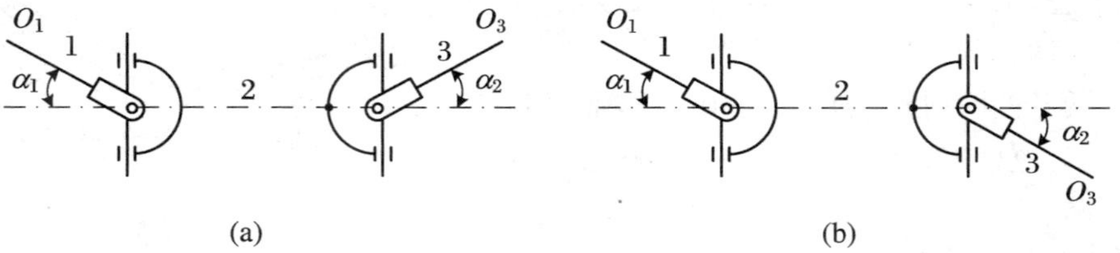

图 13-9 双万向铰链机构

为了使该机构能获得恒定的传动比，机构要满足如下 3 个条件：

① 主动轴、从动轴、中间轴的 3 根轴线应位于同一平面内。

② 主动轴、从动轴与中间轴的轴间夹角应相等：$\alpha_1 = \alpha_2$。

③ 中间轴两端的叉面应位于同一平面内。

这样，传动比 i_{12} 与 i_{23} 将始终互为倒数，故：$i_{13} = i_{12} \cdot i_{23} = 1$。

图 13-10 所示为 WS 型十字轴万向联轴器的典型结构，它已经标准化，设计时可按 JB/T5901—91 选用。

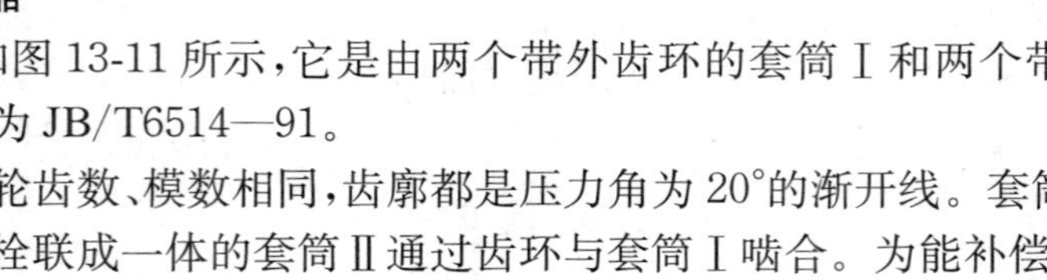

图 13-10 WS 型十字轴万向联轴器结构图

4．齿式联轴器

齿式联轴器如图 13-11 所示，它是由两个带外齿环的套筒 Ⅰ 和两个带内齿环的套筒 Ⅱ 所组成的，其标准为 JB/T6514—91。

内、外齿环的轮齿数、模数相同，齿廓都是压力角为 20°的渐开线。套筒 Ⅰ 分别装在被联接的两轴端，由螺栓联成一体的套筒 Ⅱ 通过齿环与套筒 Ⅰ 啮合。为能补偿两轴的相对位移，将外齿环的轮齿做成鼓形齿，齿顶做成中心线在轴线上的球面(图 13-11(b))，齿顶和齿侧留有较大的间隙。齿式联轴器允许两轴有较大的综合位移。当两轴有位移时，联轴器齿面间因相对滑动产生磨损。为减少磨损，联轴器内注有润滑剂。联轴器上的螺塞、密封圈封住注

油孔和防止润滑剂外泄的作用。

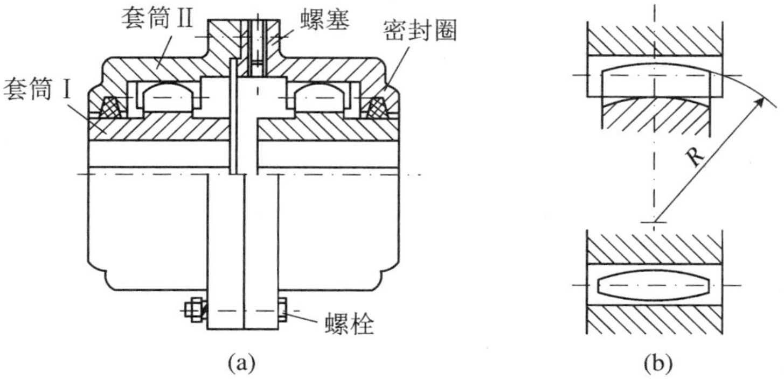

图 13-11 齿式联轴器

齿式联轴器同时啮合的齿数多，承载能力大，外廓尺寸较紧凑，可靠性高，但结构复杂，制造成本高，通常在高速重载的重型机械中使用。

13.1.2.3 弹性可移式联轴器

在弹性联轴器中，由于安装有弹性元件，它不仅可以补偿两轴间的相对位移，而且有缓冲和吸振的能力。所以它适用于频繁启动、经常正反转、变载荷及高速运转的场合。制造弹性元件的材料有金属和非金属两种。非金属材料有橡胶、尼龙和塑料等。其特点为重量轻、价格便宜，有良好的弹性滞后性能，因而减振能力强，但橡胶寿命较短。金属材料制造的弹性元件，主要是各种弹簧，其强度高、尺寸小、寿命长，主要用于大功率。这些联轴器可参考有关设计手册选用。

下面仅介绍几种已经标准化的非金属弹性元件联轴器。

1. 弹性套柱销联轴器

弹性套柱销联轴器(GB4323—84)的结构与凸缘式联轴器很近似，不同的是它用装有弹性套的柱销代替联接螺栓(图 13-12)。弹性套的变形可以补偿两轴线的径向位移和角位移，并且有缓冲和吸振作用。半联轴器的材料可用 HT200，有时也用 35 钢或 ZG270—500；柱销材料多用 35 钢。

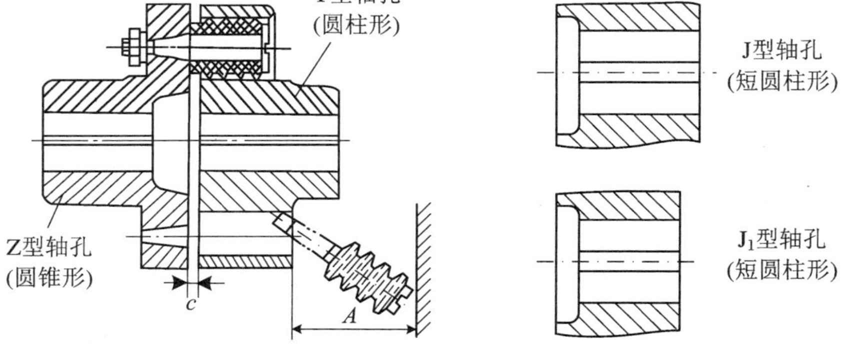

图 13-12 弹性套柱销联轴器

这种联轴器结构简单、容易制造、装拆方便、成本较低，但弹性套容易磨损、寿命较短，适用于经常正反转、启动频繁、载荷平稳的高速运动中。如电动机与减速器(或其他装置)之间就常使用这类联轴器。

2．弹性柱销联轴器

弹性柱销联轴器(GB5014—85)是用若干个弹性柱销将两个半联轴器联接而成的(图13-13)。为了防止柱销滑出，两侧用挡环封闭。弹性柱销一般用尼龙制造。为了增加补偿量，常将柱销的一端制成鼓形。

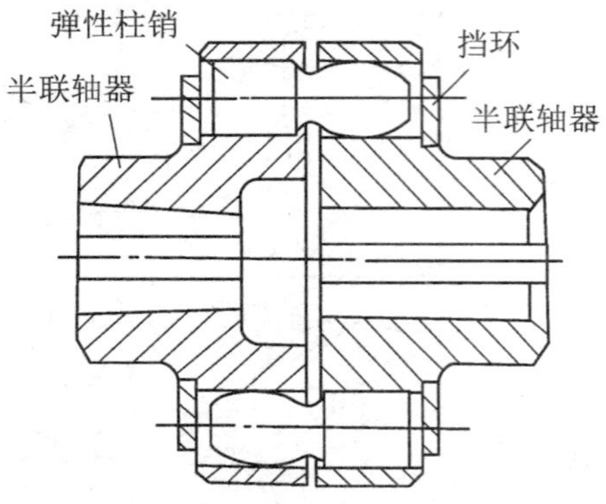

图 13-13　弹性柱销联轴器

这种联轴器结构简单，两半联轴器可以互换，加工容易，维修方便，尼龙柱销的弹性不如橡胶，但强度高、耐磨性好。当两轴相对位移不大时，这种联轴器的性能比弹性套柱销联轴器还要好些，特别是寿命长，结构尺寸紧凑，适用于轴向串动较大、冲击不大，经常正反转的中、低速以及较大转矩的传动轴系。

由于尼龙柱销对温度比较敏感，故使用温度限制在－20～70℃的范围内。

3．梅花形弹性联轴器

梅花形弹性联轴器如图13-14所示。其半联轴器与轴的配合孔可做成圆柱形或圆锥形。装配联轴器时，将梅花形弹性元件的花瓣部分夹紧在两半联轴器端面的凸齿交错插进所形成的齿侧空间，以便在联轴器工作时起到缓冲减振的作用。弹性元件可根据使用要求选用不同硬度的聚氨酯橡胶、铸型尼龙等材料制造。工作温度范围为－35～80℃，短时工作温度可达100℃，传递的公称转矩范围为16～25 000 N·m。

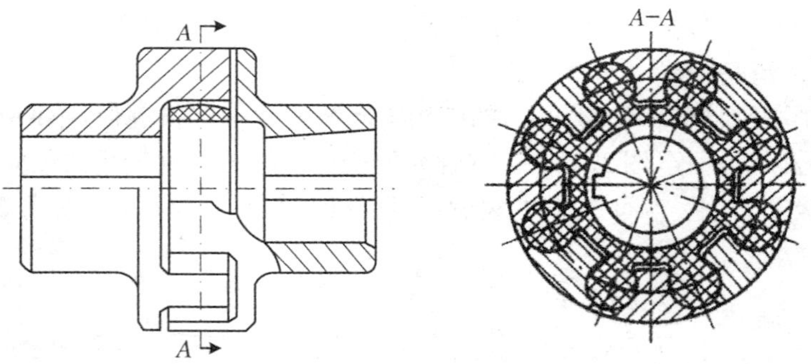

图 13-14　梅花形弹性联轴器

4．轮胎式联轴器

轮胎式联轴器(GB5844—86)如图13-15所示，用橡胶或橡胶织物制成轮胎状的弹性元件，由螺栓与两半联轴器联接而成。轮胎环中的橡胶织物元件与低碳钢制成的骨架硫化黏结在一起，骨架上焊有螺母，装配时用螺栓与两半联轴器的凸缘联接，依靠拧紧螺栓在轮胎环与凸缘端面之间产生的摩擦力来传递转矩。

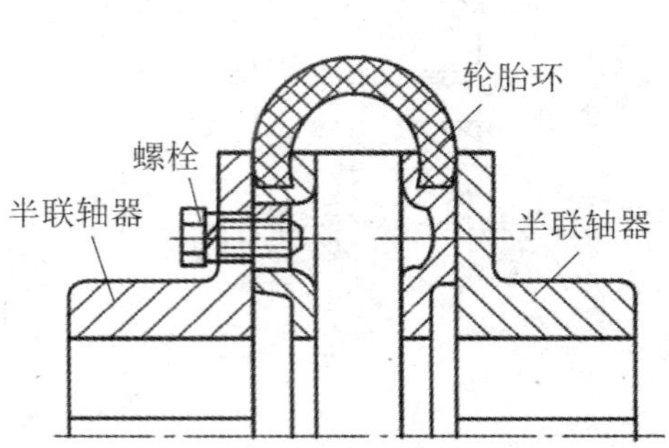

图 13-15　轮胎式联轴器

它的特点是弹性强、补偿位移能力大，有良好的阻尼和减振能力，绝缘性能好，运转时没有噪声，而且结构简单、不需要润滑，装拆和维护方便。其缺点是承载能力小，外形尺寸较大，当转矩较大时会因为过大的扭转变形而产生附加轴向载荷。

5．膜片式联轴器

膜片式联轴器的典型结构如图13-16所示，其弹性元件为一定数量的很薄的多边形（或椭圆形）金属膜片叠合而成的膜片组，膜片上有沿圆周方向均布的若干个螺栓孔，用铰制孔用螺栓交错间隔与半联轴器相联接。这样弹性元件上的弧段分别为交错受压缩和受拉伸两部分。拉伸部分传递转矩，压缩部分趋于皱褶。当联接的两轴存在轴向、径向和角位移时，金属膜片便产生波状变形。

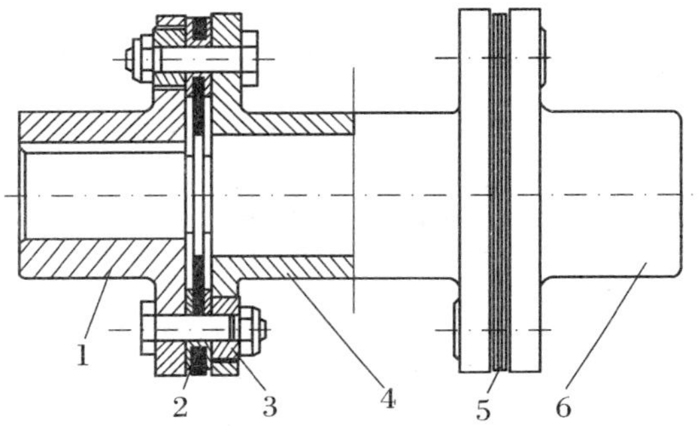

图13-16　膜片式联轴器

1、6. 半联轴器　2. 衬套　3. 垫圈　4. 中间轴　5. 膜片组

当然，还有其他多种联轴器，在需要时可以查阅有关手册，根据需要选定，在此就不作进一步讲解了。

13.1.3　联轴器的选择

绝大多数联轴器都已经标准化或规格化，一般设计者的任务就是根据实际合理的选用，而不是设计。选择的基本步骤可按以下进行。

1．选择联轴器的类型

根据传递的转矩的大小、轴转速的高低，被联接两部件的安装精度，参考各种类型联轴器的特性，选择一种合用的联轴器。具体如下：

① 所需传递的转矩的大小和性质以及对缓冲减振功能的要求。例如，对大功率的重载传动，可选用齿式联轴器；对严重冲击载荷或要求消除轴系扭转振动的传动，可选用轮胎式联轴器等具有较高弹性的联轴器。

② 联轴器的工作转速高低和引起的离心力大小。对于高转速传动轴，应选用平衡精度高的联轴器，如膜片联轴器等，而不宜选用存在偏心的滑块联轴器等。

③ 两轴相对位移的大小和方向。当安装调整后，难以保持两轴严格精确对中，或者工作过程中两轴将产生较大的附加相对位移时，应选用有补偿作用的联轴器。例如，当径向位移较大时，可选用滑块联轴器，角位移较大时或相交两轴的联接可用万向联轴器等。

④ 联轴器的可靠性和工作环境。通常由金属元件制成的不需要润滑的联轴器比较可靠；需要润滑的联轴器，其性能易受润滑完善程度的影响，且可能污染环境。含有橡胶等非金属元件的联轴器对温度、腐蚀性介质及强光等比较敏感，而且容易老化。

⑤ 联轴器的制造、安装、维护和成本。在满足使用性能的前提下，应选用拆装方便、维护简单、成本低的联轴器。例如，刚性联轴器不但简单，而且拆装方便，可用于低速、刚性大的传动轴。一般的非金属弹性元件联轴器，由于具有良好的综合性能，广泛适用于一般中小功率传动。

2. 计算联轴器的计算转矩

由于机器启动时的动载荷和运转中可能出现过载现象，所以应当按轴上的最大转矩作为计算转矩 T_{ca}。计算转矩按下式进行：

$$T_{ca} = K_A T$$

其中，T 为公称转矩(N·m)；K_A为工况系数，可以通过查阅表 6-6 得到。

3. 确定联轴器的型号

根据计算转矩 T_{ca}及所选的联轴器类型，按照 $T_{ca} \leqslant [T]$的条件在联轴器标准中选定联轴器型号。

4. 校核最大转速

被联接轴的转速 n 不应超过所选联轴器的允许最高转速 n_{max}，即 $n \leqslant n_{max}$。

5. 协调轴孔直径

多数情况下，每一型号联轴器适用的轴的直径均有一个范围。标准中或者给出轴直径的最小值和最大值，或者给出适用直径的尺寸系列，被联接两轴的直径应当在此范围内。一般情况下被联接两轴的直径是不同的，两个轴端的形状也可能是不同的，如主动轴的轴端为圆柱形，所以联接的从动轴的轴端是圆锥形。

6. 规定部件相应的安装精度

根据所选联轴器允许轴的相对位移偏差，规定部件相应的安装精度。通常标准中只给出单项位移偏差的允许值。如果有多项位移偏差存在，则必须根据联轴器的尺寸大小计算出相互影响的关系，依此作为规定部件安装精度的依据。

7. 进行必要的校核

如有必要，应对联轴器的主要传动零件进行强度校核。使用非金属弹性元件的联轴器时，还应注意联轴器所在部位的工作温度不要超过该弹性元件材料允许的最高温度。

例 13-1 在电动机与增压油泵间用联轴器相联。已知电动机的功率 $P = 7.5$ kW，转速 $n = 960$ r/min，电动机直径 $d_1 = 38$ mm，油泵轴直径 $d_2 = 42$ mm。试选择联轴器型号。

解 因为轴的转速较高，启动频繁，载荷有变化，宜选用缓冲性较好，同时具有可移动性的弹性套柱销联轴器。

计算转矩 $T_{ca} = K_A T$，查表 6-6 得：$K_A = 1.7$。所以

$$T = 9\,550\,\frac{P}{n} = 9\,550 \times \frac{7.5}{960} = 74.6\ (\text{N}\cdot\text{m})$$

$$T_{ca} = K_A T = 1.7 \times 74.6 = 126.8\ (\text{N}\cdot\text{m})$$

查手册知，可以选用弹性套柱销联轴器：$\text{TL}_6\ \dfrac{\text{YA}38\times 82}{\text{JB}42\times 82}$(GB4323—84)，其公称转矩为 250 N·m。

13.2　离　合　器

使用离合器是为了按需要随时分离和接合机器的两轴，如汽车临时停车而不熄火。对离合器的基本要求是：接合平稳、分离迅速彻底；操纵省力方便，质量和外廓尺寸小，维护和调节方便，耐磨性好等。常用离合器分类如表 13-1 所示。

表 13-1　常用离合器分类

操纵离合器 （机械、气动、液压、电磁）	啮合式	牙嵌离合器、齿轮离合器等
	摩擦式	圆盘离合器、圆锥离合器
自动离合器	定向离合器	啮合式、摩擦式
	离心离合器	摩擦式
	安全离合器	啮合式、摩擦式

13.2.1　牙嵌离合器

牙嵌离合器是由两个端面带牙的半离合器所组成的，如图 13-17 所示。其中半离合器Ⅰ固联在主动轴上，半离合器Ⅱ用导键（或花键）与从动轴联接。通过操纵机构可使离合器Ⅱ沿导键做轴向运动，两轴靠两个半离合器端面上的牙嵌合来联接。为了使两轴对中，在半离合器Ⅰ固定有对中环，而从动轴可以在对中环中自由地转动。

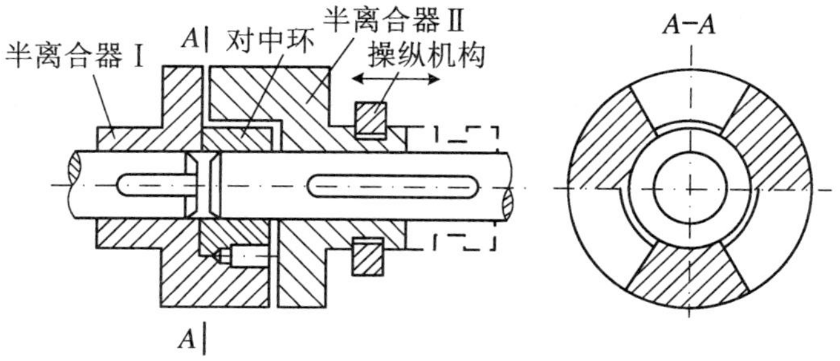

图 13-17　牙嵌离合器

牙嵌离合器常用的牙型有三角形、矩形、梯形、锯齿形等，其径向剖面如图 13-18 所示。

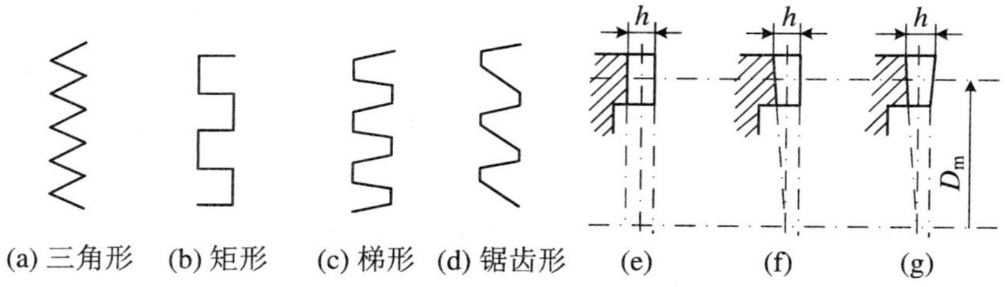

图 13-18　牙嵌离合器常用的牙型

三角形牙多用于轻载的情况，容易接合、分力，但牙齿强度较低。矩形牙不便于接合，分离也困难，仅用于静止时手动接合。梯形牙的侧面制成 $\alpha = 2° \sim 8°$ 的斜角，牙根强度较高，能传递较大的转矩，并可补偿磨损而产生的齿侧间隙，接合与分离比较容易，因此梯形牙应用较广。三角形、矩形、梯形牙都可以做双向工作，而锯齿形牙只能单向工作，但它的牙根强度很高，传递转矩能力最大，多在重载情况下使用。

牙嵌离合器的牙数一般为 3～60 不等。材料常用低碳钢表面渗碳，硬度为 56～62 HRC，或采用中碳钢表面淬火，硬度为 48～54HBC，不重要的和静止状态接合的离合器，也允许用 HT200 制造。

牙嵌离合器结构简单，外廓尺寸小，接合后所联接的两轴不会发生相对转动，宜用于主、从动轴要求完全同步的轴系。

牙嵌离合器的尺寸已经系列化，通常根据轴的直径及传递的转矩选定尺寸，并校核齿的弯曲强度合接触齿面上的压强。

13.2.2　摩擦离合器

利用主、从动半离合器接触表面之间的摩擦力来传递转矩的离合器，通称为摩擦离合器，它是能在高速下离合的机械式离合器。

最简单的摩擦离合器如图 13-19 所示，主动盘固定在主动轴上，从动盘导键与从动轴联接，它可以沿轴向滑动。为了增加摩擦因数，在一个盘的表面上装有摩擦片。工作时利用操纵机构，在可移动的从动盘上施加轴向压力 F_A（可由弹簧、液压缸或电磁吸力等产生），使两盘压紧，产生摩擦力来传递转矩。只有一对接合面的叫做单盘摩擦离合器，它能传递的最大转矩为

$$T_{max} = \frac{F_A \cdot f \cdot r_f}{1\,000}$$

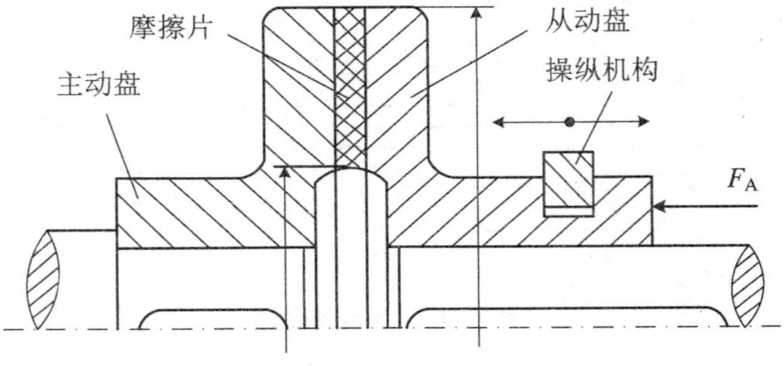

图 13-19　摩擦离合器

式中，F_A为轴向压力(N)；f 为摩擦因数，可以查阅相关资料得到；r_f 为摩擦半径，通常可取：$r_f = \frac{D_1 + D_2}{4}$ (mm)。

在传递大转矩的情况下，因受摩擦盘尺寸的限制不宜应用单盘摩擦离合器，这时要采用多盘摩擦离合器，用增加结合面对数的方法来增大传动能力。

图 13-20 所示为多片摩擦离合器。主动轴与外壳相联接，从动轴与套筒相联接。外壳又通过花键与一组外摩擦片(图 13-20(b))联接在一起；套筒也通过花键与另一组内摩擦片(图 13-20(c))联接在一起。工作时，向左移动滑环，通过杠杆、压板使两组摩擦片压紧，离合

器处于接合状态。若向右移动滑环时，摩擦片被松开，离合器实现分离。这种离合器常用于车床主轴箱内。其所能传递的最大转矩和作用在摩擦接合面上的压强分别为

$$T_{\max} = \frac{zF_A \cdot f \cdot r_f}{1\,000} \geqslant K_A T$$

$$p = \frac{4F_A}{\pi(D_2^2 - D_1^2)} \leqslant [p]$$

式中，z 为摩擦接合面的数目；D_1、D_2 分别为摩擦盘接合面的内径和外径；$[p]$为许用压强。

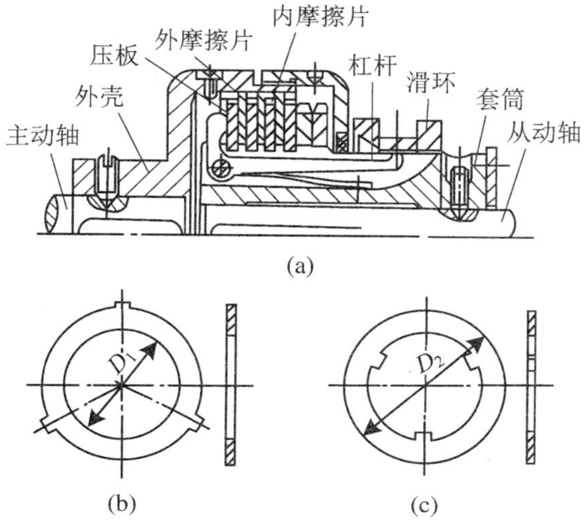

图 13-20　多片摩擦离合器

设计摩擦离合器时，可先选定摩擦面的材料，再根据结构要求初定摩擦面尺寸 D_1、D_2。对油式摩擦离合器，取 $D_1 = (1.5\sim2)d$，$D_2 = (1.5\sim2)D_1$；对于干式摩擦离合器，取 $D_1 = (2\sim3)d$，$D_2 = (1.5\sim2.5)D_1$。然后利用上面的公式求出轴向压力，最后再求出接合面数 z。摩擦离合器传递的转矩随 z 的增加成正比增加。但是，如果 z 取得过大，所传递的转矩并不随之增加，而且还会影响离合器的灵活性。故对油式摩擦离合器取 $z = 5\sim15$，对于干式摩擦离合器取$z = 1\sim6$，并常限制内、外盘的总盘数不大于 30。

摩擦离合器与牙嵌离合器比较，其优点是：两轴能在不同速度下接合；接合和分离过程比较平稳、冲击振动小；从动轴的加速时间和所传递的最大转矩可以调节；过载时将发生打滑，避免使其他零件受到损坏。故摩擦离合器的应用较广。其缺点是：结构复杂、成本高；当产生滑动时不能保证被联接两轴间的精确同步转动；摩擦会产生发热，当温度过高时会引起摩擦因数的改变，严重的可能导致摩擦盘胶合和塑性变形。所以，一般对钢制摩擦盘应限制其表面最高温度不超过 400 ℃，整个离合器的平均温度不超过 120 ℃。

13.2.3　定向离合器

定向离合器是一种随速度的变化或回转方向的变换而能自动接合或分离的离合器，它只能单向传递转矩。如锯齿型牙嵌离合器，只能单向传递转矩，反向时自动分离。棘轮机构也可以作为定向离合器。

图 13-21 所示为一种滚柱式定向离合器，它由星轮、外环、滚柱和弹簧顶杆等组成。弹簧顶杆的推力使滚柱与星轮和外环经常接触。如果星轮为主动件并按图示方向顺时针回

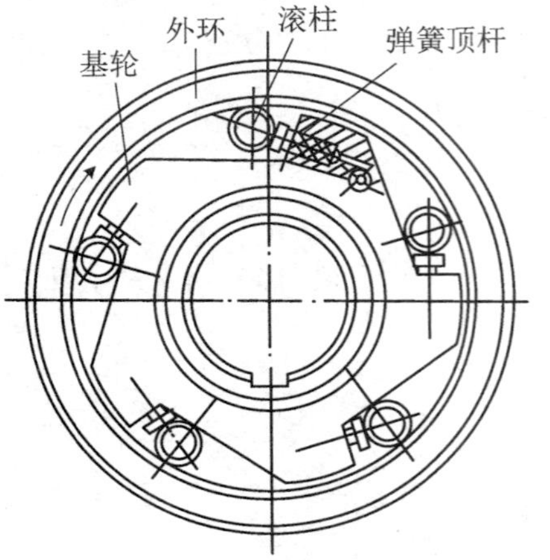

图 13-21 定向离合器

转，滚柱受摩擦力的作用被楔紧在槽内，从而带动外环回转，这时离合器处于接合状态。当星轮反向回转时，滚柱则被推到槽中宽敞部分，离合器处于分离状态。这种离合器工作时没有噪声，故适用于高速传动，但制造精度要求较高。

当外环与星轮做顺时针方向的同向回转时，根据相对运动原理，若外环的速度大于星轮转速，则离合器处于分离状态。反之，如外环的转速小于星轮的转速，则离合器处于接合状态，故又称为超越离合器。定向离合器常用于汽车、拖拉机和机床等的传动装置中，自行车后轴上也安装有超越离合器。

13.3 弹　　簧

弹簧是靠弹性变形来实现其功能的零件，它可以在载荷的作用下产生较大的弹性变形。在机械设备和仪器仪表中，弹簧的功能不同，其结构类型有很多种。圆柱螺旋压缩（拉伸）弹簧的应用最广。本节主要介绍其结构、设计计算以及常用的弹簧特点和应用。

13.3.1 弹簧的功能、类型及特性曲线

弹簧在各类机械中的应用十分广泛，是一种常用的弹性零件，其主要功能有：

① 缓冲吸振。例如汽车中的缓冲弹簧、铁路机车车辆的缓冲器、弹性联轴器中的弹簧等。这类弹簧具有较大的弹性变形，以便吸收较多的冲击能量。有些弹簧在变形过程中能依靠摩擦消耗部分能量以增加缓冲和吸振的作用。

② 控制运动。例如内燃机的阀门弹簧、离合器，制动器和凸轮机构中的弹簧等。这类弹簧常要求在某变形范围内作用力变化不大。

③ 储存和释放能量。例如自动机床的刀架自动返回装置中的弹簧、经常开闭的容器中的弹簧、仪表和仪器中的发条等。这类弹簧既要求有较大的弹性，又要求有稳定的作用力。

④ 测量力和力矩的大小。例如测力器、弹簧秤中的弹簧等。这类弹簧要求有稳定的载荷-变形性能。

弹簧的载荷-变形曲线称为弹簧特性曲线，特性曲线的形式与弹簧的结构有关。

按照所承受载荷的不同，弹簧可以分为拉伸弹簧、压缩弹簧、扭转弹簧和弯曲弹簧四种。按照弹簧的形状不同又可以分为螺旋弹簧、环形弹簧、碟形弹簧、板簧和平面涡卷弹簧等。

1. 等节距圆柱螺旋弹簧

此种圆截面簧丝的圆柱形弹簧结构简单，制造方便。特性曲线呈线性，刚度稳定，应用

最为广泛。如图 13-22 所示。

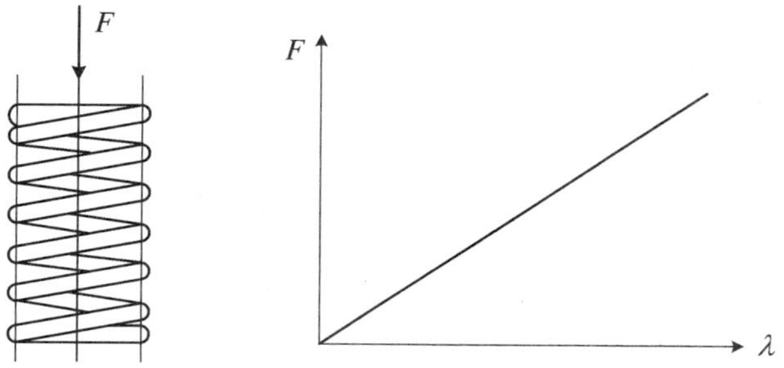

图 13-22　等节距圆柱螺旋弹簧

2．扭转圆柱螺旋弹簧

扭转圆柱螺旋弹簧主要用于各种装置中的压紧和蓄能。如图 13-23 所示。

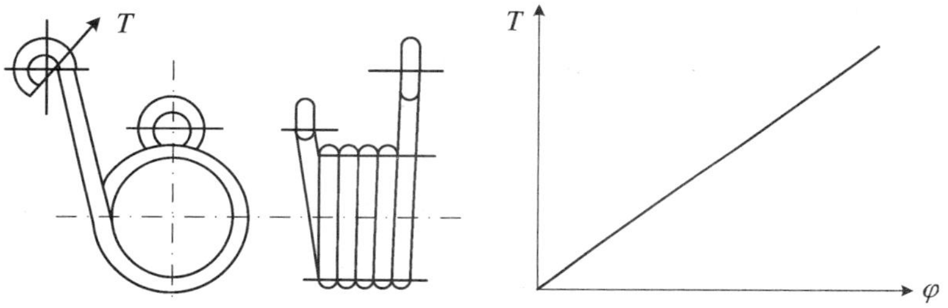

图 13-23　扭转圆柱螺旋弹簧

3．圆锥螺旋弹簧

圆锥螺旋弹簧结构紧凑、稳定性好，多用于承受较大载荷和减振。其防共振能力比不等节距圆柱螺旋弹簧好。如图 13-24 所示。

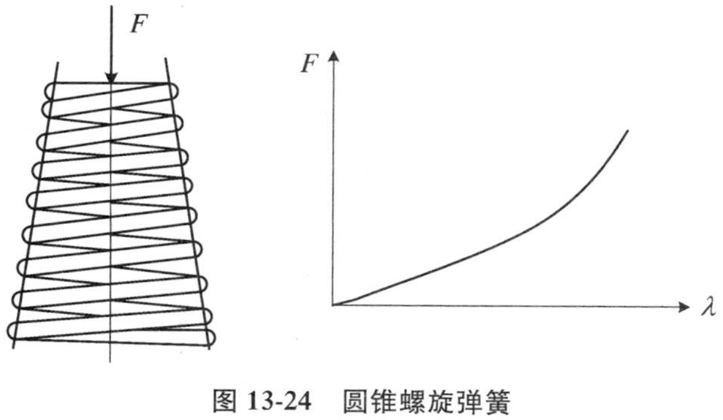

图 13-24　圆锥螺旋弹簧

4．碟形弹簧

碟形弹簧缓冲及减振能力强，采用不同的组合可能得到不同的特性曲线。常用于重型机械的缓冲及减振装置。如图 13-25 所示。

5．环形弹簧

环形弹簧具有很高的消振能力，是最强力的缓冲弹簧。常用在铁路车辆、飞机着陆装置的缓冲装置中。如图 13-26 所示。

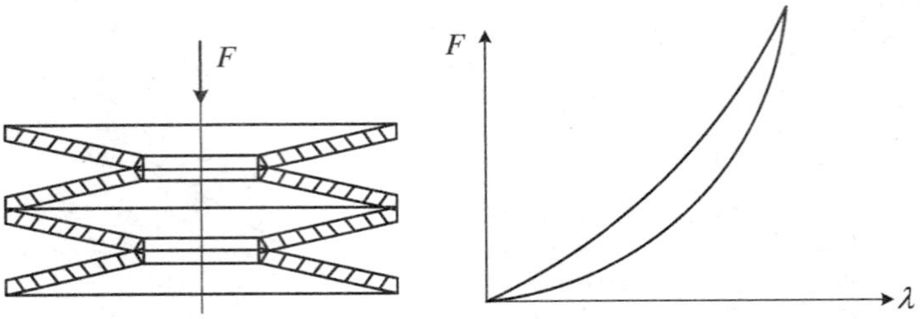

图 13-25 碟形弹簧

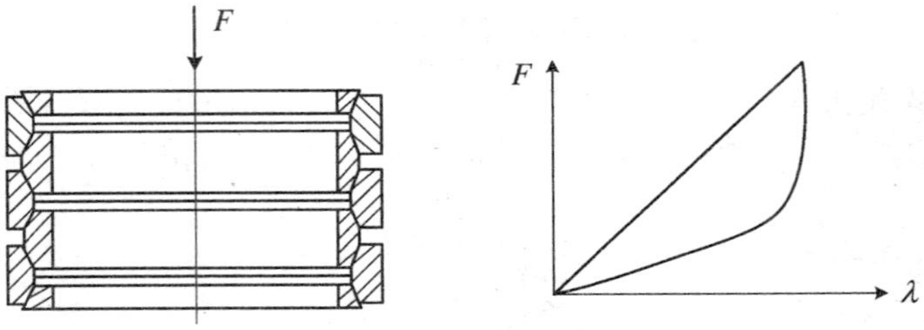

图 13-26 环形弹簧

13.3.2 弹簧的材料、许用应力和制造

13.3.2.1 弹簧的材料和许用应力

弹簧在工作时常受到变载荷或冲击载荷的作用，为了保证弹簧能够持久可靠地工作，其材料必须具有高的弹性极限和疲劳极限，同时应具有足够的韧性和塑性，以及良好的可热处理性。

弹簧材料及性能可以查阅相关手册、规范和标准（GB/T1239.6—92，GB4357—89）。常用的弹簧钢主要有：

1. 碳素弹簧钢

这种弹簧钢（例如 65、70 钢）的优点是价格便宜，原材料来源方便；缺点是弹性极限低，多次重复变形后易失去弹性，并且不能在 130 ℃的温度下正常工作。

2. 低锰弹簧钢

这种弹簧钢（如 65Mn）与碳素弹簧钢相比，优点是淬透性较好和强度较高；缺点是淬火后容易产生裂纹及热脆性。但由于其价格便宜，一般机械上常用于制造尺寸不大的弹簧，例如离合器弹簧等。

3. 硅锰弹簧钢

这种钢（例如 60Si2MnA）中因为加入了硅，所以可以显著提高弹性极限和回火稳定性，因而可以在更高的温度下回火，从而得到良好的力学性能。硅锰弹簧钢在工业上得到了广泛的应用，一般用于制造汽车、拖拉机的螺旋弹簧。

4. 铬钒钢

这种钢（例如 50CrVA）中加入钒的目的是细化组织，提高钢的强度和韧性。这种材料的耐疲劳和抗冲击性能良好，并能在 −40～210 ℃的温度下可靠地工作，但价格较贵。多用于要求较高的场合，如用于制造航空发动机调节系统中的弹簧。

此外，某些不锈钢和青铜等材料，具有耐腐蚀的特点。青铜还具有磁性和导电性，故常用于制造化工设备中或工作于腐蚀介质中的弹簧。其缺点是不容易热处理，力学性能较差，所以在一般机械中很少采用。

选择材料时，应考虑到弹簧的用途、重要程度、使用条件（包括载荷性质、大小，循环特性，工作持续时间，工作温度和周围介质情况等）、加工、热处理和经济性等因素。同时，也要参照现有设备中使用的弹簧，选择出较为合用的材料。

13.3.2.2　圆柱螺旋弹簧的制造及端部结构

为了便于使用，弹簧的端部一般会根据需要做成各种各样的形式。圆柱螺旋弹簧的端部结构形式及代号可以查阅 GB1239.6—92。

螺旋弹簧的制造工艺包括：① 卷制；② 挂钩的制作或端面圈的精加工；③ 热处理；④ 工艺试验及强压或喷丸处理。

卷制分冷卷及热卷两种。冷卷用于经预先热处理后拉成的直径小于 8 mm 的弹簧丝，冷卷成弹簧后不再进行淬火处理，只进行回火处理以消除在卷制时产生的内应力；直径较大的弹簧丝制作的强力弹簧则用热卷法，热卷时的温度依据弹簧钢丝直径的大小在 800～1 000 ℃ 的范围内选择，卷制完成后需要再进行淬火和回火处理，热处理后的弹簧表面不应该出现显著的脱碳层。

对于重要的压缩弹簧，为了保证两端面的承压面与其轴线垂直，应将端面圈在磨床上磨平。

此外，弹簧还须进行工艺试验和根据弹簧的技术条件的规定进行精度、冲击、疲劳等试验，以检验弹簧是否符合技术要求。弹簧的持久强度和抗冲击强度取决于弹簧丝的表面状况（如光洁度、裂纹、伤痕等），表面脱碳会严重影响材料的性能。

为了提高承载能力，还可以在弹簧制成后进行强压处理或喷丸处理。强压处理是使弹簧在超过极限载荷的作用下持续 6～8 h，以便在弹簧丝表层产生高应力区产生，塑变和有益的与工作应力反向的残余应力，使弹簧在工作时的最大应力下降，从而提高弹簧的承载能力。强压处理后的弹簧不允许再进行热处理，也不宜在较高温度（150～450 ℃）、交变载荷及腐蚀介质中使用。

喷丸处理是在弹簧热处理后，用钢丸或砂子高速喷射弹簧表面，使其表面受到冷作硬化，产生有益的残余应力，改善弹簧表面质量、提高疲劳强度和冲击韧性的有效措施。实践证明：如果使用适当，弹簧经喷丸处理后，可提高疲劳强度达 50%。

13.4　圆柱螺旋压缩（拉伸）弹簧的设计计算

13.4.1　几何参数计算

普通圆柱螺旋弹簧的主要几何参数有：外径 D、内径 D_1、中径 D_2、弹簧丝直径 d、节距 p、螺旋升角 α、自由高度（压缩弹簧）或长度（拉伸弹簧）H_0 等，如图 13-27 所示。其中螺旋角为

$$\alpha = \arctan \frac{p}{\pi D_2}$$

对圆柱螺旋压缩弹簧一般应取在5°～9°范围之内。旋向可以是右旋，也可以是左旋，如果没有特殊要求一般都用右旋。

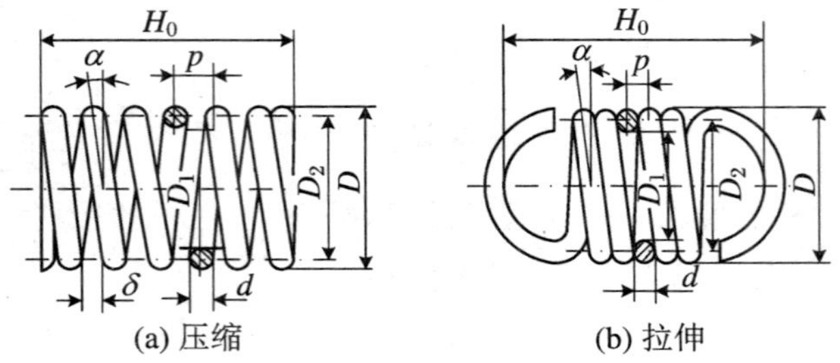

图 13-27 普通圆柱螺旋弹簧的主要几何参数

其结构尺寸的计算可以参照教材或有关设计手册和规范进行，但必须遵循弹簧尺寸系列 GB/T1358—93。

13.4.2 特性曲线

弹簧应具有经久不变的弹性，且不允许产生永久变形。因此在设计弹簧时，务必使其工作应力在弹性极限范围之内。这个范围内工作的弹簧，当承受轴向载荷 F 时，弹簧将产生相应的弹性变形。为了表示弹簧的载荷与变形的关系，取纵坐标表示弹簧承受的载荷，横坐标表示弹簧的变形，这种形成的表示载荷与变形关系的曲线称为特性曲线，它是设计和制造过程中检验或试验的重要依据。

等节距圆柱螺旋压缩(拉伸)弹簧，F 与 λ 呈线性变化，其特性曲线为一直线。压缩弹簧的特性曲线如图 13-28 所示。

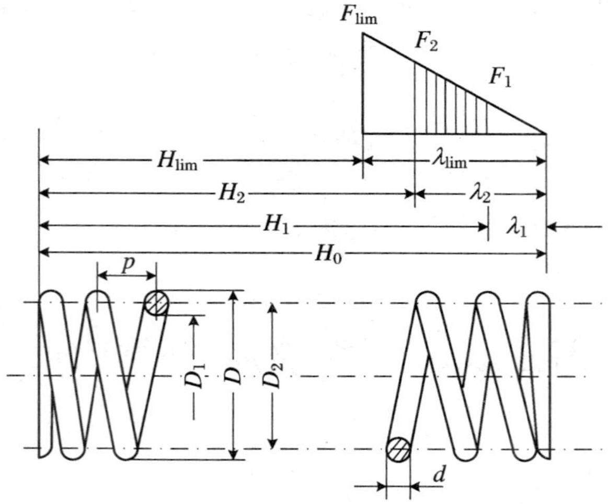

图 13-28 压缩弹簧的特性曲线

在图 13-28 中，F_1 为最小工作载荷，它是弹簧安装时所预加的初始载荷。在 F_1 的作用下，弹簧产生最小变形 λ_1，其高度由自由高度 H_0 压缩到 H_1。F_2 为最大工作载荷，在 F_2 的作用下，弹簧变形增加到 λ_2，此时高度为 H_2。F_{lim} 是弹簧的极限工作载荷，在 F_{lim} 的作用下，弹簧变形增加到 λ_{lim}，这时其高度为 H_{lim}，弹簧丝的应力达到材料的屈服极限。令 $h = \lambda_2 - \lambda_1$，$h$ 称为弹簧的工作行程。

弹簧的最大工作载荷由工作条件所确定。一般情况下，最小工作载荷可取 $F_1 = (0.3 \sim 0.5)F_2$，而工作极限载荷 F_{lim} 可按极限工作应力 τ_{lim} 求出。τ_{lim} 不应超过材料的剪切屈服极限。为了使弹簧能在屈服极限内工作，通常取 $F_2 \leqslant F_{\text{lim}}$。

拉伸弹簧的特性曲线如图 13-29 所示。

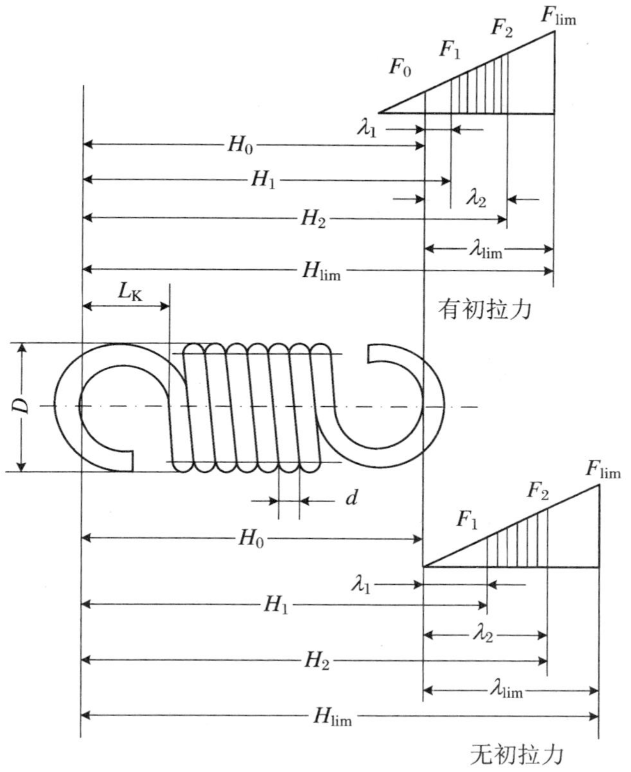

图 13-29　拉伸弹簧的特性曲线

根据卷绕方法不同，特性曲线可以分为无初应力和有初应力两种情况。前者在卷绕时，弹簧仅并拢，弹簧没有初应力，其特性曲线与压缩弹簧的特性曲线类似。后者在卷绕时，边卷绕边使弹簧绕本身轴线产生扭转，各圈相互间即具有一定的压紧力，弹簧丝中也产生一定的初拉力。弹簧工作时，必须以载荷的一部分 F_0 克服弹簧圈之间的压紧力，弹簧才开始伸长。

13.4.3　弹簧强度和刚度计算

在设计圆柱螺旋弹簧时，通常根据强度准则确定弹簧的直径 D 和弹簧丝的直径 d，根据刚度准则确定弹簧的工作 n。由于圆柱螺旋压缩（拉伸）弹簧的额工作载荷均沿弹簧的轴线作用，因此它们的应力和变形计算是相同的。下面就以螺旋圆柱压缩弹簧为例进行分析。

13.4.3.1 弹簧中的应力

图 13-30 所示为圆柱螺旋压缩弹簧，其中径为 D_2。在通过其轴线的剖面上，直径为 d 的弹簧丝剖面是椭圆形的，由于螺旋升角很小（$\alpha \leqslant 9°$），工程上可以近似地看做圆剖面。把弹簧的轴向载荷 F 移到这个剖面，剖面上作用有转矩 $T = FD_2/2$ 和剪切力 F。剪切力 F 所引起的剪切应力和转矩 T 所引起的最大剪切应力分别为

$$\tau_1 = \frac{4F}{\pi d^2} \quad 和 \quad \tau_2 = \frac{T}{Z_p} = \frac{8FD_2}{\pi d^3}$$

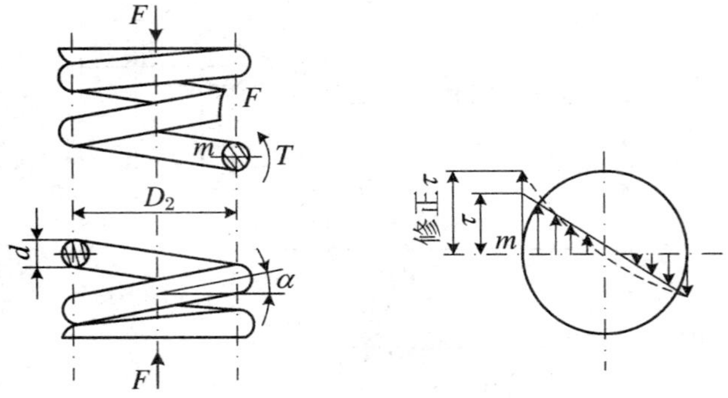

图 13-30 圆柱螺旋压缩弹簧应力分析

所以，弹簧丝剖面上的最大剪切应力为

$$\tau = \frac{8FD_2}{\pi d^3}\left(1 + \frac{d}{2D_2}\right)$$

令 $C = D_2/d$，其中 C 称为弹簧指数（又称为旋绕比），所以

$$\tau = \frac{8FD_2}{\pi d^3}\left(1 + \frac{0.5}{C}\right)$$

最大剪切应力发生在弹簧丝的内侧处，如图 13-30 所示。

如果考虑螺旋升角和弹簧丝曲率等的影响，可以对上式进行修正，可以得到比较精确的计算公式：

$$\tau = K\frac{8FC}{\pi d^2}$$

式中，K 为应力修正系数（又称为曲度系数），计算公式为

$$K = \frac{4C-1}{4C-4} + \frac{0.615}{C}$$

13.4.3.2 强度条件

弹簧的强度条件为

$$\tau = K\frac{8FC}{\pi d^2} \leqslant [\tau]$$

式中，$[\tau]$为许用剪切应力（MPa）（GB/T1239.6—92）；F 为弹簧的最大工作载荷（N）；d 为

弹簧丝直径(mm)。所以可以得到设计公式为

$$d \geqslant 1.6\sqrt{\frac{KFC}{[\tau]}}$$

在应用上式时，一般弹簧指数 $C \geqslant 4$，不同弹簧丝直径推荐使用的弹簧指数如表 13-2 所示。

表 13-2　弹簧丝直径推荐使用的弹簧指数

弹簧丝直径(mm)	0.2～0.4	0.5～1	1.1～2.2	2.5～6	7～16	18～42
C	7～14	5～12	5～10	4～10	4～8	4～6

弹簧指数 C 是弹簧设计中重要参数。C 值太大，弹簧过软(刚度小)，易颤动；C 值太小，弹簧过硬(刚度大)，卷绕时簧丝弯曲剧烈。C 值范围为 4～16，常用值为 5～8，设计时可以根据簧丝直径从表 13-2 中选取。

弹簧指数 C 和许用剪切应力$[\tau]$均与簧丝直径 d 有关，所以必须通过试算才能选择合适的簧丝直径。

13.4.3.3　刚度条件

根据材料力学中的有关公式求得圆柱螺旋压缩(拉伸)弹簧的轴向变形 λ 为

$$\lambda = \frac{8FC^3 n}{Gd}$$

式中，n 为弹簧的工作圈数；G 为弹簧材料的剪切弹性模量(MPa)，$G_{钢} = 8\times10^4$；$G_{铜} = 4\times10^4$；弹簧刚度 k 是弹簧的主要参数之一，它表示弹簧单位变形所需要的力：

$$k = \frac{F}{\lambda} = \frac{Gd}{8C^3 n}$$

刚度越大，需要的力越大，弹簧的弹力也就越大。从而可以得到弹簧圈数为

$$n = \frac{\lambda Gd}{8FC^3} = \frac{Gd}{8C^3 k}$$

对于拉伸弹簧总圈数大于 20 圈时，一般圆整为整圈数，小于 20 圈时可以圆整为 0.5 圈。对于压缩弹簧，总圈数的尾数宜取 0.25、0.5 或整数。有效圈数通常圆整为 0.5 的整倍数，并且大于 2 才能保证弹簧具有稳定的性能。若计算的 n 与 0.5 的倍数相差较大，应在圆整后再计算弹簧的实际长度。

弹簧总圈数、有效圈数的关系可以根据 GB1239.6—92 确定。压缩弹簧可以根据已知条件首先选择标准弹簧(GB/T1358—1993 或有关手册)，当无法选择时再自行设计。

13.4.3.4　弹簧的设计示例

设计弹簧时，通常是根据弹簧的最大工作载荷、最小工作载荷及其相应的变形、结构尺寸的限制和工作条件等，确定弹簧丝的直径、工作圈数、弹簧中径等。

弹簧的设计步骤：

① 根据工作条件，选择弹簧材料，并查出其机械性能数据。

② 参照刚度要求，选择弹簧指数 C。根据结构尺寸的要求初定弹簧的中径，估取弹簧丝直径，查出许用应力。

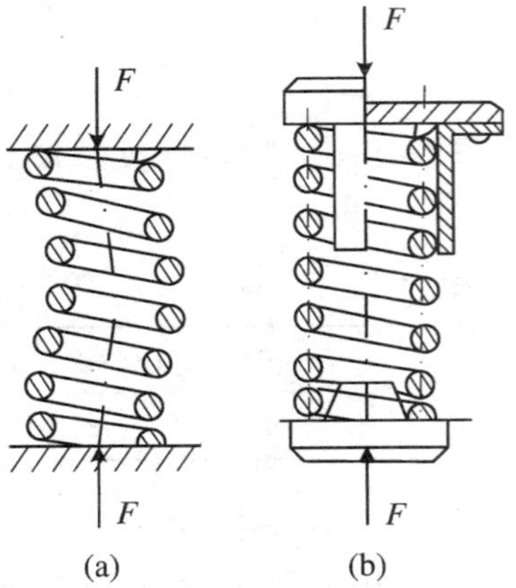

图 13-31 压缩弹簧的稳定性示意图

③ 按强度条件确定所需弹簧丝直径。

④ 按刚度条件确定弹簧工作圈数。

⑤ 计算弹簧的其他尺寸。

⑥ 验算压缩弹簧的稳定性。

当压缩弹簧高度过大，弹簧受力后可能失去稳定性而发生侧弯现象，如图 13-31 所示。为了保证压缩弹簧的稳定性，弹簧的高径比应小于其许用值。许用值分别为：两端固定的弹簧是 5.3；一端固定另一端铰支的弹簧是 3.7。当弹簧的高径比大于许用值时，弹簧应在内侧加导向杆或在外侧加导向套，如图 13-31 所示。

⑦ 绘制弹簧工作图。

例 13-2 某发动机以凸轮机构控制阀门的启闭。当阀门关闭时弹簧受力为 100 N，阀门开启时弹簧受力为 150 N。凸轮升程，弹簧的工作行程为 7.5 mm，如图 13-32 所示。试设计此弹簧。

解 （1）选择材料

阀门弹簧虽为重要弹簧，但因没有尺寸限制，故选用碳素弹簧钢丝，B 级。

（2）选择弹簧指数 C，初估弹簧丝直径 d

考虑到弹簧刚度 $k=(150\sim100)/7.5=0.67$ (N/mm)较小，选 $C=10$。所以可以求得应力修正系数 $K=1.14$。初估簧丝直径 $d=3$ mm，查 GB4357—89 得 $\sigma_b=1\,370$ MPa；查 GB/T1239—92 得 $[\tau_{II}]=0.38\sigma_b=0.38\times1\,370=521$ (MPa)。

（3）按强度条件确定弹簧丝直径 d

阀门弹簧所承受的最大工作载荷 $F_2=150$ (N)，由公式 $d\geqslant1.6\sqrt{\dfrac{KFC}{[\tau]}}$ 可以求得钢丝直径：

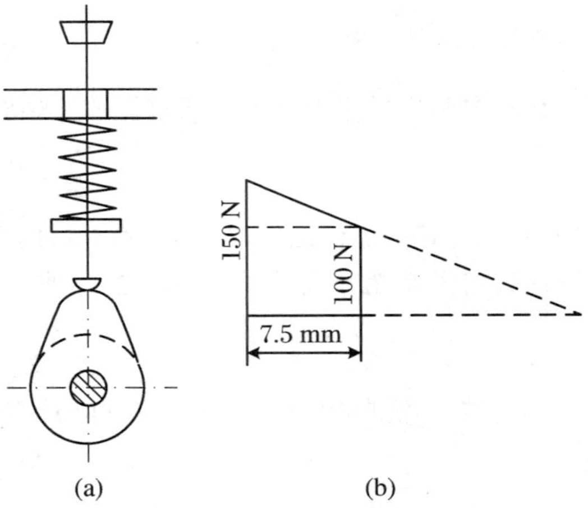

图 13-32 发动机弹簧受力工作示意图

$$d'=1.6\sqrt{\frac{KF_2C}{[\tau]}}=1.6\times\sqrt{\frac{1.14\times150\times10}{521}}=2.9\ (\text{mm})$$

计算结果与初估直径误差为 3.3%，误差较小。但 2.9 mm 的钢丝不常用，故取 $d=3$ mm。

（4）按刚度条件确定弹簧的圈数 n

由公式

$$n=\frac{\lambda Gd}{8FC^3}=\frac{Gd}{8C^3k}$$

可以求得 $n=4.5$。

两端死圈各取为 1，所以弹簧总圈数为 6.5。

（5）计算弹簧的其他尺寸

中径：$D_2=Cd=10\times3=30$ (mm)

外径：$D = D_2 + d = 10 \times 3 + 3 = 33\,(\mathrm{mm})$

内径：$D_1 = D_2 - d = 10 \times 3 - 3 = 27\,(\mathrm{mm})$

间距 δ：

$$\delta \geqslant \frac{\lambda_2}{0.8n} = \frac{150}{6.67 \times 0.8 \times 4.5} = 6.25\,(\mathrm{mm})$$

取 $\delta = 7\,(\mathrm{mm})$。

节距 p：

$$p = \delta + d = 7 + 3 = 10\,(\mathrm{mm})$$

自由高度 H_0：

端部采用 YI 型结构，所以

$$H_0 = n\delta + (n_1 - 0.5)d = 49.5\,(\mathrm{mm})$$

螺旋升角 α：

$$\alpha = \arctan \frac{p}{\pi D_2} = 6.06°$$

簧丝展开长度 L：

$$L = \frac{\pi D_2 n_1}{\cos \alpha} = 616\,(\mathrm{mm})$$

(6) 验算弹簧的稳定性

此弹簧为两端固定，其高径比 b 为

$$b = \frac{H_0}{D_2} = 1.65 < 5.3$$

满足稳定要求。

(7) 计算特性曲线中各载荷相应的变形量

请同学自己完成。

(8) 绘制弹簧工作图(图 13-33)

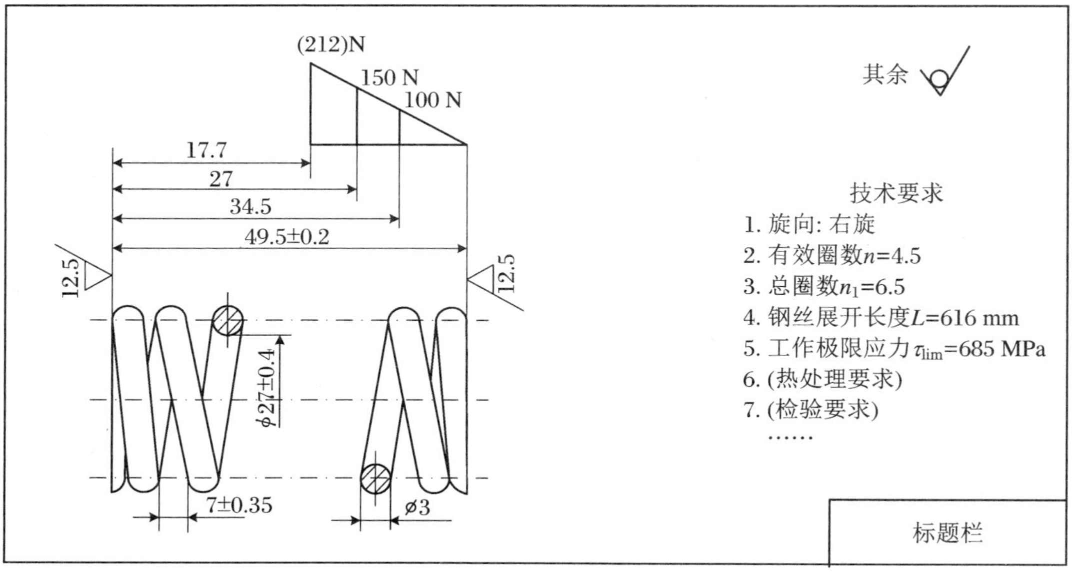

图 13-33　弹簧工作图

习　题

13.1　联轴器和离合器的功用是什么？有什么区别？

13.2　如何区分刚性联轴器与弹性联轴器？它们各有哪些特点？

13.3　联轴器所联的两根轴可能出现哪些偏移形式？

13.4　万向联轴器为什么要成对使用？

13.5　试述选择联轴器的步骤和方法。

13.6　牙嵌式离合器和摩擦离合器各有什么优缺点？分别适用于什么场合？

实训项目　联轴器、离合器的选用

1. 实训目的

① 了解联轴器、离合器的具体结构。

② 了解联轴器、离合器在机器中的具体作用。

③ 了解联轴器、离合器的选用。

2. 实训内容和要求

① 拆装联轴器、离合器。

② 通过汽车传动系统分析，对联轴器、离合器的功用有深入理解。

③ 通过分析、计算、查表等手段选择合适的类型。

参 考 文 献

[1] 霍振生.机械技术应用基础[M].北京:机械工业出版社,2003.
[2] 杨可桢.机械设计基础[M].北京:高等教育出版社,1999.
[3] 杨黎明.机构选型与运动设计[M].北京:国防工业出版社,2007.
[4] 张久成.机械设计基础[M].北京:机械工业出版社,2006.
[5] 韩玉成,王少岩.机械设计基础[M].北京:电子工业出版社,2009.
[6] 蒋玉珍.机械设计基础[M].北京:机械工业出版社,2002.
[7] 王世辉.机械设计基础[M].重庆:重庆大学出版社,2005.
[8] 陈静.机械设计基础[M].北京:人民邮电出版社,2007.
[9] 周玉丰.机械设计基础[M].北京:机械工业出版社,2009.
[10] 李海萍.机械设计基础[M].北京:机械工业出版社,2008.
[11] 张秉荣,章剑青.工程力学[M].北京:机械工业出版社,1996.
[12] 蔡泰信.理论力学教与学[M].北京:高等教育出版社,2007.
[13] 陈位宫.工程力学[M].北京:高等教育出版社,2002.